Dirk-Michael Conradt

Audi quattro

DELIUS KLASING

Audi quattro

Dirk-Michael Conradt

Edition **Audi Tradition**

Inhalt

Von Fakten und von Erinnerungslücken

Ein Hinweis zur Methodik und eine Danksagung

Vor rund 40 Jahren gab der quattro von Audi sein Debüt – doch seine Geschichte reicht deutlich weiter zurück: In den folgenden Kapiteln ist aufgezeichnet, dass und wie sie bereits Mitte der 1970er Jahre des vorigen Jahrhunderts begann.

Historiker wissen ein Lied von den Recherche-Schwierigkeiten zu singen, die umso größer sind, desto weiter das Objekt des Forschens zurück liegt. Ein lediglich knappes halbes Jahrhundert Zeitspanne scheint da auf den ersten Blick nicht allzu problematisch, zumal viele quattro-Akteure noch unter den Lebenden weilen und zur Aussage bereit sind.

Doch die Recherche-Praxis in Sachen quattro ergab ein anderes Bild. Manch ein Befragter erinnerte sich schlicht nicht mehr an sein konkretes Handeln bei großen und bei kleinen Entwicklungs-Schritten, an Aussagen Dritter, an zeitliche Zusammenhänge – und das ist auch kein Wunder. Wessen Gedächtnis ist schon so konditioniert und formatiert, dass es ihm ein Leichtes ist, Erinnerungen an 50, 40 oder auch nur 30 Jahre zurück Liegendes korrekt zu rekapitulieren und einzuordnen? Wer erkennt schon im Moment seines Tuns, dass dies in 30, 40 oder gar erst 50 Jahren eine historische Relevanz haben könnte? Wer führt Protokoll über sein berufliches Handeln?

Bei den Recherchen zu dieser quattro-Chronik verließ ich mich deshalb nicht allein auf (teils widersprüchliche) Aussagen damaliger Akteure. Mehr Bedeutung maß ich zeitgenössischen Kommentaren, Erläuterungen und Stellungnahmen jener Personen zu, die in der Urquattro-Geschichte als Handelnde von Bedeutung waren und deren Worte folglich in Zeitschriften-Artikeln Widerhall fanden. Durch diese Methodik hat diese Chronik nicht nur einen Autor, also jenen, der auf dem Buch-Titel und -Rücken genannt wird. Sie hat viele Autoren, die einst wichtige Entscheider, Techniker und Motorsportler zur Urquattro-Zeit befragten – und deren Aussagen niederschrieben, sie publizierten. Ich verbinde damit die Hoffnung, dass die damalige Nähe der Kollegen zum jeweiligen Ereignis möglichst korrekte Fakten generiert. Und selbstverständlich benenne ich in den Folgekapiteln akribisch, wer einst die Aussagen der Akteure aufschrieb – und wo diese zu welchem Zeitpunkt veröffentlicht wurden.

Anfangs noch uneinheitlich – quattro-Schreibweise mal mit „Q“, mal mit „q“: „Quattro“-Prospekt … … und Schulungsbroschüre für den „80 Quattro“ von 1982, „quattro“-Prospekt 1987 (v.l.n.r.).

„Quattro“ oder „quattro“?

Zwar ist die Schreibweise dieser Audi-Typbezeichnung weder in Audi-Publikationen noch in der Literatur einheitlich. Gleichwohl entschloss ich mich in dieser quattro-Chronik zur Durchgängigkeit der Schreibweise mit kleinem-„q“[1]. Denn so ist quattro® ein markenrechtlich geschütztes und entsprechend eingetragenes Markenzeichen. Als der quattro Anfang der 1980er Jahre Premiere feierte, da galt die durchgängige Kleinschreibung noch als revolutionär und innovativ, wurde in der Werbung oder in Schriftzügen gern verwendet und erregte damit das gewünschte Aufsehen. Bei Audi hielt es die Marketingabteilung deshalb für angemessen, ihren revolutionären Allradler auch in der Nomenklatur als progressiv darzustellen. Um Verständnis bitte ich allerdings dafür, dass ich mir auf den folgenden Seiten den Markenzeichen-Hinweis, das kleine ®, verkneife – so, wie es zum Zwecke der Vereinfachung auch Audi in den meisten Werks-Publikationen tat …

[1] Ausnahmen bestätigen die Regel: In Zitaten wird der Schreibweise im Zitat gefolgt – gelegentlich also auch mit großem „Q“.

Freundschaft: der verstorbene Jörg Reichle und Audi Traditions-Geschäftsführer Thomas Frank.

quattro-Rechercheur in Ingolstadt: Audi-Tradition-Historiker und DKW-Enthusiast Ralf Friese.

Ein großes Maß an Vorarbeit zu diesem Urquattro-Werk ist meinem geschätzten Kollegen aus gemeinsamen Zeiten bei der Motorpresse Stuttgart, **Jörg Reichle**, zu verdanken. Jörg war es, der ursprünglich von seinem Freund **Thomas Frank**, dem Geschäftsführer von Audi Tradition in Ingolstadt, mit dem Verfassen einer quattro-Chronik beauftragt worden war. Tragischerweise verstarb er im Juli 2018, noch bevor er seine Vorrecherchen in Texte umsetzen konnte. Doch er hinterließ drei prall gefüllte Leitz-Ordner mit Fotokopien von im Audi Traditions-Archiv gefundenen, quattro-relevanten Schriften, aber auch mit vielen Zeitungsausschnitten. Diese Exzerpte haben zum einen den quattro zum Thema, zum andern aber auch Wirtschafts- und Politik-Themen aus der quattro-Zeit.

Von Jörgs Vorarbeit profitierte ich beim Verfassen meiner Texte genauso wie von der unermüdlichen Zuarbeit meines Ingolstädter Kollegen **Ralf Friese** von Audi Tradition. Wie schon bei der Audi A2-Chronik (Verlag Delius Klasing, ISBN 978-3-667-11398-6) war diese vertrauensvolle Kooperation ein wertvolles und unumgängliches Verfahren, wenn quattro-Autor in Schleswig Holstein und Audi-Archiv in Oberbayern rund 800 Kilometer voneinander entfernt sind.

Danken möchte ich auch (in alphabetischer Reihenfolge):
Jörg Bensinger, dem quattro-Initiator und Chefentwickler, für seine wertvollen inhaltlichen Textkorrekturen und Ergänzungen, außerdem **Christian Geistdörfer**, dem ehemaligen Rallye-Weltmeister an der Seite von Walter Röhrl, der das Sport quattro- und Rallye-Kapitel prüfte;
Johann Neff, der unter Walter Treser für den Aufbau und die Steuerung der Prototypen zuständig war und entsprechende Auskünfte gab;
Dr. Franz-Josef Paefgen, von 1980 bis 2002 Audi-Mitarbeiter und letztlich CEO der VW-Tochter, für das Knüpfen wichtiger Kontakte;
Walter Treser, dem quattro-Mitentwickler und -Namensgeber, für seine sachdienlichen Hinweise;
Hartmut Warkuß, als einstiger Audi-Designchef federführend bei der quattro-Gestaltung, der mir im Interview freimütig Rede und Antwort stand;
Dieter Weidemann, dem heutigen Leiter der Allrad-Entwicklung bei Audi, der Wissenswertes zur aktuellen quattro-Technologie beisteuerte und natürlich meiner Frau **Gudrun**, die während meiner quattro-Zeit die allzu häufige geistige Abwesenheit ihres Gatten erdulden musste …

Der erste quattro-Test und die Reise nach Ingolstadt

Ein Prolog

2. März 1981: Die Reise geht nach Ingolstadt. Mein damaliger *auto motor und sport*-Chefredakteur Gert Hack und ich folgen einem Ruf nach „Audi-Town“. Anlass der Fahrt nach Oberbayern sind einige Textpassagen im ersten Audi quattro-Test, verfasst von mir, und in der Hackschen Technik-Kolumne unter dem Titel *Notizen*. Eine solche Testberichts-Nachlese war damals nichts Ungewöhnliches im Verhältnis von deutscher Autoindustrie und Deutschlands führendem Automagazin. Im Falle quattro hatte die Einladung freilich eher den Charakter einer Vorladung. Dr. Ferdinand Piëch[1], seit 1975 Technik-Vorstand von Audi und als solcher quattro-Entscheider und -Förderer, war nämlich nicht mit allem einverstanden, was da in der *auto motor und sport*-Ausgabe 4/1981 vom 25. Februar 1981 auf den Seiten 44 bzw. 67 veröffentlicht worden war.

[1] **Dr. Ferdinand Piëch** (* 17. April 1937, † 25. August 2019) studierte Maschinenbau in Zürich und startete seine berufliche Laufbahn 1963 bei Porsche, wo er ab 1965 die Entwicklungsabteilung leitete und 1971 zum Technischen Geschäftsführer avancierte. 1972 machte sich Dr. Piëch selbstständig, um schon kurz danach bei Audi als Hauptabteilungsleiter für Sonderaufgaben in der technischen Entwicklung anzuheuern. Weitere Stationen: 1975 Audi-Technik-Vorstand, 1983 stellvertretender Audi-Vorstandsvorsitzender, 1988 Audi-Vorstandsvorsitzender, 1993 Vorstandsvorsitzender der VW AG, 2002 Vorsitzender des VW-Aufsichtsrats. 2015 zog sich Dr. Piëch aus dem Unternehmen zurück.

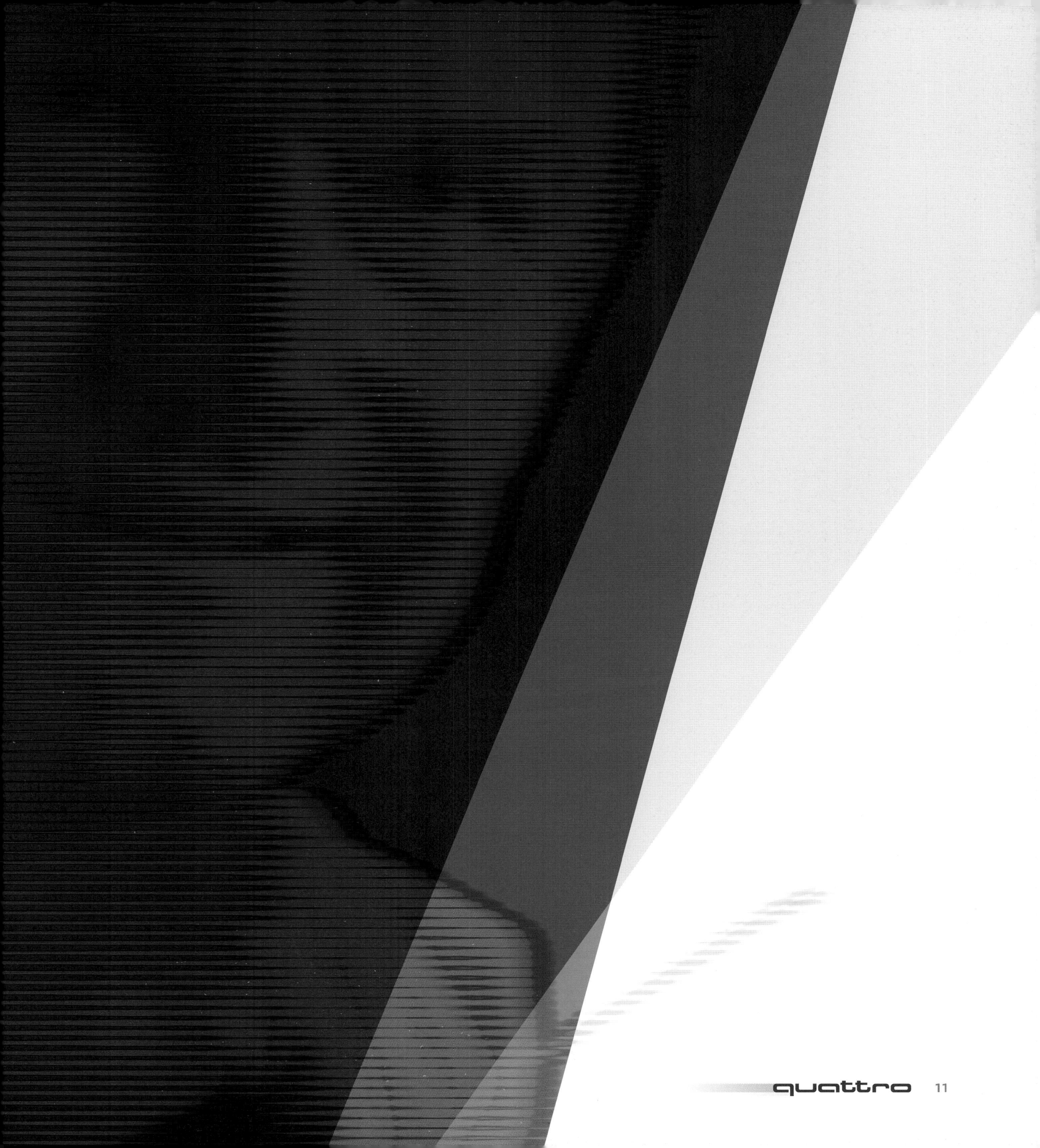

Zwar beschrieb ich nach Testfahrten auf der winterlichen Schwäbischen Alb und im Hochschwarzwald höchst beeindruckt das Kraxeltalent des revolutionären Audi-Coupés. Geradezu frappierend sei das quattro-Vermögen bei Nutzung aller verfügbaren Sperren von Zentral- und Hinterachsdifferential: „Sind alle Register gezogen, meistert sogar ein sommerbereifter Quattro Schneesteigungen, die konventionellen Autos mit grobstolligen Winterpneus Schwierigkeiten bereiten." Doch meine daran anschließenden Bedenken fanden nicht das Plazet des überzeugten quattro-Paten: „Solch eindrucksvolles Vermögen", gab ich nämlich ergänzend zu Testprotokoll, „kann Quattro-Neulinge freilich zum Leichtsinn verleiten. Während nämlich die Motorkraft meist problemlos in Vortrieb umgemünzt werden kann, ist es um die Seitenführung auf Schnee und Eis zumindest mit den serienmäßigen VR-Reifen nur wenig besser, und um das Bremsvermögen beinahe genauso schlecht bestellt wie bei zweiradangetriebenen Mobilen."

Die *Notizen* des Kollegen Hack schlugen in dieselbe Kerbe und seien deshalb gleichfalls zitiert: „Dieses im Grunde vorbildliche Fahrverhalten (Anm.: gemeint sind die mit geringem Schlupf agierenden und deshalb stabilisierenden vier Räder des quattro) birgt freilich zwei wesentliche Risiken: Erstens wird der tatsächliche Fahrbahnzustand schwer kalkulierbar, und zweitens katapultieren die hohen möglichen Beschleunigungswerte den Allradfahrer in einen Geschwindigkeitsbereich, der einachsig getriebenen Autos auf glatter Bahn verwehrt bleibt."

Lud im März 1981 *auto motor und sport*-Redakteure zur quattro-Testkritik nach Ingolstadt: Audi-Technik-Vorstand Dr. Ferdinand Piëch.

Hacks Analyse mündete in diese Prognose: „Die Stunde der Wahrheit schlägt beim Bremsen oder beim Kurvenfahren, wo sich das allradgetriebene Auto ebenso der Physik beugen muss wie seine einfachen Artgenossen. Die Opfer dieser Erkenntnis haben dann allen Grund, das hohe Beschleunigungsvermögen eines Allradautos zu bedauern."

Der Stachel saß. Und die Bedenken seiner Stuttgarter Gäste vermochte Dr. Piëch in seinem braun tapezierten Ingolstädter Büro auch nicht gänzlich auszuräumen. Im Dialog schloss er deshalb von sich auf den typischen quattro-Fahrer. Der, so Piëch, sei seines Erachtens nicht nur technologisch überdurchschnittlich ambitioniert, er sei gleichermaßen in seinen fahrerischen Talenten von besonderer Güte. Auch sehe er im Allradantrieb keineswegs einen Ersatz für taugliche Winterbereifung – dies, obwohl es sein Ziel sei, den quattro-Mehrpreis mittelfristig den Kosten eines Satzes hochwertiger Winterreifen anzunähern. Vielmehr sei es gerade die Kombination von Allradantrieb und Winterpneus, die den quattro-Vorsprung durch Technik in der kalten Jahreszeit erst epochal gestalten würde.

Tatsächlich herrschte in der Runde Einigkeit darüber, dass so ein quattro im angemessen bereiften Normalfall und bei verantwortungsbewusstem Umgang enorme Sicherheits-Reserven böte. Man muss dabei aus heutiger Sicht berücksichtigen, dass die Technologie elektronisch gesteuerter Fahrhilfen Anfang der 1980er Jahre noch in den Kinderschuhen steckte. Ein wirklich funktionstüchtiges Antiblockiersystem (ABS) hatte Bosch erst wenige Jahre vor dem quattro-Debüt Ende der 1970er Jahre als serienreif präsentiert – noch vertrug es sich nicht mit dem Allrad-System der ersten quattro-Generation. Elektronische Stabilitätsprogramme (ESP) oder Antischlupfregelungen (ASR), wie es sie heute selbst Kleinwagen bieten, waren gar noch Zukunftsmusik.

Letztlich stimmte die Stuttgarter Abordnung mit dem Ingolstädter Technik-Vorstand überein, dass der Audi quattro in Sachen Fahreigenschaften und -sicherheit völlig neue Maßstäbe setze … ungeachtet gewisser Risiken. „Jeder Fahrer", so das in offiziellen Statements mehrfach wiederholte Fazit von Ferdinand Piëch: „sollte beim Einsteigen in einen quattro den Kopf nicht draußen lassen …!"

Gert Hack

Notizen

Trügerische Sicherheit

Der Allradantrieb, so behaupten seine Verfechter, ist nicht nur ein Mittel, hohe Leistung besser auf die Straße zu bringen, sondern erhöht auch die Fahrsicherheit.
Letzteres ist freilich nur die halbe Wahrheit. In der Tat vollbringt beispielsweise der neue Audi Quattro selbst auf schneeglatter Fahrbahn Beschleunigungsleistungen, die viele Autos auf trockener Straße nicht erreichen. Dazu ist noch nicht einmal hohe Fahrkunst nötig, denn die mit geringem Schlupf laufenden Räder stabilisieren das Auto, und der Fahrer wird weder von einem ausbrechenden Heck noch von durchdrehenden Frontantriebsrädern am zügigen Fortkommen gehindert.
Dieses im Grunde vorbildliche Fahrverhalten birgt freilich zwei wesentliche Risiken: Erstens wird der tatsächliche Fahrbahnzustand schwer kalkulierbar, und zweitens katapultieren die hohen möglichen Beschleunigungswerte den Allradfahrer in einen Geschwindigkeitsbereich, der einachsig getriebenen Autos auf glatter Bahn verwehrt bleibt.
Die Stunde der Wahrheit schlägt beim Bremsen oder beim Kurvenfahren, wo sich das allradgetriebene Auto ebenso den Gesetzen der Physik beugen muß wie seine einfachen Artgenossen. Die Opfer dieser Erkenntnis haben dann allen Grund, das hohe Beschleunigungsvermögen eines Allradautos zu bedauern.

Verwies auf Risiken der quattro-Qualitäten: Kolumnist Gert Hack …

… in *auto motor und sport*-Ausgabe 4 vom 25. Februar 1981.

Wir wussten damals, Anfang März 1981 im Piëch-Büro, bei bereits frühlingshaften Temperaturen noch nicht, dass uns in einigen Wochen ein verspäteter quattro-Winter bevorstehen sollte. Zwar schien sich Mitte April mit Temperatur-Werten zwischen 20 und 25 Grad Celsius bereits der Sommer anzukündigen, und allerorten spross frisches Grün. Doch Ende April des Jahres versank der Südwesten Deutschlands, also Rheinland-Pfalz, Saarland und Baden-Württemberg, überraschend im Neuschnee. Bereits begrünte Bäume brachen unter der schweren Last der weißen Pracht in sich zusammen. Allenthalben waren die Winterreifen bereits verstaut und die Sommerpneus im Einsatz.

Glücklich, wer unter diesen Umständen einen Audi quattro sein Eigen nannte und damit Gelegenheit hatte, einen Audi-internen Spruch auf seinen Wahrheitsgehalt zu überprüfen: „Sauwetter“, hieß es in Ingolstadt damals, „ist quattro-Wetter.“ Umso ärgerlicher, dass der Ingolstädter Testwagen mit dem Kennzeichen IN-NJ 61 bereits wieder der Audi-Presseabteilung zurückgegeben worden war. Die Rückführung erfolgte schon Ende Januar mit dem größten Bedauern der *auto motor und sport*-Testmannschaft. Die hatte sich nämlich in den drei Wochen seiner Präsenz in der Stuttgarter Motorpresse um seine Nutzung geprügelt wie sonst nur bei Porsche-, Ferrari- oder Bentley-Testwagen.

So quälte ich mich am Abend des 27. April, einem Montag, auf Schneematsch-Straßen aus dem Stuttgarter Talkessel Richtung damaligem Wohnort Leonberg, mit einem heckangetriebenen und in Sachen Wintertauglichkeit eher schlecht beleumundeten Mercedes W123. Zu allem Überfluss war der 280E auch noch getunt und mit Breitreifen bestückt – mehr als einmal bedurfte es folglich der Schiebehilfe meiner Beifahrerin und freundlicher Passanten. Wie zum Hohn überholte mich, während ich und die hilflos rotierenden Hinterräder um Traktion rangen, mit atemberaubender Geschwindigkeit ein nagelneuer quattro. Der Audi stürmte die Steigung im Stuttgarter Westen empor, als sei die Piste trocken, der gebotene Schneematsch-Belag bloß Fiktion.

Am Folgetag berichteten die Lokalzeitungen vom Stuttgarter Verkehrschaos, zeigten Fotos von schneeschaufelnden Schwaben – und von motorisierten Unglücksraben, die von den Straßen in die weiße Landschaft abgedriftet waren. Eine dieser Aufnahmen zeigte ein silbern lackiertes Coupé mit vier in sich verflochtenen Ringen auf der Tür. Es stand sehr weit abseits der regulären Streckenführung, viel weiter als andere Havaristen. Mir kam ein Satz aus der Hack-Kolumne in den Sinn. „Die Opfer“, hatte der *auto motor und sport*-Cheftechniker in der ihm eigenen, etwas sarkastischen Manier formuliert, „... haben dann allen Grund, das hohe Beschleunigungsvermögen eines Allradautos zu bedauern.“

Erster unabhängiger quattro-Test in deutscher Publikation: viel Licht, etwas Schatten.

auto motor sport
TEST & TECHNIK

Auf geht's

Fortsetzung der Titelgeschichte:
Test Audi Quattro
Allradgetriebenes Sportcoupé
mit 200 PS-Turbomotor.

Von Dirk-Michael Conradt

Die letzte Entscheidung fiel im Sommer 1978 — auf einer Wiese unweit von Ingolstadt. Auf dieser schiefen Ebene gab

Fotos: Seufert

Kontrollampen für die beiden Differentialsperren: Wenn sie aufleuchten, gibt es für den Audi Quattro kein Halten.

Toni Schmücker, oberster Boß des VW-Konzerns, sein Ja zum Quattro. Denn der revolutionäre Prototyp — damals noch im Gewande einer schlichten

Ist er's wirklich?

Ist der quattro von Audi tatsächlich das erste „schnelllaufende Serien-Automobil der Welt mit Allradantrieb". Diese etwas verschwurbelte, im März 1980 erstmals in einer Audi-Presseerklärung verwendete Audi-Formulierung erweckt zumindest diesen Eindruck. Damals diente sie den Audi-Textern zur Unterscheidung ihres quattro von herkömmlichen Geländewagen. Bei diesen Extremisten dient der Allradantrieb nämlich weniger erhöhter Fahrsicherheit. Er soll vielmehr das Kletter- und Durchkomm-Vermögen unter widrigen Pisten-Verhältnissen fördern. Korrekterweise hätte die Audi-Charakterisierung jedoch „erstes in Großserie gebautes, schnelllaufendes Hochleistungsautomobil mit Allradantrieb" lauten müssen. In späteren Verlautbarungen formulierte Audi das dann auch folgerichtig korrekt. So war beispielsweise 1989 in einer Audi-Pressenotiz für britische Journalisten von „the world's first volume-produced four-wheel drive high performance car" die Rede. Diese Formulierung listet die drei wesentlichen Eigenschaften, die im quattro erstmals kombiniert worden seien: nämlich

- in Großserie gebaut,
- mit Allradantrieb und
- Hochleistungsautomobil.

Erlaubt sei es, diesem Eigenschafts-Trio ergänzend ein viertes quattro-Merkmal hinzu zugesellen, nämlich die konventionellen Personenwagen hoher Motorleistung

- deutlich überlegene Fahrdynamik.

Die korrigierte Geschichtsschreibung der Ingolstädter hatte womöglich mit der Existenz gleich mehrerer Modelle zu tun, die in der Chronologie moderner, allradgetriebener Pkw für den bevorzugten On-road-Einsatz die Nasen vorn hatten. Das Prädikat „modern" ist in diesem Zusammenhang mit Bedacht gewählt, gab es doch in der Geschichte des Automobils bereits um 1900 erste Experimente mit allradangetriebenen Automobilen. Diese sowohl elektrisch motorisierten als auch von Verbrennungsmotoren angetriebenen Frühwerke sollen hier genauso kurz gewürdigt werden wie erste allradangetriebene Rennwagen und Gelände-Hybriden, also Fahrzeuge, bei denen reinrassige Geländewagen-Chassis mit zivilen Limousinen-Aufbauten kombiniert wurden.

Die Geschichte des Allradantriebs für den Straßenbetrieb

Wer war unter den Ersten ...?

Erstes Automobil der Geschichte mit Allradantrieb: Ferdinand Porsches Lohner-Porsche von 1900.

Ohne Fortune: Ettore Bugattis GP-Rennwagen mit Allradantrieb, der Typ 53 von 1932.

Ferdinand Porsche konstruierte das erste allradangetriebene Automobil

In der Chronologie allradangetriebener Autos gebührt zweifellos Ferdinand Porsche die erste Erwähnung. Schließlich lieferte der 1875 im böhmischen Maffersdorf geborene Konstrukteur bereits anno 1900 im Sold der Wiener Kutschwagen-Fabrik Lohner einen frühen Beweis seiner Genialität: Bei diesem Lohner-Porsche saßen in allen vier Rädern elektrische Radnabenmotoren, die ihre Energie per Lichtmaschine von einem Benzinmotor bezogen. Diese Technologie adelt Porsches Frühwerk nicht nur zum ersten 4WD-Vehikel der Automobil-Geschichte, sondern zugleich zum allerersten Antriebshybrid-Mobil. Porsche lieferte mit seinem Lohner-Gefährt unfreiwillig auch den Beweis, dass Technologien ihrer Zeit bisweilen durchaus allzu weit voraus sein können und keine Zukunft haben: Es blieb beim Einzelstück.

Etwas mehr Fortune mit vier angetriebenen Rädern hatten drei Jahre später die niederländischen Gebrüder Hendrik und Jacobus Spijker. Sie präsentierten 1903 auf dem Pariser Salon ihren von dem Franzosen Emile Gerard Drouard konstruierten 36/50 hp mit 5,1 Liter-Reihensechszylinder. Dessen vier Räder wurden sowohl angetrieben als auch gebremst – letzteres damals wie der Allradantrieb eine Novität, als sich die Autobauer noch mit Bremsanlagen an der Hinterhand begnügten. Etwas später von dem Belgier Joseph Laviolette im Hubraum auf 8,8 Liter vergrößert und so bis 1907 angeboten, fand der sehr luxuriöse und extrem teure Allrad-Spyker[1] speziell in England einige Käufer. Die genaue Stückzahl ist freilich nicht überliefert.

Anfang der 1930er Jahre erlebte der Allradantrieb bei Rennwagenbauern eine erste Renaissance. Sowohl Harry Miller, der legendäre amerikanische Konstrukteur erfolgreicher Indianapolis-Rennwagen, als auch Ettore Bugatti im Elsaß erlagen damals fast zeitgleich dem Reiz vier angetriebener Räder. Bei beiden Lichtgestalten der Automobilgeschichte blieb 4WD jedoch ein kurzes Intermezzo ohne Fortune. Miller konzentrierte sich nach wenig erfolgversprechenden Allrad-Versuchen auf den Frontantrieb (und unterstützte mit seinem Antriebs-Knowhow den Auto-Tykoon Errett Lobban Cord bei der Entwicklung seiner progressiven Cord-Modelle).

Auch bei Bugatti blieb es in Gestalt des Typs 53 von 1932 bei einem singulären Versuch, den der italienische Ingenieur Antonio Pichetto verantwortete. Ihn hatte Bugatti bei Fiat eigens für die Entwicklung seines Allrad-Rennwagens abgeworben. Pichetto realisierte seinen Allradantrieb mittels eines mit dem 300 PS starken Kompressor-4,9 Litermotor über eine Kardanwelle verbundenen, zentral angeordneten Getriebes, dessen sehr breites Gehäuse die beiden Rahmen-Längsträger verbindet. Aus dem Getriebe führen links zwei Wellen zu den entsprechend asymmetrisch in den Starrachsen angeordneten Vorderachs- und Hinterachsdifferentialen.

Antriebswellen mit primitiven Kardangelenken übertragen die Kraft des Bugatti-typisch bildschönen Reihen-Achtzylinders auf die (gelenkten) Vorderräder. Dieser Verzicht auf damals bereits erfundene homokinetische Gelenke führt unter Last bei Kurvenfahrten zu starken Schlägen im Lenkrad, was den Fahrer extrem beansprucht – und einen nachhaltigen Erfolg des in drei Exemplaren gebauten Modells verhinderte. So konnten die Bugatti-Piloten Louis Chiron, Achille Varzi und René Dreyfus mit dem Typ 53 lediglich einige Achtungserfolge bei Bergrennen erzielen.

[1] Die Namens-Schreibweise wurde zugunsten internationaler Gepflogenheiten von den Spijkers modifiziert.

Blieb ohne Qualitäts-Beweis: von Porsche 1946 entwickelter Cisitalia 360 mit zuschaltbarem Vorderradantrieb.

Immerhin kam es zu Wettbewerbs-Einsätzen des Bugatti 53, was der dritten hier erwähnten Rennwagen-Konstruktion mit Allradantrieb verwehrt blieb. Gemeint ist der vom Konstruktionsbüro Ferdinand Porsche ab 1946 im Auftrag des italienischen Industriellen Piero Dusio entwickelte Cisitalia 360. Dabei handelt es sich um einen Mittelmotor-Monoposto mit luftgekühltem 1,5 Liter-Zwölfzylinderboxer, Kompressor-Aufladung und 385 PS. Die Kraftübertragung erfolgt bei diesem sehr progressiven Rennwagen über die Hinterräder und zuschaltbar über die Vorderräder.

Dusio übernahm sich jedoch finanziell mit seinen diversen Automobil-Projekten und flüchtete vor den Gläubigern nach Südamerika. Das erwies sich als gleichbedeutend mit dem Aus auch des Porsche-Projektes 360, welches deshalb nie seine Wettbewerbsfähigkeit beweisen konnte. Die ersten Weltmeister der Formel 1-Geschichte (Giuseppe Farina und Juan Manuel Fangio) fuhren 1950 und 1951 Alfa Romeo Alfetta, konstruiert nach dem bewährten Vorkriegs-Konzepttrio: Achtzylinder-Frontmotor, Kompressor, Heckantrieb.

Einige Jahre lang blühte der Allradantrieb nun im Verborgenen, exekutiert von einem amerikanischen Hobby-Rennfahrer. Dieser Bill Milliken hatte Mitte der 1950er Jahre seinem Eigenbau – womöglich animiert durch die wenigen Erfolge des Bugatti 53 bei Bergrennen – einen FWD (für „Four-wheel drive") verpasst und sein entsprechend benanntes Vehikel bei kleineren Hillclimbs in der amerikanischen Provinz eingesetzt. Dabei beeindruckte der progressive Bergbezwinger die Beobachter zwar nicht mit Bestzeiten, dafür mit anderen, Aufsehen erregenden Eigenschaften. „The four-wheel drive Special of Bill Milliken", notierte das Enthusiastenblatt *Road & Track* im September 1956 amüsiert, „if not the fastest, was certainly the loudest car in the hill." Kein Wunder: Millliken vertraute in seinem Rennwagen auf einen gebrauchten Panzer-Achtzylinder ...

Ein rundes Dutzend Jahre später war der Allradantrieb in Indianapolis und in der Formel 1 wieder ein Thema, in beiden Fällen initiiert von Colin Chapman, dem wagemutigen Chef der britischen Renn- und Sportwagenfirma Lotus. So gingen 1968 im Kessel von Indianapolis mehrere Lotus 56 mit Allradantrieb und Pratt & Whitney-Gasturbine an den Start, wobei Tragödie und Triumph nahe beieinander lagen: Lotus 56-Pilot Mike Spence verunglückte beim Qualifikations-Training tödlich; sein Teamkollege Joe Leonhard holte sich die Pole Position. Im Rennen schieden die Turbinen-Lotus jedoch aus.

Dieser Misserfolg hinderte Chapman freilich nicht daran, im Folgejahr vier angetriebene Räder nochmals in der Formel 1 auszuprobieren – auch hier ohne nachhaltigen Erfolg[1]. So weigerten sich seine Stammfahrer, Graham Hill und Jochen Rindt, den ihres Erachtens lebensgefährlichen und schwierig abzustimmenden Allrad-Typ 63 zu fahren und vertrauten lieber auf das Vorjahres-Modell von Lotus, den Typ 49. Frustriert setzte Chapman 1970 mit dem legendären Typ 72 wieder auf Heckantrieb, wobei sich die tragische Lotus-Geschichte fortsetzen sollte: Zwar wurde Jochen Rindt mit dem 72 Weltmeister, doch dies posthum, nachdem er damit 1970 in Monza tödlich verunglückt war ...

[1] Außer Lotus experimentierten Ende der 1960er Jahre auch weitere Formel 1-Teams erfolglos mit Allradantrieb, zum Beispiel McLaren und Matra. Das französische Team beispielsweise vertraute bei der Allrad-Umsetzung für den Typ MS 84 auf die Technologie von Ferguson Research Ltd. (siehe auch Seite 27).

Revolutionär von 1946:
GP-Cisitalia 360 mit Mittelmotor, Zwölfzylinder-Boxer und zuschaltbaren Vorderrädern.

Revolutionär von 1968:
Indianapolis-Lotus 56 mit Pratt & Whitney-Gasturbine und permanentem Allradantrieb.

Womöglich vergab Chapman jedoch aus eigener Ungeduld und wegen der Reserviertheit seiner Piloten eine Allrad-Chance in der Formel 1 – dieser Ansicht war jedenfalls eineinhalb Jahrzehnte später der ehemalige Le Mans-Sieger und Motorjournalist Paul Frère in einem Vortrag zum Thema quattro in Ingolstadt[1]. „Keines dieser Autos wurde jemals zur vollen Reife entwickelt“, sinnierte Frère damals und weiter: „Die Allrad-Formel 1 hatten außerdem unter einem beachtlichen Gewichtshandicap zu leiden. Das Mindestgewicht betrug damals 500 kg, und keiner der damaligen Wagen mit Zweiradantrieb kam ganz bis auf diesen Wert herunter, geschweige denn die Allradwagen, die zwischen 580 und 600 kg wogen – ein Handicap von 12 bis 15 Prozent.“

Bereits 16 Jahre zuvor hatte Frère Allrad-Chancen und Allrad-Probleme in einem Aufsatz für die Quartalsschrift *Motor Revue* (Ausgabe 4/68) sehr ausführlich und dabei eher skeptisch analysiert. Allerdings konzentrierte sich der Ex-Rennfahrer unter der Überschrift „Kommt der Vierradantrieb für Grand Prix-Wagen“ auf das (theoretische) Beschleunigungsvermögen eines Allradmobils mit dem eines Rennwagens mit Heckantrieb.So ergäbe sich bei der Beschleunigung eines Fahrzeugs eine dynamische Gewichtsverlagerung auf die Hinterachse, die Frère mittels einer Beispielrechnung[2] mit 27 Prozent bezifferte. Diese sei zur statischen Hinterachsbelastung eines Formel 1-Wagens durch (Mittel-) Motor und Getriebe (am Frère-Beispiel 65 Prozent des Fahrzeug-Gewichtes von 650 kg) zu addieren. „Die sich daraus ergebende dynamische Gewichtsverteilung“, so Frère weiter, „bedeutet aber, dass in einem voll beschleunigenden Grand Prix-Wagen die Vorderachse nur noch 8 Prozent des Gesamtgewichts trägt und mit einer Kraft von nur noch 50 kg auf den Boden gedrückt wird.“

1,1 g (circa 11 m/s^2), also rund 110 Prozent der Erdbeschleunigung von 9,81 m/s^2, seien, so Frère, „für einen Formel-Wagen mit Zweiradantrieb und beim heutigen Stand der Reifentechnik die Grenze der auf trockener Straße erreichbaren Beschleunigungswerte.“ Unter solchen Idealbedingungen seien vom Allradantrieb keine großen Vorteile zu erwarten: Die maximal erreichbare Beschleunigung würde sich lediglich von 1,1g auf 1,2g, also um rund 9 Prozent, erhöhen – und das auch nur im Geschwindigkeitsbereich von etwa 120 bis 140 km/h. Darüber reichte die Motorleistung damaliger GP-Wagen nicht aus, um Vorteile aus dem Allradantrieb zu ziehen – ganz im Gegenteil: Der um rund 5 Prozent höhere Leistungsverlust in der komplexeren Kraftübertragung und deren höheres Gewicht seien nun von spürbarem Nachteil.

Erst auf nasser Fahrbahn, wenn also der Haftwert des Streckenbelags von $\mu = 1{,}2$ auf $\mu = 0{,}6$ oder $\mu = 0{,}7$ absinke, käme der Allradantrieb vorteilhaft zur Geltung. In diesem Fall, so Frère, sei beim Beschleunigen „die Gewichtsverlagerung viel kleiner, so dass nicht nur der geringere Haftwert, sondern auch die geringere Gewichtsverlagerung die Beschleunigung eines Wagens mit Zweiradantrieb beeinträchtigt, während der Vierradantrieb das gesamte Wagengewicht unverändert … für den Antrieb ausnützt“. So könne laut Frère ein Wagen mit Zweiradantrieb und einer Heckbelastung von 65 Prozent bei einem Pisten/Reifen-Haftwert von $\mu = 0{,}7$ eine Beschleunigung von maximal 0,5 g entwickeln, ein Allrad-Auto käme hingegen auf circa 0,68 g. Zudem könne der Allradler seine volle Leistung ohne durchdrehende Räder bereits ab etwa 165 km/h auf den Boden bringen, während der Heckantriebs-Konkurrent erst ab etwa 190 km/h Vollgas ohne Räderschlupf ermögliche.

Völlig außer Acht ließ Paul Frère in seiner 1968er Analyse jedoch, was ihm rund ein Jahrzehnt später bei ersten Testfahrten mit frühen quattro-Prototypen dämmern sollte (siehe auch Seite 91): nämlich das bemerkenswerte Plus an Fahrsicherheit, wenn es nicht nur um die Vorwärtsbeschleunigung geht, sondern auch um die Querbeschleunigung beim zügigen Umrunden von Kurven …

[1] Quelle: „AUDItorium“ zum Thema „Permanenter Allradantrieb“ vom April 1984.

[2] $B_{dyn.} = \frac{H+R}{L} \times \frac{i}{g} P$

L = Radstand des Wagens
H = Höhe des Schwerpunktes
R = Rollradius der Antriebsräder
P = Eigengewicht des Fahrzeugs
i = Beschleunigung

Offroad-Käfer: Porsche-Typ 87 von 1941 mit Geländewagenchassis und zuschaltbarem Allradantrieb.

Wenig bekannter Zwischenschritt: Geländewagen-Chassis kombiniert mit Limousinen-Aufbau

Bei der dritten Kategorie allradgetriebener Fahrzeuge ging es nicht um Lorbeeren, sondern um die Kombination der Qualitäten reinrassiger Geländewagen und ziviler komfortablerer Limousinen. Den Anfang machte einmal mehr Ferdinand Porsche, als er die allradangetriebene Bodengruppe seines für die deutsche Wehrmacht entwickelten Allrad-Kübelwagens (Typ 92) mit der Karosserie seines KdF-Wagens (Typ 60, der spätere VW Käfer) vereinte. So entstand der immerhin 546 Mal gebaute Typ 87 als sogenannter Kommandeurwagen.

Nach dem Typ-87-Muster entstanden in den 1950er Jahren auch zwei russische Modell-Varianten, gedacht nicht nur für militärische Zwecke, sondern auch zur Bewältigung extremer Straßenverhältnisse in den Weiten der damaligen Sowjetunion. Gemeint sind der ab 1955 in Gorki montierte Gorkowski Awtomobilny Sawod (GAZ) M 72 Pobeda, der das allradgetriebene Fahrgestell des ab 1953 gebauten GAZ-69-Geländewagens mit dem buckligen, viertürigen Limousinen-Gehäuse des bereits ab 1946 gebauten GAZ M 20 Pobeda vereinte. Bis 1958 entstanden immerhin 4677 Exemplare des gut 1,6 Tonnen schweren Allradlers, dessen 2112 cm³ großer Vierzylinder mit 55 PS für eher bescheidene Fahrleistungen sorgt.

Auch der ab 1957 in Moskau gefertigte, im Vergleich zum GAZ deutlich kompaktere Moskwitsch 410 profilierte sich nicht als Temperamentsbolzen. Seine Geländewagen-Komponenten stammten teilweise auch vom Organspender GAZ-69, die viertürige Limousinen-Karosserie hingegen vom Moskwitsch 402, einer Weiterentwicklung des von der Sowjetunion als Reparationsleistung von Opel übernommenen Vorkriegs-Opel Kadett. Mit nur 1221 cm³ und 35 PS rangierte der 402 eine Klasse unterhalb des Pobeda. Bis 1962 baute der Moskwitsch-Hersteller, die Firma Moskowski Sawod Malolitraschnych Awtomobilej, immerhin 11890 Exemplare des Lada Niva-Vorläufers, darunter auch rund 1500 Kombis.

Offroad-Popeda: GAZ M72 von 1955 mit Geländewagen-Allradchassis und Limousinenaufbau.

Offroad-Moskwitsch: Typ 410 mit GAZ-Geländewagenkomponenten und Moskwitsch 402-Karosserie.

Rustikaler Franzose mit vier angetriebenen Rädern: zweimotoriger Citroën 2CV Sahara, gebaut ab 1960.

Luxuriöser Brite mit vier angetriebenen Rädern: Jensen FF von 1966 mit von Ferguson entwickeltem Allradsystem.

Vier Jahre vor dem 410-Baustopp, somit bereits 1958, gab knapp 3000 Kilometer südwestlich von Moskau in der Ausstellungshalle an der Porte de Versailles in Paris ein ungewöhnliches Vehikel mit optionalem Allradantrieb sein Debüt: Gemeint ist der von 1960 bis 1968 knapp 700 Mal gebaute Citroën 2CV Sahara. Konzipiert hatte den Allrad-2CV ein ehemaliger Luftfahrtingenieur namens Bonnafous bereits 1954, gedacht für den Einsatz in unwegsamen Gegenden. Citroën übernahm das Konzept einige Jahre später für eine im Panhard-Werk gefertigte Kleinserie.

Diesem ungewöhnlichen Allradler verhelfen zwei Zweizylinder-Boxermotoren, einer konventionell vorn angeordnet, der zweite im Heckkofferraum montiert, zu einem erstaunlichen Kletter-Talent. Beiden (anfangs 12 PS, ab 1964 jeweils 16 PS starken) Motoren sind ihre eigenen Vierganggetriebe zugeordnet, deren Schaltgestänge über einen gemeinsamen Mittelschalthebel betätigt werden. Je nach Bedarf kann der „Wüsten-2 CV" mit einem oder mit beiden Motoren angetrieben werden, dementsprechend über nur zwei oder aber über vier Räder. Der verstärkte Rahmen und ein Unterfahrschutz sind Hinweise darauf, dass der Sahara für Geländeeinsätze konzipiert worden war, gedacht in erster Linie für den Gebrauch durch das französische Militär.

Allrad-Pkw der Moderne: quattro-Vorläufer in Details – doch nicht als Gesamtpaket

Nach dem Ausflug in die Frühgeschichte des Allradantriebs, in die Geschichte erster Allrad-Experimente im Motorsport, einiger noch sehr rustikalen Kombinationen von Geländewagen-Chassis mit Limousinen-Aufbauten und einer französischen Allradler-Abart sollen nun jene Modelle der jüngeren Allrad-Geschichte Hauptrollen spielen, die von Audi-Kommunikatoren beim quattro-Debüt 1980 zunächst unberücksichtigt blieben – was später jedoch relativiert wurde. Tatsächlich gab das erste mit dem Allrad-Audi konzeptionell entfernt verwandte Modell mit einem Vorsprung von rund 17 Jahren sein Debüt. Auch die Nummer 2 war dem quattro um gut 14 Jahre voraus. Nummer 3 fuhr dem Ingolstädter um ein Jahrzehnt vorweg. Und die Nummer 4 feierte ihr Allrad-Debüt ein gutes halbes Jahr vor dem im März 1980 in Genf vorgestellten quattro, nämlich bereits am 27. September 1979 …

Aber der Reihe nach und doch nicht chronologisch: Denn zuerst sei hier die Nummer 2 gewürdigt. Denn diesem **Jensen FF** gebührt in der Technologiegeschichte des permanenten Allradantriebs für den reinen Straßengebrauch die Premierenehre, wenn es – wie später beim quattro – zugleich auch um ein Hochleistungs-Coupé geht. Wegen dieser gesamtkonzeptionellen Verwandtschaft mit dem quattro soll der Jensen hier vorgezogen und detaillierter besprochen werden.

Auf Basis des seit Ende 1962 angebotenen Jensen-Typs C-V8 MK.III gab der FF nach rund drei Jahren Entwicklungszeit bereits 1965 sein Debüt – wenn auch zunächst als bloßer Prototyp. Doch schon im Folgejahr ging der FF in Kleinserie, nun allerdings in der Gestalt des moderneren Jensen Interceptor. Dem hatte die Mailänder Carrozzeria Touring ein attraktives Kleid mit charakteristischer Glaskuppel auf der Heckpartie geschneidert. Zudem unterscheidet sich der Interceptor vom C-V8 auch im Material der Außenhaut: Statt Kunststoff kam hier Stahlblech zum Einsatz. Von seiner konventionellen Basis ist der allradgetriebene FF auf den ersten Blick am signifikant längeren Vorderwagen mit zwei Luftschlitzen pro Fahrzeugflanke zu unterscheiden – der Interceptor begnügt sich mit jeweils einer Öffnung pro Seite.

Jensen Interceptor

Jensen in vergangenheit und gegenwart

Die Brüder Richard und Alan Jensen, beide hochbegabte Techniker, waren es, die Firma Jensen Motors Limited vor nunmehr 60 Jahren gründeten. Sie erwarben ein Wagenbauunternehmen in den englischen Midlands, und warfen sich, getrieben von Enthusiasmus und ernstem Wollen, auf Entwurf und Herstellung von Spezialkarosserien für die reinrassigen Automobilfahrgestelle ihrer Zeit. So manches berühmte Markenchassis bekam auf diese Weise eine Karosserie von Jensen. Darunter sind Namen wie Singer, Standard, Wolseley, Delage, Rolls-Royce, Invicta und M.G., um nur einige zu nennen. Geschichteumwobene, teure, mit aller Handwerkskunst hergestellte Wagen, die, soweit sie heute noch existieren oder aufgefunden werden, als Zeugen einer vergangenen Ära zu den Museumstücken zu zählen sind, tragen auch den Stempel der Firma Jensen: Qualitätshandarbeit für Kenner und Liebhaber.

Die ersten Jensen-Wagen an sich, die Wagen der Serie "S" mit V8-Motoren von Ford, erschienen in drei Ausführungen: als Tourenwagen, als Limousine und als Coupé mit abnehmbarem Dach. Sie erreichten Höchstgeschwindigkeiten von über 130 km/h, und waren mit vielen technischen Raffinessen ausgestattet; einige davon, wie z.B. der Schnellgang und die hydraulische Kupplung, wurden damit im Automobilbau zum ersten Mal verwirklicht. Mit der hohen aber mühelos erzielten Leistung, der eleganten Ausführung, dem überragenden Komfort und der beeindruckend reichhaltigen Ausstattung dieser Erstlinge war der Standard für alle nachfolgenden Wagen von Jensen gesetzt.

Geschichtsstunde eines Allradpioniers: Jensen-Prospektseite mit historischen Daten und Abbildung des Allradantriebs-FF.

Die Ausgestaltung des Wageninneren erfolgte von Männern mit Interesse am Fahren. Sie stellten sicher, daß Sie alles Nötige auch wirklich sehen und alle Hebel und Knöpfe auch wirklich bequem erreichen können. Die Schalter sind versenkt und durch eindeutige Symbole markiert. Vom Fahrersitz aus können Sie die Antenne ein- und ausfahren, die Tankstutzenklappe öffnen, die Sperren der Motorhaube und des Gepäcksraumdeckels lösen, die Heizung des Heckfensters einschalten, die Seitenfenster mit Knopfdruck auf- und zumachen, und Heizung und Ventilation bedienen. Zusätzlich steht auch wahlweise die Jensen-Klimaanlage zur Verfügung, mit der Sie sich die von Ihnen gewünschte Atmosphäre schaffen können. Die Wagen haben zwei versperrbare Handschuhfächer, eine elektrische Uhr, Tourenzähler, Kilometerzähler und Geschwindigkeitsanzeige, ein verstellbares Lenkrad, ein Lenksäulenschloß und vier Stereolautsprecher für die kombinierte Rundfunk- und Bandkassettenanlage. Was nicht mit Leder überzogen, aus rostfreiem Stahl oder aus Holz ist, ist mit dicken Wollteppichen bedeckt. Die Wagen sind luxuriöser als so mancher Leute Wohnung, und bedeutend schneller.

Die Initialen „FF“ stehen für **F**erguson **F**ormula und geben damit einen Hinweis auf den maßgeblichen Entwicklungspartner des heute weitgehend unbekannten Kleinserien-Herstellers Jensen, der einst in West Bromwich, einem Vorort von Birmingham, seinen Sitz hatte. Das von den Brüdern Richard und Alan Jensen Anfang der 1930er Jahre gegründete Unternehmen machte sich zunächst einen Namen mit sportlichen Spezialversionen beispielsweise des kleinen Austin Seven – so, wie in derselben Ära auch William Lyons, der spätere Jaguar-Gründer. Nach dem Zweiten Weltkrieg diente die Jensen Motors Ltd. als verlängerte Werkbank für Großserienhersteller – etwa für die British Motor Corporation zur Teilmontage des Austin A40 und Austin-Healey, oder für die Rootes-Gruppe zur Produktion des Sunbeam Tiger. Auch Volvo betraute Jensen mit der ersten Serie des Sportcoupés P 1800.

Seit Mitte der 1930er Jahre offerierte Jensen zudem Luxusautomobile unter eigenem Namen, dies überwiegend mit amerikanischenTriebwerken etwa von Ford/USA, Nash oder Chrysler. Jensen war damit einer der Ersten in der Tradition europäisch-amerikanischer Hybriden, die nach dem Zweiten Weltkrieg auch von Bristol und Gordon-Keeble in England, Iso und DeTomaso in Italien, Facel und Monica in Frankreich, Monteverdi in der Schweiz und Bitter in Deutschland gepflegt wurde. Die beiden ersten 4WD-Modelle von Jensen verdanken ihre üppige Motorleistung von jeweils 330 SAE-PS gleichfalls amerikanischen, 10:1 verdichteten und durch einen Carter-Vierfachvergaser gespeisten 6,3 Liter-V8 von Chrysler.

Nur wenige Meilen von West Bromwich entfernt firmierte in Coventry die Harry Ferguson Research Ltd. Henry George (Harry) Ferguson, Jahrgang 1884, mit dem Bau von leichten Traktoren (und entsprechenden Lizenz-Einnahmen etwa von Ford/USA) zu Reichtum gelangt, gründete 1950 sein Forschungs-Zweitunternehmen mit dem vorrangigen Ziel, Allradantriebs-Konstruktionen zu entwickeln und großen Autoherstellern anzudienen. Ein erster 4WD-Prototyp in Gestalt einer viertürigen Limousine namens R4 drehte bereits 1954 erste Demo-Runden. 1959 folgte mit dem R5, einem fünftürigen Kombi, ein gleichfalls solitäres Experimentalfahrzeug. Allerdings zeigte sich die ertragsorientierte Industrie nicht interessiert an der zwar progressiven, doch gleichermaßen aufwändigen wie gewichtigen, und deshalb teuren Technologie. Nach dem Tod des Firmengründers im Jahr 1960 saßen dem Unternehmen mit Tony Rolt, einem ehemaligen ERA-Rennfahrer, und Claude Hill, zuvor Chassis-Konstrukteur bei Aston Martin, zwei Männer vor, die den Allradantrieb durch Motorsport-Aktivitäten publik zu machen und dadurch zu forcieren gedachten.

Deshalb testeten sie vier angetriebene Räder mit BRM- und Coventry-Climax-motorisierten Front- und Mittelmotor-Monoposti durchaus mit Achtungserfolgen. So demonstrierte beispielsweise Stirling Moss 1961 im britischen Oulton Park bei strömendem Regen eindrucksvoll die Vorteile eines Allradantriebs mit Zentraldifferential auf schlüpfriger Piste: Mit seinem vom Rob Walker-Team eingesetzten allradangetriebenen Ferguson P99, motorisiert durch einen rund 150 PS starken Coventry-Climax-Vierzylinder vom Typ FPF, demütigte er beim Gold Cup Rennen jenen Jahres die überwiegend PS-stärkere Konkurrenz im Ziel mit einem Vorsprung von 46 Sekunden. Der Zweite war dabei übrigens kein Geringerer als Jack Brabham in einem Cooper; und nebenbei setzte Moss mit dem P99 auch noch einen neuen Rundenrekord mit 1 Minute 46,4 Sekunden – dies wohlgemerkt auf nasser Piste ...

Dass dieses erste Aufflackern des 4WD-Potentials in den Motorsport-Annalen keine größere Schlagzeile hinterließ, liegt wahrscheinlich am Status des damaligen Rennereignisses: Es zählte nicht für eine wichtige internationale Meisterschaft. Und womöglich lag es auch an der Allrad-Ablehnung der zeitgenössischen Rennfahrer, denen das Allrad-Fahrverhalten offensichtlich nicht geheuer war. In einem Briefwechsel mit Paul Frère[1] vermutete Stirling Moss, „dass seiner Ansicht nach andere Fahrer mit diesem Fahrzeug deshalb nicht erfolgreich sein konnten, weil sie nicht dazu bereit waren, ihren Fahrstil entsprechend anzupassen“. Moss, so Frère, gab sich hingegen die Mühe, mit dem P99 viel zu trainieren, was ihm den entsprechenden Erfolg brachte.

Immerhin wurde durch die Moss-Großtat die Jensen Motors Ltd. auf die Technik-Novität aufmerksam, war doch die Unternehmensführung auf der Suche nach einem Alleinstellungsmerkmal im Luxuswagen-Segment. Vier angetriebene Räder hatten zweifellos das Potential, die Aufmerksamkeit einer begüterten Klientel auf die im Vergleich zu Aston Martin, Bentley oder Ferrari eher unbekannten, aber kaum weniger kostspieligen Modelle aus West Bromwich zu lenken. Allradantrieb schien zudem geeignet, die vergleichsweise profane US-Motorisierung zu überstrahlen.

Die Ferguson-Techniker setzten von Anfang an auf ein Mittendifferential zum Ausgleich unterschiedlicher Raddrehzahlen vorn und hinten – und damit zur Vermeidung von Verspannungen durch ungleiche Raddrehzahlen bei Kurvenfahrt. Denn dabei beschreiben die vorderen Räder einen größeren Bogen als die Hinterräder, während zugleich die jeweils kurvenäußeren Räder einen weiteren Weg zurückzulegen haben als die kurveninneren Räder. Ohne ausgleichende Differentiale würden diese Differenzen auf griffigem Asphalt zur Kurvenunwilligkeit bis hin zur Unfahrbarkeit führen, einhergehend mit inakzeptablem Wehklagen und Verschleiß der Reifen.

[1] Quelle: „AUDItorium“ vom April 1984, Vortrag von Paul Frère zum Thema „Sportliches Fahren mit einem Allrad-Auto“.

Demonstration der Allradvorteile auf nasser Fahrbahn: Ferguson-Prototyp R4 bei einer Testfahrt 1954.

Demonstration der Allradvorteile auf der Rennstrecke: Der Ferguson P99 demütigte 1966 Konkurrenten.

Ein zusätzliches, die Rollwege von Vorder- und Hinterrädern ausgleichendes Verteiler-Differential unterscheidet die Ferguson-Konstruktion von traditionellen 4WD-Geländewagen, bei denen es ja zuvorderst auf einen optimierten Geradeaus-Vorwärtsdrang unter schwierigen, meist zudem schlüpfrigen Wegverhältnissen ankommt. Ob zeitgenössischer Jeep oder Land-Rover – ihre Konstrukteure umgingen die Notwendigkeit eines Vorder- und Hinterräder ausgleichenden Differentials dadurch, dass sie auf festem Terrain das Abkoppeln des Vorderradantriebs vorgaben bzw. das Zuschalten der Vorderräder erst unter widrigen Pistenzuständen empfahlen.

Ferguson sah hingegen für den Jensen ein zusätzliches, hinter der Chrysler-Automatik namens Torqueflite positioniertes Gehäuse für ein Planetendifferential vor. Dieses wenig kompakte Zusatzaggregat machte es erforderlich, den Radstand des Coupés um zehn Zentimeter auf 277 cm zu verlängern. Entsprechend mehr misst beim FF im Vergleich zum Heckantriebs-Interceptor der Vorderwagen. Auch im Interieur fordert das zusätzliche, ziemlich klobige Kraftübertragungselement seinen Tribut: Der dafür notwendige, extrem breite Getriebe/Differential-Tunnel geht auf Kosten des Beifahrersessels, der im Vergleich zum Fahrersitz spürbar schmaler geriet.

Vom Zentraldifferential führt wie beim konventionellen Interceptor eine Kardanwelle zum Hinterachsdifferential. Außerdem geht aus diesem zentralen Räderwerk eine zweite, über eine Kette angetriebene Welle hervor, die neben der Ölwanne des V8-Motors nach vorn zum Vorderachs-Kegelraddifferential führt. Diese durchaus umständliche Technik ist dem Umstand geschuldet, dass der Basis-Interceptor Hinterradantrieb hat[1]. Das Zentraldifferential weist den Hinterrädern 63 Prozent der Motorkraft zu, den Vorderrädern 37 Prozent. Zudem kommen hier zwei Zahnrad-Sets zum Einsatz, eines mit etwas höherer Übersetzung, als beim Differential der Vorderräder, das zweite mit etwas geringerer Übersetzung.

Beide Sekundär-Kraftübertragungen besitzen jeweils eigene Freilaufkupplungen, was sie bei Geradeausfahrt (und somit identischen Raddrehzahlen vorn und hinten) deaktiviert. Erst bei unterschiedlichen Raddrehzahlen schließt je nach Drehzahlunterschied die eine oder andere Kupplung. Das gilt naturgemäß auch dann, wenn ein Vorder- oder Hinterrad auf glatter Fahrbahn durchdrehen sollte, was dann in der Funktion eines 100-Prozent-Sperrdifferentials zu einem starren Durchtrieb beider Räderpaare führt.

Als zusätzlichen Effekt dieses Systems, das Ferguson bereits beim Allrad-Rennwagen P99 zur Anwendung gebracht hatte, ergibt sich unter bestimmten Fahrzuständen eine Antiblockierwirkung der Räder. Sollte nämlich bei starkem Verzögern auf rutschigem Terrain ein Rad oder Räderpaar blockieren, bedeutet dieser Umstand unterschiedliche Rad-Drehzahlen. Diese Differenz wiederum führt zur starren Verbindung von Vorder- und Hinterrädern, einhergehend mit einer Gleichschaltung der Raddrehzahlen rundum und somit des Lösens der Rad- oder Räder-Blockade. Ohne Nutzen ist diese Vorrichtung freilich bei einer Vierradblockade. Ferguson ergänzte dieses System deshalb mit einem Anfang der 1950er Jahre von Dunlop für Flugzeuge entwickelten, mechanischen Antiblockiersystem. Diese Maxaret genannte Innovation diente erfolgreich der Verkürzung von Abbremswegen nach Landungen, ungeachtet des Pistenzustands.

Maxaret besteht aus einer innerhalb des Rads und mit dieser durch eine Gummischicht flexibel verbundenen Trommel, in die ein mit der Trommel über eine Freilaufkupplung verbundenes Schwungrad integriert ist. Rad, Trommel und Schwungrad rotieren im Normalfall mit identischer Drehzahl. Bei einer Rad- und damit Trommel-Blockade rotiert das Schwungrad zunächst weiter. Erst bei einer bestimmten Drehzahl-Relation von Schwungrad zu Rad und Trommel schließt die Kupplung, wodurch die Trommel vom Schwungrad nach vorn mitgerissen wird. Sie betätigt bei dieser Bewegung ein Ventil, welches für das entsprechende Rad einen Teil der unter Druck stehenden Bremsflüssigkeit in ein Nebenreservoir dirigiert und auf diese Weise den Bremsdruck und mit ihr die Radblockade löst. Sobald Trommel und Schwungrad wieder identisch rotieren, öffnet das Bypass-Ventil für die Bremsflüssigkeit, wodurch der Bremsdruck des entsprechenden Rads wieder erhöht wird.

Bei Flugzeugen musste jedes einzelne Rad des Landefahrwerks mit einem solchen Maxaret-Gerät ausgerüstet werden. Doch das FF-Allradsystem erlaubte eine deutliche Aufwandsreduzierung. Es genügte nämlich, lediglich im Zentraldifferential ein solitäres Maxaret zu installieren, um durch eine zentrale Rücknahme des Bremshydraulik-Drucks Bremsblockaden zu vermeiden. Allerdings erreichte Maxaret mit maximal rund zehn Ventilöffnungen pro Sekunde nicht annähernd die Regelsequenz eines modernen, elektronisch gesteuerten ABS, das aus über 500 Daten den optimalen Bremsdruck ermittelt.

Prinzipskizze des Ferguson-Allradantriebs und Antiblockiersystems für den Jensen FF.

Auch Ford/England[2] wandelte Ende der 1960er Jahre versuchsweise auf Ferguson-Pfaden und rüstete einige Prototypen sowie einen Rallyecross-Capri mit einem Allradantrieb System Ferguson aus. Letzterer siegte gar 1969 bei einem Rallyecross-Rennen in England. Dieser Erfolg kam Ford zwar zur Markteinführung des Capri gelegen. Gleichwohl erzwangen der kostspielige Aufwand und unbefriedigende

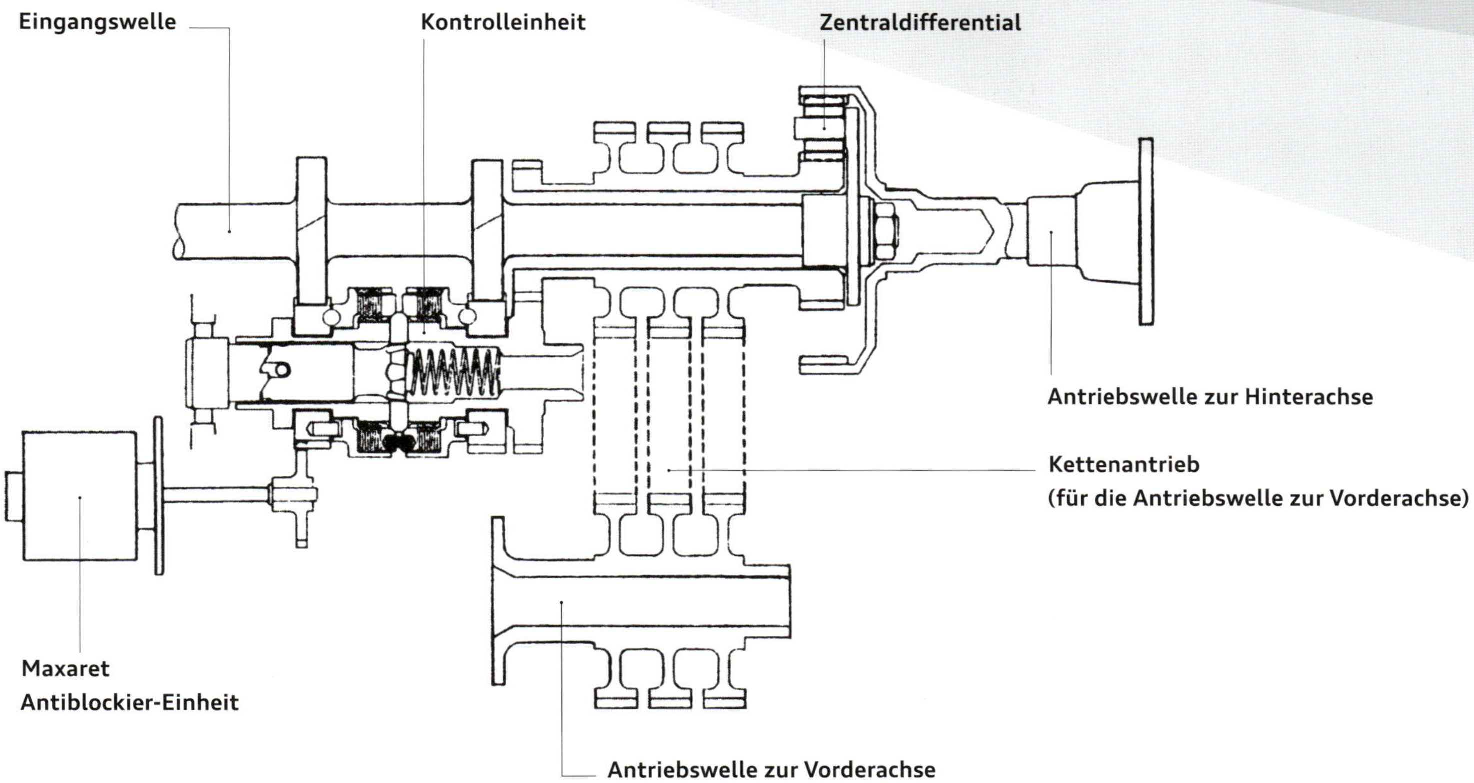

[1] Da Audi später einen Frontantriebswagen zum quattro entwickeln sollte, gestaltete sich diese Ergänzung weniger komplex und damit weniger gewichtig. Der Frontantrieb war hier bereits Basisantrieb – somit bedurfte es keines Verteilergetriebes und keiner zusätzlichen Kardanwelle zum Antrieb der Vorderräder, die hier Frontantriebs-typisch direkt ab Getriebe über Halbwellen bedient werden.
[2] Testhalber überließ Ford/GB damals 30 Zodiac-Limousinen mit Ferguson-Vierradantrieb der britischen Polizei – Umrüstkosten pro Fahrzeug: umgerechnet rund 10500 DM (Zodiac-Grundpreis: umgerechnet rund 18000 DM). 1981 präsentierte auch der deutsche Kleinserienhersteller Bitter Automobile GmbH & Co. KG anlässlich der Frankfurter IAA eine Allrad-Variante des Modells SC mit Opel Senator-Sechszylinder und Ferguson-Allradantrieb. Ein Verteilergetriebe leitet bei diesem System 36 Prozent der Antriebskraft auf die Vorderräder, 64 Prozent auf die Hinterräder.
[3] zum Vergleich: Der teuerste Porsche 911 (Typ 911S Targa) kostete damals 32200 DM, das teuerste deutsche Serienauto (Mercedes-Benz 600 Pullman) 65300 DM.
[4] Anm. d. Autors: Dr. Piëch meint den Allradantrieb.

Fahreigenschaften der Prototypen das Ende des Experiments, weshalb dem (ersten) Ford-Ausflug in der Allradgeschichte mangels Nachhaltigkeit kein Markstein gebührt.

Dem Jensen FF muss hingegen der Status eines Technologie-Meilensteins der Automobil-Geschichte zugestanden werden, kam er doch über das Prototypen-Stadium hinaus und wurde in kleiner Serie gebaut: Von 1966 bis 1971 fand er 320 Käufer – einige wenige auch in Deutschland, darunter zwei führende Porsche-Techniker aus dem beschaulichen schwäbischen Weissach. Dr. Ferdinand Piëch und Professor Helmuth Bott störten sich Ende der 1960er Jahre nicht an der selbstbewussten Jensen-Preisgestaltung: Sie orderten zwecks Analyse und vergleichender Versuchsfahrten sowohl einen Interceptor mit Heckantrieb (Listenpreis Stand 1970: 64500 DM[3]), als auch einen FF mit Allradantrieb (Listenpreis 87500 DM[3]).

„Derjenige mit Zweiradantrieb war auf dem Skidpad viel schneller als der Allradler“, verriet Dr. Piëch *auto motor und sport*-Redakteuren anlässlich eines Interviews im November 2011, und nannte ihnen auch den Grund für den FF-Nachteil: „... dessen Fahrwerk war deutlich schlechter abgestimmt.“ Eine Fahrwerks-Verbesserung verkniffen sich die Porsche-Techniker jedoch – Dr. Piëch weiter: „Wir dachten, die Engländer werden schon das Beste rausgeholt haben.“ Und: „Danach geriet das Thema[4] wieder in Vergessenheit ...“. Erst ein knappes Jahrzehnt später, nun in Dr. Piëchs Funktion als Entwicklungs-Vorstand bei Audi, gelangte es wieder auf die Agenda des Porsche-Enkels.

Ist der Jensen FF also ein legitimer quattro-Vorläufer?

Durchaus, wenn es um ein schnelllaufendes Hochleistungs-Coupé mit Allradantrieb geht; doch nein, wenn auch die Prämisse „Großserie“ ins Feld geführt wird ...

Trendsetter aus den USA: ab 1963 gebauter Jeep Wagoneer[1], anfangs mit zuschaltbarem, ab 1973 mit permanentem Allradantrieb.

Und was hat es mit den eingangs des Kapitels angedeuteten Modellen auf sich, die dem quattro als Nummer 1 sogar um 17 Jahre, als Nummer 3 immerhin um 10 Jahre voraus fuhren?

Diese beiden gleichen sich im Konzept. Es sind frühe Special Utility Vehicles (SUV) und damit Trendsetter für die im 21. Jahrhundert verbreiteten, hochgesetzten Kombis mit großem Raumangebot und Allradantrieb. Gedacht war die Nummer 1 für wohlhabendere Farmer in den Weiten Nordamerikas und für Städter mit Zweitdomizil in den Bergen, denen ein reinrassiger Geländewagen vom Schlage Jeep oder Pickup zu wenig komfortabel erschien. Die Nummer 3 wiederum zielte auf Vertreter des britischen Landadels, die sich bei Jagdausflügen nicht länger der Tortur des Land Rover Series II- bzw. Series III-Gebrauchs (also der Vorgänger des späteren Defender) aussetzen wollten. In beiden Fällen forderte das Lastenheft die Kombination von Komfort und Luxus mit dem (annähernden) Durchkomm- und Kletter-Talent eines Jeep CJ bzw. klassischen Land Rover.

Bereits im November 1962 lancierte folglich die amerikanische Kaiser-Jeep Corporation für den Modelljahrgang '63 auf Basis des allradangetriebenen Gladiator-Trucks das Modell **Jeep Wagoneer 4x4** mit geräumiger, drei- oder fünftüriger Kombi-Karosserie. Deren Form hatte der damals in den USA renommierte Star-Designer Brooks Stevens verantwortet, was Jeep zum entsprechenden Wagoneer-Werbeslogan veranlasste: „Styled for beauty – built for duty". Analog zum Gladiator-Kleinlastwagen basiert auch der Wagoneer auf einem Kastenrahmen mit fünf Traversen, und wie beim Truck tun in Basisversion auch beim Wagoneer vorn und hinten blattgefederte Starrachsen Dienst. Allerdings konnten Wagoneer-Käufer gegen 160 $ Aufpreis auch einzeln aufgehängte Vorderräder mit Torsionsstab-Federung ordern – damals eine Novität bei Allradlern, und das hatte durchaus positive Auswirkungen auf das Fahrverhalten.

Als Wagoneer-Antriebsquelle diente anfangs ein modern konzipierter Reihen-Sechszylinder mit 3,8 Liter Hubraum, obenliegender Nockenwelle und 140 PS. Ein Dreiganggetriebe (optional mit Overdrive) oder ein Automatikgetriebe übernimmt die Kraftübertragung mit Priorität auf die Hinterräder. Der Kraftfluss auch zu den Vorderrädern erfordert nämlich das manuelle Schließen der vorderen Freilaufnaben[2], Reminiszenz an die Technologie klassischer Geländewagen. Immerhin verhindert im Allradbetrieb ein Zentraldifferential Verspannungen der Antriebsstränge, was den Wagoneer auch mit vier angetriebenen Rädern asphalttauglich macht.

[1] Das Foto zeigt einen Jeep Wagoneer des Modeljahrgangs 1975 mit optionaler Holzfolie an den Flanken.

[2] Ab Jahrgang 1973 wechselte Jeep beim Wagoneer auf permanenten Allradantrieb über. Das von der Firma Warner Gear zugelieferte, sogenannte „Quadra-Trac"-System verfügt über ein durch Kette angetriebenes, zentrales Verteilergetriebe mit integriertem, zwischen den beiden Antriebswellen angeordnetem Sperrdifferential. Bei Traktionsverlust eines Radpaares bleibt so die Kraftübertragung beim anderen Radpaar erhalten. Die Bezeichnung „Quadra-Trac" animierte übrigens Jahre später den quattro-Namensinitiator Walter Treser zu seiner abgewandelten Wortschöpfung als Typbezeichnung für das Audi Allradcoupé.

Und wie war das mit der Nummer 3 in der Allrad-Geschichte ziviler Straßenfahrzeuge?

Die kam von der Rover Company Ltd., dem britischen Spezialisten für eher behäbige Limousinen und rustikale Geländewagen. Deren am 17. Juni 1970 offiziell vorgestellter **Range Rover** ist das erste im Markt erfolgreiche Pkw-Modell mit permanentem Allradantrieb. Im Gegensatz zum späteren quattro von Audi bietet der Range Rover dank üppiger Bodenfreiheit, stattlicher Wattiefe und günstigen Böschungswinkeln zwar einerseits exzellente Geländeeigenschaften. Doch mit seinem 132 PS starken V8-Motor und dem durchaus akzeptablen Handling dank Zentraldifferential ist er nicht weniger gut für den einigermaßen kommoden Straßenbetrieb geeignet.

Sportliche Talente wie rund zehn Jahre später der quattro von Audi bieten allerdings weder der Jeep Wagoneer, noch der gleichfalls hoch aufragende SUV-Klassiker aus Großbritannien. Auch deren Konzept-Philosophie unterschied sich markant von der des Ingolstädter Allrad-Coupés. Denn sowohl den Jeep-, als auch den Rover-Technikern ging es einzig um die Vereinbarkeit von bestmöglichen Geländeeigenschaften mit ordentlichem Talent im Straßenbetrieb. Audi hingegen sah (und sieht) vier angetriebene Räder zuvorderst als unübertreffliche Technologie zur Förderung der Fahrsicherheit und zur Maximierung der Fahrdynamik – Dr. Ferdinand Piëch: „Im Vordergrund stand die Anhebung der Fahrsicherheit im Alltagsverkehr. Die Tauglichkeit für schlechte Wegeverhältnisse war eine willkommene Dreingabe.“[1] Weniger bescheidene Ambitionen abseits geteerter Wege blieben späteren, höher gesetzten quattro-Alternativen von Audi vorbehalten, solchen der Allroad- und Q-Familien, gebaut ab 1999, als der A6 Allroad quattro seine Premiere feierte. Dieser spezielle A6 wiederum wurde von Audi einst nur deshalb lanciert, weil die Ingolstädter, so 2017 der einstige Audi-Vorstandsvorsitzende Dr. Franz-Josef Paefgen im Interview mit dem Autor, „noch keinen echten SUV in petto hatten …“

Positionierten sich Jeep Wagoneer und Range Rover als Personenwagen mit Geländetauglichkeit, so näherte sich die Allrad-Nummer 4 aus der Ära „vor quattro“ als äußerlich konventioneller Pkw dem Prinzip des quattro bereits weitergehend an – dies jedoch mit einem entscheidenden Defizit.

Dieser 4WD-Vorreiter kommt wiederum aus den USA und spannt den Bogen sowohl zum „Erstgeborenen“ dieser Allrad-Chronik, dem Jeep Wagoneer, als auch zur Nummer 2, dem Jensen FF. Mit dem Wagoneer verbindet diesen **AMC Eagle** der Hersteller, nämlich die American Motors Corporation (AMC[2]). Und mit dem Jensen hat der Eagle den Allrad-Entwicklungspartner gemein: Wie der britische Kleinserien-Hersteller vertraute auch AMC bei der Konstruktion eines neuen, zivilen Allrad-Modells dieses Mal auf das Knowhow des britischen Allrad-Spezialisten Ferguson Research Ltd.

Der dadurch entstandene Allradler auf Basis des konventionellen AMC-Typs Concord verließ erstmals ab Ende September 1979 im Modelljahrgang 1980 das Fließband im AMC-Werk Kenosha (ansässig im US-Bundesstaat Wisconsin). Lieferbar war der Eagle zunächst alternativ als fünftüriger Kombi oder als zwei- bzw. viertürige Limousine, ab Modelljahr 1981 zusätzlich als Coupé oder sogenannter „Kammback“ (Dreitürer mit gekürztem Kombiheck im Stil des Opel Kadett City oder BMW 3er Compact).

Die komplette Allrad-Mimik steuerte freilich nicht deren Entwickler Ferguson bei, sondern Chryslers damals neu gegründete Process Gear Division, was zur Abhängigkeit von American Motors zur Chrysler Corporation führte – mit der späteren Folge der AMC-Übernahme durch Chrysler. Wie beim Jensen FF erforderte die voluminöse Allrad-Technologie beim Eagle gegenüber dem Ausgangsmodell eine Radstands-Verlängerung, in diesem Fall jedoch lediglich um 1,3 Inch (3,3 cm). Wie zuvor schon der Jensen war auch der AMC 4WD ausschließlich mit Automatik-Getriebe lieferbar. Doch im Gegensatz zum britischen Luxuscoupé verfügt der zu Preisen ab 6999 $[3] angebotene Amerikaner bereits über eine im Getriebegehäuse untergebrachte Viskose-Kupplung. Sie verteilt die Motorkraft je nach Bedarf und Reifen-Schlupf variabel auf die Vorder- und Hinterräder. In der Art aktueller SUVs erhöhte AMC zudem die Bodenfreiheit des Eagle gegenüber dem Concord um drei Inches (rund 7,5 cm), was dessen Identifikation dank signifikanter Hochbeinigkeit erleichtert.

Motorisiert wurden die Eagle-Modelle anfangs durch einen 4,2 Liter großen und 110 PS starken AMC-Reihensechszylinder, ab Modelljahr alternativ auch durch einen 2,5 Liter-Vierzylinder mit 88 PS (zugeliefert von der GM-Division Pontiac). Bei einem Leergewicht von 1370 bis 1590 Kilogramm und einer Höchstgeschwindigkeit nach Werksangabe von maximal 150 km/h fehlt den amerikanischen Eagle-Modellen also ein wesentliches Drittel zum

[1] Quelle: „AUDItorium“ vom April 1984, Vortrag von Dr. Ferdinanc Piëch mit dem Titel „Der permanente Allradantrieb“.
[2] AMC entstand 1954 aus dem Zusammenschluss von Nash und Hudson. Der Konzern vermochte sich gegen die amerikanischen „Big Three“ (General Motors, Ford und Chrysler) nicht durchzusetzen und wurde 1987 von Chrysler übernommen.
[3] Zum Vergleich: Der damalige US-Markführer Chevrolet fordert für sein 1980 meistverkauftes Modell (Citation) Preise ab 4491 $.
[4] Produktionszahl 1980–1987: rund 177000 Einheiten (Quelle: Standard Catalogue of American Cars 1976–1999).

„the world's first volume-produced four-wheel-drive high performance car". Auch beim besten Willen handelt es sich bei den AMC-Allradlern nämlich nicht um ein „high performance car", also um ein Hochleistungs-Automobil – ganz im Gegensatz zum 200 PS starken und 220 km/h schnellen quattro von Audi.

Diese Einschränkung untermauert im Übrigen auch die US-amerikanische Klassifizierung der im ersten Modelljahr (1980) immerhin 34041 mal gebauten Eagles[4]: Die AMC stufte sie als „Light Trucks" ein, um von den schon damals in den USA gültigen Durchschnittverbrauchs-Vorgaben (CAFE = Corporate Average Fuel Economy) für Pkw ausgenommen zu werden. Zudem bezeichnete die AMC ihren Eagle als „Multi Purpose Vehicle", was ihm das Einhalten der für konventionelle Pkw relativ schärferen Sicherheitsstandards ersparte …

Durch die historische Brille betrachtet, lassen sich also in jüngerer Vergangenheit durchaus vier moderne Konzept-Vorläufer des quattro identifizieren – doch keiner davon vereinigte vor 1980 diese vier wesentlichen quattro-Merkmale:

1. permanenter Allradantrieb,
2. hohe Motorleistung,
3. überlegene Fahrdynamik,
4. Großserien-Produktion.

In der Tat: Der Erste dieser Kombination stammt aus Ingolstadt. Es ist der Audi quattro.

Trendsetter aus Longbridge: Range Rover von 1970 als luxuriöser Kombi mit permanentem Allradantrieb.

Trendsetter aus Kenosha: AMC Eagle von 1979 mit variabler Kraftverteilung auf die Vorder- und Hinterräder.

Die Geschichte der Abgasaufladung im Automobil

Vom Schiffsdiesel in das Alltagsautomobil

Wenn heute ein neues Automobil ohne Abgas-Turbolader sein Debüt gibt, dann ist dieses vermeintliche Manko den Berichterstattern der kritischen Rede wert. Turbolader haben sich im internationalen Motorenbau durchgesetzt, sei es für Diesel-Triebwerke oder für Otto-Motoren, sei es im Kleinwagen, in der Mittelklasse oder bei Hochleistungs-Sportwagen.

Turbolader sind en vogue, erlauben sie doch eine dramatische Leistungssteigerung einerseits oder aber eine Hubraumreduzierung ohne Leistungs-Einbußen andererseits – zumeist lassen sich mit ihrer Hilfe zugleich sowohl die Leistung steigern als auch die Motorgröße zugunsten geringeren Treibstoff-Verbrauchs und verminderter Abgase reduzieren. So sind im zweiten Jahrzehnt des 21. Jahrhunderts Literleistungen von teils deutlich über 100 PS/L selbst bei biederen Gebrauchsautomobilen branchenüblich – in der Saugmotoren-Ära galt das Überschreiten der 100 PS/L-Schwelle als Merkmal hochgezüchteter Rennmotoren. Als es etwa einem findigen Motoren-Tuner Mitte der 1970er Jahre erstmals gelang, einem VW Golf/Scirocco-Vierzylinder für die damalige Motorsport-Gruppe 2 gut 160 PS bei atemraubenden 8500/min Nenndrehzahlen zu entlocken, da wurde diese Potenz in der Fachpresse als Meilenstein gefeiert. Heute leistet der serienmäßige 999 cm^3-Dreizylinder des kleinsten Audi (A1) in der 30 TFSI-Variante dank Turbolader alltagstaugliche 116 PS bei der bescheidenen Nenndrehzahl von 5000/min. Selbst die einst in Sachen Leistung unterprivilegierten Dieselmotoren liefern plus/minus 100 PS/Liter eher als Regelfall denn als Ausnahme.

Erkannte als Erster das Potential der Abgase für die Leistung eines Verbrennungsmotors: Alfred Büchi.

Büchi ließ seine geniale Idee 1905 in Deutschland patentieren: Deutsches Reichspatent Nummer 204630.

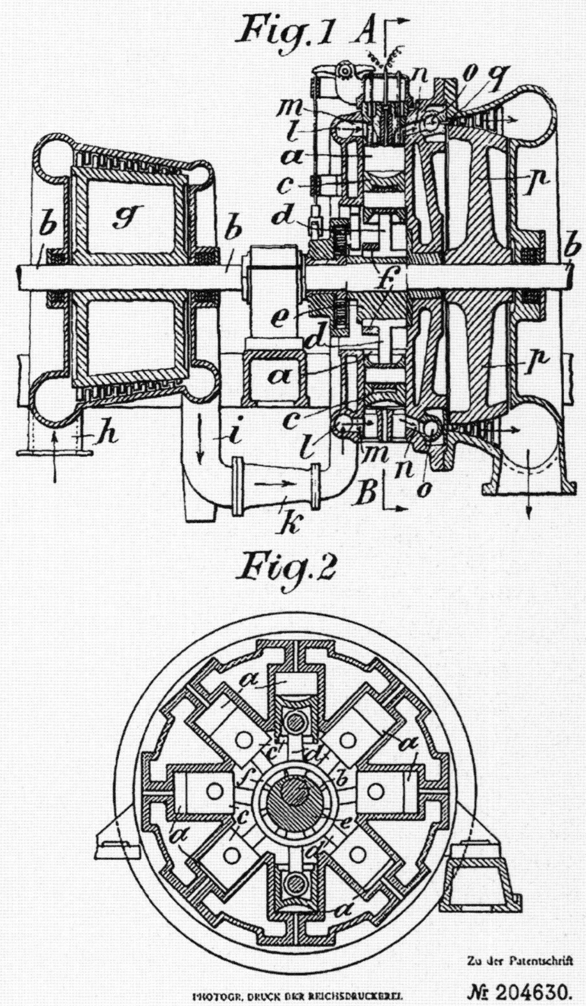

Wer aber hat's erfunden?

Wer kam als Erster auf die Idee, die ungenutzte Energie der nach der Kompression in den Brennräumen unter Druck entsorgten Abgase für die Leistungssteigerung zu nutzen?

Tatsächlich: Ein Schweizer war's ...! Das geniale Prinzip, den Abgasdruck eines Verbrennungsmotors nicht nutzlos verpuffen zu lassen, ließ sich der am 11. Juli 1879 in Winterthur geborene Alfred Büchi[1] bereits 1905 patentieren – und zwar in Deutschland. Dort registrierte das Reichspatentamt die Innovation aus der Schweiz unter der Nummer DRP 20 46 30. Doch in den Pkw, wo der Turbolader heute beim sogenannten „Downsizing" von Motoren eine unersetzliche Rolle spielt, fand die Abgas-Turbine erst über ein halbes Jahrhundert später.

Seinen ersten effizienten Einsatz erlebte der Turbolader 1923 bei großen Schiffs-Dieselmotoren von Sulzer in Winterthur – dessen Chefingenieur seit 1909 Alfred Büchi hieß. Auch MAN in Augsburg setzte noch im selben Jahr beim Antrieb von Schiffsschrauben auf Abgas-Turbinen. Sie steigerten die Leistung der Zehnzylinder-Viertaktmotoren von 1750 Saug-PS auf 2500 Turbo-PS. Sechs Jahre zuvor schon wurden in Frankreich Turboversuche an Otto-Flugmotoren – übrigens bereits mit Ladeluftkühlung – angestellt. Dabei kam der Turbovorteil zur Geltung, auch in dünner Höhenluft ausreichend Sauerstoff in die Brennräume zu pumpen. Folglich ermöglichte ein Turbo-V 12 von Packard den ersten Flug in knapp über 10000 Metern Höhe[2] – der Rekordhalter war am 27. Februar 1920 ein Amerikaner mit deutsch-irischen Wurzeln: Major Rudolph William Schroeder; sein Fluggerät: ein Doppeldecker des Fabrikats LePère-LUSAC-11.

Weniger erfolgreich verliefen offensichtlich Versuche des Briten Major Frank Halford. Der Flugmotoren- und Rennwagen-Konstrukteur gedachte Mitte der 1920er Jahre, seinem Halford Special mittels Abgasturbine zu mehr Leistung zu verhelfen, um damit in Brooklands, einem 1907 in Weybridge, Grafschaft Surrey, eröffneten Rundkurs anzutreten. Wie das britische Fachblatt *Octane* 2010 in seiner Juni-Ausgabe berichtete, bestückte Halford seinen 2 ohc-Reihensechszylinder 1925 ursprünglich sowohl mit einem Turbolader als auch mit einem unterhalb der Ölwanne angeordneten Ladeluftkühler. Zum Einsatz kam der Turbo-Halford jedoch zugunsten einer Version mit mechanischem Kompressor nicht. Die Gründe für Halfords Turbo-Enthaltung sind nicht überliefert. Die Vermutung liegt allerdings nahe, dass dem Briten die turbotypische stark verzögerte Leistungsentfaltung nicht geheuer war. Wohl deshalb gab er dem gleichmäßig für Schub sorgenden, mechanischen Kompressor den Vorzug.

Nachhaltig fand das Prinzip der Aufladung erst Mitte der 1930er Jahre vom Flugzeug und vom Schiff auf festen Boden, zunächst erst einmal auf die Schiene: Mitte der 1930er Jahre bezogen einige D-Zug-Lokomotiven der Deutschen Reichsbahn (Typ DR 137 155, im Volksmund auch „Fliegender Silberling" genannt) zusätzliche Zugkraft aus den eigenen Abgasen. Ihre beiden von Maybach gelieferten V 12-Dieselmotoren vom Typ GO6 leisteten jeweils 600 PS – genug, um am 23. Juni 1939 mit 215,6 km/h einen neuen Rekord für Schienenfahrzeuge aufzustellen.

[1] Büchi starb am 27. Oktober 1959 in seinem Geburtsort.
[2] Exakt waren es 10093 Meter bzw. 33114 Fuß

Höhen-Rekordhalter von 1920: Major Schroeder und seine LePère-LUSAC-11 mit Turbo-Zwölfzylindermotor von Packard.

Geschwindigkeits-Rekordhalter von 1939: „Fliegender Silberling" mit zwei V12-Turbodiesel-triebwerken von Maybach.

Brachte, von Turbomotoren beflügelt, den Japanern 1945 in Hiroshima das Verderben: B 29-Atombomber „Enola Gay".

Hätte 1952 fast als erster Diesel-rennwagen in Indianapolis gewonnen: Cummins Special mit Turbo-Dieseltriebwerk.

Den Schweizern wiederum gebührt das Verdienst, erstmals Turbomotoren für den Straßengebrauch kultiviert zu haben: Saurer in Arbon präsentierte 1938 den ersten Serien-LKW mit Turbodiesel. Und auch BMW experimentierte bereits während des Zweiten Weltkrieges mit aufgeladenen Triebwerken entsprechend dem Propeller-Logo der Münchner, gedacht für Flugzeuge, denen die Kraft aus Abgasen zu über 2000 PS verhalf. Traurige Berühmtheit erlangte der turbomotorisierte amerikanische B-29-Bomber namens „Enola Gay", der im August 1945 eine Atombombe über der japanischen Stadt Hiroshima abwarf ...

Seinen Nutzfahrzeug-Durchbruch erlebte das Turboverfahren für Dieselmotoren ab 1952 in den USA unter Caterpillar-Flagge bei Baumaschinen. Im selben Jahr bewies der Turbodiesel sein Potential auch erstmals, Aufsehen erregend, im Rennsport: Fred Agabashian qualifizierte sich mit seinem „Cummins Diesel Special" in Indianapolis für die Pole Position und führte das berühmt-spektakuläre „Nudeltopf"-Rennen über 72 Runden an, bevor er kurz vor dem Ziel mit Motorschaden ausfiel. Weniger spektakulär, dafür kommerziell bedeutungsvoller, setzte Volvo 1954 einen Turbo-Meilenstein: nämlich mit dem ersten in Großserie gefertigten, von einem Turbo-Dieselmotor befeuerten Lastkraftwagen.

Ehe der Turbo in Personenwagen für den Hausgebrauch seine Premiere feierte, sollten jedoch weitere acht Jahre vergehen. Erst im April und Mai 1962 starteten in den USA die ersten serienmäßigen Turbo-Pkw: zunächst der Oldsmobile F 85 Jetfire, kurz darauf der Chevrolet Corvair Monza Spyder.

Problematisch, wenn in Kurven der Turbohammer zuschlägt: Chevrolet Corvair Monza Spyder von 1962.

„Eier legende Wollmilchsau" von Oldsmobile: Turbo-Rocket-V8, 1962 Motorisierung des Typs F 85 Jetfire.

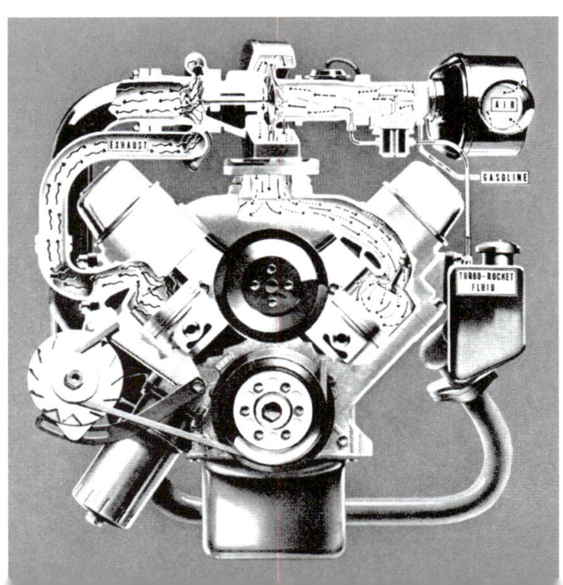

Sechszylinder-Boxer mit Luftkühlung und Turboaufladung: über 80 Prozent mehr Leistung als in Saugversion.

Den Jetfire kündigte Oldsmobile-Generalmanager Jack F. Wolfram bereits im September 1961 vollmundig als „Eier legende Wollmilchsau“ an: Dieser Turbo-Rocket V8 biete nämlich sowohl eine Drossel- als auch eine Hochleistungs-Charakteristik in ein und demselben Motor. Der von der Air Research Division der Garrett Corporation zugelieferte Abgas-Turbolader thront bei diesem aus Aluminium gefertigten und 10,25:1 verdichteten 3,5 Liter-V8 oberhalb des Kurbelgehäuses im Zylinder-V. Während die entsprechende F 85-Saugversion 155 PS leistet, gab Oldsmobile für den Jetfire immerhin 215 PS bei unveränderter Nenndrehzahl von 4800/min an. Allerdings musste den Turbo-Rocket-Brennräumen wegen der extrem hohen Verdichtung von 10,25:1 über eine Einspritzdüse an der Drosselklappe des Rochester-Vergasers ein geheimnisvoll „Turbo-Rocket Fluid“ genanntes Antiklopfmittel zugeführt werden. Die am damaligen Raumfahrt-Hype orientierte Bezeichnung war jedoch nicht mehr als ein Marketing-Gag: Bei genauerer Analyse erwies sich diese Flüssigkeit nämlich als gewöhnliches H_2O.

Während beim Turbo-Oldsmobile der V8 in US-traditioneller Manier unter der vorderen Haube zum Antrieb der Hinterräder angeordnet ist, trägt der Konzern-Konkurrent Chevrolet Corvair Monza Spyder einen aufgeladenen Sechszylinder-Boxer im Heck – Nennleistung: 150 statt lediglich 80 PS in Saugversion aus unverändert 2377 cm^3 Hubraum. Funktionsprinzip dieser Anlage: Treibstoff und Luft bilden im Flachstromvergaser das Gemisch, welches anschließend an der Drosselklappe vorbei zum Turbolader strömt. Dort wird es von dessen Radialschaufeln verdichtet und in ein Sammelrohr gedrückt. Von hier aus strömt es anschließend zu den Brennräumen.

Dominierte in der kanadisch-amerikanischen CanAm-Serie ab 1972 mit Turbo-Zwölfzylinder: Porsche 917-30 mit 1100 PS.

Verfeinerte nachhaltig das Turbosystem: Bypass-Ventil (Wastegate) zur Begrenzung des maximalen Ladedrucks.

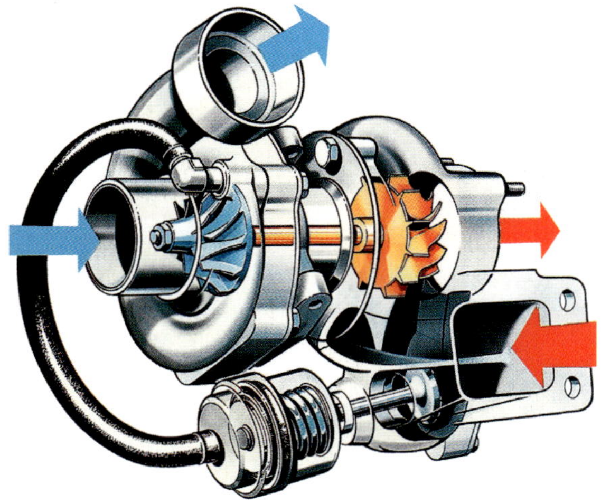

Einer der Wegbereiter des Turbosystems für Alltagsautomobile: Der Schweizer Michael May verlieh V6-Motoren von Ford Flügel.

Zwar konnten die Chevrolet-Ingenieure bei ihrer Turboversion dank bescheidener, der Saugversion entsprechender Verdichtung von 8,0:1 auf die Wassereinspritzung zur Zylinderinnenkühlung verzichten. Gleichwohl scheiterte die Anfang der 1960er Jahre offensichtlich sehr progressiv eingestellte General Motors Corporation (GM) trotz verstärkter Kolben, Pleuel, Kurbelwelle und Auslass-Ventile an der ausgeprägten Störanfälligkeit beider noch unausgereiften Aufladungssysteme, die noch ohne eine Ladedruckregelung[1] auskamen. Heftiges Beschleunigungs-Klingeln machte den Turbo-Amerikanern allzu oft noch während der Garantiezeit den Garaus. Und der schon in Saugversion von Verbraucheranwalt Ralph Nader als „unsafe at any speed“ gegeißelte Heckmotor-Corvair erwies sich bei einsetzender Turbogewalt in Kurven als nur schwer beherrschbar. Zwei Jahre nach dem Turbo-Debüt zog GM bei der Produktion der beiden aufgeladenen Vorreiter den Stecker.

Dieses unrühmliche Schicksal hinderte den in Deutschland aktiven Schweizer Michael May Ende der 1960er/Anfang der 1970er Jahre des vorigen Jahrhunderts indessen nicht daran, das theoretisch so vielversprechende Turbosystem erneut zu forcieren: Seine Firma Turbo-May GmbH & Co KG in Hechingen offerierte Lader-Kits insbesondere für den Ford-V6, die den serienmäßig 108 PS starken 2,3-Liter auf bis zu 180 PS erstarken ließen. May vertraute dabei auf eine Ladedruckregelung, die ein zwischen Turbine und Vergaser angebrachtes Überdruckventil besorgt, welches bei 0,8 bar Ladedruck öffnet und überschüssige Druckluft in den Luftfilter ableitet. Da jedoch auch beim May-System eine signifikante Mehrleistung erst ab rund 3000/min zur Verfügung steht, kommt die Turbowirkung bei diesem System ebenfalls erst mit deutlicher Verzögerung zur Entfaltung. Der Effekt: zunächst ein sehr träges Ansprechen und anschließend ein geradezu explosionsartiger Schub. Gleichwohl übernahm der Stuttgarter Ford-Händler Schwabengarage derart forcierte Turbo-Ford von May in sein offizielles Verkaufsprogramm und bot zum Komplettpreis von 4800 DM für die 2,3 Liter-Varianten des Capri und Granada überdies entsprechende Nachrüstungen an.

Kurze Zeit kooperierte May Anfang der 1970er Jahre zudem mit Opel, als die Rüsselsheimer erwogen, das Manta-Programm durch eine Power-Version nach oben zu erweitern. Das Resultat war ein bei 6000/min 140 PS starker 1,9 Liter-Manta. Trotz des dank Aufladung von serienmäßig nur 146 Nm auf gut 181 Nm angestiegenen Drehmoments wusste der May-Manta jedoch weder die Opel-Entwickler, noch (in Ausgabe 24/1973) die *auto motor und sport*-Tester voll zu überzeugen. Opel stoppte das Projekt und begnügte sich mit maximal 105 PS im letztlich realisierten Manta-Spitzenmodell GT/E.

Auch für den BMW 2002 entwickelte May 1970 maßgeschneiderte Turbo-Kits, was dem serienmäßig 100 PS starken Zweiliter-Vierzylinder zu 170 PS verhalf. Zur ernsthaften Konkurrenz für die damals etablierten BMW-Tuner mit konventionellen Frisier-Methoden, etwa Alpina, GS oder Koepchen, wurden die May-BMW indessen nicht. Die Anregung zu einem Turbo-BMW erhielt May womöglich aus München. Denn bereits im Jahr zuvor hatte die BMW-Sportabteilung Abgasdruck bei der Tourenwagen-Europameisterschaft zur PS-Maximierung genutzt. Auf Initiative der bayerischen Motorenbau-Legende Alexander von Falkenhausen steigerte ein Turbolader die Nennleistung der Rennversion des M 10-Reihenvierzylinders im 2002 von 200 auf 280 PS – ausreichend, um vier EM-Läufe und die Meisterschaft '69 zu gewinnen.

Tatsächlich empfahl sich das Turbosystem in der zweiten Hälfte des 20. Jahrhunderts zunächst vor allem für den Einsatz im Rennfahrzeug – und das erstmals 1966, als Turbomotoren von Offenhauser in der amerikanischen Indy-Serie ihre zweite Premiere in Gedenken an den Cummins-Diesel von 1952 feierten. Dass ausgerechnet bei diesen Ovalpisten-Rennen erste erfolgreiche Turbo-Aufführungen inszeniert wurden, kommt nicht von ungefähr. Hier wird nämlich mit wenigen Lastwechseln weit überwiegend Vollgas gefahren, so dass ein typischer Turbo-Nachteil nicht ins Gewicht fiel: das beim Gasgeben anfangs verzögerte Ansprechverhalten des Turboladers, wenn der Abgas-Staudruck noch gering ist.

Porsche verdankt dem Turbolader gleichfalls einen amerikanischen Höhenflug im Motorsport. So dominierten die Stuttgarter mit dem 1200 PS-917 Turbo ab 1972 die kanadisch-amerikanische CanAm-Serie derart, dass sich deren Veranstalter genötigt sahen, nach zwei Porsche-Meisterschaften in Folge den Turbogebrauch zu untersagen. Porsche zog sich daraufhin aus der Serie zurück – übrigens ohne eine Idee des 917-Initiators Ferdinand Piëch zur besseren Beherrschung des maximalen 917-Potentials realisiert zu haben. Denn seines Erachtens „wäre es logisch gewesen, die halbe Kraft auf zwei weitere Räder zu verteilen, speziell bei Nässe“[2].

[1] Die Ladedruckregelung begrenzt bei modernen Turbomotoren den Ladedruck durch ein aufwändig angesteuertes Abblas-Ventil auf ein der Mechanik bekömmliches Maximalmaß.
[2] siehe *auto motor und sport*-Supplement in Ausgabe 20/2010 anlässlich „30 Jahre Audi Quattro“.

Die Turbo-Technologie hatte auch in der Formel 1 Folgen: 1989 wussten sich die Regelhüter der von Renault 1977 ausgelösten Turbo-Leistungseskalation nicht anders zu erwehren, als Turbomotoren aus der Serie zu verbannen. 1983 fuhr übrigens erstmals ein Formel 1-Weltmeister einen Turborenner. Er hieß Nelson Piquet und war mit einem in der Qualifikation bis zu über 800 PS starken Brabham-BMW BT 52 unterwegs.

Weniger erfolgreich gestaltete sich für BMW ein erstes Turbokapitel im Serienautomobil. Vorausgegangen waren Turbo-Experimente des amerikanischen BMW- und Porsche-Händlers Vasek Polak. Der engagierte Motorsport-Promotor bestückte – animiert durch das Leistungs-Potential der von ihm und Roger Penske eingesetzten Porsche 917 Turbo – im zweiten Halbjahr 1972 einen BMW 2002 Tii mit einer Eberspächer-Turbine – das Vorbild: der 917 Turbo; die freundliche Beratung dabei: BMW-Techniker aus München. Bemerkenswerterweise ließ Polak den tii-Zylinderkopf und die Kolben unangetastet, weshalb die Verdichtung mit 9,5:1 dem Serienstatus entsprach. 124 PS brachte der Polak-Turbo bei 6000/min – gemessen an den Hinterrädern – die tii-Leistung vor der Turbokur und auf dieselbe Weise ermittelt, lediglich 72 PS.

Ob das Polak-Projekt in direktem Zusammenhang steht mit dem auf der IAA 1973 vorgestellten und ab 1974 gefertigten 2002 turbo des Werkes, ist nicht überliefert. Teil der BMW-Geschichte ist indessen, dass diesen ersten Serien-Turbo von BMW ein ähnliches Schicksal ereilte wie seine amerikanischen GM-Glaubensgenossen zuvor. Zur trotz drastisch reduzierter Verdichtung mangelnden Standfestigkeit des aufgeblasenen Triebwerkes kam ein unglücklicher Erscheinungstermin hinzu. Als er im BMW-Schaufenster stand, war die Volksmeinung noch von der ersten sogenannten Energiekrise mit ihren Tempolimits und

Erster Formel 1-Weltmeister mit Turbomotor: Nelson Piquet und der Brabham-BMW BT 52 aus dem Jahr 1983.

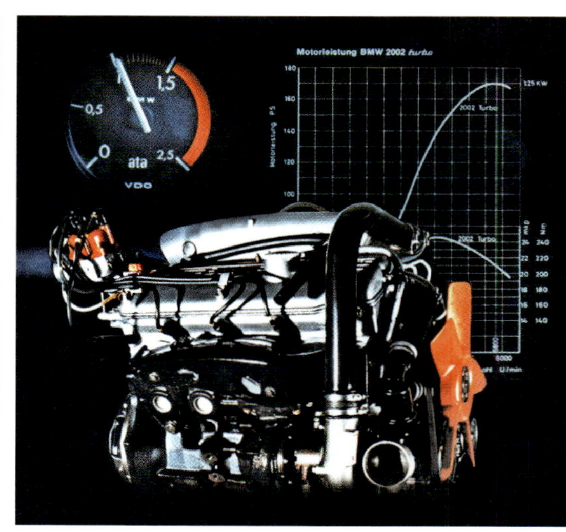

Leistete 1983 im Qualifikations-Modus bis zu 800 PS aus 1,5 Litern Hubraum: Formel 1-BMW M12 Turbo.

Leistete 170 PS aus zwei Litern Hubraum: Turbo-Zweilitermotor von 1973 für die 02-Reihe von BMW.

Fahrverboten geprägt. In dieser Zeit widersprach eine Sportlimousine der politischen Korrektheit, die bei ihrer Präsentation mit spiegelschriftlichem Turbohinweis auf dem Frontspoiler unverhohlen Schnellfahr- und Überholabsichten signalisierte. (Die turbo-Spiegelschrift ging denn auch vorbeugend nicht in Serie.)

Doch nicht nur gesellschaftliche und wirtschaftliche Gründe bedeuteten schon 1975 das turbo-Aus für BMW. Von größerer Bedeutung war die noch mangelnde Reife der Turbolader-Technologie, von *auto motor und sport* bereits im ersten Test (Ausgabe 19/1974) kritisch kommentiert. Die Rede war da vom „systembedingten Handicap, nämlich der verzögerten Reaktion auf Gaspedalbewegungen nach dem Schiebebetrieb", weil „der Lader nach dieser Phase erst wieder auf Drehzahl gebracht werden" müsse. Im unteren Drehzahlbereich reagiere der turbo „sehr zäh aufs Gas" und beschleunige „nicht besser als der mit halber Turboleistung operierende BMW 1602".

Spoiler und markante Kotflügelverbreiterungen prägen die Optik des einst stärksten BMW Serien-02 mit Turbomotor.

Bereitete dem Turbomotor im Straßensportwagen den Weg und wurde zur Legende: Porsche 930.

Zweite 930-Generation 930/60: 300 statt 260 PS dank 3,3 statt drei Litern Hubraum und Ladeluftkühlung.

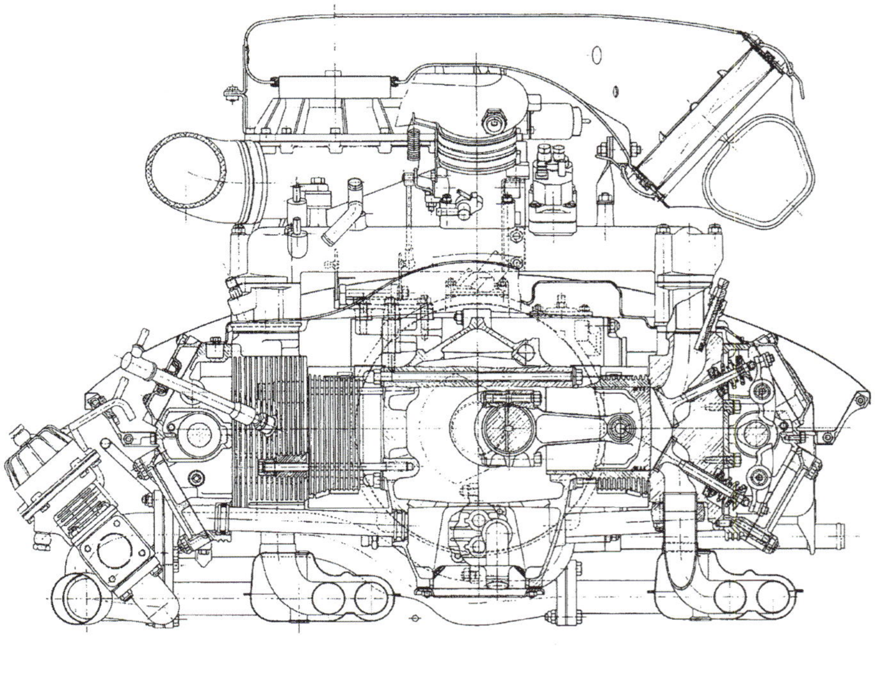

Porsche 930/60-Motor ab Ende 1977: Der Ladeluftkühler liegt flach oberhalb des Motorkühlgebläses.

Turbolader KKK Typ 3 LDZ im ersten Porsche 930: Turbinengehäuse rechts, Verdichtergehäuse links.

So blieb es 1975 Porsche vorbehalten, dem Turboprinzip im Personenwagen zum Durchbruch zu verhelfen – sowohl, was seine Standfestigkeit anlangt als auch in Sachen Harmonie der Leistungsentfaltung. Porsche machte das Turboprinzip hoffähig – dieser Meilenstein der Motorentechnologie sei deshalb im Detail beschrieben.

Porsche-typisch hatten sich die Weissacher Konstrukteure bei der Entwicklung des sogenannten Motortyps 930/50 nicht darauf beschränkt, einfach einen Turbolader in den 911-Abgastrakt zu integrieren. Vielmehr wurde der Sechszylinder-Boxer tiefgreifend modifiziert. So kommt beim zweiteiligen 930-Kurbelgehäuse statt der Aluminium-Magnesium-Legierung des 911-Motors eine robustere Aluminium-Silizium-Legierung zum Einsatz. Die Zylinder erhielten im Vergleich zum Saug-911 für eine noch bessere Kühlung längere Rippen. Geschmiedete Leichtmetall-Kolben mit flachem Kolbenboden verantworten die niedrige Verdichtung von nur 6,5:1. Diese Verdichtungs-Reduzierung gegenüber dem 8,5:1 verdichteten Carrera 2.7 berücksichtigt, dass sich die Kompression beim Einsatz des Turboladers drastisch erhöht, nämlich bei vollem Ladedruck von 0,8 bar auf rechnerisch circa 11:1.

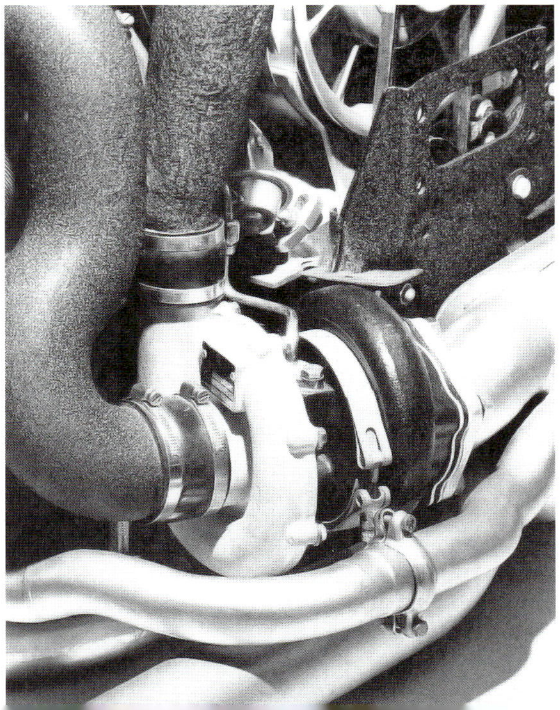

Veränderte Brennraumformen und vergrößerte, im Einbauwinkel veränderte Einlass- und Auslassventile sind genauso Turbomerkmale wie die vierfache (statt dreifache) Lagerung der Nockenwellen. Eine separate Ölpumpe bedient den von Kühnle, Kopp und Kausch (KKK) gefertigten Turbolader, dessen Welle sich im Betrieb bis zu 90000 Mal pro Minute dreht. Nennleistung des ersten 911 Turbo 3.0: 191 kW/260 PS bei 5500/min; Drehmoment-Maximum: 343 Nm bei 4000/min.

1975 startete die Serienproduktion des nun offiziell 911 turbo genannten Hochleistungswagens. Zwei Jahre später vergrößerte Porsche den Hubraum des turbo für das Modelljahr 1978 von 2993 auf 3299 cm^3 (Typ 930/60). Für rund ein Drittel der Mehrleistung von 40 PS gegenüber dem Dreiliter ist beim 3,3-Liter eine Neuerung verantwortlich, mit der sich Porsche erneut als Trendsetter bei Serienautos profilierte: der Ladeluftkühler, montiert oberhalb des Motors. Dieser Kühler reduziert die Temperatur der den Brennräumen zwangsweise zugeführten (und deshalb während der Verdichtung im Turbolader auf bis zu 150 Grad Celsius aufgeheizten) Luft um bis zu 100 Grad Celsius.

Daraus ergeben sich zwei Vorteile: zum einen eine höhere Dichte der zugeführten Luft und damit mehr Sauerstoff, zum andern eine geringere thermische Belastung des Motors. Trotz der damals im Serienwagen unerhört hohen spezifischen Leistung von über 90 PS/Liter erwies sich der 911 turbo im täglichen Gebrauch als Musterknabe. Das zahlte sich nicht zuletzt auch für Porsche aus: Die Gewährleistungs-Ansprüche der Kundschaft waren nicht höher als bei den bekannt standfesten Saugmotor-911.

Gelang Porsche der Turbo-Durchbruch im Hochleistungswagen, so gebührt Saab die Ehre, mit dem 99 Turbo 1977 als Erster einen Turbo-Pkw lanciert zu haben, der nach dem Muster moderner Alltagsautos einer möglichst hohen, flachen Drehmomentkurve den Vorzug gibt vor Höchstleistung. Saab schuf damit das Muster für die Turbo-Anwendung im Gebrauchsautomobil moderner Prägung. Beim Feiern der beiden europäischen Turbo-Trendsetter wird allerdings gerne vergessen, dass 1977 auch bei der General Motors Corporation in den USA eine Wiederauferstehung der Turbotechnologie stattfand. So trat Buick der Leistungskastration des klassischen Ami-V8, Folge der damals einsetzenden Abgas- und Verbrauchs-Restriktionen, mit einem Turbo-V6 entgegen. Der stellte aus 3,8 Liter Hubraum statt 105 PS in Saugversion immerhin 150 PS in Doppelvergaser-Version und gar 165 PS mit Rochester-Vierfachvergaser zur Verfügung und fand in den Buick-Modellen Le Sabre Sport Coupé (serienmäßig) und Regal Sport Coupé (alternativ zum V8) Verwendung.

Die Turbo-Motivation der GM-Tochter Buick glich dabei durchaus derjenigen, die Audi etwa zeitgleich veranlasste, zwecks Leistungs- und Drehmomenterhöhung für den 2,15 Liter-Fünfzylinder den Turboweg zu gehen statt in einen Dreiliter-Sechszylinder zu investieren. „Wir mussten versuchen“, erläuterte Buick-Chefingenieur Lloyd Reuss sein Konzept im Herbst 1977[1] dem amerikanischen *auto motor und sport*-Mitarbeiter Karl Ludvigsen, „mit diesem Motor an die Leistung der größeren V8 heranzukommen, ohne jedoch den Verbrauch eines Fünfliter-Triebwerkes in Kauf nehmen zu müssen.“

Bereitete dem Turbomotor in Serienlimousinen den Weg und wurde zur Legende: Saab 99 Turbo von 1977.

Äußere 99 Turbokennzeichen: großer Frontspoiler und spezielle Leichtmetallräder im sehr auffälligen Pyramidendesign.

[1] siehe *auto motor und sport*-Ausgabe 20/1977 vom 28. September 1977.

Turbo-Renaissance mit bis zu 165 PS in den USA: Buick Regal Sport Coupé von 1977 mit 3,8 Liter-Turbo V6.

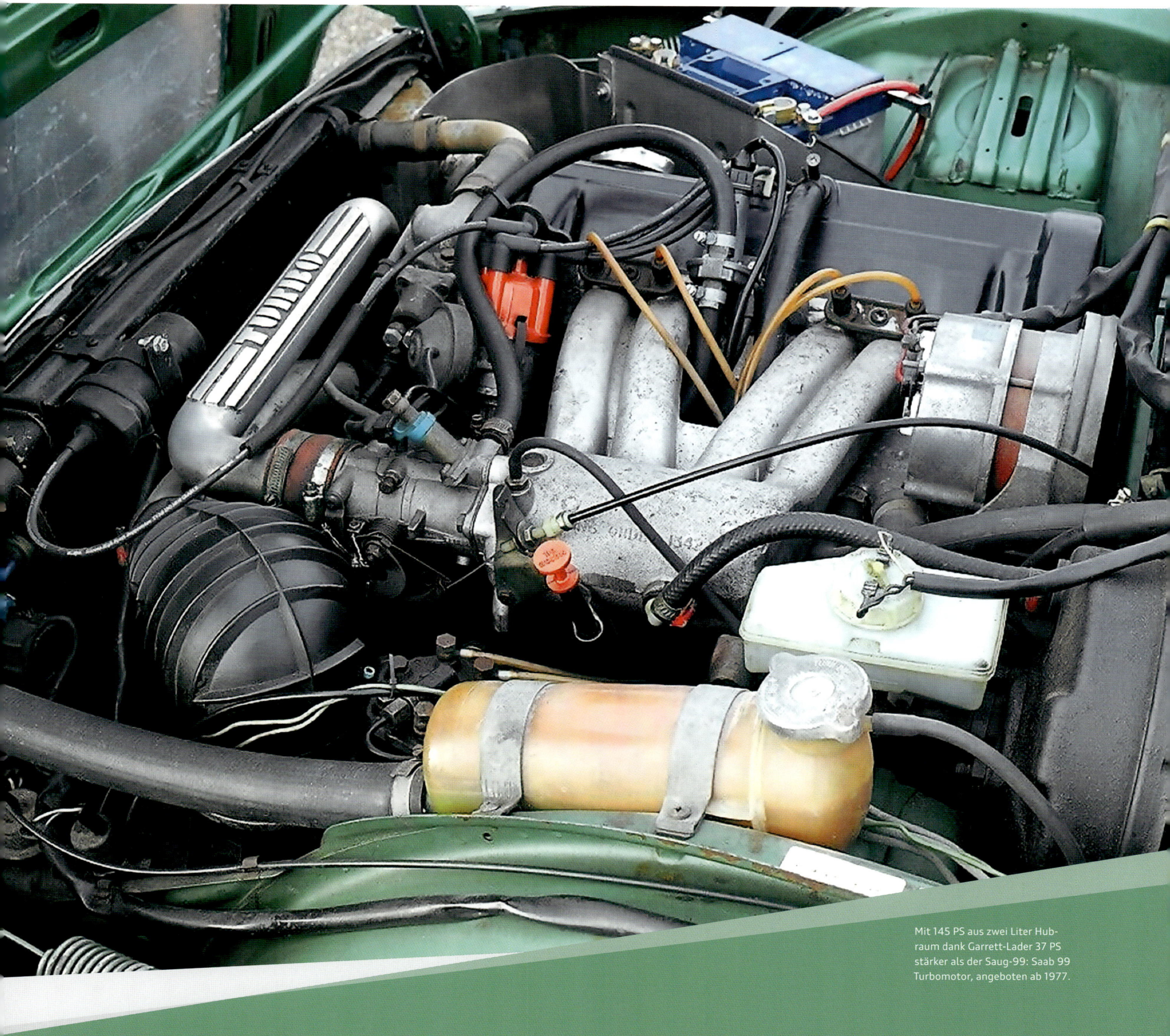

Mit 145 PS aus zwei Liter Hubraum dank Garrett-Lader 37 PS stärker als der Saug-99: Saab 99 Turbomotor, angeboten ab 1977.

Ultima ratio des Sportwagenbaus im 21. Jahrhundert: Bugatti Chiron von 2016 mit 420 km/h Höchstgeschwindigkeit.

Bugatti Chiron-Triebwerk:
16 Zylinder in zwei VR 8-Zylinderbänken, acht Liter Hubraum, vier Turbolader, 1500 PS.

Audi nutzte frühzeitig beide Möglichkeiten des Abgas-Staudruckes: Ab 1979 kam in Ingolstadt die Abgasaufladung sowohl zur Leistungs- und Drehmomenterhöhung des hauseigenen 2,15-Fünfzylinders auf das Niveau eines Dreiliter-Saugmotors (Audi 200 5T) zur Verwendung als auch für die Hochleistungsmotoren im Urquattro und Sport quattro. Mit den ersten Turbo-Dieselmodellen befreiten Audi (und Volkswagen) ab Anfang der 1980er Jahre zudem den Selbstzünder vom traditionellen Trägheits-Image und machten den Diesel in Sachen Fahrleistungen zum annähernd gleichwertigen Konkurrenten des Ottomotors – und zu einer zuvor unbekannt sparsamen Antriebsquelle. Das blieb Ende der 1970er Jahre selbst dem in Hamburg erscheinenden Wochen-Magazin *Der Spiegel* nicht verborgen – wenngleich dessen Redakteurs-Truppe in Sachen Turbolader-Funktion die falschen Schlüsse zog. „Alle Hersteller experimentieren mit Abgas-Turboladern"; zeigten sich die Hamburger im Titel-Thema „Wir müssen sparen, sparen, sparen"[1] wohlinformiert, um die Leser anschließend darüber aufzuklären, dass bei den Turbos „die Abgase nochmals verbrannt werden", was „zu besseren Fahrleistungen und zu besseren Verbrauchswerten" führe.

Bis heute nutzen Turboanwender freilich die Abgas-Druckenergie, auch ist die Turboszene nach wie vor in zwei Lager geteilt – in jenes mit Hochleistungs-Ambitionen und in jenes mit ökonomisch geprägtem Interesse. Führte bei Saab in den 1970er Jahren ein sehr kleines Entwicklungsbudget beim Sprung in die obere Mittelklasse statt zum Sechszylinder zum aufgeladenen Vierzylinder, so diente in jüngerer Vergangenheit das Turboprinzip bei vielen Herstellern umgekehrt dazu, die Zylinderzahl und den Hubraum zwecks Verbrauchs- und Abgasoptimierung zu reduzieren, ohne auf akzeptable Leistungen verzichten zu müssen.

Im Hochleistungsbereich der Sportwagen-Hersteller wiederum ermöglichen Turbolader – oft pro Motor gleich in mehrfacher Anzahl – Leistungs- und Drehmoment-Werte in zuvor nicht für möglich gehaltenen Höhen. Ein vorläufiges Maximum bildete dabei 2016 der Bugatti Chiron, der aus acht Litern Hubraum dank nicht weniger als vier Turboladern eindrucksvolle 1500 PS Nennleistung und 1900 Nm Drehmoment schöpft.

[1] Ausgabe vom 28. Mai 1979.

Selbstzünder mit Benziner-Temperament: Audi machte dem Dieselmotor mit Turboladern ab 1982 Beine.

Der „turbo diesel"-Schriftzug am Audi 80-Heck bedeutet 70 statt 54 Saugdiesel-PS und 158 statt 144 km/h.

Die quattro-Vorgeschichte

Eine Zeit des Hoffens und des Bangens

Um ein Haar wäre es womöglich nie zum quattro von Audi gekommen. Denn um ein Haar wäre ein Fahrzeugprojekt eingestellt worden, das im Frühjahr 1977 bei Versuchsfahrten im hohen Norden die Initialzündung für die Entwicklung des Audi quattro gab. Doch der Reihe nach – die Vorgeschichte der späteren Allrad-Legende beginnt schließlich bereits Mitte der 1970er Jahre, und das militärisch statt sportlich …

Basis des ersten Nachkriegs-Audi von 1965: die letzte DKW-Limousine, der F 102 mit Zweitaktmotor, gebaut ab 1964.

[1] **Auto Union AG**: Der Zusammenschluss von Audi, DKW, Horch und Wanderer erfolgte am 29. Juni 1932 mit Hauptsitz in Chemnitz.
[2] **Friedrich Flick** (* 10. Juli 1883, † 20. Juli 1972) übernahm als Daimler-Benz-Großaktionär die Auto Union GmbH im Jahr 1954.
[3] Daimler-Benz behielt jedoch die AU-Werke in Düsseldorf und im spanischen Vitoria.
[4] Die unterlegenen Wettbewerber lieferten Porsche und die Borgward-Tochter Goliath.
[5] **Munga** = **M**ehrzweck-**Un**iversal-**G**eländewagen mit **A**llradantrieb, von 1956 bis 1968 knapp 47000 Mal gebautes DKW-Modell für die Bundeswehr.
[6] Die Schmierung eines Zweitaktmotors erfolgt durch dem Kraftstoff beigemischtes Öl. Ein Motoröl-Messstab entfällt somit bei dieser Technologie.

Zweitakt-Ablösung: Mit dem von Mercedes entwickelten Mitteldruck-Vierzylinder begann bei der Auto Union die Viertakt-Ära.

Munga-Ablösung: 1969 ersetzte die Bundeswehr den Allrad-DKW durch den VW 181 mit Heckmotor und Heckantrieb.

F 102-Ablösung: Ab 1966 ersetzte die Auto Union GmbH den Zweitakt-DKW durch den Viertakt-Audi (intern F 103).

Damals begannen Verhandlungen des VW-Konzerns mit der Bundeswehr zwecks Lieferung eines kompetenteren Nachfolgers für den vom deutschen Heer genutzten Kübelwagen VW 181. Dieser Käfer-Abkömmling startete seine militärische Karriere 1969 und bot mit seinem luftgekühlten Heckmotor/-antrieb und Sperrdifferential ein zwar ordentliches, jedoch mangels Allradantriebs kein hervorragendes Talent abseits ausgebauter Pisten. Die Entwicklung des 181-Ersatzes oblag der VW-Tochter Audi, Erbin der in Sachen Geländewagen durchaus erfahrenen Auto Union GmbH.

Dieses Unternehmen mit dem glorreichen Namen eines Markenverbunds[1] der 1930er Jahre war am 3. September 1949 mit Sitz in Ingolstadt zum Bau von DKW-Fahrzeugen neu gegründet worden. 1958 hatte die Daimler-Benz AG die Auto Union auf Initiative des beiderseitigen Großaktionärs Friedrich Flick[2] übernommen. Doch diese Allianz war nur von kurzer Dauer. Bereits zum Jahreswechsel 1964/1965 erwarb die Volkswagenwerk AG 50,3 Prozent der Auto Union, die restlichen 49,7 Prozent wechselten im Laufe der Jahre 1965/1966[3] nach Wolfsburg.

Noch im Übernahmejahr lancierte Volkswagen 1965 auf Basis des DKW F 102 den ersten Audi der Nachkriegs-Geschichte, motorisiert durch eine im Viertakt arbeitende Mercedes-Motorenkonstruktion mit vier Zylindern und rund 1,7 Liter Hubraum (intern F 103). DKW wiederum war bereits im Folgejahr Geschichte, als mit dem F 102 die letzte Zweitakt-Limousine der Marke zugunsten des Audi eingestellt wurde. Letzter Zweitakt-Überlebender war noch bis 1968 jener Geländewagen mit Allradantrieb, den die Auto Union-Marke DKW ab Mitte der 1950er Jahre der damals jungen Bundeswehr geliefert hatte – dies als Sieger einer Bundeswehr-Ausschreibung des Jahres 1954[4].

In langjähriger DKW-Tradition verbrannte dieser allradgetriebene Munga[5] Zweitakt-Gemisch (hier im Verhältnis 1:40). Bundeswehr-Unteroffiziere pflegten diese geruchsintensive Technologie nicht nur zu Wehrübungen zu nutzen, sondern auch zu Charaktertests ihrer Untergebenen. Wer nämlich auf die Frage „Soldat – haben Sie auch den Ölstand geprüft?“ mit „Jawoll, Herr Unteroffizier!“ antwortete, war mit dieser Bestätigung als Schwindler überführt[6]. Neben dem Munga-Knowhow war für die Audi-Präferenz jedoch die Tatsache von besonderer Bedeutung, dass in Ingolstadt die Konstruktionsabteilungen für Sonderfahrzeuge und Getriebe unter einem Dach untergebracht sind – ideale Voraussetzungen also für die Konzipierung eines Fahrzeugs mit Allradantrieb.

Siegte 1954 bei einer Bundeswehrausschreibung: der „Mehrzweck-Universal-Geländewagen mit Allradantrieb, kurz „Munga“. Merkmale: Einzelradaufhängungen, Querblattfedern, Zweitaktmotor.

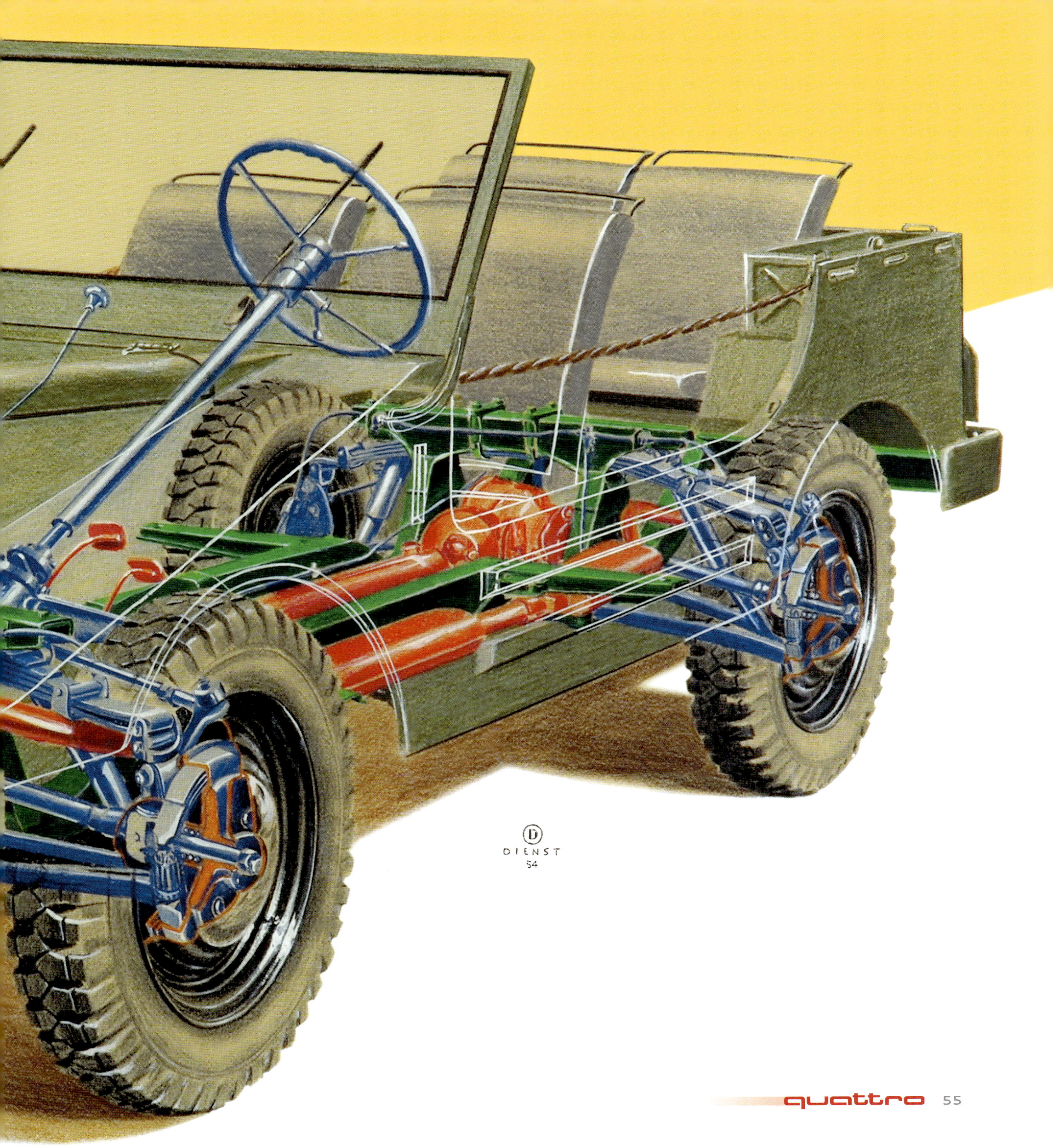
DIENST
54

Folglich erteilte das Volkswagen-PSK[1] im November 1975 der Audi-Truppe zugunsten eines möglichst kostensparenden Vorgehens zunächst den „Auftrag, der Bundeswehr ein Angebot zur Wiederauflage des Munga zu unterbreiten". Auftragsansatz war, so beschreibt Ralf Friese[1], Auto Union-Historiker von Audi Tradition in Ingolstadt, „1975 die Idee einiger Bonner Bürokraten des Verteidigungsministeriums, den Restbestand der DKW-Geländewagen mit einem Viertaktmotor aufzurüsten".

Dieser Ansatz von Bundeswehr und darauf bauend des PSK verwundert umso mehr, als die Bundeswehr bereits knapp zehn Jahre zuvor, am 22. Februar 1966, eine ähnliche Munga-Umrüstung schon einmal abgelehnt hatte. Damals versah die Auto Union zwei Munga-Versuchsmuster mit dem noch von Daimler-Benz konstruierten, im Audi (F 103) verwendeten Mitteldruckmotor. „Im Februar 1967", rekapituliert Ralf Friese diesen Teil der Iltis-Vorgeschichte, „sprach die Verkaufsabteilung Behörden der Auto Union erneut beim Kraftfahrzeugreferat des Verteidigungsministeriums vor. Wegen der veränderten Haushaltslage des Ministeriums schienen die Chancen für die Einführung des Audi-Motors wieder günstiger geworden zu sein."

Deshalb fand „am 27. und 28. Juni 1967", so Friese weiter, „die Vorführung zweier derart modifizierter DKW Munga vor Abordnungen des Verteidigungsministeriums, des Bundesamts für Zivilschutz, des Bundesgrenzschutzes sowie der Erprobungsstelle der Bundeswehr statt. Beide Wagen wurden nach eingehender technischer Vorstellung durch die Auto Union-Mitarbeiter Nedvidek (Auto Union Entwicklung Konstruktion) und Geite (Auto Union Entwicklung Versuch), an zwei Tagen im Gelände gefahren und dort mit Konkurrenzprodukten[3] verglichen. Auf der aufgeweichten, lehmigen Strecke hinterließ der Viertakt-Munga durchaus einen positiven Eindruck."

Die zugehörige Aktennotiz „Vorstellung Geländewagen mit Audi-Motor, Ne/Be, Ingolstadt" vom 31. Juli 1967 hält jedoch auch Mängel fest: So hatte der gegenüber dem DKW-Dreizylinder (Gewicht ohne Nebenaggregate nur 92 Kilogramm) um knapp 50 Prozent gewichtigere Audi-Vierzylinder[4] die Achslastverteilung ungünstig beeinflusst. Die deutlich erhöhte Vorderachslast führte überdies zu einer sehr schwergängigen Lenkung. Zugunsten einer möglichst unproblematischen Wartung legten die Bundeswehr-Techniker zudem Wert auf weitgehend handelsübliche Konstruktions-Elemente ihres künftigen Geländewagens, eine Vorgabe, die der Audi-Munga nicht erfüllte. Selbst dessen in den Grundzügen serienmäßiger Audi-Motor verfügte über diverse Sonderkonstruktionen, nämlich eine Spezial-Ölwanne, ein Spezial-Saugrohr und eine exklusive elektrische Anlage.

Darüber hinaus wünschten sich die Soldaten eine vergrößerte Geländeuntersetzung, was eine vollständige Neukonstruktion des Getriebes erfordert hätte. Außerdem neigte der extrem hoch, nämlich 11,2:1 verdichtete Mitteldruckmotor im harten Einsatz zum Klingeln. Und schließlich war die Federung in Ansprechverhalten und Federwegen gegenüber den Modellen der zum Vergleich heran gezogenen Wettbewerber inzwischen ins Hintertreffen geraten. „Eine entscheidende Verbesserung", vermerkt eine abschließende, vertrauliche Aktennotiz vom 3. Juli 1967 (siehe auch Fußnote 3), „erfordert eine völlige Neukonstruktion der Achsen und umfangreiche Rahmenänderungen." DKW-Experte Ralf Friese: „Deshalb kam es in den 1960er Jahren nicht zum Vertragsabschluss."

[1] **PSK** = **P**rodukt-**S**trategie-**K**omitee. Das PSK ist die letzte Instanz, in der ein Fahrzeug-Projekt entschieden oder, falls bereits im fortgeschrittenen Entwicklungsstadium, gestoppt wird. Im PSK werden Kosten analysiert, Designvorschläge begutachtet, und es wird über den voraussichtlichen Endpreis in der Herstellung und im Verkauf diskutiert. Auch die generellen Richtlinien der Konzernpolitik des VW-Konzerns werden hier getroffen. In diesem Komitee wirkt Audi, so 1979 der damalige Audi-Vorstandsvorsitzende Dr. Wolfgang Habbel in *auto motor und sport* (Ausgabe 14 vom 4. Juli 1979), „gleichberechtigt" mit.

[2] **Ralf Friese** (* 14. Februar 1964), in Sachen DKW familiär vorbelastet und nach eigener Einschätzung mit Zweitaktöl getauft, ist seit 2007 bei Audi Tradition für die Auto Union/DKW/Audi-Geschichte seit 1945 zuständig.

[3] Lt. einer vertraulichen Aktennotiz der Abt. Konstruktion Nutzfahrzeuge und Getriebe vom 3. Juli 1967 wurde der „Audi-Munga" mit diesen Konkurrenten verglichen – gekürzter O-Ton: „... VW-Kurier ... (gemeint ist der Typ 181), 0,5 t Prototyp der Firma Glas entsprechend dem Lastenheft von 1964 für die trilaterale Entwicklung, der amerikan. 0,25 t Geländewagen Ford M 151, wie er zunehmend bei den U.S.-Streitkräften verwendet wird, zwei Ausführungen des englischen Land Rover ..." Zu weiteren Vergleichen wurden auch Geländewagen von Steyr-Puch und Volvo herangezogen.

[4] Audi-Gewicht ohne Nebenaggregate 132 kg. Der DKW-Dreizylinder wiegt einbaufertig, also inkl. Schwungrad, Kupplung, Zündanlage, Vergaser und Auspuffkrümmer (jedoch ohne Lichtmaschine) 132,5 kg Für den Audi-Vierzylinder liegen exakte Angaben zum Einsatzgewicht zwar nicht vor. Man kann jedoch analog zum Mehrgewicht des DKW-Zweitakters von mindestens ca. 40 zusätzlichen Kilogramm ausgehen, die sich zu einem Gesamtgewicht von 170 bis 175 Kilogramm addieren.

Work-Life-Balance: der spätere Audi-Sportchef Roland Gumpert und ein Munga Viertakt-Prototyp.

Aus der Balance: Der relativ schwere Mitteldruck-Motor führte im Munga zu erhöhter Vorderachslast.

Viertakt-Munga: zwar gut im schweren Gelände, jedoch unhandlich. Deshalb „kein Vertragsabschluss“.

Neuer Versuch mit einem Viertakt-Munga 1975/76, auch mit dem neuen Vierzylinder EA 827 des Audi 80 ein Flop.

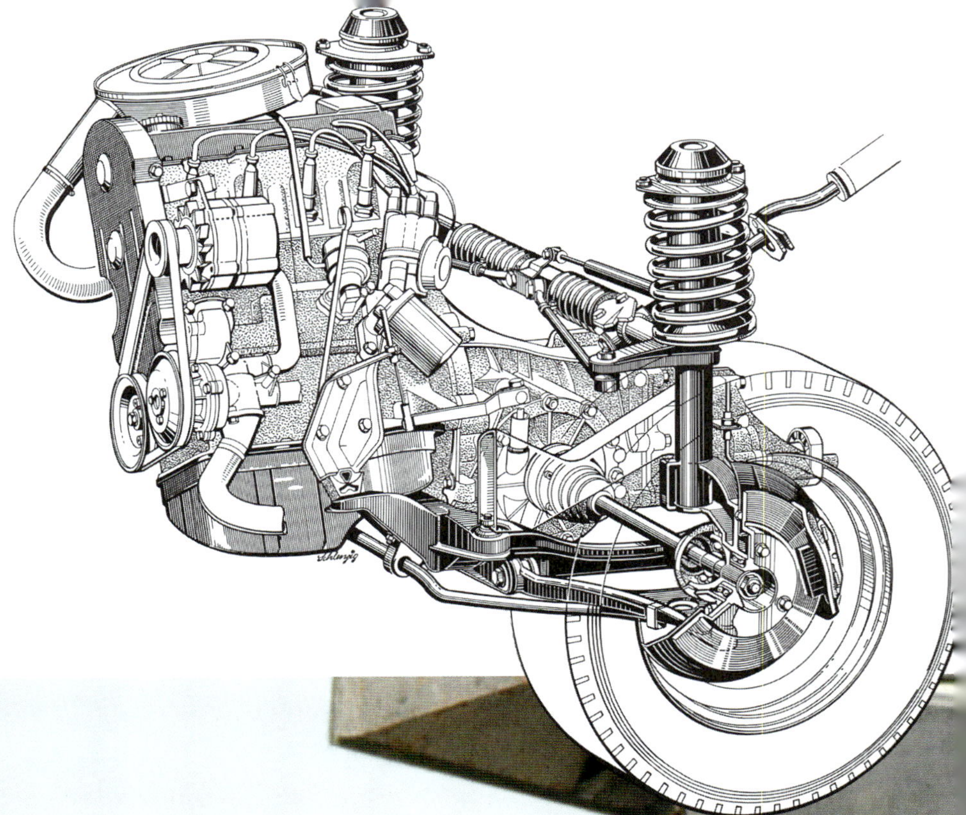

Bundeswehr-Premiere im März 1976: neuer Iltis – „Gleichteile mit Munga kaum noch vorhanden".

Versuche mit dem Iltis-Prototyp ab Mai 1976: zum Beispiel durch Soldaten der Bundeswehr in Trier.

[1] **EA 827**: 1972 von Audi für den damals neuen Typ 80 eingeführte, wassergekühlte Motoren-Baureihe mit vier Zylindern, Hubraumgrößen von (anfangs) 1,3 und 1,6 Liter und Nennleistungen von 40 bis 74 kW.
[2] **APP**-Vorlage = **A**usschuss für **P**rodukt-**P**lanung.
[3] **Böschungswinkel**: maximale Steigung (in Grad), die ein Fahrzeug aus der Ebene anfahren kann, ohne dass vorn oder hinten überhängende Fahrzeug-Teile die Böschung berühren. Die Böschungswinkel sind speziell bei Geländefahrzeugen von Bedeutung, wobei möglichst kurze und hochliegende vordere und hintere Überhänge von Vorteil sind.
[4] 1954; in Serie ab Ende 1956 besaß der Munga bis zu seinem Produktionsende im Dezember 1968 jedoch permanenten Allradantrieb.

Rund zehn Jahre später ging es also erneut um das Thema „Vierzylinder-Viertakt-Munga" – gemäß der Order des Wolfsburger PSK als Reaktion auf die neuerliche Anfrage der bundesrepublikanischen Landesverteidiger. Die Definitionsphase des entsprechenden Entwicklung-Auftrags (EA) 110 beanspruchte die Zeitspanne November 1975 bis März 1976. Sie führte einmal mehr zu dem Ergebnis, dass die ursprüngliche Bundeswehr- und PSK-Zielsetzung für das Geländewagen-Projekt zu verlassen sei. Die bloße Weiterentwicklung des DKW Munga unter Verwendung des damals aktuellen Viertakt-Vierzylinder EA 827[1] an Stelle des in seiner finalen Version 44 PS (32 kW) starken Zweitakt-Dreizylinders, ergänzt um das sogenannte C-Getriebe mit Allradantrieb, wurde damit ad acta gelegt. Denn auch die Technik-Verantwortlichen der Bundeswehr unter Verteidigungsminister Georg Leber (SPD) hatten sich mittlerweile von ihrem ursprünglichen Wunsch distanziert. Trocken notierte der Protokollant in der APP-Vorlage[2] 184 vom 18. März 1977: „BW lehnt Munga mit 1,6 Liter-Motor/EA 827 ab."

Die Vertreter des westdeutschen Militärs hatten nämlich mittlerweile deutlich höher fliegende Vorstellungen und Pläne. „Zunächst", so gestand es Rolf Schreiber, Diplomingenieur der Rüstungsabteilung im Bonner Verteidigungs-Ministerium, 1978 der *Welt am Sonntag* (Ausgabe vom 17. September 1978), „wünschten wir uns ein schwimmfähiges Fahrzeug. Doch das wäre zu teuer geworden." Kostensteigernd erwiesen sich freilich auch konventionellere Wünsche der Bonner Rüstungs-Bürokraten. So sollte das künftige Truppen-Vehikel statt der Munga-spezifischen Nutzlast von lediglich einer Viertel Tonne die doppelte Zuladung ermöglichen – zusätzlich zur militärischen Grundausrüstung im Gewicht von rund 200 Kilogramm, wohlgemerkt. Zudem forderte das Lastenheft für den Munga-Ersatz im Innenraum neben vier konventionellen Sitzen die Platzoption für zwei zusätzliche Notsitze.

Die konzeptionelle Neuorientierung kam indessen der Finanzabteilung der Volkswagenwerk AG durchaus gelegen. Die wünschte nämlich aus Herstellkostengründen die Verwendung möglichst vieler Konzern-Gleichteile aus aktueller Produktion, etwa Sitze, elektrische Komponenten, Lenkung oder Gelenkwellen. Außerdem galt es, verschärften Gesetzesanforderungen im Crash- und Abgas-Gebaren gerecht zu werden, was den DKW-Veteranen überfordert hätte. Die bereits zitierte APP-Vorlage 184 hält fest: „Im März 1976 wurde der Bundeswehr ein modernes, geländegängiges Fahrzeug (Iltis) unter Verwendung handelsüblicher Baugruppen angeboten." Ergänzender Hinweis der Vorlage: „Gleichteile mit Munga kaum noch vorhanden."

Derartiges Umdenken hatte die Projektkosten drastisch erhöht, zumal die Anforderungen der Bundeswehr-Beschaffung weitere, nur mit hohem Aufwand zu nehmende Hürden errichtete. Zwar entsprechen die gewünschten Maße für eine optimale Geländegängigkeit, nämlich eine Bodenfreiheit von 245 Millimetern, Böschungswinkel[3] von 40 Grad vorn und 32 Grad hinten sowie eine mögliche Wattiefe von 600 Millimeter (DKW Munga: 500 mm),durchaus den bis heute genreüblichen Standard-Anforderungen an Hochleistungs-Geländewagen. Auch der von den Soldaten geforderte abschaltbare Allradantrieb, wie ihn ursprünglich schon die Auto Union für den Munga in dessen frühem Entwicklungsstadium[4] vorgesehen hatte, entsprach genauso wie zuschaltbare Differentialsperren gemeinhin gängiger Geländewagen-Folklore.

Doch weitere Punkte des Lastenheftes sprengten den Rahmen des Üblichen. Das künftige Bundeswehr-Vehikel sollte nämlich bei voller Belastung und folglich mit einem Gesamtgewicht von knapp zwei Tonnen auf schwerem Gelände eine 50 Grad-Steigung mit einer Kriechgeschwindigkeit von maximal 4 km/h bewältigen können. Und es sollte darüber hinaus bei derartigem Extremeinsatz in einem Temperaturbereich von minus 30 bis plus 44 Grad Celsius einwandfrei und dauerhaft funktionieren, dies bei einer garantierten Nutzungsdauer von mindestens zehn Jahren.

Gefordert wurde auch die Tauglichkeit des Iltis als Außenlast beim Hubschrauber-Transport und, damit einhergehend, die Dimensionierung aller Komponenten für eine Beanspruchung bis zu einer achtfachen Erdbeschleunigung. Bemerkenswerterweise bestanden die Soldaten-Vertreter zudem auf antiquierten Trommelbremsen an Stelle von modernen Scheibenbremsen, dies in positiver Erinnerung an die entsprechende Munga-Bremsanlage. Die hatte nämlich dank perfekter Abkapselung der Bremsbacken innerhalb der Trommeln auch im Schlammbetrieb einwandfrei funktioniert – offen dem Terrain ausgesetzten Bremsscheiben/Bremssattel-Kombinationen wurde dieses Gebaren offensichtlich nicht zugetraut.

Erste Prototypen nach Bundeswehr-Vorgaben starteten im Mai 1976 zu Testfahrten – zunächst noch unter der Tarnbezeichnung „Shitaki". Nordafrika war ein favorisiertes Ziel der vielen Torturen, die noch folgen sollten. Es ging von El-Golea, einer Oasen-Stadt in der Algerischen Sahara, nach Tamanrasset im Süden Algeriens – drei Wochen unter materialmordenden Bedingungen: Hitze, Staub, Sand und Geröll. Testfahrten am Polarkreis deckten Iltis-Schwächen unter extremer Kälte auf. Und der Bundeswehr im Oktober 1976 gelieferte zehn Prototypen unterliefen am Standort Trier und bei ausgesuchten Einheiten forcierte Tests unter den Praxis-Bedingungen soldatischen Gebrauchs.

Iltis-Tests in Nordafrika: Versuche unter Extrembedingungen, von El-Golea nach Tamanrasset.

Irgendwie müssen diese nicht immer geheim zu haltenden Tests an neugierige Journalisten durchgesickert sein. Jedenfalls berichtete das in Stuttgart erscheinende Auto-Magazin *mot* bereits in Ausgabe 13/1976, also im Juli des Jahres, auf Seite 10 von einem „Audi-Munga mit Viertaktmotor", begleitet von Zeichnungen, die dem künftigen Iltis in der Form schon sehr nahe kamen. Es sei, so das 2006 eingestellte Schwester-Blatt von *auto motor und sport*, „verwunderlich, dass nicht schon längst ein VW-Audi-Motor der neuen Generation in den Jeep (offizielle Bezeichnung: DKW Munga) verpflanzt wurde". Weitsichtig regte *mot* zudem mit einer zweiten Zeichnung an, „auch eine Zivilversion zu entwickeln".

1976 war das Projekt Iltis alias Shitaki auf gutem Weg. Doch schon am 2. März 1977 standen die gestiegenen Entwicklungskosten in der Sitzung 218 des Produktplanungs-Ausschusses von Volkswagen als zentrales Thema auf der Agenda: Statt 9,1 Millionen DM, wie noch im März 1976 bei Vertragsabschluss mit der Bundeswehr prognostiziert, schlugen nun bereits geschätzte 12,8 Millionen DM zu Buche. Noch dramatischer stellte sich die Situation gut zwei Wochen später, am 18. März 1977, in der bereits zitierten APP-Vorlage 184 dar. Demnach hatten neue Bundeswehr-Forderungen[1], aber auch Erkenntnisse während der Entwicklung und Erprobung[1], die Entwicklungskosten gar auf 14,6 Millionen DM ansteigen lassen – vorbeugende Relativierung des Protokollanten: „heutiger Stand". Und: „Bis zum heutigen Zeitpunkt sind Entwicklungskosten von 11,6 Mio DM angefallen, bis 10/77 ca. 13,5 Mio DM."

Als Hauptursachen der Kosten-Explosion nennt die Vorlage 184 diese Posten:

Zusätzliche Entwicklung Kurierwagen[2]	1,3 Mio DM
Überschreitung Prototypen-Bau	1,1 Mio DM
Vorleistungen für BW-Rüstsätze	0,1 Mio DM
Ölkühler-Entwicklung	0,4 Mio DM
Spezielle Länderausstattungen	1,9 Mio DM

Dadurch ergab sich eine Steigerung der projektierten Herstellkosten pro Fahrzeug von 13234 DM (1975) auf 14372 DM (1976).

Iltis-Tests mit Tarnbezeichnung – und mit Zwischenfällen: „Shitaki" als Arbeitgeber (u.a. für Ferdinand Piëch, o.l.) und für die Unfallstatistik.

[1] Dazu zählte beispielsweise die Forderung der Bundeswehr nach einer gesteigerten Bergsteigefähigkeit des künftigen Geländewagens. Das schloss den ursprünglich vorgesehenen 1,6-Liter-Motor aus und zwang zur Verwendung des 1,7 Liter-Motors, für den der damals an die amerikanische Chrysler Corporation gelieferte 1,7 Liter-Rumpfmotor die Basis bildete.
[2] **Kurierwagen**: technisch einfacheres Iltis-Modell mit Zweirad- statt Allradantrieb. Für diese Version untersuchte und bewertete das Iltis-Projektteam Varianten mit Frontantrieb und Heckantrieb. Nach Abwägung aller Vor- und Nachteile wurde der Frontantrieb als bessere Alternative favorisiert – allerdings ging der Iltis Kurierwagen im Hinblick auf die Existenz des weiterhin zur Verwendung vorgesehenen VW 181 nicht in Serienfertigung.

Tauglichkeitsbeweis vor fachkundigem Bundeswehrpersonal: Iltis-Testwagen bei der Abnahme.

Tauglichkeitsbeweis für zivile Zwecke: schicke Iltis-Version als „MPV" für die Freizeitgesellschaft.

Es galt nun, Möglichkeiten für Kosteneinsparungen zu finden. Und es galt, eventuelle neue Iltis-Absatzwege zu eruieren. Schon am 9. März 1977 hatte Iltis-Projektkoordinator Hans Nedvidek[1] als zusätzliches Absatzpotential für seinen Schützling die Jeep-Nation USA ins Spiel gebracht – womöglich nahm er damit die ein knappes Jahr zuvor formulierte Anregung des Fachblatts *mot* auf. Dort, so hielt es das Protokoll der Produktplanungskonferenz 219 fest, „könnte das Fahrzeug mit geringen Änderungen als ‚Multi-Purpose Vehicle' zugelassen werden". Zudem wurde bereits eine Zivilversion für den europäischen Markt angedacht, wie sie Volkswagen auch für den Typ 181 offerierte, in den USA recht erfolgreich unter der Lifestyle-Bezeichnung „The Thing" vermarktet.

Doch zunächst stand am 31. März 1977 eine weitere Besprechung mit Bundeswehr-Verantwortlichen an. Fieberhaft ermittelte das Iltis-Projekt-Team[2] unter seinen Leiter Hans Nedvidek zwei Tage zuvor die durch die Bundeswehr verursachten und damit dem Kunden begründbar weiter belastbaren Kosten. Diskutiert wurden zudem weitere Maßnahmen zur Kostenreduzierung, etwa der Entfall der eigentlich vorgesehenen Verbundglas-Windschutzscheibe oder der elektronischen Zündanlage.

Über die (geheime) Sitzung mit Bundeswehrvertretern lag dem Autor kein Protokoll vor – ihr Ergebnis verhieß jedoch offensichtlich nichts Gutes für das Projekt Iltis. Am 14. April 1977 hält das Protokoll der APP-Sitzung 223 zwar fest: „Reduzierung der Herstellkosten um ca. 200 DM ist möglich." Zugleich gibt jedoch der Finanzabteilungs-Kollege Zaffran zu bedenken, „Preis noch nicht gesichert, da neue Verhandlung mit BW (ca. plus 2000 DM müsste BW für konstruktive Änderungen zuzahlen)". Das Projekt Iltis steht plötzlich auf der Kippe. „Wegen kritischer Situation", so die abschließende Forderung der Vertreter der APP-Sitzung 223, „soll der PSK Entscheidung zur Projektfortführung abverlangt werden."

Welchen Verlauf hätte die Audi-Technik- und Modellgeschichte wohl genommen, hätte das PSK unter Leitung des damaligen VW-Vorstandsvorsitzenden Toni Schmücker das Iltis-Projekt gestoppt ...?

Es sollte nicht so weit kommen. Erleichtert notierte der Protokollant in der APP-Vorlage 186 vom 21. Juni 1977: „Der Vorstand hat am 14.6.1977 der Weiterentwicklung des Iltis zugestimmt." Die ungewisse Zukunft des Iltis-Projektes hatte offensichtlich den Rotstift beflügelt. Auf derselben Sitzung meldet Projektleiter Nedvidek Kosteneinsparungen von minus 364,90 DM bei der Bundeswehr-Version und gar minus 398,90 DM bei der Zivilversion. Die Herstellkosten-Vorgaben werden erneut korrigiert: 14187 DM stehen nun für die Iltis-Grundversion im Protokoll, 17229 DM für die aufwändigere Bundeswehr-Variante. Für Letztere beschließt der Vorstand nun auch den (vorläufigen) Verkaufspreis, sicherheitshalber mit der Ergänzung „Stand Juni 1977" versehen, nämlich 27990 DM.

Trotz der unsicheren Schwebesituation des Iltis-Projektes hatte das Iltis-Projektteam die Arbeiten daran nicht etwa gestoppt. Vielmehr waren die Testabläufe unbeirrt fortgesetzt worden, was die APP-Vorlage 186 unter dem Agenda-Punkt „Erprobungsstand" bezeugt: „2 Wagen im Dauerlauf für Aggregate-Erprobung bei hohen Temperaturen in Algerien. Bisher keine nennenswerten Beanstandungen. Erprobung in der Schmutzwanne stationär angelaufen. Mitte Juli 1977 Aufbau neuer Dauerläufer (als Ersatz für die verschlissenen alten Dauerläufer)."

„Y"-Kennzeichen der Bundeswehr als Rangabzeichen für den Iltis ...

... und als Ergebnis umfangreicher Dauerläufe in Algerien „ohne nennenswerte Beanstandungen".

[1] **Hans Nedvidek** (* 1923), Iltis-Projektleiter, stieß Anfang der 1960er Jahre von Mercedes-Benz zu Audi. Bei Mercedes hatte der Getriebespezialist in den 1950er Jahren unter anderem maßgeblich die Kraftübertragungen des GP-Rennwagens W 196 entwickelt.
[2] Mitglieder: Hans Nedvidek als Vertreter der Ingolstädter Forschung und Entwicklung (FE), außerdem die Herren Stützlein, Zaffran und Zeitzschel als Vertreter der Ingolstädter Einkaufsabteilung, der Finanzabteilung bzw. der Produktplanung.

[1] **Dipl.-Ing. Roland Gumpert** (* 10. Dezember 1944) startete seine Berufslaufbahn 1969 als Versuchsingenieur bei der Audi NSU Auto Union AG als Sachbearbeiter für den Prototyp Audi 80. Seine weiteren wichtigen Stationen bei Audi: 1972 Erprobungsleiter und Typbegleiter des Typs 50, 1977 Versuchsleiter Fahrwerk und Aggregate, 1981 Leiter Audi Sport und Sonderentwicklungen, 1982 Audi-Sportchef, 1992 Vertrieb und Marketing Asien/Pazifik, 1999 Vertriebs- und Marketing-Vorstand Joint-Venture China. 2004 beendete Gumpert seine Tätigkeiten bei Audi zwecks Gründung eines eigenen Unternehmens zur Produktion eines Sportwagens (Gumpert Apollo).
[2] davon zehn Exemplare bei der Bundeswehr und 20 bei Audi.

„Schmutzwanne"?

Bei diesem Test wird die gesamte Antriebseinheit, Motor, Getriebe, Gelenkwelle zu den Hinterrädern sowie die vier Halbachsen der Räder in einen drei Meter langen und zwei Meter breiten Schlammkasten gesetzt und in diesem Umfeld computergesteuert im Rhythmus eines Geländebetriebs monatelang, Tag und Nacht betrieben. Hintergrund des Verfahrens: Audis Techniker waren mit den zuvor bei Geländewagen verwendeten Dichtungssystemen für Wellenaustritte unzufrieden und erforschten tauglichere Alternativen – die einen großen Aufwand erforderten, den das Magazin *Gute Fahrt* in Ausgabe 1/1980 auflistete: „Ein Schleuderblech, ein Rückfördergewinde und, vor dem eigentlichen Wellendichtring, ein Spezialdichtring mit Dichtlippe sowie zwei radiale und zwei axiale Staublippen schützen die Jungfräulichkeit der Wellen-Lagerstellen gegen das Eindringen auch winzigster Sand- und Schlammkörnchen." Die Staublippen sind im Übrigen aus hochwertigem, verschleißfestem Kunststoff gefertigt, und die ringförmigen Hohlräume sind zudem mit Fett gefüllt.

Diese immobile Tortur für die Technik-Komponenten fand eine kaum weniger materialmordende Ergänzung durch Fahrprüfungen sowohl unter der Regie der Bundeswehr als auch bei Audi hier unter der Regie des Iltis-Typbegleiters Roland Gumpert[1]. So mussten die ersten 30[2] Iltis-Prototypen mit voller Zuladung jeweils 30000 Kilometer im Gelände überstehen, auf Waschbrettpisten, auf Geröllfeldern oder bis zu den Antriebswellen in zähem Schlamm wühlend.

All diesen Quälereien war die Audi-Konstruktion Iltis gewachsen. Dem Bundeswehr-Auftrag und damit dem Produktionsstart stand nichts mehr im Wege, zumal der Technik-Vorstand in seiner internen Projektmeldung 213 am 18. August 1977 weitere „Verbilligungsmaßnahmen" für den Iltis melden kann, nämlich minus 540 DM für die Zivilversion, minus 270 DM für die Militär-Ausführung. Allerdings müssten diese Einsparungen noch „durch Kalkulation abgesichert werden".

Vier Tage später, am 22. August 1977, wurde auf der PSK-Sitzung 8/77 beschlossen, bei der Internationalen Automobil-Ausstellung (IAA) in Frankfurt am Main lediglich einen Militär-Iltis zu zeigen. Am 18. Oktober 1978 rollte in Ingolstadt der erste von 252 im Debütjahr gebauten Serien-Iltis vom Band. Volkswagen wiederum verschickte am 30. November 1978 eine Pressemitteilung mit dem Titel „VW Iltis (Lkw 0,5 t)" und meldete darin „Neues Geländefahrzeug der Bundeswehr übergeben".

Die finalen Technik-Details dieses Armee-Fahrzeugs werden im folgenden Kapitel erläutert – mit gutem Grund: Obwohl im Grundkonzept, in der Zielsetzung und Aufgabenstellung unterschiedlich zum Audi quattro, gab doch der Iltis die Anregung zu dessen Entwicklung. Zudem übernahm der quattro einige wesentliche Technologie-Details seines rustikalen Initiators. Somit war der Volkswagen Iltis für den Audi quattro von elementarer Bedeutung.

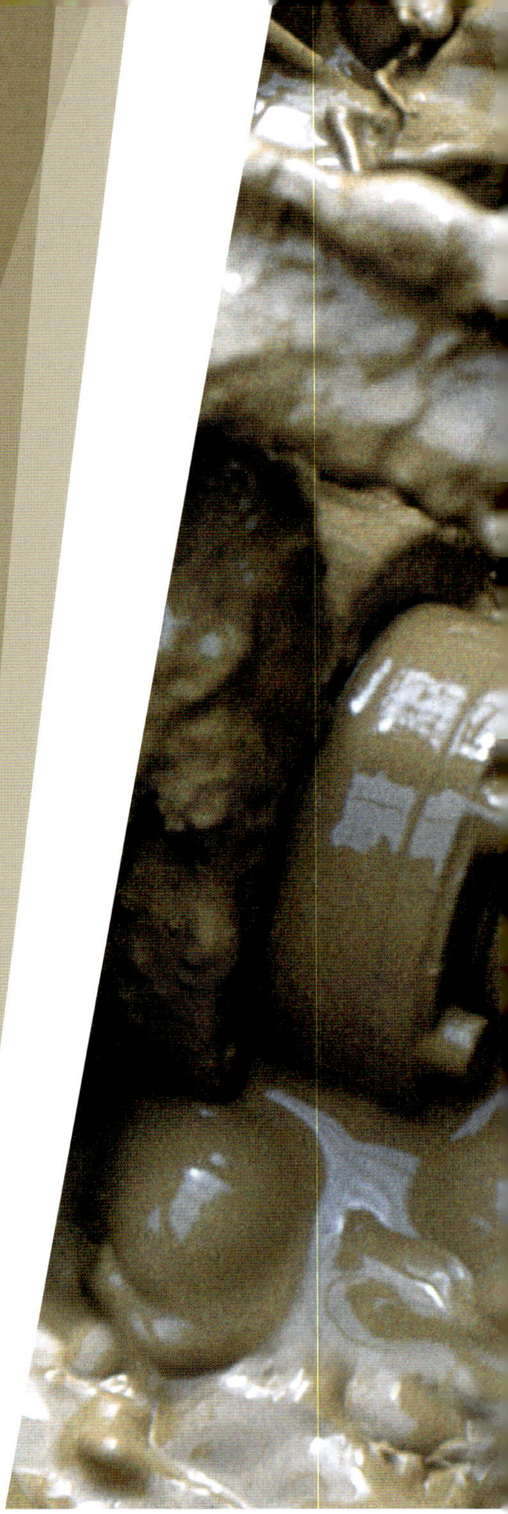

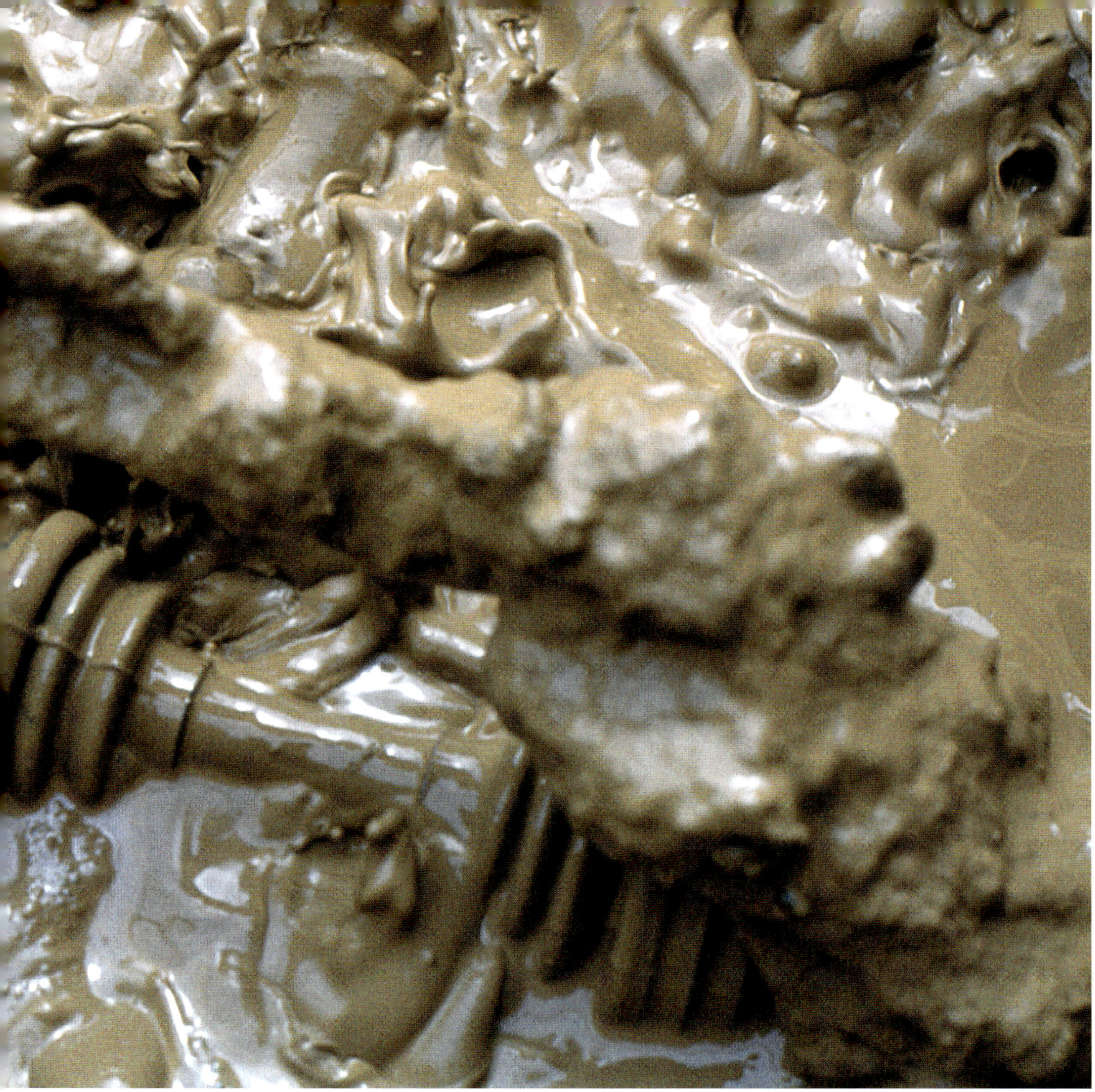

Horror-Szenario für Aggregate,
Gelenkwellen und Dichtungen:
In der Schmutzwanne wird extremer ...

... Geländebetrieb simuliert, computergesteuert im praxisnahen Rhythmus,
und das einige Monate lang.

Lohn vieler Tests in der Wüste,
am Nordkap und in der Schmutzwanne: Am 18. Oktober 1978 ...

... startete in Ingolstadt im
VW-Auftrag die Serienfertigung
der Audi-Konstruktion VW Iltis.

Der Pate

Ein Hochleistungs-Geländewagen als Ideenlieferant für einen Hochleistungs-GT

Er ist hochbeinig, er ist von wenig sportlicher Statur, und seine Proportionen sind durchaus gewöhnungsbedürftig. Denn sein Radstand misst nur 2015 Millimeter, dafür geriet sein vorderer Überhang relativ ausladend. Das ist der Volkswagen Iltis, unter mancherlei Geburtswehen von Audi in Ingolstadt konstruiert, ab 1978 von Audi auch gefertigt: Er habe, so sein Chefentwickler Dipl.-Ing. Hans Nedvidec, „natürlich eine reine Zweckform“, die „von den Forderungen nach einer entsprechenden Bodenfreiheit, dem vorderen und hinteren Böschungswinkel (siehe auch Seite 59), der Übersichtlichkeit bei Geländefahrt und nicht zuletzt von der Wattiefe bestimmt“ sei. Der Iltis ist eben ein Geländewagen, ein verlässlicher Kamerad fürs Militär, kein dynamischer Kumpel für Sportfahrer.

Vielzweckfahrzeug aus Ingolstadt für Zivilisten: Iltis im Designer-Look und mit attraktivem Hardtop.

Stolze Schöpfer und ihr Produkt: Am Lenkrad des Prototyps sitzt Iltis-Entwickler Hans Nedvidek.

Doch was hat dieses eher uncharmante, maximal 130 km/h schnelle Vehikel mit der Sportwagen-Ikone quattro von Audi zu tun?

Der Iltis fungierte sozusagen als Pate des Allrad-Sportcoupés: Wer in dessen Technikgeschichte einsteigen möchte, der muss sich zuvor mit der Technologie dieses als Volkswagen vermarkteten Geländegängers befassen. Er ist die „Urzelle“ für den rassigen und innovativen Grand Tourismo aus Ingolstadt, obwohl er sich im Allrad-Prinzip vom späteren quattro durchaus unterscheidet. Statt permanent alle vier Räder, wie beim quattro, werden beim Iltis im Normalbetrieb nämlich lediglich die Hinterräder angetrieben. Erst bei Bedarf, also im schweren Gelände und unter widrigen Witterungsverhältnissen, fördern die zur Bewältigung derartiger Bedingungen zuschaltbaren Vorderräder zusätzlich den Vortrieb.

Audi 100 als Pate: Das Iltis-Getriebe 088 hat das Getriebe des damals stärksten Audi als Basis.

[1] im April 1984 in Ingolstadt durchgeführte Informations-Veranstaltung überwiegend für Fachjournalisten.

Iltis-Entwickler Dipl.-Ing. Hans Nedvidek, später auch einer der quattro-Väter, hatte gute Gründe für seine Entscheidung, auf den permanenten Allradantrieb zu verzichten. Es ersparte ihm nämlich die Integration eines dafür notwendigen, unterschiedliche Vorder- und Hinterrad-Rotationen ausgleichenden Verteilergetriebes, auf das auf den Seiten 28/29 bei der Beschreibung des Jensen FF eingegangen wurde. Statt dessen huldigten die Audi-Techniker der reinen Geländewagen-Lehre, die den Allradbetrieb traditionell als zuschaltbar vorgibt und seit den 1940er Jahren etwa von Jeep in den USA oder von Land Rover in Großbritannien festgeschrieben wurde.

Nedvidek ging es um eine möglichst einfach konzipierte, möglichst platz- und gewichtsparende Allrad-Technologie. Und es ging ihm, wie später beim quattro, um die Verwendung möglichst vieler im VW-Konzern präsenter Technikkomponenten – oder zumindest um eine mögliche Fertigung auf vorhandenen Produktionsanlagen. So hat das Iltis-Getriebe vom Typ 088 das Seriengetriebe des damals stärksten Audi 100-Aggregats als Basis und gleicht diesem im Getriebegehäuse, im Achsabstand der Getriebewellen und in wichtigen Bohrungs-Koordinaten. Auch die Synchronisierung und getriebeseitige innere Schaltung sowie die Wellen und Lagerungen sind mit dem 100-Getriebe identisch.

Ergänzung findet 088 allerdings durch einen Vorgelegeblock für den (1 zu 40 untersetzten, unsynchronisierten und nur im Allradbetrieb einschaltbaren) Geländegang sowie für den Rückwärtsgang. Der Achsantrieb der (zuschaltbaren) Vorderräder ist beim Iltis, wie übrigens bei allen frontangetriebenen Audi-Modellen, im Getriebe zwischen Kupplung und Schaltgetriebeteil integriert. Von der gleichen Ritzelwelle wird die in Fahrt ständig beanspruchte Gelenkwelle zum Antrieb der Hinterräder angetrieben – durchweg konstruktive Merkmale, die später auch den quattro prägen sollten.

Die Vorteile dieser Anordnung listete der Ingolstädter Hauptabteilungsleiter Getriebe-Entwicklung, Nedvidek, 1984 in der Audi-Veranstaltung „AUDItorium“[1], als er über den Antrieb des Audi quattro referierte und dabei den Bogen zum Iltis spannte:

- „nur eine Kardanwelle (zur Hinterachse), beim Iltis mit nur zwei Gelenken;
- wenige abzudichtende Lagerstellen im Antriebsstrang;
- deutlich geringerer Bauaufwand und damit geringes Gewicht;
- günstigerer mechanischer Wirkungsgrad;
- insgesamt niedrige Schwerpunktlage der Aggregate.“

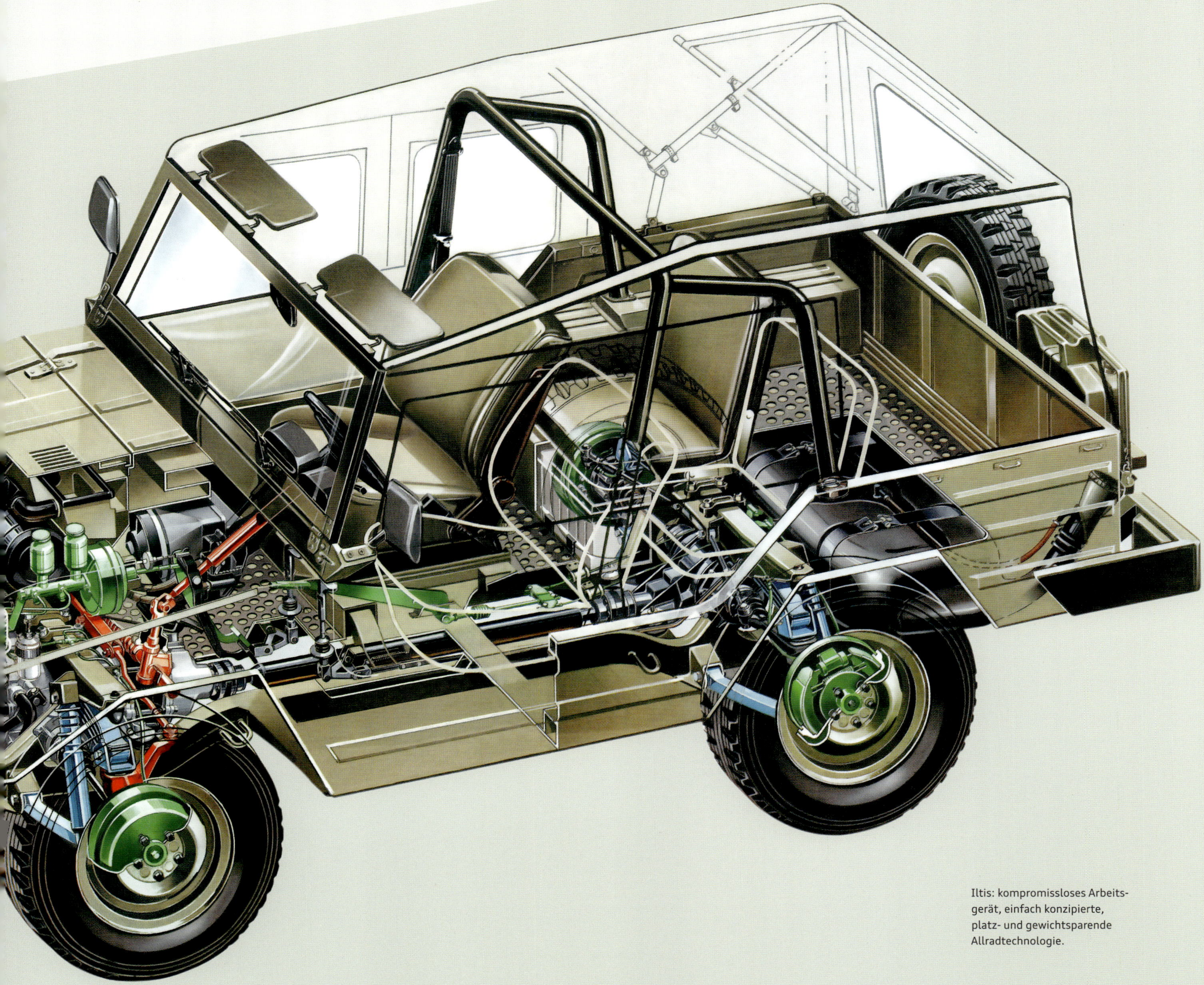

Iltis: kompromissloses Arbeitsgerät, einfach konzipierte, platz- und gewichtsparende Allradtechnologie.

Iltis-Klassik: Leiterrahmen mit vier geschlossenen Querträgern und zwei Federbrücken als solide Basis.

„Deutlich geringerer Bauaufwand"?

Nedvidek spielte mit dieser Behauptung auf die Usancen der damals herkömmlichen Allrad-Konzepte an. Die basieren nämlich nicht, wie der Iltis, auf Frontantriebs-Konstruktionen. Vielmehr ist deren Grundgerüst ein Fahrzeug mit längs eingebautem Frontmotor und Heckantrieb. Bei diesen muss über eine Zwischenwelle die Kraft in ein Verteilergetriebe geleitet werden. Dort stellen Zahnräder oder (im Falle Jensen FF) eine Kette denjenigen Abstand her, der erforderlich ist, um am Getriebe vorbei eine weitere Kardanwelle nach vorn zum Antrieb des Vorderachsdifferentials führen zu können. Dieses Konzept ist jedoch nicht nur komplex. Vielmehr erzwingt diese Art der Antriebs-Mimik eine relativ hohe Motorlage, weil sie unter oder neben der Motor/Getriebe-Einheit verläuft – meist verbunden mit entsprechenden Nachteilen für die Schwerpunktlage des Fahrzeugs.

Und was hat es mit der geringeren Zahl abzudichtender Lagerstellen im Antriebsstrang auf sich?

Dieser Iltis-Vorteil hat mit dem Verzicht auf ein zentrales Ausgleichsgetriebe zu tun – ein Verzicht, der später bei ersten quattro-Experimenten noch eine Rolle spielen sollte – doch davon ab Seite 105 mehr ... „Von einem solchen Verteilergetriebe", begründete Hans Nedvidek das Fehlen eines Ausgleichs von Vorder- und Hinterrädern, „führen Gelenkwellen zur Vorder- bzw. Hinterachse. Das hat den Nachteil", erläuterte der Audi-Konstrukteur weiter, „dass mindestens zwei zusätzliche Gelenke sowie die gleiche Anzahl zusätzlich abzudichtender Wellenaustritte benötigt werden." Wie auf den Seiten 64/65 rekapituliert, wurde von Audi gerade der Abdichtung aller mechanischen Komponenten mittels Langzeittests in der sogenannten „Schmutzwanne" besondere Aufmerksamkeit gewidmet. Schließlich ist es kein Geheimnis, dass klassische Geländewagen nicht nur britischer Provenienz allzu gerne ihren Standort mit Öl- und Schmierfett-Pfützen markieren – und je weniger Wellen-Austritte, desto weniger potentielle Leckagen.

Nach Ansicht der Ingolstädter Allrad-Spezialisten spielt die Abwesenheit eines zentralen Verteilergetriebes bei aktiviertem Allradantrieb im Gelände wegen des kurzen Iltis-Radstandes keine dominante Rolle. Denn auf lockerem oder matschigem Terrain böten sich den vier Rädern ohnehin unterschiedliche Schlupfverhältnisse. Auf einen Ausgleich zugunsten eines zwangsfreien Abrollens aller vier Räder, wie auf asphaltierter Straße unumgänglich, könne somit verzichtet werden. Weniger Einzelteile sorgen naturgemäß für ein geringeres Gewicht des Fahrzeugs, und die im ausgleichslosen Allradbetrieb starre Verbindung der Vorder- und Hinterachse macht ein zusätzliches Sperrdifferential zwischen beiden Achsen obsolet – was Herstellkosten spart und die Zahl mechanischer Komponenten verringert. 100-prozentig manuell sperrbar wurden hingegen die Differentiale der beiden Achsen ausgelegt. Insgesamt ermöglicht der Iltis seinem Fahrer dadurch sechs Antriebs-Kombinationen mit eskalierendem Vorwärtsdrang:

- nur Hinterradantrieb mit Differentialausgleich (Vorderradantrieb ausgeschaltet),
- Hinterradantrieb mit Differentialsperre (Vorderradantrieb ausgeschaltet),
- Allradantrieb mit Differentialausgleich an Vorder- und Hinterachse (aber 100-prozentige Sperrung zwischen den beiden Achsen),
- Allradantrieb mit Differentialausgleich an der Vorderachse und Differentialsperre an der Hinterachse (einhergehend mit der 100-prozentigen Sperrung zwischen den beiden Achsen),
- Allradantrieb mit Differentialsperre an der Vorderachse und Differentialausgleich an der Hinterachse (sowie 100-prozentige Sperre zwischen Vorder- und Hinterachse),
- Allradantrieb mit Differentialsperren an beiden Achsen (einhergehend mit der konzeptbedingten 100 Prozent-Sperrung zwischen den Achsen).

Klassische Geländewagen-Bauprinzipien bestimmten somit die Iltis-Kraftübertragung, und Geländewagen-Klassik verkörpert auch das Rückgrat des von Audi entwickelten Allradlers. Hier kommt nämlich ein Leiterrahmen aus perlitarmem Sonderbaustahl zum Einsatz. Die beiden Längsträger in geschlossener Bauweise werden durch vier torsionssteife Querträger und im Bereich der Achsen durch zwei Federbrücken verbunden. Der 85 Liter Treibstoff fassende Kunststofftank ist im hinteren Bereich des Rahmens untergebracht. Abweichend von klassischen Geländewagen-Bauformen sind alle vier Iltis-Räder statt an Starrachsen einzeln aufgehängt.

Vierblättrige Parabelfedern besorgen als Reminiszenz an DKW- und Munga-Bauweisen das Hauptgeschäft der Federarbeit und ergänzen zudem die Radführung. Zusätzlich kommen in Verlängerung der doppeltwirkenden, hydraulischen Stoßdämpfer Zellpolyurethanfedern zum Einsatz – Letzteres nicht allein zur Erhöhung des Fahrkomforts. Zusammen mit Gummipuffern über den Querblattfedern sollen die zusätzlichen Federelemente nämlich senkrechte Beschleunigungen von bis zu acht g parieren. Solche Extrembeanspruchung tritt dann auf, wenn das Fahrzeug von einem Hubschrauber aus geringer Fallhöhe abgesetzt wird – eine der Forderungen des Auftraggebers Bundeswehr.

Die gleichfalls von der Bundeswehr erwünschten Trommelbremsen des Iltis haben einen Trommeldurchmesser von 280 Millimeter und sind vorn als Duplex-, hinten als Simplexvariante ausgelegt. Zwei diagonal aufgeteilte Bremskreise sichern ihre jederzeitige Funktion, wobei der negative Lenkrollradius von 15 Millimetern bei Bremsmanövern eine ausreichende Spurtreue selbst bei Ausfall eines Bremskreises gewährleistet. Auch die Bundeswehr-Vorgabe der Handbremswirkung wurde erfüllt: Sie ermöglicht es, das vollbeladene Gefährt an einem 50 Prozent-Hang sicher abzustellen.

Ein wesentliches Iltis-Merkmal ist der identische Aufbau der Vorder- und Hinterachsen, deren Teile völlig gleich und folglich untereinander austauschbar sind – auch in dieser Hinsicht nahm der Iltis Merkmale des späteren quattro vorweg. Die Hinterachse unterscheidet sich von der Vorderachse nur dadurch, dass ihre Spurstangen fest am Rahmenquerträger angelenkt sind – eine Methode, die später bei der quattro-Entwicklung neuerlich eine Rolle spielen sollte (siehe auch Seite 88).

Iltis-Produktion: Die Fertigung des Geländewagens erfolgte in einer separaten Halle im Audi-Werk.

Als Antriebsaggregat wählten die Iltis-Entwickler jenen 1,7 Liter-Vierzylinder, wie er von Volkswagen auch der amerikanischen Chrysler Corporation für deren 1978er Subcompact-Modelle Dodge Omni und Plymouth Horizon geliefert wurde. Dieser Langhuber aus der Motoren-Familie EA 827 bildete im Übrigen auch die Grundlage des ersten Audi-Fünfzylinders (und damit der quattro-Motorisierung), mit dem er sowohl die Zylinderbohrung (79,5 mm), als auch den Kolbenhub (86,4 mm) gemein hat.

Das 8,2:1 verdichtete, um 20 Grad nach rechts geneigt eingebaute 75 PS-Triebwerk kommt mit Normalbenzin aus und liefert ein maximales Drehmoment von 135 Nm bei 2800/min. Weitere Merkmale: Leichtmetall-Zylinderkopf, oben liegende, von einem Zahnriemen angetriebene Nockenwelle, über Tassenstößel betätigte Ventile, fünffach gelagerte, geschmiedete Kurbelwelle, Leichtmetall-Ölwanne mit darunter montierter Stahlblechplatte als Schutzmaßnahme, für den Geländebetrieb ausgelegter Solex-Fallstromvergaser 1B1 (Düsenanordnung unempfindlich gegen Schräglagen des Fahrzeugs).

Um die Betriebssicherheit beim Durchwaten von bis zu 60 Zentimeter tiefen Gewässern sicher zu stellen, sind der Motor und die Kupplungsglocke des Getriebes wasserdicht miteinander verschraubt. Die elektrische Anlage, deren Energie in der Militärversion[1] von zwei hintereinander geschalteten 12-Volt-Batterien geliefert wird, ist aufwändig abgedichtet. Der Zahnriemen zum Antrieb der Nockenwelle sowie die Lagerung von dessen Spannrolle sind wasserdicht gekapselt. Seine Luft besorgt sich der Vierzylinder unterhalb der Windschutzscheibe, so dass ein sogenannter „Wasserschlag", also das Ansaugen von Schwallwasser beim zügigen Queren eines Gewässers, weitgehend vermieden wird. Auch die Bremsanlage erfuhr Maßnahmen, um gegen Schmutz- und Wassereintritt und dadurch verursachte Funktionsgefährdung und Korrosion gewappnet zu sein. So wurde zwischen Bremsträgerblech und Bremstrommel eine Labyrinth-Dichtung angeordnet, alle beweglichen Teile und die Bohrung der Radbremszylinder sind verchromt. Die Zahnstangenlenkung erhielt einen Entlüftungsschlauch, der das Eindringen von Wasser und Schmutz bei Wasser-Durchfahrten verhindert.

Auch an der Sicherheit der Iltisfahrenden Truppe wurde nicht gespart. So sorgt ein bei allen Bundeswehr-Fahrzeugen verbauter Überrollbügel aus dickwandigem Aluminium für Schutz bei misslungenen Fahrmanövern, die vorn Sitzenden werden dabei durch Dreipunktgurte mit auf den ruppigen Geländebetrieb abgestimmter Aufrollautomatik fixiert, während für die Rücksitze lediglich Beckengurte vorgesehen sind.

Wie schon zuvor der DKW Munga, so macht der Iltis keinen Hehl aus seiner militärischen Bestimmung – auch in seiner ab 1980 lieferbaren Zivilversion. Der blieb – im Gegensatz zum 1980 vorgestellten Mercedes-Konkurrenten G-Modell – ein Verkaufserfolg verwehrt, und das nicht nur wegen des von VW geforderten, ausgesprochen hohen Preises. Schon zur Einführung des Zivil-Iltis kostete diese Version mit 35225 DM gut das Doppelte eines zeitgenössischen Golf GTI, zum Iltis-Produktionsende waren es 1982 sogar knapp 40000 DM. Freilich dienten auch die gewöhnungsbedürftige Optik und die eher rustikalen Manieren des Iltis nicht gerade seiner Verkaufsförderung. Er verkörpere „schon rein äußerlich nicht das Ideal einer Freizeitgesellschaft", monierte etwa *auto motor und sport*-Tester Clauspeter Becker im August 1979 (Ausgabe 16/1979). Er komme vielmehr „im Kampfanzug daher und stellt nicht den Naturburschencharme eines Jeep CJ7 zur Schau".

[1] Zivilversion in 12 Volt-Ausführung.

Audi 80 als Pate: Der Iltis-Vierzylinder entspricht in den Maßen der für Chrysler modifizierten 1,7-Liter-Variante.

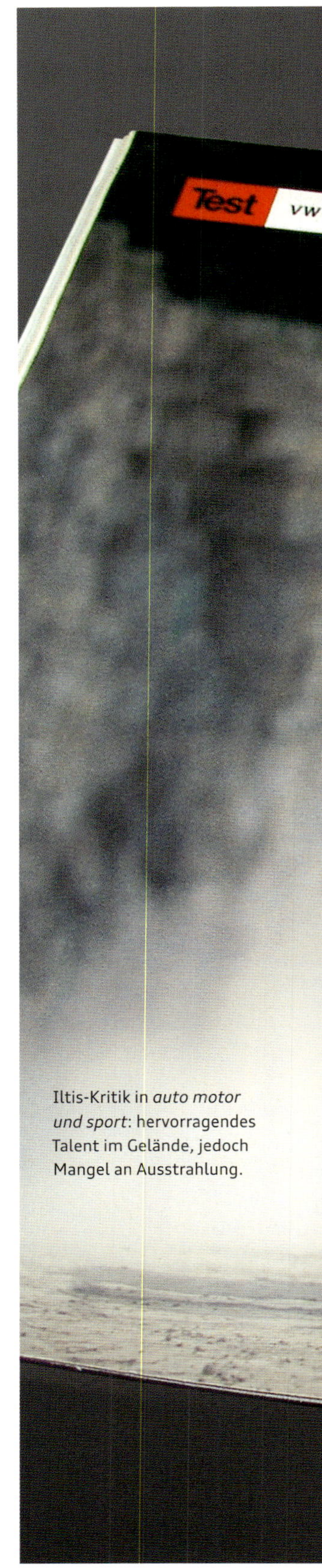

Iltis-Kritik in *auto motor und sport*: hervorragendes Talent im Gelände, jedoch Mangel an Ausstrahlung.

ehrbeauftragter
Geländewagen des VW-Konzerns für die Bundeswehr.
Vor 25 Jahren gewann der DKW Munga den Erprobungswettbewerb der Bundeswehr. Kürzlich war eine von Audi überarbeitete Version dieses Urtyps nicht minder erfolgreich. Der VW Iltis setzte sich im Heeresexamen gleichermaßen gegen seine Konkurrenten durch. Er wird in
IN-NC 26

Test VW Iltis

Hard Rock

Fotos: E. Focke / D. Heinz

Das kompromißlose Militärfahrzeug erscheint in unvermindert harter Zivil-Version

Laut Brockhaus ist der Iltis „ein Tier mit kurzem Kopf von 40 cm Gesamtlänge, wovon 16 bis 17 cm auf den Schwanz entfallen". Es kommen, so wird weiter gesagt, außer dem im allgemeinen schwarzbraunen Landiltis auch „gelbe und weiße Varietäten" vor.

Im Gegensatz dazu hatte der hier beschriebene Landiltis eine relativ lange Schnauze und einen kurzen Schwanz. Seine Färbung war ausgesprochen rot. Zoologisch sind diese Unterschiede mit Hilfe der Abstammungslehre zu erklären: Erbgut aus dem Lastenheft der Bundeswehr und Chromosomen aus der Farbpalette des Volkswagenwerkes haben unverkennbar Spuren hinterlassen.

Dabei dominiert das Bundeswehr-Erbgut. Zwar handelte es sich um die sogenannte Zivilausführung, aber die zivilen Merkmale beschränken sich in der Hauptsache auf die rote Farbe. Ich sage dies gleich zur Warnung aller, die sich vom Iltis einen modischen Geländewagen-Look in Verbindung mit einem ansonsten normalen Auto versprechen.

Mit solchen Produkten, die zur Zeit in diversen Preislagen und Formen auf dem Markt sind, hat der Iltis nichts gemeinsam. Er ist geradezu schockierend einseitig – sozusagen ein Berufssoldat. Der zweite Schock kommt vom Preis, der prohibitiv hochgeschraubt ist: 33600 Mark für die Grundausführung, sogenannte Extras extra. Allein für alternativen Look wäre das ein bißchen viel.

Das Klima:
Rauh und herzlich

Zwar ist der Look nicht zu unterschätzen. Military ist mehr als in, durch das Landmaschinenrot und das helle Verdeck kommt ein Schuß Rustikales hinzu. Die Golf-Anklänge im Styling sind auch kein Zufall, und so kann es das hohe, kurze Auto in der Originalität gut mit seinen wichtigsten Vorfahren, nämlich dem VW-Kübelwagen und dem Jeep, aufnehmen. Sollte die Zahl der Kriegsdienstverweigerer künftig drastisch zurückgehen, dann ist das sicherlich der Möglichkeit zuzuschreiben, im NATO-Rahmen ohne vorheriges Erlegen von 33600 Mark mit diesem Automobil über Stock und Stein zu fahren.

Da das Äußere lediglich ein Resultat des Zwecks ist, darf der zivile Interessent keinerlei Zugeständnisse an bürgerliche Fahrgewohnheiten erwarten. Das Einsteigen bewältigt er am besten mit Sprung-auf-marsch-marsch – kein Trittbrett kommt ihm zu Hilfe, um den im Sinne der Steifigkeit und der Watfähigkeit hohen Rand zu überwinden. Innen umgibt ihn kriegerische Kargheit: nacktes Blech, aufgeschraubte Innereien, Gummiteppiche.

Das Gefühl, lediglich durch ein Klappverdeck und Einstecktüren von der Außenwelt abgeschirmt zu sein, läßt unter den Insassen sogleich eine rauh-herzliche Stimmung aufkommen. Auch der laute Verständigungston, der während der Fahrt unumgänglich ist, trägt dazu bei. Vom Sicherheitsstandpunkt ist an der Unterbringung nichts auszusetzen, denn außer den hochgezogenen Seitenteilen der von unten wasserdichten Karosseriewanne hält ein handfester, doppelt abgestützter Sturzbügel notfalls Unbill fern. An ihm sind die Dreipunktgurte der Vordersitze aufgehängt. Auf Personenwagen-Komfort muß nicht ganz verzichtet werden: Das kernig tönende Heizgebläse liefert Wärme, Scheibenwascher und Sonnenblenden sind vorhanden, 4 Radios stehen zur Wahl. Ein Aschenbecher ist hingegen nicht da – vielleicht im Hinblick auf ein generelles NATO-Rauchverbot?

Die Einzel-Rücksitze haben Beckengurte, auch sind sie mit ihren flachen Polstern von geringerem Komfort als die Vordersitze, die offensichtlich der Personenwagen-Serie entnommen wurden. Die Fond-Passagiere sind also eher als Ladung zu betrachten. Geht es mehr um den Transport von Sachgütern, dann werden die Rücksitze

Das der Marke Volkswagen konzeptionell als unabhängige Hauszeitschrift gewogene Magazin *Gute Fahrt* teilte in Ausgabe 1/1980 unter dem Titel „Hard Rock" die Meinung der *auto motor und sport*-Kollegen: Beim Iltis dominiere „das Bundeswehr-Erbgut. Zwar handelt es sich um die sogenannte Zivilausführung, aber die zivilen Merkmale beschränken sich in der Hauptsache auf die rote Farbe"... womit der Tester unter dem Pseudonym „Henry Keller" die Lackfarbe des Testwagens meinte. So sei der Iltis „geradezu schockierend einseitig – sozusagen ein Berufssoldat".

Iltis-Kritik in *Gute Fahrt*:
hervorragendes Talent im Gelände,
jedoch „schockierend einseitig".

Die quattro-Idee findet Gehör beim Chef

„Dann machen Sie mal!“

Für die Produktion des Geländewagens Iltis gaben seine Tauglichkeit in der Schmutzwanne und auf Schlammpassagen den entscheidenden Ausschlag. Für den künftigen quattro sollten sich einerseits der Iltis, andererseits aber auch schnee- und eisbedeckte Wege durch finnische Wälder als schicksalhaft erweisen. Rund um Rovaniemi in Lappland, dort, wo der Weihnachtsmann ein eigenes Postamt besitzt, pflegt die Autoindustrie nämlich ihre Kältetests durchzuführen – dies üblicherweise bei Temperaturen von minus 30 Grad Celsius und darunter. „Bei uns“, so die Maxime des damaligen Audi-Entwicklungschefs Dr. Ferdinand Piëch, zitiert in *auto motor und sport* 14/1979, „geht kein neues Modell in Serie, das wir nicht mindestens drei Wochen unter arktischen und drei Wochen unter tropischen Bedingungen gefahren haben.“ Deshalb mussten sich hier, unweit des Polarkreises, Anfang Februar 1977 sowohl der Iltis als auch mehrere getarnte Audi Prototypen, darunter der künftige 200 Turbo mit immerhin 170 PS, unter winterlichen Extrembedingungen beweisen …

An diese nicht nur für das Modell quattro, sondern auch für die Marke Audi so entscheidende Nordland-Tour erinnerte sich Dr. Piëch im quattro-Debütjahr 1980, dazu befragt von Redakteuren des einstigen Motorsportmagazins *Rallye Racing*[1]:

„Begonnen hat alles vor etwas über 3 Jahren, als unser Fahrversuchsleiter Bensinger[2] nach einer Winterfahrt mit dem Iltis nach Hause kam und schilderte, wie man trotz nur 75 PS auf Eis und Schnee alles verblasen konnte. Unsere spontanen Gedankenspielereien waren: Was würde sich tun, wenn man Pkw-like baute, den Schwerpunkt senkte, stets alle vier Räder mittreiben lässt, das Auto perfekt dafür abgestimmt ist und nicht nur glatter Untergrund, sondern auch trockene griffige Straße vorliegt?"

Dr. Piëch weiter: „Irgendwie passte dies in die generellen Denkansätze, wie sie jeder Automobilhersteller, so auch wir, über die Autos der Zukunft denken muss. Beispielsweise: 1. Der Motor wird in den 80er-Jahren bei der Betrachtung eines Fahrzeuges nicht mehr die Dominanz spielen wie heute. Die gemeinschaftliche Entwicklung und Verwendung des gleichen Motors in der Topklasse, wie von Peugeot, Renault und Volvo bereits praktiziert[3], schadet dem Image dieser Firmen in keiner Weise, im Gegenteil. 2. Es sind jetzt rund 50 Jahre, die der Entwicklung des Standardantriebs gegolten haben. Die nächsten 50 Jahre hat der Frontantrieb für sich entschieden, das ist ganz klar. Es sollte also logisch sein, dass ein Pionier des Frontantriebs wie wir als Erster darüber nachdenkt, was danach kommt."

Geburtsland des Audi quattro: In Finnland unterzieht die Autoindustrie ihre Produkte vor Serienstart harten Wintertests.

[1] Ausgabe 4/1980; das Motorsportmagazin *Rallye Racing* erschien erstmals im August 1966, anfangs im Sportfahrer-Verlag, später im Gilde-Verlag. 2001 ging das Blatt in *Auto Bild Motorsport* (Springer Verlag) auf.

[2] **Dipl.-Ing. Jörg Bensinger** (* 2. Januar 1936) studierte in Karlsruhe und München Ingenieurwesen (Diplomarbeit: Konstruktion eines Dreischeiben-Wankelmotors), danach Stationen bei Porsche (Entwicklung des Typs 904), BMW (Leiter der Fahrwerksentwicklung), Mercedes-Benz (Vorentwicklung und Seriengesamtversuch); schließlich 17 Jahre Audi, zunächst Vorentwicklung, dann Fahrversuch einschließlich Konstruktion. 1989 Technischer Vorstand der GKN in Deutschland (hier Erfindung eines einfachen homokinetischen Gelenks). Der begeisterte Segelflieger und Gebirgswanderer genießt seit 1997 seinen Ruhestand.

[3] Dr. Piëch meint hier den sogenannten **PRV-Sechszylinder**, auch „Europa-V6" genannt, den Peugeot, Renault und Volvo als Gemeinschaftsentwicklung 1974 lancierten. Verbaut wurde der 2,7-Liter anfangs in den Modellen Peugeot 604, Renault 30 und Volvo 264, später auch in der Alpine A 310, im Talbot Tagora und DeLorean DMC.

Gemeinschaftswerk „ohne Image-Schaden" (O-Ton Piëch): PRV-V6 ab 1974 (hier in einem Volvo 264 verbaut).

Gute Laune: quattro-Initiator Jörg Bensinger (links) und quattro-Förderer Dr. Ferdinand Piëch (rechts).

Piëchsches Testobjekt mit Frontantrieb: Oldsmobile Toronado von 1966, bis heute im Konzernbestand.

Toronado-Kraftwerk: Siebenliter-V8, 300 SAE-PS, Getriebeautomatik mit Kettenantrieb, Frontantrieb.

Schließlich war sich der Audi-Cheftechniker über die Grenzen des Frontantriebs durchaus im Klaren, hatte er doch von seinen Mannen zwecks entsprechender Studien eigens einen Goldmetallic-lackierten 1966er Oldsmobile Toronado[1] beschaffen lassen. Dieses amerikanische Siebenliter-Coupé verfügt über mehr als 300 SAE-PS (entsprechend rund 250 DIN-PS) – und diese mächtige V8-Potenz wird über die Vorderräder auf die Piste übertragen. „Unsere Versuche zeigen heute, dass man selbst 180 und 200 PS noch tadellos über die Vorderräder auf die Straße übertragen kann", zitierte der *Wiener Kurier* Ferdinand Piëch am 22. Juli 1978. Dr. Piëch weiter: „... das ist entscheidend, es ist entscheidend für unseren Entschluss, auch in Zukunft alle Audi-Serienlimousinen nach dem Frontantriebs-Prinzip zu bauen."

Anfang 1979 bekräftigte der Audi-Cheftechniker im Interview der in Köln erscheinenden *Auto Zeitung*[2]. die technologische Hausphilosophie „pro angetriebener Vorderräder". Zwar wolle er „die Grenzen des Frontantriebs nicht verschweigen. Früher galten schon 100 PS als Obergrenze für den Frontantrieb". Allerdings sei das mittlerweile anders: „Heute zeigen unsere Versuche, dass selbst 180 PS gut über die Vorderräder übertragen werden können. Immerhin genug für uns, um auch in Zukunft alle Audi-Serienlimousinen nach dem Frontantriebskonzept zu bauen."

Wer zwischen den Zeilen zu lesen verstand, der realisierte schon damals, dass sich Dr. Piëch in seinem Statement lediglich auf „Limousinen" bezog. Aus heutiger Sicht sei indessen auch die Vermutung erlaubt, dass dem Ingolstädter Technik-Vorstand die künftige quattro-Entwicklung und deren Breitenwirkung Ende der 1970er Jahre, gut ein Jahr vor dem Debüt des quattro in Genf, noch nicht bewusst war ... Tatsächlich gestand Dr. Piëch gut zwölf Monate später anlässlich der quattro-Vorstellung 1980 im *Rallye Racing*-Interview[3]: „Dass wir im Laufe der Entwicklung unserer Vierradantriebsauslegung in eine völlig neue Dimension vordringen sollten, ahnten wir allerdings damals noch nicht. Heute freuen wir uns umso mehr."

Allerdings: Rund 14 Jahre vor diesem Eingeständnis des Ingolstädter Allrad-Förderers prognostizierte ein in Stuttgart publizierender Diplom-Ingenieur und Journalist dem Vierradantrieb eine wichtige Rolle bei der Förderung der Fahrsicherheit. So empfahl dieser Dieter Korp im Mai 1966 in seinem *auto motor und sport*-Artikel[4] über die Entwicklung des Frontantriebs diese Alternative zum Front- und Heckantrieb: „Indessen gibt es noch eine Antriebsform, die logischer erscheint und die allen Diskussionen ob Front- oder Heckantrieb ein Ende bereiten wird. Es ist der Vierradantrieb, der zu einem noch weiteren und sehr deutlichen Fortschritt im sicheren Fahrverhalten führen kann. Freilich wird man den allradangetriebenen Personenwagen aus Kostengründen nur als seltenes Exemplar in unserem technischen Tiergarten erleben."

Korp, am 20. Januar 2015 mit 93 Jahren verstorben, sollte noch erleben, dass er sowohl recht hatte als auch unrecht. Tatsächlich brachte der Allradantrieb dank Audi einen „sehr deutlichen Fortschritt im sicheren Fahrverhalten", doch sollte er sich im Laufe seiner Karriere keineswegs als „seltenes Exemplar im technischen Tiergarten" erweisen ...

[1] Dieser **Oldsmobile Toronado** mit sieben Liter Hubraum ist noch heute im VW-Konzern präsent: Er gehört zum Fundus der Autostadt in Wolfsburg und wird gelegentlich im Autostadt-Museum ZeitHaus gezeigt.
[2] *Auto Zeitung* Ausgabe vom 24. Januar 1979.
[3] *Auto Zeitung* Ausgabe 4/1980.
[4] Ausgabe 10/1966, Artikel „Frontantrieb auf dem Vormarsch – die Pferde ziehen vorn".

Teilnehmer der quattro-Initialrunde am 2. Februar 1977: Dr. Ferdinand Piëch und Walter Treser, ...

... Jörg Bensinger, quattro-Ideen-lieferant nach Iltis-Erfahrungen beim „Blasen“ im hohen Norden ...

...und Dr. Karl Bauer, bei Audi damals Leiter der Konstruktion von Vorentwicklungen.

Iltis, Rovaniemi ... quattro: Natürlich denkt auch Dipl.-Ing Jörg Bensinger im Nachhinein gerne an seine spektakuläre Initialzündung für den Allrad-Audi zurück. So gab der Versuchsingenieur, mittlerweile zum Leiter der Audi-Fahrwerksentwicklung avanciert, vier Jahre nach der Finnland-Fahrt im *auto motor und sport*-Interview[1] aufschlussreiche Einblicke in seine damalige Gedankenwelt. Dadurch erfuhr die geneigte Leserschaft des Stuttgarter Enthusiastenmagazins, was ihm durch den Kopf ging, als er den Iltis-Prototyp im Allrad-Modus über schneebedeckte Pisten drosch – und die bis zu 170 PS starken Audi-Prototypen mit Frontantrieb geradezu demütigte: „Alle vier Räder müssten bei einem Straßen-Sportwagen angetrieben werden“, sinnierte Bensinger während des Winter-Tests in Nordeuropa, „das Auto sollte außerdem ordentlich Kraft haben. Ich bin sicher, dass man mit ihm neue Maßstäbe setzt und alle verbläst.“

„Blasen“ – im Versuchsfahrer-Jargon ist dieses Verb das Synonym für eine sehr zügige Fahrweise, nicht selten am Limit, praktiziert etwa auf der Nordschleife des Nürburgrings oder auf menschenleeren Pisten am Polarkreis. „Verblasen“ wiederum ist der Code für Vorsprung beim Blasen, sei es dank persönlichen Fahrkönnens oder aber mittels überlegener Technik. Kaum zurück aus Finnland konfrontierte Jörg Bensinger seinen Chef, den Technik-Vorstand, mit seiner Idee. „Ich habe Dr. Piëch aufgesucht“, erinnerte sich Bensinger im Herbst 2020, „und vorgeschlagen, einen potenten Pkw mit Allradantrieb auszustatten.“ „Anfangs habe ich gedacht, ich hab’s vergeigt“, gestand Bensinger 2009 *stern.de*-Journalisten[2] im Rückblick auf die einstige Finnland-Nachbesprechung, „der Chef sagte nichts dazu.“ Doch Piëch dachte offensichtlich erstmal nach – Bensinger 2020: „Am nächsten Tag ließ er mich rufen und meinte nur, ‚dann machen Sie mal!‘“ Bensinger weiter: „Wir verständigten uns auf das in Bälde in Serie gehende Coupé als Allradobjekt. Das sollte zuerst mit Vorderradantrieb kommen, danach mit Allradantrieb – es kam dann ja anders herum.“

Später konfrontierten Piëch/Bensinger einen kleinen Technikerkreis mit der Allradidee, darunter Walter Treser[3], der sich noch heute an die Zusammensetzung der Runde und sogar an das exakte Datum des Geschehens erinnert: „Das Gespräch fand am 2. Februar 1977 in der Versuchswerkstatt statt, anwesend waren Ferdinand Piëch, Dr. Karl Bauer[4], Manfred Schneeweiß[5], Bensinger und ich.“

Walter Treser, der ehemalige Rennfahrer und Leiter der Audi-Vorentwicklung war in Sachen Allradantrieb durchaus vorbelastet. Schließlich hatte er sich während seiner Studienzeit mit vierradangetriebenen Formel 1-Rennwagen beschäftigt, die freilich über die Papierphase nicht hinaus kamen. Überdies teilte Treser Bensingers Vorliebe fürs „Verblasen“, weshalb bei ihm der Funke augenblicklich übersprang – Treser am 24. November 1980 rückblickend im *Auto Zeitung*-Interview über die sich abzeichnende Allradperspektive: Sie „bot den Reiz einer grundlegenden neuen technischen Entwicklung, die nicht in eine Sackgasse führt, wie zum Beispiel das dauernde Forcieren einer höheren Motorleistung ohne eine grundsätzlich andere Antriebslösung".

Ursprünglich dachte Treser, der Motorsport-Enthusiast, zunächst einmal an eine allradgetriebene, in limitierter Stückzahl von 400 Exemplaren gebaute Basisversion für ein Wettbewerbsfahrzeug. Treser im Frühjahr 2019: „Die 400er Stückzahl war das erste Minimalziel mit der Begründung der für Einsätze in der Rallye-WM notwendigen Mindeststückzahl für eine Homologation."

Galt es unter anderen mit dem quattro in der Rallye-WM zu schlagen: Weltmeister Lancia Stratos ...

... und Opel Ascona 400, 1982 der letzte Weltmeisterwagen mit Frontmotor/Heckantrieb.

[1] *auto motor und sport*-Ausgabe 4 vom 25. Februar 1981.
[2] *stern.de*-Ausgabe vom 21. Juli 2009.
[3] **Walter Treser** (* 18.April 1940) startete seinen Auto-Karriere als Kfz- und Flugzeugbau-Ingenieur bei Daimler-Benz, danach ab 1963 Reifenversuchsleiter bei Veith-Pirelli. Nebenher bestritt Treser Rundstrecken- und Bergrennen (z.B. auf DKW Junior und BMW Alpina). 1977 wechselte er zu Audi als Leiter der Vorentwicklung Sonderfahrzeuge, 1980 war er bei Audi Sport für erste Rallye-Einsätze mit dem quattro verantwortlich. 1982 machte sich Treser mit seiner Firma Walter Treser GmbH zum Bau von speziell präparierten Audi und Volkswagen nahe Ingolstadt selbständig. Mit dem Bau eines eigenen Sportwagens, des Treser TR1, scheiterte Treser nach nur 24 gebauten Exemplaren. Stationen danach: 1991 Sportchef bei Opel, 1996 Direktor der Opel-Vorausentwicklung. Seit 2003 ist Treser im Ruhestand.
[4] **Dr. Karl Bauer** (* 1934, † 18. Dezember 2013) startete 1953 nach dem Abitur eine Ausbildung als Betriebsschlosser und studierte von 1955 bis 1960 an der TH München, Abschluss Diplom-Ingenieur. 1960 trat Bauer bei der Auto Union GmbH ein, promovierte 1968, um danach bis zum Eintritt in den Ruhestand (1992) bei Audi NSU bzw. der Audi AG zu wirken, zuletzt als Leiter der Karosserieentwicklung. Zur quattro-Entwicklungszeit fungierte Bauer als Leiter der Konstruktion von Vorentwicklungen.
[5] **Manfred Schneeweiß** (siehe Datenschutzanmerkungen zu einigen quattro-Akteuren im Anhang auf Seite 400).

Audi 80: Die neue Leistungsklasse.
Der neue Motor: Neukonstruktion mit obenliegender Nockenwelle. Spurtstark und überholsicher. Sparsam im Verbrauch.
AUDI 80 LS
AUDI NSU
Vorsprung durch Technik.

Denn ein Allradler, so seine damalige Überlegung, sei womöglich geeignet, die damalige Dominanz von Lancia und Fiat in der Rallye-Weltmeisterschaft der zweiten Hälfte der 1970er Jahre zu brechen. Es galt, die Marken-Weltmeister Stratos (1974 bis 1976) und 131 Abarth (1977) zu „verblasen". In die von Treser beschriebene „Sackgasse" fuhren übrigens auch noch die Weltmeister der Jahre 1978 und 1980 (jeweils Fiat 131 Abarth), 1979 und 1981 (Ford Escort RS 1800) sowie 1982 (Opel Ascona 400). Allerdings strebte das Gespann Bensinger/Treser von vornherein nach Höherem – Treser 2019: „Es gab von Anfang an die Vision, die Allradidee in beide Audi-Baureihen, B und C[1], zu integrieren. Das 400er-Projekt war lediglich der erste Schritt, um den Produktions-quattro durchzusetzen." Denn, so Jörg Bensinger 2020, „im Vorstand war anfangs außer Piëch niemand für den Allrad."

Gleichwohl kam die Entwicklung in Gang – Walter Treser 2019: „Noch am 2. Februar 1977 bekam ich als Chef der Fahrzeug-Konzeptentwicklung den Auftrag, ein passendes Konzept für einen schnellen Allradler zu entwickeln." Bensinger zufrieden: „Der Allrad sollte Audi verändern …"

Start sofort am 2. Februar 1977 oder erst einige Tage später – so oder so: Der Februar 1977 markiert den Beginn der Umsetzung des quattro-Projektes. In diesem Monat machten sich Bensinger/Treser, „konstruktionsseitig zusammen mit den Herren Dr. Bauer und Schneeweiß" (Treser) ans Werk – vorläufig noch ohne offiziellen Auftrag, geschweige denn mit einer Rückversicherung bei der Wolfsburger „Mutter", also bei Volkswagen. Ein speziell ausgewiesenes Entwicklungs-Budget stand somit nicht zur Verfügung. Die Allrad-Pioniere mussten vielmehr ihr revolutionäres Treiben mit jenen bescheidenen Mitteln finanzieren, die sie, ohne Aufsehen zu erregen, aus ihren jeweiligen Abteilungs-Budgets abzweigen konnten.

Dass nur wenige Jahre zuvor im schwäbischen Weissach bei Porsche die Turbo-Ära in ähnlicher Art und Weise eingeläutet wurde, nämlich gleichfalls „under cover"[2] und anfangs ohne Wissen der Controller, soll hier nicht unerwähnt bleiben. Die Zeiten waren damals so, in jenen Jahren, als an Stelle von zögerlichen Kommissionen und „Yes-butern" der „Erbsenzähler"-Fraktion noch mutige Einzelne in Eigeninitiative so manchen Fortschritt beflügelten – und so manchen Trend begründeten. Man denke dabei auch an den ersten Golf GTI, von einer kleinen Enthusiastentruppe[3] in deren Freizeit sowohl erdacht, als auch auf die Räder gestellt – der sich entgegen der Wolfsburger Marketing-Prognosen zu einem Verkaufsschlager und Image-Förderer ohnegleichen für den Golf und für Volkswagen entwickeln sollte.

Tatsächlich erfolgte der Audi quattro-Auftakt wie zuvor die Anfänge von Porsche turbo und Golf GTI ohne die Einschaltung und Absegnung bürokratischer Institutionen, ohne einen den autoindustriellen Buchhaltern so wichtigen Entwicklungs-Auftrag (EA), ohne eine daraus resultierende Entwicklungs-Nummer. Allerdings hatten die Ingolstädter Macher die Rückendeckung des stets auf Audi-Autarkie bedachten Audi-Entwicklungsvorstands. Im Oktober 2010[4] vom damaligen *auto motor und sport*-Chefredakteur Bernd Ostmann befragt, gab Dr. Piëch dazu entwaffnend offen und in für ihn typischer Kürze Auskunft: „Es war eine Schwarzarbeit." Immerhin soll das Allrad-Projekt bereits im März 1977 in einem internen Audi-Protokoll aufgetaucht sein – Treser 2019: „Das kann stimmen, aber nur für einen sehr engen Info-Kreis, da ja verdeckt gehandelt wurde. Mir ist jedenfalls keine belegbare Einzelheit in Erinnerung."

Die Ingolstädter Geheimniskrämerei hing natürlich und nicht zuletzt mit der traditionellen Rivalität zwischen Audi und Volkswagen zusammen. Schon die erste erfolgreiche Audi-Eigenkreation, der 1972 vorgestellte Typ 80 (B1), war unter dem einstigen Audi-Chefentwickler Ludwig Kraus insgeheim und ohne offizielle VW-Genehmigung oder gar VW-Auftrag entwickelt worden. Gleichwohl sollte er sich, als Passat vermarktet, in den 1970er Jahren zum Rettungswagen für den Konzern mausern, nachdem er von Volkswagen adaptiert und von Giorgetto Giugiaro speziell im Heckbereich etwas modifiziert worden war. Die modernen wassergekühlten und preisgünstig zu produzierenden Reihenvierzylinder von Audi 50 und 80 verhalfen sowohl dem VW Polo als auch dem Golf zu erfrischender Dynamik – und führten zur gewinnbringenden Herstellkosten-Effizienz für den Gesamtkonzern.

„Under cover"-Entwicklungen mit Fortune: Audi 80 (B1) von 1972 als Konzern-„Rettungswagen", …

… Porsche 911 turbo von 1974 als Trendsetter und Erfolgsmodell in der Hochleistungsklasse …

… und Golf GTI von 1976 als Überraschungssieger in der Verkaufsstatistik von Volkswagen.

[1] Audi-Baureihe B = Audi 80, Audi-Baureihe C = Audi 100.
[2] Der ab 1974 gebaute Porsche 930 (911 Turbo) entstand nach einer Idee von Dipl.-Ing. Wolfgang Berger, Versuchsingenieur und Projektleiter bei Porsche im Weissacher Entwicklungszentrum. Ursprüngliches Berger-Ziel war ein im Motorsport chancenreicher GT.
[3] Der Golf GTI erster Generation, erstmals anlässlich der Frankfurter IAA im Herbst 1975 präsentiert, ist das Kind der Volkswagen-Ingenieure Alfons Löwenberg und Herbert Schuster sowie des damaligen VW-Pressechefs Anton Konrad.
[4] Quelle: Supplement „30 Jahre Audi Quattro" der Motorpresse Stuttgart (MPS), erschienen in den MPS-Titeln *auto motor und sport* 20/2010, *sportauto* 10/2010, *AUTOStraßenverkehr* 21/2010, *Motor Klassik* 10/2010 und *MOTORSPORT Aktuell* 39/2010.

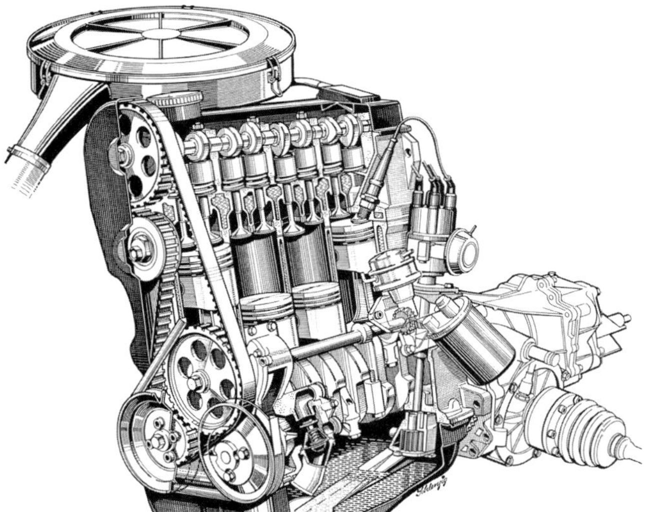

Audi-Motorenwerke als Segen für den Volkswagen-Konzern: 1,5-Liter (Audi 80, VW Passat und Golf), …

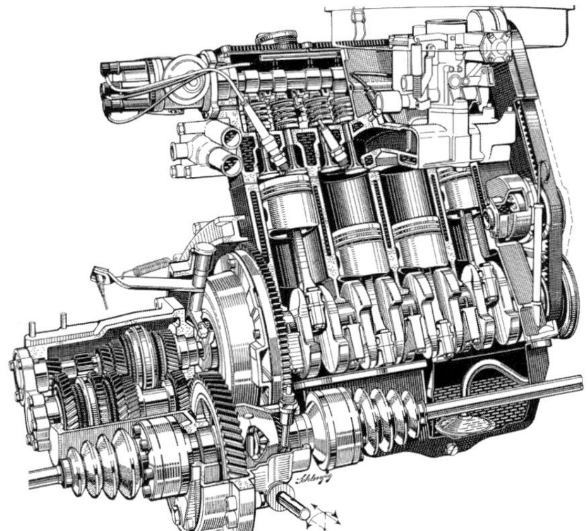

… 1,1- und 1,3-Liter mit Querstrom-Zylinderkopf für den Audi 50 und für den Volkswagen Polo …

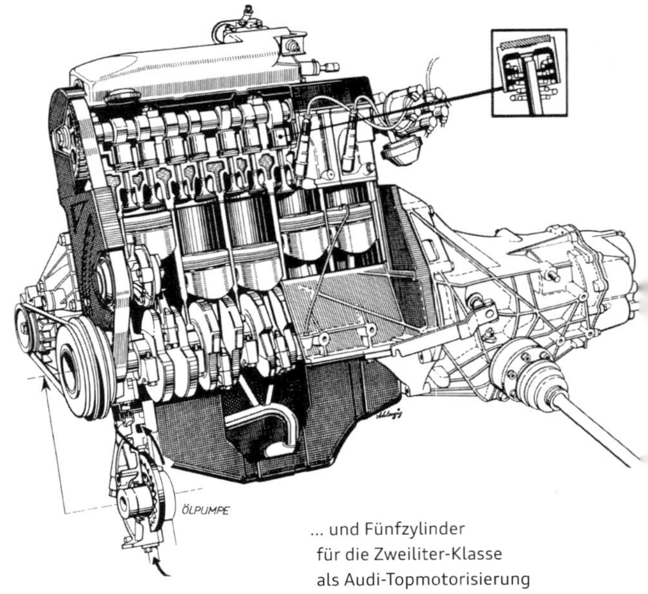

… und Fünfzylinder für die Zweiliter-Klasse als Audi-Topmotorisierung der 1970er Jahre.

In Sachen quattro war das Spannungsverhältnis von Wolfsburg und Ingolstadt das eine, doch Zurückhaltung empfahl sich auch mit Rücksicht auf das wirtschaftliche und politische Klima des Jahres 1977. Eine vermeintlich unsichere Energiesituation hatte das Automobil einmal mehr ins Fadenkreuz der Kritik gerückt; und die wirtschaftlichen Rahmendaten von Westdeutschland gaben durchaus Anlass zur Sorge. „Die gesamtwirtschaftliche Entwicklung in der Bundesrepublik Deutschland“, hieß es folglich einleitend im Audi-Geschäftsbericht von 1977, „blieb im Jahr 1977 deutlich hinter den Erwartungen zurück … eine Verlangsamung des wirtschaftlichen Wachstums konnte nicht verhindert werden.“ Weiter ist dort von „fortbestehenden strukturellen Beschäftigungsproblemen“ die Rede und von „anhaltend hoher Arbeitslosigkeit“. Ein hochpreisiges Hochleistungs-Automobil, so legte es diese Situation nahe, käme zur Unzeit …

Ungeachtet des bundesrepublikanischen Krisenszenarios verlief die geheime Allrad-Entwicklungsarbeit in Oberbayern von Anfang an vielversprechend – wenngleich nach außen hin völlig unspektakulär. Erstes Versuchsobjekt war nämlich ein ganz gewöhnlicher, zweitüriger Audi 80 der ersten Generation (B1). Doch unter dem unscheinbaren, rot lackierten Blech dieses intern „A1“ genannten Vehikels hatten die Herren Bensinger und Treser im Zusammenspiel mit ihren Konstruktions-Kollegen Dr. Bauer und Schneeweiß genial improvisiert.

So hatten sie die Karosserie des Audi 80 B1, Teile der (erst für das Folgejahr vorgesehenen) zweiten 80-Generation (B2) und des Iltis zu einem funktionellen und von Anfang an funktionierenden Ganzen zusammen gefügt. Die Radaufhängungen an McPherson-Federbeinen mit Querlenkern und Fahrschemel trug der B2 bei, und das gleich in zweifacher Hinsicht: vorn wie beim Typ 80 Usus, doch auch achtern. Dort kamen an Stelle der serienmäßig starren Torsionskurbelachse des Audi 80 gleichfalls McPherson-Radaufhängungen des B2 samt Fahrschemel zum Einsatz, allerdings um 180 Grad gedreht und damit sozusagen rückwärtsfahrend. Die Blockade der eigentlich lenkbaren Räder in Geradeausstellung bewerkstelligten die Versuchstechniker dadurch, dass sie die Spurstangen an starren Punkten am Chassis befestigten und auf diese Weise arretierten. Wer sich der im Vorkapitel geschilderten Beschreibung des VW Iltis-Fahrwerks erinnert, der erkennt – abgesehen von den Federelementen – aufschlussreiche Gemeinsamkeiten.

Der rustikale Geländewagen Iltis steuerte für den A1 zudem die Allrad-Komponenten bei, von denen Jörg Bensinger in der Endphase der Iltis-Entwicklung sicherheitshalber und mit dem Segen seines Technik-Vorstands einen Satz zurückgelegt hatte.Diese Teile, so erinnerte sich Dr. Ferdinand Piëch im Interview für das *Motorpresse Stuttgart*-Supplement zu Ehren „30 Jahre Quattro“ (siehe auch Seite 87) drei Jahrzehnte später, „passten problemlos unter den Audi 80“. Der Antrieb der A1-Vorderräder konnte unverändert vom Typ 80 übernommen werden, er erfolgt somit – wie schon beim Iltis – in üblicher Frontantriebsmanier über vom Getriebe links und rechts abgehende Halbwellen. Von der Antriebswelle des hinter dem Motor längs angeordneten Getriebes führt zudem eine Kardanwelle ohne Umweg nach achtern, um dort – im A1 noch ohne die Zwischenstation eines Zentraldifferentials – ein Iltis-Hinterachsdifferential zu bedienen. Dem hatten die Allrad-Vorkämpfer allerdings zwecks Gewichtsreduzierung ein Aluminiumgehäuse spendiert.

Auch motorisch rüstete die Ingolstädter Allrad-Gang auf, um das Potential ihrer Neuschöpfung möglichst aufschlussreich auszuschöpfen – und erhofften Entscheidern zu demonstrieren. So kam im A1 bereits wie später im 80 B2 der ursprünglich für den Audi 100 vorgesehene Fünfzylinder-Motor zum Einsatz, dessen Basis ursprünglich der auch im Iltis verwendete 1,7 Liter-Vierzylinder war (mit dem er die Hub- und Bohrungsmaße von 86,4 bzw. 79,5 Millimeter gemein hat). Dabei handelte es sich allerdings bereits um eine 160 PS-Entwicklungsvorstufe der späteren Turboversion des Audi-Typs 200 5T, dessen 170 PS-Triebwerk wiederum die Grundlage des quattro-Antriebs bilden sollte. Die Allrad-Nummer 1, der A1, repräsentiert damit bereits im frühen Stadium das technologische Fundament für den späteren Serien-quattro.

1977: Allrad-Prototyp A1,
der erste quattro, noch im
Audi 80-Tarnkleid, doch
darunter genial improvisiert.

1978: quattro-Testfahrten
nahe des finnischen Rovaniemi,
A1 muss sich am Polarkreis
in Eiseskälte bewähren.

Gab der quattro-Idee nach Testfahrt in Wien seinen Segen: Dr. Ernst Fiala, Entwicklungschef der Volkswagenwerk AG.

A1 funktionierte bei ersten Undercover-Versuchen auf dem Ingolstädter Werksgelände derart gut, dass der Audi-Vorstand seinen Schöpfern im September 1977 grünes Licht für die Weiterentwicklung gab. Damit ging auch die Erteilung eines Entwicklungs-Auftrags (EA) mit der Nummer 262 einher. Gab's nun endlich auch ein Entwicklungs-Budget? Keineswegs. „Es wurde lediglich eine Projektnummer festgelegt", erinnerte sich Walter Treser im Frühjahr 2019, „ohne eigenes Geld, lediglich zur Erfassung der Kosten. Die Stunden wurden auf allgemeine Kosten verrechnet."

Immerhin konnte A1 jetzt ganz offiziell Erprobungen unterzogen werden. So erfolgte das erste sozusagen legale „Roll-out" des Prototyps A1 bereits zwei Monate später, im November 1977, versehen mit dem Kennzeichen IN-NC 92. Bezeichnend für das damalige Verhältnis der Tochter Audi zur „Mutter" Volkswagen war indessen noch zu diesem Zeitpunkt eine große Sorge der Ingolstädter Allrad-Tüftler. Walter Treser gestand sie rückblickend dem *auto motor und sport*-Redakteur Clauspeter Becker[1]: „Wie bringen wir die Konzernleitung in Wolfsburg dazu, für dieses ausgefallene Projekt grünes Licht zu geben?"

Tatsächlich fehlte noch der Segen der Konzern-„Mutter" in Wolfsburg, und die erste dort zu nehmende Hürde hieß zunächst einmal Dr. Ernst Fiala[2], seines Zeichens VW-Entwicklungschef. Verschmitzt erinnerte sich Dr. Piëch im Interview für das „30 Jahre Audi Quattro"-Supplement der *Motorpresse Stuttgart*, wie er seinen VW-Kollegen zu überzeugen gedachte, nämlich mit der Präsentation des Faktischen: „Wir haben ihm den Allrad-Audi 80 nach Wien gestellt." Ausgehändigt wurde A1 von Johann Neff[3], damals unter Walter Treser für den Aufbau und die Steuerung der Prototypen zuständig. Im Sommer 2019 erinnerte er sich an den genauen Zeitpunkt: „Das Fahrzeug wurde 1977 von mir vor Ostern an Professor Fiala zum Testen übergeben."

[1] in *auto motor und sport*-Ausgabe 5/1980 vom 27. Februar 1980.
[2] **Dr. Josef Herbert Ernst Fiala** (* 2. September 1928) startete seine Berufslaufbahn nach seiner Promotion 1954 bei Daimler-Benz. 1963 wechselte er als Ordinarius zur TU Berlin, ehe er 1972 den Bereich Forschung und Entwicklung bei Volkswagen übernahm, um ein Jahr später in den VW-Vorstand berufen zu werden. Dr. Fiala behielt jedoch als gebürtiger Wiener seinen ersten Wohnsitz auch zu seiner Zeit als VW-Topmanager in der österreichischen Hauptstadt.

Hatte Einfluss auf die quattro-Zukunft: Rennfahrer und Journalist Paul Frère als Berater von Dr. Ferdinand Piëch.

Musste von der quattro-Zukunft überzeugt werden: Dr. Werner P. Schmidt, skeptischer Vertriebschef des Volkswagen-Werkes.

War es Zufall, oder war es Taktik?

Fiala verließ sich jedenfalls nicht auf seine eigene Einschätzung des Gebotenen. Vielmehr lieh er den roten Prototypen A1 seiner Gattin – ein Verfahren, das Machos gerne als „Hausfrauen-Test" bezeichnen, die vermeintlich fehlende Begabung der Damen im Umgang mit Technischem im Blick. Tatsächlich entlarvte Frau Fiala eine signifikante Schwäche des Ingolstädter Allrad-Prototyps, der ja noch ohne ein Zentraldifferential zum Ausgleich von unterschiedlichen Vorder- und Hinterrad-Rotationen auskommen musste. Sie fuhr damit zum Shopping in die Wiener Innenstadt und dort in ein offensichtlich enges Parkhaus. Dr. Piëch drei Jahrzehnte später rückblickend: „In der Auffahrt hat sich der Allrad verspannt, und der Audi 80 ist um die Kurve gehüpft."

A1 hüpfte?

Tatsächlich erzeugen unterschiedliche Wegstrecken von vorderen und hinteren Rädern auf fester Piste ohne Ausgleich ein ruckelndes Hüpfen des Fahrzeugs, zwingt doch der starre Durchtrieb die Räder der beiden Achsen zu identischen Drehzahlen. Da die Rotationsanpassung nicht durch ein Differential erfolgt, behilft sich das gepeinigte Allrad-Automobil durch ein hüpfendes Gebaren an der gummierten Hinterhand, um die unterschiedlichen Wegstrecken auszugleichen. Dies geschieht umso heftiger, je enger die Kurve verläuft – und in Parkhäusern pflegen die Radien bekanntlich ganz besonders eng zu sein. Dr. Piëch: „Fiala meinte: Wenn ihr ihm das Hüpfen abgewöhnt, ist es ein tolles Auto."

Ins gleiche Horn blies wenig später Paul Frère[4], dessen Renommee als Le Mans-Sieger und Top-Motorjournalist ihm in der Autoindustrie viele Türen öffnete. Frères Urteil hatte Gewicht – bei Ingenieuren wie bei Vorständen. Folglich lud Dr. Piëch seinen belgischen Freund schon im frühen Entwicklungsstadium zu einer A1-Probefahrt. „Als ich das Auto zum ersten Mal fuhr", schrieb Frère in seiner späteren quattro-Vorstellung für das amerikanische Fachblatt *Road & Track*[5], „befand ich, dass das Fehlen des Zentraldifferentials nur in sehr engen Kurven zum Reifen-Scharren führte, was allerdings bei Stadtfahrt ziemlich störte. Auf freier Strecke bot das Auto jedoch ein herrliches Handling und war die reine Freude. Piëch fragte mich anschließend: Was meinen Sie – ist das akzeptabel? Ich antwortete, dass ich's selber durchaus tolerieren würde angesichts der Vorteile beim schnellen Fahren. Ich bin aber sicher, dass sich meine Frau über diesen Misthaufen beschweren würde, der jedes Mal anhalten wolle, wenn sie versuchen würde, zu wenden ..."

Vom Ehepaar Fiala gelenkt, hüpfte A1, doch der VW-Entwicklungschef erkannte dennoch das Potential der Audi-Innovation – Johann Neff erinnert sich noch heute erleichtert an Professor Fialas Rückendeckung: „Anschließend wurde am 1. Mai 1977 das Fahrzeug in der PSK[6] für 400 Exemplare genehmigt."

Licht und Schatten lagen somit eng beisammen in der Frühphase der quattro-Entwicklung, und außer Konzern-Technikern galt es auch, jene auf die Allrad-Spur zu setzen, die das finale Produkt später zu vermarkten und zu verkaufen hatten. Auch die saßen damals, in der zweiten Hälfte der 1970er Jahre, in Wolfsburg – Dr. Piëch: „Volkswagen vertrieb zu jener Zeit auch die Audi-Modelle." Also galt es, den VW-Vertriebsvorstand und das VW-Marketing nicht nur einzubinden, sondern zu überzeugen – dies einmal mehr mit einer List. Um die strategisch wichtige Verkaufsabteilung auf ihre Seite zu bringen, lud die Audi-Allradcrew im Januar 1978 den Wolfsburger Vertriebschef Dr. Werner P. Schmidt[7] sowie dessen VW-Kollegen und Marketingchef Edgar von Schenk nach Österreich zur Besprechung in den Turracher „Seewirt". Dabei handelt es sich um das Stammlokal der deutschen Wintertestfahrer. Nebenbei standen auch Probefahrten auf die Turracher Höhe[8] im Programm, wobei allerdings lediglich von Winterreifen-Tests und von Schneeketten-Versuchen die Rede war.

[3] **Johann Neff** (* 1946) startete seine Audi-Berufslaufbahn in der Abteilung Fahrwerks-Messtechnik; danach Typbegleiter Audi 50/VW Polo und Prototypenbau. Nach 40 Jahren bei Audi ging Neff 2008 in den Ruhestand, zuletzt zuständig für Sonderschutz-Fahrzeuge (gepanzerte Fahrzeuge) von Audi, Volkswagen und Bentley.

[4] **Paul Frère** (* 30. Januar 1917, † 23. Februar 2008) siegte bei den 24 Stunden von Le Mans 1960 auf Ferrari 250 TR.

[5] *Road & Track*-Ausgabe vom Juni 1980.

[6] **PSK** = **P**rodukt-**S**trategie-**K**omitee (siehe auch Fußnote 1 auf Seite 56).

[7] **Dr. Werner P. Schmidt** (* 5. Juli 1932, † 3. Januar 2020) arbeitete von 1967 bis 1995 für den Volkswagen-Konzern. In dieser Zeit war er u.a. Exportleiter, Vorstandsvorsitzender von VW do Brazil, Vorstandsvorsitzender der Audi AG und VW-Vertriebschef.

[8] **Turracher Höhe**: Der Alpenpass in den österreichischen Gurktaler Alpen mit bis zu 23 % Steigung gilt Automobil- und Reifen-Entwicklern bei Fahrversuchen als eine wichtige Messlatte für winterliches Fahrverhalten.

Lokalität einer wichtigen Entscheidung pro quattro: der „Seewirt" in Turrach, Österreich.

Überzeugung mit Hilfe der Werksfeuerwehr: Audi-Chefentwickler Piëch und VW-Chef Toni Schmücker.

Dr. Piëch freute sich noch 30 Jahre später im Gespräch mit dem damaligen *auto motor und sport*-Chef Bernd Ostmann: „Wir sind mit dem Allradler schneller den Pass hochgefahren als die anderen mit Frontantrieb und Ketten." Diese Lektion, dieses Allradler-Talent zeigte die erhoffte Wirkung – Dr. Piëch: „Nachdem Fiala und Schmidt zugestimmt hatten, konnten wir weiter entwickeln." Dabei hatten Bensinger/Treser der Wolfsburger Abordnung lediglich eine 400er Stückzahl avisiert, also die Homologations-Vorgabe für Fahrzeuge zur Teilnahme an der damaligen Rallye-Weltmeisterschaft[1] – doch selbst diese relativ geringe Zahl schreckte den Wolfsburger Vertriebs-Vorstand Schmidt. Bensinger konterte dessen entsprechende Reserve selbstbewusst und im sicheren Glauben an das Projekt: „Ich sagte zu ihm im Spaß: ‚Geben Sie mir die Lizenz, die Autos zu bauen, und ich werde sie verkaufen'. Nachdem wir dann 10000 Fahrzeuge verkauft hatten, schickte ich ihm eine kurze Notiz mit einer freundlichen Erinnerung an unser Gespräch." Allerdings: „Die Notiz blieb unbeantwortet ..."[2]

Vertrieb und Marketing waren im Boot, wenn auch nicht voll überzeugt, was das mögliche Allrad-Absatzpotential anbelangte. Noch fehlte jedoch die Wolfsburger Investitionsfreigabe für das Ingolstädter Allradprojekt. Diese Freigabe musste der damalige Konzernchef der Volkswagenwerk AG abnicken – seit 1975 war das Toni Schmücker[3]. Und einmal mehr verfuhren die Audianer bei ihrer Überzeugungsarbeit ausgesprochen trickreich. Geplant war der Überzeugungsstreich im Mai 1978, als in Ingolstadt das Produkt-Strategie-Komitee (PSK) des Konzerns tagen sollte. Toni Schmücker wäre also ohnehin vor Ort präsent. Doch im Frühling war das Jahr bereits zu weit voran geschritten, so dass diesmal auf Schnee und Eis kein Verlass mehr war. Dr. Piëch: „Wir haben uns nahe Ingolstadt[4] einen Hügel gesucht. Die Werksfeuerwehr hat diesen Grashügel bewässert." Für schlüpfrige Streckenverhältnisse war somit gesorgt, als Toni Schmücker, wegen der zeitgenössischen Umtriebe der Roten Armee Fraktion (RAF) unter strengem Polizeischutz, am Versuchshügel eintraf.

Als Versuchsfahrzeuge standen bereit: ein BMW 7er konventioneller Konzeption, ein Audi 200 Turbo-Prototyp mit Frontantrieb und der unscheinbare Audi A1, der Allrad-Prototyp im Gewand des alten Audi 80. Das Agieren des VW-Chefs rekapitulieren die Augenzeugen heute unterschiedlich. So soll Schmücker sich geweigert haben, das Konkurrenz-Fabrikat auszuprobieren. Walter Treser erinnerte sich im Herbst 2019 indessen so an das Geschehen: „Diese Testfahrt fand im Anschluss an eine PSK-Sitzung statt. Zunächst ließen wir Schmücker mit einem heckgetriebenen 7er-BMW den Hang in Angriff nehmen, dann mit dem frontgetriebenen Audi 200 Turbo-Prototyp und schließlich mit unserem Allrad-A1." Dr. Piëch amüsiert: „Mit dem Hecktriebler steckte er nach einem Drittel fest, mit dem Fronttriebler nach der Hälfte."

Und wie bewährte sich der Allrad-A1? In *auto motor und sport*[5] beschrieb Walter Treser Anfang 1980 den schicksalhaften Vergleichstest und insbesondere Schmückers Agieren nach dessen erfolglosen Grashang-Fahrten mit Heck- und Frontantrieb mit diesen Worten: „Danach hat er sich gleich in den A1 gesetzt und so zögernd Gas gegeben, dass wir fast schon Sorge hatten. Aber schließlich trat er dann doch noch richtig rein und kam mühelos nach oben."

Der Hügeltest zeigte Wirkung: Aus der anfangs nur Audi-offiziellen Allrad-Entwicklung wurde eine konzernoffizielle Angelegenheit: Schmücker bewilligte, darin unterstützt von seinem Entwicklungschef Professor Fiala (siehe Seite 90), einen Allrad-speziellen, wenn auch noch bescheidenen Entwicklungs-Etat in Höhe von drei Millionen D-Mark.

[1] Um in der Rallye-WM eingesetzt zu werden, forderte das Reglement damals die Produktion von mindestens 400 einheitlichen und straßentauglichen Exemplaren als Basis der Wettbewerbsfahrzeuge.
[2] Auch in dieser Hinsicht sind Parallelen zur Turbo-Entwicklung bei Porsche und GTI-Idee für den Golf bemerkenswert – auch in Stuttgart-Zuffenhausen und Wolfsburg glaubten die Vertriebs-Verantwortlichen anfangs nicht an einen Verkaufserfolg der Neuentwicklungen. Sie wurden jeweils eines Besseren belehrt ...
[3] **Toni Schmücker** (* 23. April 1921, † 6. November 1996) startete seine Karriere nach einer kaufmännischen Lehre bei den Ford-Werken in Köln und avancierte dort 1961 zum Vorstandsmitglied. 1968 wechselte er in den Vorstand der Rheinischen Stahlwerke in Essen und wurde dort noch im selben Jahr Vorstandsvorsitzender. Am 10. Februar 1975 folgte Schmücker bei Volkswagen auf Rudolf Leiding als Vorstandsvorsitzender, eine Funktion, die er bis 1982 inne hatte. Schmücker gebührt das Verdienst, Audi im VW-Konzern als Premium-Marke positioniert zu haben.
[4] Der Versuch fand in Stammham statt, Luftlinie circa zehn Kilometer nordöstlich von Ingolstadt, direkt an der Autobahn 9 gelegen.
[5] *auto motor und sport* 5/1980 vom 27. Februar 1980.

Der Allrad-Audi im erweiterten Versuch

Ein Mysterium und positive Überraschungen

Dass ein Automobil mit vier angetriebenen Rädern Vorteile beim Bezwingen schlüpfriger Hänge hat – für diese Erkenntnis bedarf es keiner besonderen Weisheit. Allerdings waren entsprechende Experimente in der quattro-Frühphase bestens dazu geeignet, auch fahrtechnisch weniger talentierte und weniger ambitionierte Zeitgenossen, wie sie in der Automobil-Industrie vielfach Vertrieb und Marketing bevölkern, vom Allrad-Konzept zu überzeugen. Für Menschen ohne Technik-Affinität, geschweige denn ohne Maschinenbau-Diplom, ist es in der Tat ein phänomenales Erlebnis, wie so ein Allrad-Automobil auf Schnee und Eis – oder eben auch auf einem bewässerten Wiesenhang – zu klettern vermag.

Wie aber steht es um die Überlegenheit des Allradlers in Disziplinen, die für Motorsportler und Techniker von vorrangigem Interesse sind? Kann ein Allrad-Automobil einem über viele Jahre und Generationen perfektionierten Heckantriebs- oder Frontantriebs-Automobil auf trockener Asphalt-Piste Paroli bieten – oder besser noch: Könnte es auch hier überlegen sein? Die Weissacher Versuche mit zwei von Porsche Ende der 1960er Jahre in England angekauften Jensen-Exemplaren sprachen eher für das Gegenteil. Dabei handelte es sich um einen konventionellen Interceptor mit Heckantrieb und um einen Interceptor FF mit Ferguson-Allradantrieb. Beide mussten beispielsweise auf dem Weissacher Skidpad, einem runden Areal zur Evaluierung von Querbeschleunigungen, ihre jeweiligen Talente beweisen – oder ihre Defizite offenbaren. „Derjenige mit Zweiradantrieb war auf dem Skidpad viel schneller als der Allradler", verriet Dr. Piëch *auto motor und sport*-Redakteuren anlässlich eines Interviews im November 2011 (siehe auch Seite 29). Offensichtlich schob der FF derart heftig über seine Vorderräder zum Kurvenausgang, dass ihn dieses unhandlich-untersteuernde Gebaren abbremste und dadurch an überlegenen Rundenzeiten hinderte. Der neutraler abgestimmte Heckantriebs-Interceptor drehte hingegen unter den kritischen Augen des damaligen Weissach-Chefs Prof. Helmuth Bott und des damaligen Porsche-Chefentwicklers Dr. Ferdinand Piëch deutlich flinker seine Runden.

Für sportliche Betätigungen schien somit das Allradprinzip eher ungeeignet – zumindest erweckte der bullige Briten-Allradler damals den Anschein. „Wären mir solche Negativ-Beispiele bekannt gewesen", gestand Anfang 1980 quattro-Entwickler Walter Treser dem *auto motor und sport*-Chefredakteur Gert Hack[1], hätte ich das Projekt nie so unbelastet in Angriff genommen." Und Dr. Piëch, von Hack befragt, warum der Allradantrieb bei Audi so gut funktioniere, gestand freimütig, wenngleich mit leiser Ironie: „Wir wissen es nicht."[1]

[1] Quelle: jeweils *auto motor und sport* 8/1980, im ersten Audi quattro-Fahrbericht.

Erster Audi A1 Allradgegner 1978
in Hockenheim: Porsche 928
mit 240 PS starkem V8-Motor.

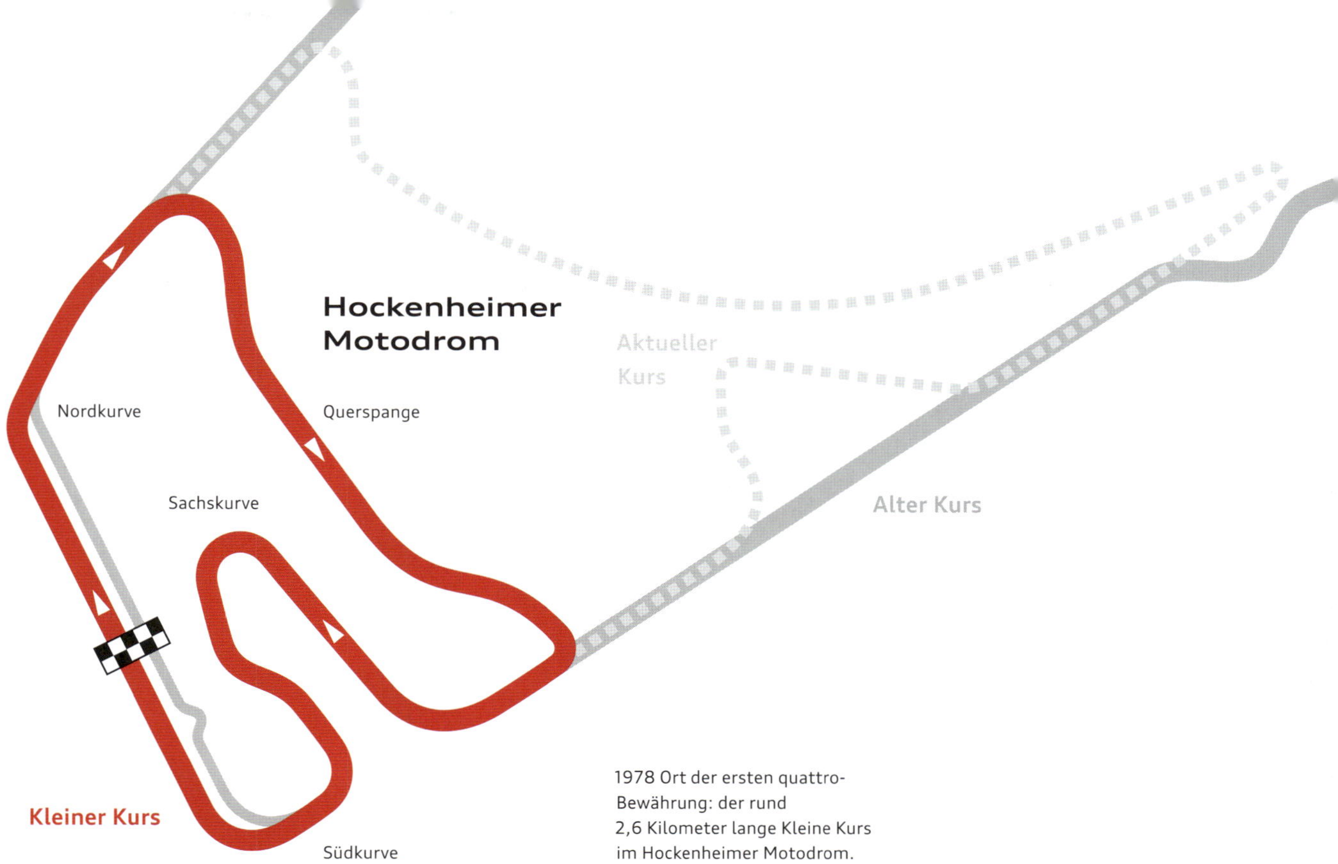

1978 Ort der ersten quattro-Bewährung: der rund 2,6 Kilometer lange Kleine Kurs im Hockenheimer Motodrom.

Der Allrad-Jensen hatte in Weissach versagt, auch Lotus hatte im Rennsport eher schlechte Erfahrungen mit vier angetriebenen Rädern gemacht (siehe Seite 20) – umso überraschender gestalteten sich Vergleichstests, die das „Bläser"-Duo Bensinger/Treser im April 1978 veranstalteten. Ort des Geschehens: der sogenannte Kleine Kurs des Hockenheimer Motodroms; der Vergleichsgegner des Allrad-A1 in der prototypischen Ur-Version, also der roten, zweitürigen 80-Limousine ohne Zentraldifferential: ein damals nagelneuer, 240 PS starker Porsche 928. Beide quattro-Entwickler droschen abwechselnd ihren A1 und den Porsche um die 2634 Kilometer lange Rundstrecke in der Kurpfalz. Ob der A1 bei diesem Vergleich noch über die anfänglichen 160 PS verfügte oder aber mittlerweile, wie Walter Treser gut vier Jahrzehnte später dunkel erinnerlich, bereits auf 200 PS erstarkt war, lässt sich leider nicht mehr mit letzter Bestimmtheit rekonstruieren (siehe jedoch Seite 106) – ganz im Gegensatz zum damaligen Verlauf des Kleinen Kurses im anno 2002 signifikant umgestalteten Hockenheimer Motodrom.

Dieser Kurs begann analog zum Grand-Prix-Kurs auf der Zielgeraden, an die sich heute noch eine scharfe Rechtskurve anschließt. Statt geradeaus auf die erste Waldgerade des GP-Kurses führte der Kleine Kurs wenig später, ausgangs des Motodroms, scharf rechts ab in die sogenannte Querspange, an deren Ende man sich nach einer schnellen Linkskurve wieder in einer scharfen Rechtskurve in den Großen Kurs einfädelte. Die Piste schlängelte sich nun in einer weiten Rechtskurve wieder hinein ins Motodrom. Dort folgte nach einer kurzen Geraden die legendäre Sachs-Kurve, eine leicht überhöhte 180 Grad-Linkskehre. Daran schloss sich in einer kleinen Senke jene Rechtskurve an, die direkt in eine weitere Rechtskurve als Auftakt zur Zielgeraden mündete.

Schlug sich in Hockenheim gut gegen den deutlich stärkeren Porsche: erster Allrad-Audi A1.

Schnelle Brüder im Hockenheimer Motodrom der 1970er Jahre: Porsche 911 turbo (930) und Gruppe 4-Version 934.

Rund 105 bis 115 km/h Durchschnittsgeschwindigkeit ermöglichte dieser Kleine Kurs in den 1970er Jahren gut motorisierten Sportwagen für den Straßengebrauch. Ein 1977er Porsche 911 Carrera (Heckmotor, 200 PS) benötigte für eine Runde etwa 1:25 Minuten (Durchschnittsgeschwindigkeit 111,6 km/h), ein BMW 633 CSi (Frontmotor/Heckantrieb, 200 PS) rund 1:30 Minuten (105,4 km/h) und ein Porsche 928 (Transaxle-Konzept, 240 PS) etwa 1:26 Minuten (110,3 km/h). Superautos und Rennwagen waren naturgemäß deutlich schneller. So bezwang 1975 der neue Porsche 911 Turbo (260 PS) den Kleinen Kurs, couragiert bewegt, in rund 1:23 Minuten (114,2 km/h). Seine Gruppe-4-Ableitung für den Rennsport, der rund 480 PS starke Porsche 934, nahm sich für die 2,6 Kilometer-Runde, pilotiert von einem seiner damaligen Stammfahrer[1], nur 1:14,6 Minuten Zeit – Durchschnitt: gut 127 km/h.

Und wie bestand der A1 gegenüber dem 4,5 Liter-Porsche, der dem Audi-Prototyp um mindestens stramme 40 PS, womöglich gar um 80 PS überlegen war?

„Der 928 war bei uns im Durchschnitt um gerade mal einige Zehntelsekunden schneller", rekapitulierte Walter Treser rund 41 Jahre später. An konkrete Rundenzeiten konnte er sich freilich nicht mehr erinnern, sie dürften jedoch im Bereich der von talentierten Motorjournalisten erzielten Zeiten gelegen haben. Dabei war die Strecke an jenem denkwürdigen April-Tag staubtrocken, so dass der A1 seine bei Nässe bewiesenen Traktions-Vorteile keineswegs so ausspielen konnte, wie einige Tage später auf regennasser Motodrom-Piste. „Unter diesen Umständen", so Treser vergnügt, „war unser A1 dem Porsche deutlich überlegen …", um sich im Nachsatz an die einstige Euphorie im Ingolstädter Allradlager zu erinnern: „Das war für uns alle ein Schlüsselerlebnis!"

[1] alle Werte sind Testberichten des in Stuttgart erscheinenden Magazins *sport auto* aus den Erscheinungsjahren 1976 und 1977 entnommen. Die erwähnte Rundenzeit mit dem „Jägermeister"-Porsche 934 erzielte Reinhardt Stenzel vom Reutlinger Max-Moritz-Team, dokumentiert in *sport auto*-Ausgabe 8/1976.

[1] Die Messungen fanden auf der Autobahn 9 bei Ingolstadt statt, die Messstrecke verlief von Ausfahrt 63/Manching bis zur Ausfahrt 66/Pfaffenhofen und retour.

Ein ähnliches Schlüsselerlebnis lieferten wenig später Höchstgeschwindigkeitsmessungen, bei denen der Allradprototyp A1 gängige Lehrmeinungen auf den Kopf stellen sollte. Im Vergleich mit einem an zwei Rädern angetriebenen Automobil, so die Theorie, müsste der Allradler doch eigentlich langsamer sein. Denn die beiden zusätzlich angetriebenen Räder bewirken im zusätzlichen Differential und den zusätzlichen Antriebswellen höhere Reibungs-Verluste und zudem zusätzliche Ölpansch-Verluste. 1,5 bis drei Prozent Verluste, verursacht durch zusätzliche Dichtungen sowie durch zusätzliche Schmieröl-Verdrängungsarbeit im zweiten (und zentralen) Differential, ermittelte das Audi-Team in aufwändigen Versuchen auf einem eigens dafür angeschafften Getriebeprüfstand für Allradautos. Dabei stellte sich allerdings auch heraus, dass die Verluste prozentual umso geringer ausfallen, je höher die gewählte Geschwindigkeit.

Derartige Verluste müssten logischerweise negative Auswirkungen auf die erzielbare Höchstgeschwindigkeit haben, darin bestand in Ingolstadt kein Zweifel. Um das erwartete Manko zu ermitteln, präparierte das Allrad-Team den Audi 80 so, dass er sowohl als Allradauto gemessen werden konnte als auch – nach dem kompletten Abkoppeln des Heckantriebs – als konventioneller Frontantriebswagen.

Zur Überraschung aller Beteiligten erwies sich das Fahrzeug im Allradmodus jedoch keineswegs als langsamer – im Gegenteil. Die Spitzengeschwindigkeit stieg beim Antrieb auf alle Viere sogar noch um einen km/h – und das nicht etwa zufällig und einmalig anlässlich einer singulären Messung. Ungläubig wurden die vergleichenden V_{max}-Messungen[1] nämlich mehrmals wiederholt, dies mit stets identischen Resultaten: Der Allradler lief 199 km/h, der Frontantriebs-80 nur 198 km/h – ein Mysterium, das es zu lösen galt. Walter Treser: „Es galt, den vom Getriebe-Prüfstand nicht berücksichtigten Einfluss der Reifen zu untersuchen."

Zufällig erfuhr Treser, der ehemalige Veith Pirelli-Mann mit nach wie vor guten Verbindungen in die Gummi-Industrie, von einem neuartigen, in Buffalo/USA bei der Calspan Corporation installierten Reifen-Prüfstand zur Ermittlung des Reifen-Rollwiderstands. Statt auf den bei Trommelprüfständen üblichen Stahlrollen steht das Testfahrzeug hier auf einem laufenden Band. Und Versuche auf diesem Prüfstand lösten das Ingolstädter Rätsel. So stellte sich dort heraus, dass der Rollwiderstand eines angetriebenen Rades geringer ausfällt als der eines lediglich geschleppten. Zudem sank der Rollwiderstand des angetriebenen Rades mit der Höhe des darauf einwirkenden Drehmoments. Im Umkehrschluss agiert ein geschlepptes Rad umso stärker bremsend je höher die gefahrene Geschwindigkeit.

Ein kurzer Seitenblick auf das Flugwesen bestätigt diese Versuchs-Erkenntnisse sehr deutlich – und lautstark. So agieren die nicht angetriebenen Räder eines ausgefahrenen Flugzeug-Landefahrwerks beim Bodenkontakt derart bremsend, dass sie unter heftiger Geräusch- und Rauchentwicklung schwarze Gummiabriebs-Spuren auf die Landebahn zeichnen. Würden die Räder beim Bodenkontakt jedoch bereits analog zur Landegeschwindigkeit rotieren, wäre ihr Abrieb und damit der Energieverlust bedeutend geringer.

Dieses Phänomen hat naturgemäß auch Auswirkungen auf den Treibstoffverbrauch, den die Allradtruppe auf gleiche Art und Weise ermittelt wie die Höchstgeschwindigkeit: nämlich am identischen Auto welches durch das Abkoppeln des kompletten Heckantriebs zum Frontantriebs-Audi 80 verwandelt wurde. Auf diese Weise vermied man listig eventu-

elle fahrzeugspezifische Verbrauchsunterschiede. In einer Pressemeldung von 1983 zur Allrad-Wirtschaftlichkeit quantifizierte Allrad-Pionier Dipl.-Ing. Jörg Bensinger rückblickend den Allradler-Mehrverbrauch auf „2,5 % bei 100 km/h und 130 km/h Konstantfahrt gegenüber dem Frontantrieb“. Weiter notierte er, „sowie jedoch mehr Leistung verlangt wird, sinkt dieser Mehrverbrauch. Bei konstant 160 km/h ist nur ein Mehr von 1 % gegeben“. Vergleichsweise hoch falle der Mehrverbrauch lediglich im Stadtbetrieb, also bei niedrigen Tempi, aus, nämlich „... im Bereich von 5 % ...“. Diesen Nachteil gestand und quantifizierte auch Dr. Piëch Mitte der 1980er Jahre anlässlich eines *auto motor und sport*-Interviews in Ausgabe 8/1985.

Das relativ geringe Verbrauchs-Plus bei höheren Geschwindigkeiten, so Allrad-Verfechter Bensinger, sei „damit zu erklären, dass mit höherer übertragener Leistung der Schlupf der Reifen zunimmt und beim Zweiradantrieb damit die Verlustleistung sehr viel schneller anwächst. Bei scharfer Fahrweise, bei starkem Beschleunigen oder auf rutschigem Untergrund kann dieser Allrad-Mehrverbrauch zu Null- oder sogar zu Minderverbräuchen werden.“ Dass sich der Allradantrieb auf den Treibstoffverbrauch auswirkt, wurde somit in Ingolstadt zwar keineswegs bestritten, dafür jedoch in Bezug gesetzt zu anderen maßgeblichen Einflüssen auf den Treibstoff-Verbrauch – und damit nachvollziehbar relativiert.

So verglich Bensinger in seinem „Wirtschaftlichkeits“-Referat von 1983 diese unterschiedlichen Konzepte und deren Einfluss auf den Treibstoffverbrauch: „Sechszylindermotoren verbrauchen 5 bis 10 % mehr als Vierzylinder, und automatische Getriebe brauchen 15 bis 20 % mehr als Handschaltgetriebe. Der durch den Audi-Allradantrieb verursachte eventuelle Mehrverbrauch ist also vergleichsweise minimal und für den Kunden nicht messbar.“ Schließlich, so der Allrad-Prophet, hätten sogar „gleiche Motoren einen Verbrauchsstreubereich von +/- 5 %“ – Grund genug für vergleichende Verbrauchsmessungen an ein und demselben 80-Exemplar.

Bensinger trat übrigens auch dem Argument entgegen, ein nur im Bedarfsfalle zuschaltbarer Allradantrieb könne den Verbrauch senken: „Im Gegensatz zur landläufigen Meinung hat ein zuschaltbarer Allradantrieb keinen Verbrauchsvorteil, sondern einen messbaren Nachteil. Das Mehrgewicht und das Mehr an Reibarbeit hat dieser auch dann, wenn die zweite Achse nur mitläuft. Ein Gewinn durch verringerte Schlupfarbeit der Reifen wird nicht genutzt.“

Nicht weniger von Bedeutung: Das Fahrverhalten eines Automobils verändert sich bei der lediglich temporären Zuschaltung des zweiten Räderpaars – für den unbedarften Nutzer kann sich dieser Wandel, der Unterschied zwischen Zweirad- und Vierrad-Antrieb, bei der Beherrschbarkeit des Fahrzeugs zum Problem auswachsen. „Bei der Konzeption eines Fahrzeuges muss man sich entscheiden, für welche Auslegung die Fahrwerkabstimmung optimal sein soll“, dozierte Jörg Bensinger 1983 in seinen Allrad-Erläuterungen für Pressevertreter im Hinblick auf das Konzept eines zuschaltbaren Allradantriebs, und weiter: „Beim permanenten Allradantrieb bietet sich den Entwicklern hingegen die Konzentration auf eine unveränderliche Antriebskonstellation.“ Dadurch lässt sich das Fahrwerk optimal abstimmen, nämlich konzentriert auf die Allrad-Gegebenheiten und -Besonderheiten.

Geben beim Landen Gummi: Die nicht angetriebenen Fahrwerksräder eines Flugzeugs wirken beim Bodenkontakt bremsend.

quattro ultra-Vertreter des
21. Jahrhunderts: Audi A4
Allroad TDI von 2018.

quattro ultra-Technologie,
Debüt 2016: Dank moderner
Elektronik bedarfsgerechte
Zuschaltung des Heckantriebs.

Es sprach also viel gegen einen lediglich zuschaltbaren Allradantrieb, doch nur wenig gegen den permanenten Allradantrieb. Diese Erkenntnis hatte sich Mitte der 1950er Jahre bereits bei der Weiterentwicklung des DKW Munga ergeben, der 1956 vom zuschaltbaren auf permanenten Allradantrieb umgestellt worden war. So blickte Motoren-Chefentwickler Franz Hauk[1] anlässlich eines Interviews mit der in Ulm erscheinenden *Südwestpresse*, dort veröffentlicht am 5. April 1980, zurück in die Geländewagen-Geschichte der Auto Union: „Bei der Modernisierung des Zweitakt-Geländewagens Munga stellte sich heraus, dass Autos mit Allradantrieb auch auf normalen Straßen ganz hervorragend zu fahren sind."

Dass Audi für den permanenten Allradantrieb mit dem aktuellen quattro ultra ab 2011 eine Alternative mit temporärem Frontantrieb entwickelte, steht dazu nicht im Widerspruch. „Auch der quattro ultra", so Dieter Weidemann[2], aktueller Entwicklungsleiter Allradsysteme bei Audi, „ist ein vollwertiger Allradantrieb. Bei diesem Allradsystem kann der Antrieb der Hinterräder allerdings bedarfsgerecht und unbemerkt ab- oder zugeschaltet werden. Erst die moderne Elektronik ermöglicht es, anhand einer Vielzahl von Sensordaten und Rechenwerten (z.B. Motormoment, Lenkwinkel, Gierrate, etc.) vorausschauend zu entscheiden, ob Allrad- oder reiner Frontantrieb von Vorteil ist – dies auch unter Berücksichtigung des individuellen Fahrverhaltens des Fahrers. Die intelligente Betriebsstrategie arbeitet prädiktiv, in der Folge steht der Allradantrieb schon bereit, bevor er benötigt wird. Somit wird in ruhigen Fahrsituationen (im Straßenverkehr macht dies den Großteil der Fahrsituationen aus) die Effizienz eines Frontantriebs ermöglicht, die Fahrdynamik eines quattro-Antriebs bleibt aber voll erhalten." In den Serieneinsatz kam das System quattro ultra erstmals 2016 – zum Beispiel im A4 Allroad.

Wie sehr der Allradantrieb der Fahrdynamik zum Vorteil gereicht, das stellten schon Dieter Weidemanns Vorgänger in der Allradentwicklung bei Audi in aufschlussreichen Fahrversuchen fest. So erzielte der A1 Ende der 1970er Jahre im Hockenheimer Motodrom auf trockener Piste nur wenig schlechtere Rundenzeiten als ein mindestens 40 PS, womöglich gar 80 PS stärkerer Porsche 928 (je nachdem, ob noch die 160 PS-Version des A1 zum Einsatz kam, oder bereits die 200 PS-Variante – siehe auch Seite 99). Bei Nässe bewies der Allradler so oder so eine beeindruckende Überlegenheit. Zu diesem Vorteilspaket sollten spätere Erkenntnisse auch noch die geringere Aquaplaningneigung eines Allradlers im Vergleich zum Zweiradantrieb gesellen.

In Hockenheim ergab sich eine durchaus wünschenswerte Beigabe des Allradantriebs im Vergleich zum Heckantrieb des Porsche 928, von Vergleichstester Bensinger mit diesen Worten protokolliert: „Die Fahreigenschaften hochmotorisierter Automobile mit Einachsantrieb sind selbst auf trockener Straße im Grenzbereich problematisch, weil zwei Antriebsräder für die vorhandene Leistung und zusätzliche Seitenführung überfordert sind. Der Vierradantrieb verteilt seine Vortriebs- und Motorbremskräfte hingegen auf vier Räder und beansprucht so die Reifenhaftung erheblich weniger. Ein Durchdrehen bei vollem Beschleunigen ist nur bei sehr niedrigen Reibwerten möglich, und das Verhalten des Fahrzeuges bei abruptem Gaswegnehmen ist harmlos."

Sogenannte Lastwechsel-Reaktionen in Kurven, also ein abrupter Wechsel vom Schieben über die Vorderräder zum Ausschwenken des Hecks beim Lupfen des Gaspedals, kennt der Allradler nur in sehr milder, gut beherrschbarer Form. Zumindest für weniger begabte Fahrer ist das ein Sicherheitsaspekt. Auch der Vergleich des Allrad-Audi 80 A1 mit dem identischen Exemplar mit Frontantrieb, welches, wie beim Hochgeschwindigkeitstest, durch ein temporäres Abkoppeln des Heckantriebs realisiert worden war, sprach eindeutig für das Allradkonzept. Auf trockener Fahrbahn des Kleinen Hockenheim-Kurses nahm der Allradler dem Fronttriebler 1,4 Sekunden ab, bei Nässe gar 2,1 Sekunden.

Noch eindrucksvollere Ergebnisse zeitigten vergleichende Beschleunigungsmessungen für den Sprint aus dem Stand bis 100 km/h. Dafür benötigte die Allrad-Version des Prototyps lediglich 7,1 Sekunden gegenüber 7,8 Sekunden bei abgekoppeltem Heckantrieb. Auf nasser Fahrbahn verlor der Allradler für diesen Sprint gegenüber dem Trockentest lediglich 0,4 Sekunden. Er war damit also sogar der auf trockener Piste gestoppten Frontantriebsversion um 0,3 Sekunden überlegen.

[1] **Franz Hauk** (* 18. Oktober 1925, † 8. April 2020) studierte nach Abitur, Wehrdienst und Gefangenschaft ab 1948 Maschinenbau an der TU München. 1953 bis 1955 bei Henschel, 1955 bis 1964 bei Daimler-Benz, dort Hauptgruppenleiter Neukonstruktion Dieselmotoren. 1964 Wechsel zur Auto Union GmbH. Bei Audi 1981 Leitender Chefingenieur und ab 1. April 1987 Koordinator der VW/Audi/Seat-Aggregateentwicklung. VW-Audi-Seat.

[2] **Dieter Weidemann** (* 14. Oktober 1972) begann seine Laufbahn 1998 zunächst als Diplomand („Experimentelle Wirkungsgradanalyse von Front- und quattro-Antriebsstrang im Gesamtfahrzeug"), dann als Versuchs-Sachbearbeiter für Hinterachsgetriebe. Seit 2010 leitet Weidemann bei Audi die Entwicklung der Allradsysteme.

Ab den 1960er Jahren Audi-Motorenchefentwickler und vom Allradantrieb überzeugt: Franz Hauk.

Seit 2010 bei Audi Leiter der Allradantriebsentwicklung und für den quattro ultra verantwortlich: Dieter Weidemann.

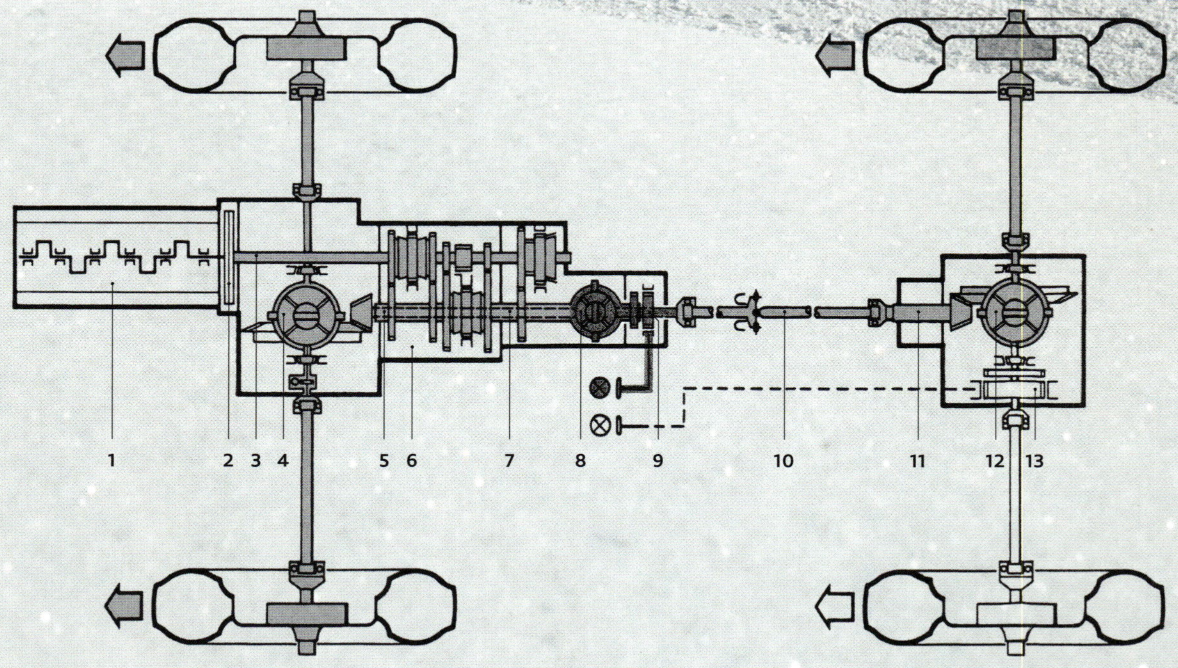

Leihgeber für das quattro-Zentral-differential zur Hüpfunterdrückung in engen Kurven: Audi 50.

1 Fünfzylinder-Motor
2 Kupplung
3 Antriebswelle
4 vorderes Differential
5 Antriebswelle Vorderräder
6 Wechselgetriebe
7 Vorgelege
8 Zentraldifferential
9 Zentraldifferential-Sperre
10 Kardanwelle
11 Antriebswelle Hinterräder
12 hinteres Differential
13 Hinterachsdifferentialsperre

Kongeniales Duo in Sachen Getriebe: Franz Tengler (rechts) und Hans Nedvidek (2. v. links) bei der Teileinspektion. Dirk Bösenberg (2. v. rechts, siehe auch Seite 137) sollte später mit Digitalarmaturen zur quattro-Geschichte beitragen.

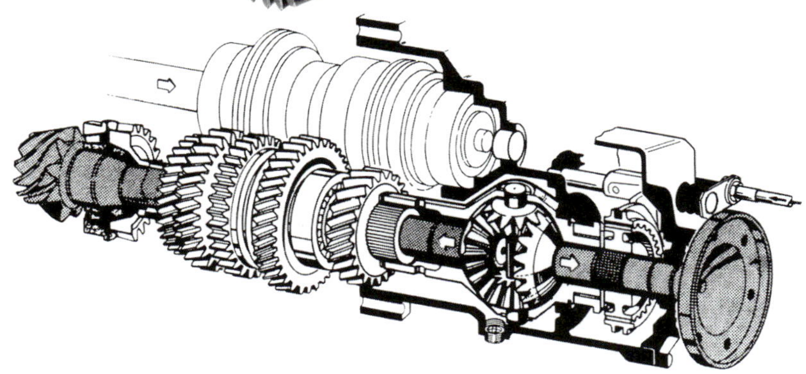

Allerdings: Sie „hüpfte", A1, die erste Allrad-Limousine von Audi. Das hatte nicht nur Frau Fiala bemängelt, die Gattin des damals höchsten Entwicklers im VW-Konzern, sondern auch Paul Frère, der erfahrene Le-Mans-Recke und Vertraute von Dr. Ferdinand Piëch. Sowohl Professor Fiala als auch Frère empfahlen ein drittes Differential zum Ausgleich der unterschiedlichen Raddrehzahlen an der Hinterachse gegenüber der Vorderachse.

Im Mai 1978 konnte der 1963 von Daimler-Benz zu Audi gewechselte und zuvor schon maßgeblich an der Iltis-Entwicklung beteiligte Getriebespezialist Hans Nedvidek Vollzug melden: Er positionierte direkt hinter das Fünfganggetriebe vom Typ 016, eingebaut in den Getriebe-Abschlussdeckel, als Audi 50-Leihgabe ein weiteres Differential, das bei dem kleinen Audi die unterschiedlichen Drehzahlen der angetriebenen Vorderräder auszugleichen pflegt. Nedvideks kongenialer Kollege Franz Tengler[1] hatte zudem auf ein bereits in den 1930er Jahren bei Daimler-Benz für mehrachsige Geländewagen (Typ W 31/G4) erdachtes Konzept zurück gegriffen, das sich für den quattro als perfekter Schachzug erweisen sollte: nämlich eine hohlgebohrte Getriebe-Sekundärwelle statt einer konventionellen und deshalb massiven Trieblingswelle.

Diese 26,3 Zentimeter lange Hohlwelle treibt über eine an ihrem hinteren Ende angebrachte Mitnahmeverzahnung das Zentraldifferential an, von dem wiederum eine Antriebswelle durch die Hohlwelle nach vorn zum Vorderachsantrieb führt. Der ist mit einem Kegelrollenlager im Getriebegehäuse sowie mit je einem Nadellager in der Hohlwelle und im Differentialgehäuse gelagert.

Der Kraftverlauf erfolgt von der Antriebswelle des Fünfganggetriebes über die jeweiligen Gangräder auf die Hohlwelle, die wiederum das Mitteldifferential antreibt. Über Ausgleichskegelräder überträgt das Mitteldifferential die Antriebskraft zu je 50 Prozent sowohl auf den (innerhalb der Hohlwelle rotierenden) Triebling Richtung Vorderräder als auch auf die nach hinten führende Kardanwelle zum Antrieb der Hinterräder. Die Ausgleichskegelräder im Mitteldifferential vermitteln die unterschiedlichen Wegdrehzahlen zwischen dem Vorderachs- und Hinterachsantrieb – so wie dies die vorderen und hinteren Differentiale mit den jeweils rechten und linken Antriebsrädern erledigen.

Das gewünschte Resultat: Der Allrad-Audi – er hüpfte nicht länger.

Genialer Schachzug: die hohlgebohrte, 26,3 Zentimeter lange Getriebe-Sekundärwelle, durch die hindurch …

… die Antriebswelle nach vorn zum Vorderachsdifferential führt, und die zugleich das Zentraldifferential antreibt.

Ideenlieferant für die Hohlwelle in der quattro-Kraftübertragung: Mercedes-Geländewagen W 31/G4 von 1934.

[1] Franz Tengler (siehe Datenschutzanmerkungen zu einigen quattro-Akteuren im Anhang auf Seite 400).

Auf ein Zweites, nun im Gewand der Audi 80 B2-Generation: der dank Aufladung anfangs rund 170 PS starke Prototyp A2.

Sorgte im quattro-Prototyp A2 als Vorgriff auf Audi 200 5T und Serien-quattro für den zweiten Wind: KKK-Turbolader Typ K 26.

Noch im Monat der erfolgreichen Hüpfunterdrückung entstand in der Ingolstädter Allrad-Werkstatt der zweite Prototyp des künftigen quattro. Ganz pragmatisch nannten ihn seine Macher A2 für „Allrad 2", damit die Typbezeichnung für ein späteres, völlig anders geartetes Audi-Modell vorwegnehmend. Dieser A2 der späten 1970er Jahre rollte nun bereits mit der stattlicheren Figur des Audi 80 zweiter Generation (B2) daher, der erst Anfang September 1978 der Öffentlichkeit vorgestellt werden sollte. Folglich wies bei diesem A2 äußerlich nichts auf seine ungewöhnliche Antriebs-Technologie hin – ganz im Gegensatz zur Erscheinung des A1. Bei dem hatten seine Väter, wie auf Seite 88 beschrieben, sowohl vorn als auch hinten bereits die B2-Vorderradaufhängung verwendet, deren Spurweite die bisherige B1-Vorderachse um 5,5 Zentimeter, die der (starren) B1-Hinterachse gar um sechs Zentimeter übertrifft. Dieser Breitenzuwachs musste speziell achtern mit kleinen Kotflügelverbreiterungen an der filigranen B1-Karosserie kaschiert werden, was dem A1 einen ungewöhnlich stämmigen und damit im Vergleich zur zierlichen B1-Basis deutlich weniger braven Auftritt bescherte.

Seinen Antrieb erhielt der cremefarben lackierte Viertürer durch jenen 2144 cm^3 großen Turbo-Fünfzylinder, wie er erst im September des Folgejahres im Audi 200 5T zum Zuge kommen sollte (siehe auch „Fünf Zylinder für ein Halleluja" ab Seite 118). Dank des verbauten KKK-Turboladers vom Typ K 26 mit abgasseitigem Wastegate[1], gesteuert durch den Abgasgegendruck im Krümmer vor der Turbine, leistete das durch eine mechanische Bosch K-Jetronic gespeiste Triebwerk zunächst wie im 200 5T 170 PS/ 125 kW bei 5300/min. Dieser gesicherte Fakt hilft womöglich nebenbei, die tatsächliche Nennleistung des A1, von damaligen Akteuren unterschiedlich beleumundet, zu klären. Da kaum anzunehmen ist, dass die Allradentwicklung bei Audi von A1 zu A2 ausgerechnet in Sachen Nennleistung einen Schritt zurück tat, dürfte der erste Allrad-Prototyp eher von 160 als von 200 PS befeuert gewesen sein – was dessen einstigen Hockenheim-Auftritt beim Vergleich mit dem Porsche 928 (siehe Seite 97) umso bemerkenswerter erscheinen lässt.

Trotz der zurückhaltenden Anmutung einer Familienlimousine mutierte der A2 Zug um Zug zu einem regelrechten Super-Sportwagen – ganz im Sinne seiner Verfechter, die den Allradler anfangs ja vor allem für Wettbewerbszwecke prädestiniert sahen. Im ersten Schritt näherte er sich bereits der finalen quattro-Motorisierung an. Das bedeutete im Vergleich zur 200 5T-Turbovariante: 147 kW/200 PS dank Ladeluftkühler und strömungsgünstigeren Einlasskanälen, Turbolader indessen weiterhin vom KKK-Typ K26, maximaler Ladedruck: 0,85-0,9 bar bei 3500/min, abfallend auf 0,72-0,74 bar bei Nenndrehzahl 5500/min. Als Allrad 2, mittlerweile weiß lackiert, im Sommer 1978 anlässlich einer Erprobungsfahrt in der Sahara wegen einer geborstenen Benzinleitung völlig ausgebrannt, leistete dessen Fünfzylinder dank größerem Abgas-Turbolader (leider nicht überlieferten Typs), 8,5:1 (statt ursprünglich 7,0:1) Verdichtung und verschärften Steuerzeiten mittlerweile dramatische 286 PS bei gut 6000/min.

Da war ganz offensichtlich der motorsportlich motivierte Hochleistungs-Spieltrieb mit den Allrad-Jüngern durchgegangen. Gleichwohl wussten diese die Leistungseskalation durchaus professionell zu begründen. Schließlich galt es, die Grenzen ihres revolutionären Konzeptes auszuloten – die im Übrigen nach übereinstimmender Aussage der Beteiligten auch mit knapp 290 PS nicht überschritten wurden …

[1] Diese sogenannte „p_3"-Regelung ergibt einen Druckverlauf, der im unteren Drehzahlbereich rasch ansteigt, im mittleren Drehzahlbereich sein Maximum erreicht und mit dem Regelbeginn, also dem Abblasen über das Wastegate, deutlich absinkt.

Prototyp A2 von unten betrachtet: identische Vorderrad- und Hinterradaufhängungen, Michelin XAS-Bereifung.

Ende wegen gebrochener Benzinleitung: Mittlerweile auf 286 PS erstarkt, erlitt Prototyp A2 in der Sahara den Feuertod.

Parallel zum zweiten Prototypen entstand bis Herbst 1978 Allrad-Prototyp Nummer 3, A3 genannt, und nun bereits in einer frühen Variante jenes Coupés auf Audi 80-Basis gehüllt, das seit 1977 unter Designchef Hartmut Warkuß im Entstehen war (siehe auch das quattro-Designkapitel ab Seite 166). Weitere vier Testwagen, A4 bis A7, sollten im Laufe der folgenden zwölf Monate hinzu gesellt werden. Durchweg

Drei quattro-Prototypengenerationen: A1 mit 80-B1-Karosserie, A2 mit B2-Karosserie und A3, bereits in Coupé-Gestalt.

„quattro" aus Wolfsburg: der 1983 anlässlich der IAA vorgestellte VW Passat Syncro, der ursprünglich „tetra" heißen sollte.

waren das, so Johann Neff, Tresers für den Aufbau und die Steuerung der Prototypen zuständiger Mitarbeiter, Coupés mit weitgehend finaler quattro-Technik und Kotflügelverbreiterungen. Diese zweitürigen Prototypen glichen somit bereits in vielen Designmerkmalen der unter Hartmut Warkuß von dessen Mitarbeiter Martin Smith seit Anfang 1979 aus der Coupé-Form hergeleiteten quattro-Silhouette – doch auch davon ab Seite 166 mehr.

Völlig anders waren hingegen drei quattro-Prototypen gekleidet, die nach Professor Fialas „Go!" 1977/1978 bei Volkswagen in Emden entstanden – und das vergleichstesthalber mit konzeptionell differierender Allrad-Mimik. Neff im Sommer 2019: „Das waren VW Passat mit quattro-Technik unterschiedlicher Konzeption. Einer besaß ein geschweißtes zentrales Schubrohr im Porsche 924/928-Stil, in dem die Kardanwelle rotierte. Passat Nummer 2 hatte eine einteilige Kardanwelle zum Hinterachsdifferential, Nr. 3 eine zweiteilige Kardanwelle mit Mittellager. Am besten", so Zeitzeuge Neff, „bewährte sich die Nummer 3[1].

Die Nummer 3 war auch in Ingolstadt von besonderer Bedeutung, entsprach doch dieser A3, das erste Coupé, motorisch weitgehend dem späteren quattro-Serienwagen: mit gut 2,1 Liter Hubraum in fünf Zylindern, KKK-Lader K 26 für 0,85 bar Ladedruck, Ladeluftkühlung, 200 PS (147 kW) bei 5500/min. Versuchszwecken diente, so Johann Neff, „ein Zusatzwasserkühler und ein Ölkühler". Die für die erste quattro-Generation typischen, über Zugseile manuell zu betätigenden Sperren für das Zentral- und für das Hinterachsdifferential erhielt A3 jedoch erst später im Jahr. Sie sollten im Februar 1979 coram publico wichtige Nebenrollen spielen, als sich das Audi-Allradsystem anlässlich einer ersten Pressevorstellung beim Erklimmen der tief verschneiten Turracher Höhe in Österreich bewähren sollte.

quattro-Prototypen auf Testfahrt: auf Asphalt stark untersteuernd mit Entwickler Treser am Lenkrad[2], ...

... zwecks Prüfung von Spritzwasserempfindlichkeit und Aquaplaningverhalten mit „voller Pulle" durch die Furt ...

... und bei Wintertests im hohen Norden, wo Audi-Entwickler Bensinger einst die quattro-Idee in den Sinn kam.

[1] „Das", so Audi-Historiker **Ralf Friese** angesichts dieser ihm zuvor unbekannten Information, „wären ja Urahnen des Passat Variant ‚Tetra'. So wurde dieses Allrad-Modell von VW 1983 auf der IAA vorgestellt und erst kurz vor Markteinführung 1984 in ‚syncro' umgetauft ..." Noch im Februar 1984 trägt das Selbststudien-Programm Nr. 61 von VW für Service-Mitarbeiter den Titel „Passat Variant tetra".

[2] Dieser weiße quattro (A3), Kennzeichen IN-NJ 40, existiert heute noch. Es handelt sich um das erste aufgebaute Rallye-Fahrzeug, das später in der Sammlung Raffay gelandet ist und dort verbrannte. Aus den reichlich verkohlten und geschmolzenen Überresten ist danach in der Schweiz ein „Neuwagen" aufgebaut worden.

Andere reden vom Wetter,
quattro-Fahrer fahren:
Testfahrten auf der Turracher Höhe –
natürlich ohne Schneeketten …

Kann auf verschneiter Piste mit reinrassigen Geländewagen wie Land-Rover und VW Iltis mithalten: Audi quattro Ende der 1970er Jahre bei Testfahrten in den österreichischen Alpen.

Wurde durch eine listige Nasswiesen-Show vom quattro überzeugt: Wolfgang Habbel, ab Januar 1979 Audi Vorstandsvorsitzender.

Doch im Frühsommer 1978 musste erst einmal ein weiterer interner Entscheider das Allrad-Konzept begutachten. Einmal mehr geschah das auf einem Wiesenhang, dieses Mal in Gaimersheim, acht Kilometer nordwestlich des Audi-Werkes gelegen. Dort sollte der designierte Audi-Vorstandsvorsitzende Wolfgang R. Habbel[1], Mitte 1978 noch Vorstand für Sozial- und Personalwesen und ab dem 1. Januar 1979 für das höchste Amt bei Audi vorgesehen, vom Audi-Vorsprung durch Allradantrieb überzeugt werden. Organisiert hatte die neuerliche Nasswiesen-Show Walter Treser. Und am Ende des Tages war mit Habbel ein weiterer wichtiger Promotor für die progressive Antriebstechnologie gewonnen.

Walter Treser sollte sich auch hervortun, als es galt, dem Allrad-Kind einen Namen zu geben. Die Findungs-Diskussion startet in Ingolstadt bereits Anfang 1978, als noch keineswegs klar war, ob der Allradler letztlich das Protypen-Stadium verlassen würde. Entwicklungschef Piëch forderte von Anfang an eine Bezeichnung, die einen direkten Bezug zur Besonderheit und Eigenschaft des neuen Produktes haben sollte – so, wie etwa der Begriff „Turbo“ mit seinem rollenden „r“ unterschwellig die Leistungsstimulation dieses Aggregates transportiere. Lautmalerisch sollte der Name des künftigen Super-Audi also sein, und möglichst kernig. In keinem Fall war ein Kunstwort gewünscht, deren Kreation in der Autoindustrie üblicherweise bei darauf spezialisierten Agenturen in Auftrag gegeben wird.

Deren Aufgabe besteht dann stets darin, Bezeichnungs-Vorschläge daraufhin zu prüfen, ob an ihnen Dritte Namens-Schutzrechte halten. Natürlich geht es auch darum, ob sich der Begriff in den wichtigen Sprachen problemlos aussprechen lässt, auch darf er in keiner Sprache missverständlich sein. Rolls-Royce beispielsweise hatte deshalb in den 1970er Jahren in letzter Minute von der Bezeichnung „Silver Mist“ (im Englischen „Silberner Nebel“) Abstand genommen und die damals neue Limousine Silver Shadow getauft.

Die Namensidee zündete bei Treser während der Lektüre eines Zeitschriften-Artikels, in dem es um ein Jeep-Modell ging – und um dessen 1973 zunächst im Typ Wagoneer (siehe auch Seite 30) und in vier Jeep-Pickups eingeführtes „full-time four-wheel-drive system“. Jeep hatte dieses System „Quadra-Trac“ getauft. Treser erinnerte sich später mit diesen Worten an seine Initialzündung: „Es war im Zusammenhang mit einem Bericht über ein neues Jeep-Modell. Die hatten ein Getriebe, das sich Quattratrac oder so ähnlich nannte. Das ‚Qua…‘ blieb mir als Keimzelle, die ich in alle Richtungen variierte. Innerhalb des Teams warfen wir einander laufend Bälle zu, wodurch Namen und Assoziationen im Gespräch blieben und dauernd variiert wurden. Als ‚Quadro‘ lang genug in der Diskussion war, ergab sich automatisch eine Lautverschiebung zur härteren, maskulineren Variante ‚Quattro‘, die uns in Ingolstadt schon recht gut gefiel.“

[1] **Dr. Wolfgang R. Habbel** (* 24. März 1924, † 28. November 2014); der Jurist trat 1950 bei der Auto Union GmbH ein und promovierte 1957 zum Dr. Jur. 1959 wechselte Dr. Habbel zu Ford in Köln in die dortige Personalabteilung. 1971 Rückkehr zur Auto Union Audi NSU AG, um dort noch im selben Jahr zum Vorstand für Sozial- und Personalwesen berufen zu werden. Am 1. Januar 1979 avancierte Dr. Habbel zum Audi-Vorstandsvorsitzenden, 1988 wechselte er in den Audi-Aufsichtsrat.

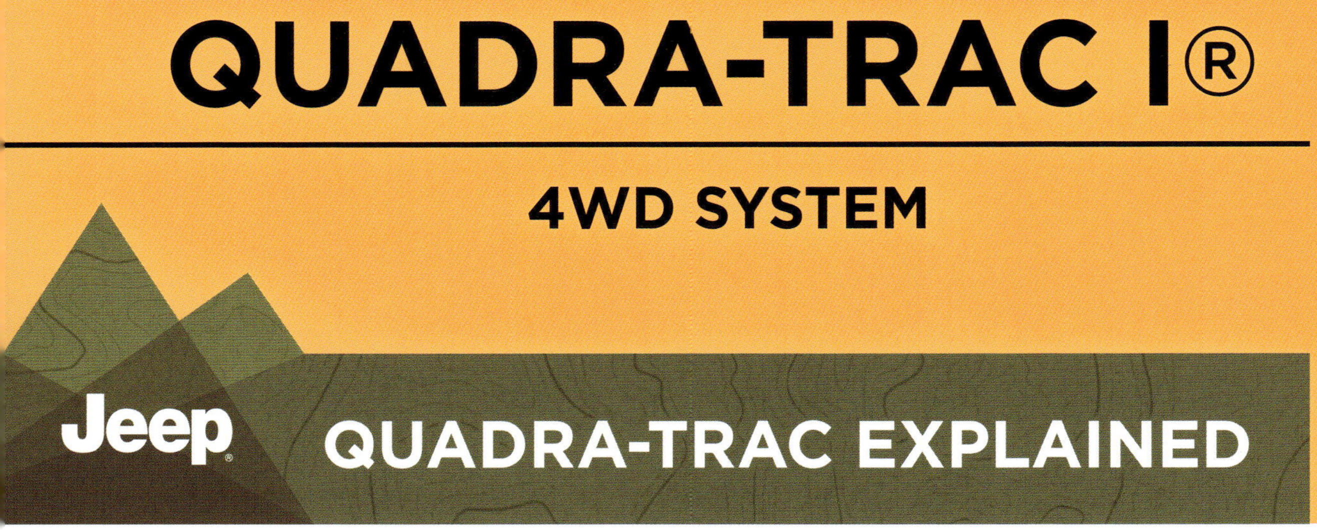

Wie später „quattro“ ein geschütztes Warenzeichen: „Quadra-Trac“ der AMC-Marke Jeep.

Jeep® Introduces Automatic 4-Wheel Drive.
QUADRA-TRAC™—Someday all 4-wheel drive vehicles may have a system like it... Jeep Wagoneer has it now.
Here's how it works and what it does for you:
Quadra-Trac eliminates shift lever and front locking hubs.
Quadra-Trac is full-time automatic 4-wheel drive. There's no need to get out and lock in the front wheel hubs or even shift a lever... Quadra-Trac eliminates both. 4-wheel drive is automatically there when you need it—on or off the highway.
Quadra-Trac offers superior traction.
Under test conditions, two Jeep Wagoneers, one Quadra-Trac, one without, were asked to make an accelerating turn on a water-soaked road. The Wagoneer with Quadra-Trac remained in control, while the other vehicle had a tendency to fishtail.
Quadra-Trac works in a new way.
A third differential allows torque to be directed automatically to the wheels that have the best traction. If the wheels on one axle start to slip, as on ice or rough terrain, the wheels on the other axle automatically take over.
Quadra-Trac is one of the most advanced 4-wheel drive systems ever developed and it's available now on Jeep Wagoneer and Jeep Truck. If you want to know more about it, see your Jeep dealer. He's the 4-wheel drive expert.
Jeep
Toughest 4-letter word on wheels.

Rockröhre aus Detroit mit Namensbezug zu Audis künftigem Allradstar: Suzi Quatro veröffentlichte 1978, ...

... also im Jahre der quattro-Namensfindung, eines ihrer erfolgreichsten Alben: „If you knew Suzi ..."

Die Begriffsverhärtung durch das markige Doppel-t brachte Dr. Ferdinand Piëch ins Spiel, sie machte die Bezeichnung in der Tat knackiger, wenn man so will, durchaus auch maskuliner – trotz einer zeitgenössischen Namens-Doublette weiblichen Geschlechts. Ob allerdings die in den 1970er Jahren speziell in Europa sehr erfolgreiche, am 3. Juni 1950 in Detroit geborene Rocksängerin Suzi Quatro mit ihrem charakteristischen Familiennamen einen Einfluss hatte, ist nicht überliefert. Gänzlich auszuschließen ist es indessen nicht. Immerhin veröffentlichte Quatro 1978, also im Jahr der quattro-Namensdiskussion, eines ihrer auch in Deutschland erfolgreichsten Alben mit dem beziehungsvollen Titel „If You Knew Suzi …" – ein Umstand, der den damals noch relativ jungen und deshalb Rock- und Pop-affinen Allrad-Machern sicherlich geläufig war …

Die Ingolstädter waren sich also einig: quattro sollte er heißen, der künftige Allrad-Audi. „Allrad-Erfinder" Jörg Bensinger: „Der Name quattro, von meinem Kollegen und Projektleiter ins Spiel gebracht, passte perfekt …" Doch weder Projektleiter Treser, noch Fahrversuchsleiter Bensinger, auch nicht Audis Technik-Vorstand Piëch oder der Audi-Vorstandsvorsitzende (bis Ende 1978 Gottlieb M. Strobl, ab Januar 1979 Wolfgang R. Habbel) hatten in derartigen Marketing-Belangen das letzte Sagen. Das Entscheidungszentrum des Volkswagen-Konzerns steht nämlich in Niedersachsen, in Wolfsburg, am Ufer des Mittellandkanals. Und dort hatten sich eifrige Marketing-Experten durchaus bereits ihre eigenen Gedanken gemacht, Vorschläge erarbeitet und ihren Favoriten gekürt. Allerdings: Auf der Wolfsburger Prioritätenliste stand die Namensgebung des künftigen Audi-Allradstars selbst Ende 1978 noch nicht. So vermerkt das Protokoll zur „Geheimen Sitzung 290" vom 1. November 1978 lediglich Organisatorisches im Allrad-Zusammenhang, nämlich „Abstimmungsgespräche über Bezugsart und Fertigungsort werden voraussichtlich in der 45. Woche abgeschlossen."

Fast wäre der quattro ein „CARAT" geworden – die Namensgleichheit mit einem eher braven Kölnisch Wasser sprach jedoch dagegen ...

Erst Ende 1979 fand das Namensthema für das „künftige Audi Allrad Coupé" auf die Agenda des nächsten Produkt-Strategie-Komitees (PSK) unter Vorsitz des obersten VW-Technikers, Dr. Ernst Fiala. Es sollte unter Teilnahme einer Ingolstädter Abordnung am 12. November 1979 in Wolfsburg tagen – und im Beisein von Wolfsburger Namensdichtern der VW-Marketingabteilung. Da der neue Audi ein Coupé sei, gaben diese zu Protokoll, da er zudem über Allradantrieb verfüge und einen Turbo-Motor habe, biete sich als Bezeichnung doch die Zusammenfassung der entsprechenden Eigenschafts-Initialen an: nämlich „CARAT" für **C**oupé **A**ll **R**ad **A**ntrieb **T**urbo. Außer den Produktmerkmalen, so die Kreativen bei Volkswagen, transportiere CARAT in Anlehnung an die Gewichtung von Edelsteinen zudem das besonders Wertvolle des künftigen Audi-Topmodells, das in den kommenden Jahren ja zugleich auch die Spitze der VW-Produktpalette verkörpern werde.

Irgendjemand aus dem Wolfsburger „Hochhaus", Sitz des VW-Managements, hatte den Ingolstädtern jedoch die CARAT-Vorsehung vorab zugeflüstert. In der Audi-Allradtruppe herrschte folglich ungläubiges Entsetzen. Doch Walter Treser gab noch nicht auf. Er besorgte sich in der lokalen Parfumerie einen sechseckigen Kölnisch Wasser-Flakon mit blauem Schraubverschluss. „4711 CARAT Eau de Cologne" stand auf dem blauen Etikett der Flasche, die in Tresers Gepäck die Reise mit nach Wolfsburg antrat.

Als dort der Agendapunkt „Namensgebung Audi Allrad-Coupé" an der Reihe war und ein VW-Mitarbeiter stolz den Vorschlag „CARAT" zu Gehör der Sitzungsteilnehmer brachte, herrschte zunächst seitens der Audi-Abordnung betretenes Schweigen. Schließlich stellte Treser schwungvoll den Carat-Flakon auf den Sitzungstisch und ließ das Duftwasser-Gefäß zunächst einmal unkommentiert wirken. „Wollen Sie wirklich", so der gut vorbereitete Audianer nach einer Kunstpause, „dass unser Auto so heißt wie dieses Hausfrauen-Parfüm von 4711 ...?!?"

Das saß. Nein – mit diesem nicht gerade elitären Kölner Wasser sollte Audis Allrad-Revolution, sollte der Ingolstädter „Vorsprung durch Technik" nicht assoziiert werden. Die Würfel waren gefallen. „quattro" war gesetzt – aber noch keineswegs final entschieden. Gesichtswahrung für die VW-Namenspaten? Wie auch immer: Vorerst blieb der Allrad-Namen im Ungewissen. „Name steht noch nicht fest", notierte der Protokollant der PSK-Sitzung vom 12. November 1979 ...

CARAT
elegant
beschwingt
4711
CARAT

Weder vier noch sechs oder gar acht Zylinder

Der Audi quattro hat „fünf Zylinder für ein Halleluja“

Wann „quattro“ als Bezeichnung für den quattro letztendlich entschieden wurde, lässt sich leider nicht an einem exakten Datum festmachen. Lediglich die Zeitspanne, in der die Taufe stattfand, ist klar abgegrenzt: nämlich irgendwann zwischen jenem PSK-Termin vom 12. November 1979 und dem 3. März 1980. Denn an diesem Frühlingstag präsentierte Dr. Ferdinand Piëch Journalisten ein neues Coupé vorab mit den Worten „Der Allradantrieb im Straßen-Personenwagen hat hiermit Premiere“. Ort des Geschehens: eine Eislaufhalle nahe des Genfer Messegeländes. Typ-Bezeichnung des neuen Audi: quattro. Drei Tage später eröffnete der 50ste Genfer Automobil-Salon. Nun erfuhr auch die Weltöffentlichkeit, was es mit diesem geheimnisvollen Automobil aus Ingolstadt auf sich hatte …

Genfer Salon 1980: quattro im Mittelpunkt des Interesses von Journalisten und Messepublikum. Bei der Pressekonferenz stehen die Audi-Herren Höland (Pressechef), Dr. Habbel (Vorstandsvorsitzender), Piëch (Technikchef) und Dr. Schmidt (Konzern-Marketing) Rede und Antwort.

AUDI
AUDI
TALBOT
TALBOT
Audi Quattro.

Machte Audi motortechnisch für die Zukunft fit: Franz Hauk (l.), einst Motoren-Chefkonstrukteur bei Audi (siehe auch Seite 103).

War auch die Bezeichnung für den quattro erst in der Schlussphase seiner Entwicklung fixiert worden, so bestand doch bei allen mehr oder weniger Beteiligten in Ingolstadt wie in Wolfsburg von Anfang an Klarheit darüber, wie das Allrad-Coupé zu motorisieren sei: Als künftiges Spitzenmodell des Konzerns kam lediglich der in den 1970er Jahren größte und stärkste Otto-Motor in Frage, der bei Volkswagen und Audi zur Verfügung stand. Dabei handelt es sich um den mittlerweile legendären Fünfzylinder-Reihenmotor EA (**E**ntwicklungs-**A**uftrag) 828, eine Variante des kurz zuvor gleichfalls bei Audi konzipierten Reihenvierzylinders EA 827.

Die Chronologie des EA 828 startet in der zweiten Hälfte des Jahres 1973. Akteure waren – in hierarchischer Reihenfolge aufgeführt – unter anderen die Audi-Ingenieure Franz Hauk, damaliger Chef der Motorenkonstruktion, Bernhard Büchner[1], Leiter der Hauptabteilung Motorenversuch, Abteilungsleiter Bent R. Dall[2], Karl-Heinz Herfeld[3], Hauptgruppenleiter und für den Fünfzylinder verantwortlicher Versuchsingenieur sowie Gruppenleiter Axel Werner[4]. Regisseur im Hintergrund: Dr. Ferdinand Piëch, seit August 1972 bei Audi Hauptabteilungsleiter für Sonderaufgaben.

Im November 2006 erinnerte sich Karl-Heinz Herfeld anlässlich eines Ingolstädter Motoren-Kolloquiums an den Start jener Motorenentwicklung, die für Audi so wesentlich werden sollte – und für den quattro so charakteristisch:

„Die Geschichte des Fünfzylinders begann in der Abteilung von Herrn Dall. An einem Spätnachmittag im Herbst 1973 wurde ich zu Herrn Büchner gerufen. Der übergab dann einen Stapel Papiere, Zeichnungen, oben drauf den Versuchsauftrag EA 828 und sagte: ‚Machen Sie mal den Fünfzylinder!' Die richtige Begeisterung war ihm nicht anzumerken. ... Ich weiß nicht, woran das lag."

Eine mögliche Erklärung für diesen mangelnden Enthusiasmus Bernhard Büchners lieferte Audi-Haushistoriker und Zweitakt-Enthusiast Ralf Friese im Juli 2019: „Ingenieur Bernhard Büchner, im Frühjahr 2007 verstorben, war ab 1950 Zweitaktpapst im Haus, den man nach Ende der DKW-Zeit nur schwer zur Arbeit an Viertaktmotoren motivieren konnte. Er hat es sogar geschafft, der VW-Forschung noch 1978 (!) Prüfstands-Läufe eines von ihm konstruierten und gebauten Doppelkolben-Zweitakters abzuringen ..."

Herfeld weiter: „Der Fünfzylinder-Motor war zwar etwas Unbekanntes, aber doch auch etwas Vernünftiges. Der alte Vierzylinder war nicht mehr konkurrenzfähig, zu keinem Konkurrenzprodukt, weder BMW, noch Mercedes, noch sonst etwas."

Der „alte Vierzylinder"?
Dabei handelte es sich um den Anfang der 1960er Jahre noch bei Mercedes-Benz konzipierten sogenannten Mitteldruckmotor[5], den die Auto Union ab 1965 im ersten Nachkriegs-Audi (intern F 103) eingesetzt hatte (siehe auch Seite 53). Dieser relativ rau tönende Vierzylinder war mittlerweile mehrfach unter Motoren-Konstrukteur Franz Hauk weiterentwickelt worden und kam als 90 PS (66 kW)-1,8-Liter mit den Bohrung/Hub-Maßen 81,5 x 84,4 mm erstmals im 1966 vorgestellten Audi Super 90 zum Einsatz. Für den größeren Typ 100 der C1-Generation, gebaut ab 1968, übernahm Audi den Super 90-1,8 Liter, hier jedoch in drei Leistungs-Varianten, nämlich mit 80, 90 und 100 PS (59, 66, und 74 kW).

[1] **Bernhard Büchner** (* 28. Dezember 1916, † 21. März 2007) siehe Datenschutzanmerkungen zu einigen quattro-Akteuren im Anhang auf Seite 400.
[2] **Bent R. Dall** (* 2. März 1934, † 22. November 2014) siehe Hinweis im Anhang auf Seite 400.
[3] **Karl-Heinz Herfeld** (* 26. August 1936) trat nach dem Stdium Kraftfahrtwesen an der TH Aachen am 1. Juli 1966 bei der Auto Union GmbH ein, war dort zwei Jahre in der Fahrwerkskonstruktion tätig und von 1968 bis 1983 im Motorenversuch. Danach als Typbegleiter für die Audi C-Reihe (Typ 100/200) zuständig. Herfeld genießt seit dem 30. Juni 2000 seinen Ruhestand.
[4] **Dipl.-Ing. Axel Werner** (siehe Hinweis im Anhang auf Seite 400).
[5] Die Bezeichnung verweist auf die extrem hohe Verdichtung dieses Motors von 11,2:1, somit angesiedelt zwischen herkömmlichen Otto-Motoren (Verdichtung üblicherweise 7,5 bis 9,5:1) und Diesel-Motoren (Verdichtung damals 19 bis 21:1). Im Versuchsstadium wurde der Mitteldruckmotor gar bis zu 12,5:1 verdichtet und lag damit noch näher am Dieselmotor. In der Theorie diente die hohe Verdichtung einem besonders günstigen Treibstoff-Verbrauch – Audi-Werbeslogan: „Leistet mehr, braucht weniger!" Nebenbei: 2019 lancierte Mazda mit ähnlichen Motiven gleichfalls einen hochverdichteten (14:1) Ottomotor namens „Skyactiv".

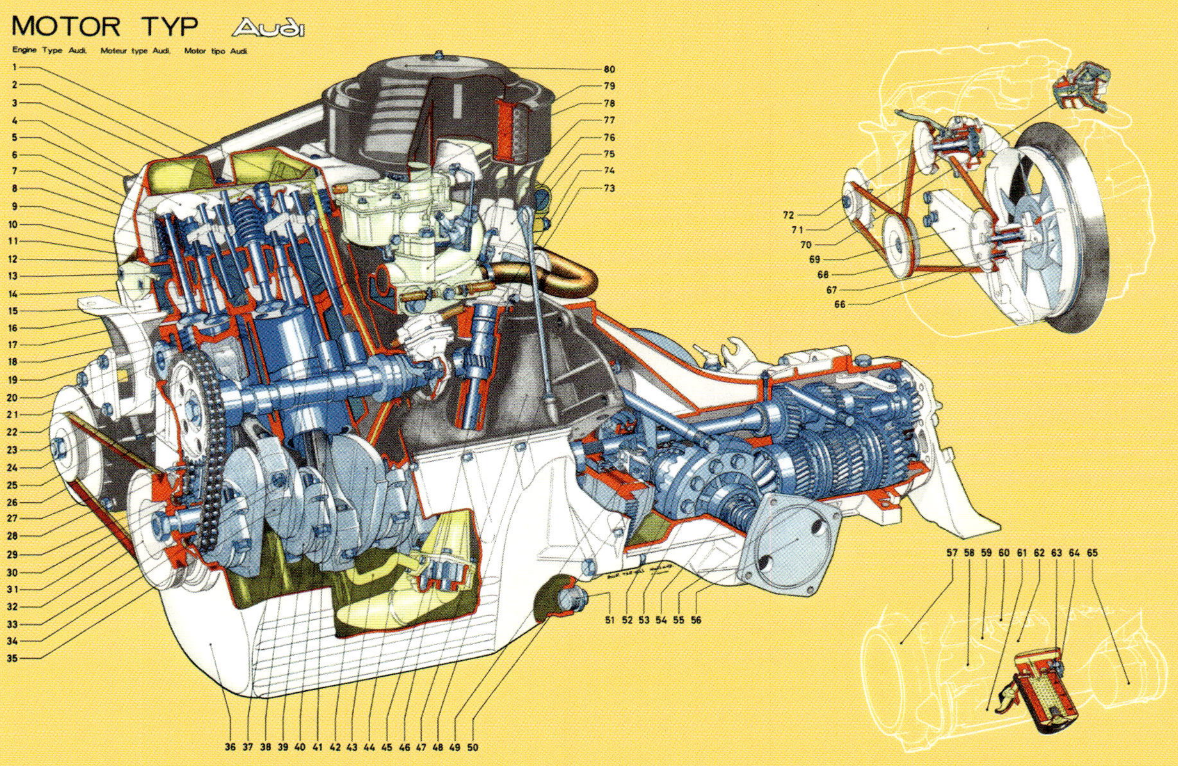

1 Olspritzdüse
2 Kipphebel-Einstellmutter
3 Lagersegment für Kipphebel
4 Zylinderkopfhaube
5 Kipphebel
6 Ventilkegelstück
7 Ventilfederteller
8 äußere Ventilfeder
9 innere Ventilfeder
10 Rotocap (Ventildreheinrichtung)
11 Dichtung für Zylinderkopfhaube
12 Einlassventil
13 Stößelstangenführung
14 Ventilführung
15 Zylinderkopf
16 Auslassventil
17 Ventilsitzring
18 Kolben
19 Kolbenring oben – Rechteckring I
20 Kolbenring Mitte – Rechteckring II
21 Kolbenring unten – Ölabstreifring
22 Keilriemenscheibe Lichtmaschine
23 Keilriemenantrieb Lichtmaschine
24 Zweifach-Rollenkette
25 Nockenwellenrad
26 Steuergehäusedeckel
27 O.T.-Marke (1. Kolben) und Gradeinteilung
28 Einstellstift
29 Wellendichtring
30 Gleitschiene für Zweifach-Rollenkette
31 Kurbelwellenrad
32 Riemenscheibe Kurbelwelle
33 Pleuelmutter
34 Pleuelschraube (Dehnschraube)
35 Deckel Pleuelstange
36 Ölwanne
37 Nockenwelle
38 Stößelstange
39 Hauptlagerschalenhälfte
40 Pleuel
41 Ventilstößel
42 Kurbelwelle
43 Druckölleitung
44 Kraftstoffpumpe
45 Ölpumpe
46 Ölpumpenantrieb
47 Kurbelgehäuse
48 Ölmessstab
49 Kupplung
50 Ausrückwelle
51 Ölablassschraube
52 Differential
53 Hauptwelle
54 Schallwelle
55 Antriebswelle
56 Steckachse
57 Schwungrad
58 Verschlussschraube für Wasserkanäle
59 Auspuffkrümmer
60 Zündkerzenstecker
61 Anlasser
62 Abdeckblech
63 Ölfilter
64 Öldruckschalter
65 Drehstrom-Lichtmaschine
66 Lüfter
67 Lüfterverstellung
68 Lüfterwelle
69 Motorträger
70 Thermostat
71 Wasserpumpe
72 Entlüftung
73 Verteiler-Antriebswelle
74 Schraubentrieb
75 Verteiler
76 Verteilerkappe
77 Ansaugkrümmer
78 Filterpatrone
79 Vergaser
80 Ansauggeräuschdämpfer

In internem Schulungsmaterial zwar als „Motor Typ Audi“ bezeichnet, doch konstruiert wurde der Mitteldruckmotor bei Mercedes-Benz.

Gut fürs Renommee des ersten Nachkriegs-Audi: drei Väter mit gutem Klang, Auto Union, Mercedes-Benz, Volkswagen.

Audi Super 90
Spurt in 50 sec.
von 0 auf 160
7.627,-
Beschleunigungswerte:
von 0 auf 80 km/h in 8,5 sec
von 0 auf 100 km/h in 12,2 sec
von 0 auf 140 km/h in 27 sec
von 0 auf 160 km/h in 50 sec
Bequeme Dauergeschwindigkeit 163 km/h.
Motor: „Vier Takte mit Musik". Viertakt-Vierzylindermotor vorn. Hubraum 1760 ccm. 90 DIN-PS bei 5200 U/min. (102 SAE-PS) „Unbändiges Temperament in den unteren Gängen". Bergsteigfähigkeit im ersten Gang 50 %. Fünffach gelagerte Kurbelwelle.
Zweikreis-Bremsanlage mit innenliegenden Groß-Scheibenbremsen vorn.
Frontantrieb gegen Wind, Nässe, Schnee. (Und kein störender Kardantunnel mehr!)
Heizung und Lüftung mit stufenlos regulierbarem Gebläse. „In 3 Minuten kuschelig warm auf allen Plätzen."
Fallstrom-Registervergaser mit Startautomatik. Normverbrauch 8,9 l Super auf 100 km.
Butterweich arbeitendes Viergang-Getriebe mit Porsche-Synchronisation.
Präzise Zahnstangenlenkung mit Schrägverzahnung.
12 Volt-Hochleistungs-Drehstromanlage.
Stoßabsorbierende Sicherheits-Karosserie.
Gepolsterte Armaturentafel.
Zentrale Cockpit-Armaturenanordnung.
Extra kurze Sicherheitslenksäule.
Maximale Geräuschdämpfung „Flüsternd über die Autobahn"
Comfort-Einzelsitze vorn mit stufenloser Schlafsitzmechanik.
Fernfahr-Kraftstoffbehälter für 53 Liter.
Koffergroßraum 600 l.
Schallschluckende Bodenteppiche.
Ausgeklügeltes Federungs- und Aufhängungssystem.
Auto Union
Made in Germany
Zweitürige Limousinen kosten: Audi DM 6741,– / Audi L DM 6977,– / Audi 80 L DM 7082,– / Audi Super 90 DM 7627,– / Audi 80 Variant DM 7541,–.
Preise ab Werk – plus Umsatzsteuer. Alle Limousinen auch viertürig lieferbar.

Spurten: Von 0 auf 80 in 8,0 sec.
Überholen: Von 80 auf 120 in 9,2
Der große Audi 100 LS
Sport-Komfortklasse.
Audi 100 LS
Kraftvolle 100 PS.
Viertakt-Vierzylindermaschine.
170 km/h Dauergeschwindigkeit.
8,9 Liter auf 100 km (Normverbrauch).
Großer Tank: 58 Liter.
Viergang-Getriebe
mit Porsche-Synchronisation
und exakter
(sportliche Knüppelschaltung gegen
Eleganter Fahrgast-
Körpergerecht ausgeformte
Versenkbare
Mittelarmlehne
Besonders hohe
Liegesitze vorn,
stufenlos
Breite Türen. 7 bequeme
650-Liter-Kofferraum.
90% Rundumsicht.
Breitband-Ventilation:
Luftaustausch in 15
Die Breitband-Ventilation.
Schwarz: Frischluft. Weiß: Warmluft.
Auto Union
Drei Audi 100-Modelle lieferbar: Audi 100, 80 PS, Touring
Ausstattung, zweitürig DM 8.590,–, viertürig DM 8.890,–
Audi 100 S, 90 PS, Spezial-Ausstattung, zweitürig DM
viertürig DM 9.290,– / Audi 100 LS, 100 PS, Luxus-
zweitürig DM 9.290,–, viertürig DM 9.590,– /a.W.

Superlative für Audi-Modelle der ersten Nachkriegsstunde: Die Werbung verspricht in Deutschland Temperament, zieht in den USA hingegen Vergleiche mit Ferrari, Porsche, Lincoln, Cadillac und Rolls-Royce.

Sicherten dem VW-Konzern mit Konstruktionen und Entscheidungen die Zukunft. Audi-Cheftechniker Ludwig Kraus und Rudolf Leiding, von 1971 bis 1975 Vorstandsvorsitzender der Volkswagenwerk AG und von Audi-Technik überzeugt.

EA 827-motorisierte Modelle von Audi, VW – und sogar von Chrysler (links hinten).

Allerdings begann bei Audi noch im Debütjahr der ersten 100-Generation unter Motoren-Chef Franz Hauk die Arbeit an einem völlig neuen Vierzylinder. Dieser EA 827 sollte mittelfristig den Mitteldruckmotor ersetzen und damit an Stelle eines Reliktes aus der kurzen Epoche[1] treten, als in Ingolstadt noch Daimler-Benz das Sagen hatte. Das Verbrennungskonzept des Untertürkheimer Mitteldruckmotors hatte nämlich nicht gänzlich überzeugt: Abgesehen vom relativ rauen Lauf neigt dieser Motor unter hoher Last zum „Klingeln", also zur unkontrollierten Selbstzündung des Gemischs mit der Gefahr kapitaler Motorschäden durch überhöhte Druckspitzen. Zug um Zug verabschiedeten sich die Audianer deshalb vom typischen Merkmal dieser eigenwilligen Konstruktion, der anfangs im ersten Nachkriegs-Audi extrem hohen Verdichtung von 11,2:1. Bereits im September 1967, zwei Jahre nach Einführung, reduzierten die Audi-Techniker die Verdichtung des „Mercedes-Vierzylinders" für die 72 PS (53 kW)-Version auf eher konventionelle 9,1:1. Auch die 1968 vorgestellten 55 PS (40 kW)- und 75 PS (55 kW)-Versionen bezogen ihre Nennleistungen aus 9,1:1 verdichteten Brennräumen.

EA 827 gab sein Seriendebüt vier Jahre nach Entwicklungsauftrags-Erteilung. 1972 kam er erstmals im neuen Audi 80 mit alternativ 1,3 Liter und 1,5 Liter Hubraum zum Einsatz, vier Leistungs-Versionen stand den Käufern damals zur Wahl: 55, 75, 85 und 100 PS (40, 55, 63 und 74 kW). Ab 1973 motorisierte der neue Reihenvierer auch die Audi-80-Ableitung VW Passat, nachdem Audi-Chefkonstrukteur Ludwig Kraus[2] den damaligen VW-General Rudolf Leiding (und vormaligen Chef von Audi NSU) nicht nur von den Meriten des Audi-Typs 80, sondern auch von den Qualitäten des unter seiner Regie in Ingolstadt entwickelten Vierzylinders überzeugt hatte. Folglich motorisierte EA 827 ab 1974 zudem den VW Golf erster Generation, hier jedoch statt in Längsanordnung quer verbaut.

Damit waren zwischenzeitliche Motoren-Planungen endgültig ad acta gelegt. Noch am 24. Juni 1971 hatte die Kölner *Auto Zeitung* in Ausgabe 14/1971 „Ro 80-Motor bald auch im Audi" gemeldet, und weiter: „Große Überraschung von Audi NSU in Neckarsulm: Die Baureihe des Audi 100 wird auf Wunsch mit dem Wankelmotor des Ro 80 zu liefern sein." Das Magazin berief sich mit seiner Spekulation auf das damalige Audi NSU-Vorstandsmitglied Victor Frankenberger, der sich entsprechend in einem Interview mit der *Heilbronner Stimme* geäußert habe. Nachvollziehbar schien die Information allemal – *Auto Zeitung*: „Da viele Käufer des Audi 100 sich nach einer laufruhigeren und leistungsfähigeren Maschine sehnen, will Audi NSU künftig den 115 PS-Wankel auch in den verschiedenen Varianten des Audi 100 liefern und damit dem Wankelmotor eine stückzahlmäßig breitere Basis geben."

Im Rückblick darf der Entscheid kontra Wankel und pro EA 827 für Audi und für Volkswagen als segensreich eingestuft werden. Denn die Mitteldruckmotoren-Ablösung EA 827 erwies sich als erstes ökonomisch sinnvolles „Baukasten"-Projekt innerhalb des VW-Konzerns, bildete sie doch die Basis für eine komplette Motorenfamilie mit Hubräumen von knapp 1,3 bis annähernd 2,2 Liter. Am Rande bemerkenswert: Die *Auto Zeitung* verortete den Motorentyp 827 im Zusammenhang mit der Wankel-Info Mitte 1971 nicht etwa in Ingolstadt oder in Wolfsburg, sondern in Neckarsulm. „Im nächsten Jahr", heißt es da, erscheint ein ganz neuer NSU: mit 1,5 Liter Hubraum und 85 PS."

[1] 1958 übernahm Daimler-Benz auf Druck von Hauptaktionär Friedrich Flick knapp 90 Prozent der Auto Union GmbH. Ab 1964 übernahm Volkswagen Zug um Zug das Unternehmen – und nahm Abschied vom DKW-typischen Zweitakt-Dreizylinder. Erster Geschäftsführer wurde Rudolf Leiding, ab Herbst 1971 in Nachfolge von Kurt Lotz Vorstands-Vorsitzender von Volkswagen.

[2] **Ludwig Kraus** (* 26. Dezember 1911, † 19. September 1997) startete seine berufliche Laufbahn 1939 bei Daimler-Benz und war dort ab 1951 für die Konstruktion des Rennwagens W 196 zuständig. 1963 wechselte Kraus als Technischer Direktor zur Auto Union GmbH. Später verantwortete er maßgeblich die Entwicklung der für Volkswagen zukunftsträchtigen Modelle Audi 100, 80 und 50.

Audi-Motorentechnik in VW-Modellen: Der EA 827 fand außer im Audi 80 auch im VW Passat Verwendung.

1974 feierte der Audi-Vierzylinder EA 827 auch im VW Golf eine Heimat, hier statt längs quer eingebaut.

EA 827 im Audi 80: In dieser Umgebung startete der bis heute meistgebaute Motor des VW-Konzerns 1972 seine Karriere.

[1] Ludwig Kraus bezifferte das C1-Entwicklungsbudget im *auto motor und sport*-Interview 1979 (Ausgabe 14/1979) mit lediglich 30 Millionen D-Mark – O-Ton: „Wir waren die billigen Jakobs."
[2] Quelle: „Autos in Deutschland", Werner Oswald, Motorbuch Verlag Stuttgart.
[3] **Peter Leitner** (siehe Datenschutzanmerkungen zu einigen quattro-Akteuren im Anhang auf Seite 400).

Voraussetzung für die vielfältige Verwendungsmöglichkeit des EA 827 war dessen sehr kompaktes Format dank eines bescheidenen Stichmaßes von nur 88 Millimeter. Dieser enge Zylinderabstand bescherte dem Vierzylinder eine Länge von nur 380 Millimeter (gemessen von Stirnseite bis Getriebeflansch). Seine Konstrukteure beschritten im Übrigen zugunsten geringer Produktionskosten eher konventionelle Wege gemäß des Hauk'schen Mottos „mit einem Minimum an Aufwand einen maximalen Effekt zu erzielen": Grauguss-Motorblock, Aluminium-Zylinderkopf, mit oben zentral angeordneter Nockenwelle zur Betätigung von in Reihe hängender Ventile über Tassenstößel. Einlass- und Auslasskanäle sind in der Bauart eines sogenannten Gleichstromkopfes (im Gegensatz zum Querstromkopf) gemeinsam auf der rechten Motorseite angebracht. In Erinnerung an ein akustisches Manko des Mitteldruckmotors verfügt der 827-Vierzylinder zur Verbesserung der Laufruhe über eine Nebenwelle mit Ausgleichsgewichten, von der zudem der Zündverteiler und die Ölpumpe angetrieben werden.

Die möglichst geringe Baulänge war eine Grundforderung der Wolfsburger Techniker, was das von der Ingolstädter Motorentruppe favorisierte großzügigere Stichmaß von 91 Millimeter (mit der damit verbundenen höheren Hubraum-Flexibilität) verhindert hatte. Demselben Streben nach Kürze fiel zudem der herkömmliche Kühlerventilator-Antrieb durch einen Keilriemen zum Opfer – folglich wird er beim EA 827 nach französischem (Peugeot-) Vorbild bei Bedarf elektrisch betätigt, was nebenbei die bei konventionellen Riemenantrieben üblichen Leistungsverluste eliminierte.

Vier Zylinder im EA 827, fünf Zylinder hingegen im EA 828 als dessen prägendes Merkmal – und als das laut dessen Mitentwickler Karl-Heinz Herfeld schlichtweg „Vernünftige". Vorgesehen war der neue, größere Motor für den Audi 100 zweiter Generation (C2), Nachfolger des aus dem Stand so erfolgreichen Audi 100 erster Generation (C1). Dieser C1 war von Audi-Technikchef Ludwig Kraus und seiner Mannschaft anfangs noch ohne offiziellen Wolfsburger Segen und mit minimalem Budget[1] entwickelt worden – eine historische Parallele zum späteren Entstehen des quattro. C1 und quattro wurden dennoch, obwohl eigentlich „illegal", zu Meilensteinen der Audi-Geschichte. So hatte die erste 100-Generation Audi in der gehobenen Mittelklasse fest etabliert und hier das Segment „Otto-Vierzylinder" seiner Klasse gar dominiert: Von Ende 1968 bis August 1976 fanden 827474[2] Exemplare Käufer – der Klassen-Platzhirsch Mercedes-Benz konnte im nahezu identischen Zeitraum lediglich 505282[2] Modelle 200, 220 und 230/4 seiner sogenannten /8-Reihe (W 115) absetzen und wahrte den Klassenvorsprung lediglich dank mehrerer Sechszylinder-Modelle und der /8-Dieselflotte.

Folglich setzten die Audi-Verantwortlichen alles daran, den Vorsprung der Stuttgarter Konkurrenz zu minimieren: Die C2-Generation sollte mit größerem Format repräsentativer werden und luxuriöser. Sie sollte eine größere Motorenpalette bieten und damit eine größere Spanne an Leistungswünschen befriedigen. Und sie sollte nicht zuletzt eine höhere Spitzenleistung bereitstellen. Vorgabe dafür, so erinnerte sich Peter Leitner[3], einst in die Fünfzylinder-Entwicklung involviert, im Dezember 2016 gegenüber der *Audi Blog*-Autorin Verena Väth, „waren 100 kW". Das sind 136 PS – 21 PS oder knapp 20 Prozent mehr als die Spitzenleistung der C1-Generation.

Generationen-Wechsel: Zwar dominierte der erste Audi 100 das Klassensegment „Otto-Vierzylinder", doch die zweite 100-Generation sollte größer, repräsentativer und noch leistungsfähiger werden.

Der neue große Audi 100.

260 Stunden im Windkanal gaben ihm seine einzig richtige Form.

2.100 Stunden auf dem Rüttelstand haben ihm ein sehr gutes Fahrwerk gegeben, damit Sie auch nach einer langen Fahrt noch frisch und ausgeruht sind.

1,4 Millionen Testkilometer haben bewiesen, daß man einen großen, komfortablen Wagen auch sehr verbrauchsgünstig bauen kann.

Extreme Schallversuche über 2 Jahre haben den Audi 100 sehr leise gemacht, für angenehme Fahrruhe bei jedem Tempo.

Ein Team von Innenarchitekten entwickelte einen Innenraum, in dem Sie sich entspannen können und deshalb sehr konzentriert fahren.

„Der entspannende Auto-Innenraum" von Prof. Paolo Nestler.

Das neue Audi 100-Programm.

Die Motoren.

Die Sicherheit.

Die Wirtschaftlichkeit.

Die Ausstattung.

Ein schönes Stück Technik.

Coupon

Audi 100 C2 mit Röntgenaugen betrachtet: viel Raumkomfort und aus fünf Zylindern bis zu 136 PS stark.

Für eine neue Sportfahrer-Klasse:

Lieferte zusammen mit dem 100 S Coupé die anfängliche Spitzenmotorisierung des Audi 100 C2: der 100 GL (C1).

Das Debüt des neuen großen Audi war für das Jahr 1976 vorgesehen, zunächst noch alternativ mit zwei Vierzylindern unterschiedlicher Herkunft und unterschiedlichen Alters als Antrieb. So kam neben einem modernen EA 827-Vertreter mit 1,6 Liter Hubraum auch noch letztmals der alte „Mercedes-Vierzylinder" zum Einsatz, wie er bereits im Audi Super 90 und in der ersten 100-Generation (C1) sein Tagwerk verrichtet hatte. Für den C2 nochmals aufgebohrt wies er dank 86,5 statt 84,0 Millimeter Bohrung nun knapp zwei Liter Hubraum auf und bot mit 115 PS (84 kW) exakt die Leistung des im Audi 100 Coupé S erster Generation (und erster Serie[1]) verbauten 1,9-Liters.

Erst ein knappes halbes Jahr später, im April 1977, sollte der Ingolstädter „Paukenschlag" in Gestalt der ersten Fünfzylinder-Einspritzversion 100 5E mit der im C2-Lastenheft geforderten Nennleistung von 136 PS (100 kW) erfolgen. Ein Jahr danach folgte der Typ 100 5S mit Vergaser-Fünfzylinder, Ersatz für den nun endgültig ausgemusterten Mitteldruck-Veteranen und dessen finale Variante mit 115 PS (84 kW) Nennleistung egalisierend. Im Oktober 1978 feierte mit dem 100 5D ein (in Wolfsburg entwickelter) Diesel-Fünfzylinder in der gehobenen Ingolstädter Mittelklasse seine Premiere – 70 PS (51 kW) liefert dieser Wirbelkammer-Selbstzünder an die Vorderräder. Und den ersten, noch etwas improvisierten Schritt ins automobile Oberhaus tat Audi gleichfalls fünfzylindrig: Im September 1979 wurde auf Basis des C2 das Luxus-Duo 200 5E mit Saugmotor (136 PS/100kW) und 200 5T mit 170 PS (125 kW) starkem Turbo-Fünfzylinder angeboten – dies als motorisch weiteres Kapitel in der Vorgeschichte des Audi quattro.

[1] Im ersten Baujahr (1970/71) leistete der 1,9-Liter im 100 Coupé S mit zwei Solex-Registervergasern 115 PS bei 5500/min, ab 1971 im 100 Coupé S und der Limousine 100 GL mit einem solitären Solex-Registervergaser 112 PS bei 5800/min
(Quelle: „Autos in Deutschland", Werner Oswald, Motorbuch Verlag Stuttgart).

Im Karosseriekonzept und in der Philosophie dem späteren quattro gleichend: Das Audi 100 Coupé, erstes Werk des späteren quattro-Designverantwortlichen Harmut Warkuß, verbindet, wie der quattro, sportlichen Habitus mit vier Vollwertsitzen.

Noch mehr große Sicherheit für das sportliche Fahren:

Audi 100 Coupé S/1974

Sicherheits-Passagierzelle jetzt mit verstärkten Längsträgern. Dreipunkt-Automatik-Sicherheitsgurte und Kopfstützen serienmäßig. Neue, mit Federbeinen ausgerüstete Torsionskurbel-Hinterachse.

Das Audi 100 Coupé S ist noch sicherer geworden. Knautschzonen vorne und hinten machen die Karosserie in Front- und Heckpartien extrem stoßabsorbierend. Elektronisch vorberechnete Sollbiegestellen verformen sich beim Aufprall und bauen so die Stoßenergien ab. Der Innenraum bleibt weitgehend unbeschädigt.

Zur Sicherheit im Audi 100 Coupé S gehören auch serienmäßig eingebaute Kopfstützen, Dreipunkt-Automatik-Sicherheitsgurte, Bremskraftverstärker und Stahlgürtelreifen.

Auch das Fahrwerk ist noch sicherer geworden. Federbeine vorn mit hochliegenden Schraubenfedern und langen Federwegen verkraften jede Straßenunebenheit. Querstabilisatoren verhindern das Neigen der Karosserie in Kurven.

Die neue Torsionskurbel-Hinterachse mit Federbeinen und Panhard-Stab garantiert präzise Seitenführung. Sie verhindert seitliches Versetzen und Trampeln. Extrem breite Gürtelreifen, 185/70 HR-14", nehmen höchste Seitenkräfte auf.

Audi 100 Coupé S. Sicherheit für das sportliche Fahren.

bitte ausschne den

Information: Sicherheit. Wirtschaftlichkeit. Komfort. Schicken Sie diesen Informations-Scheck an AUDI NSU, Abt. W 6, 8070 Ingolstadt. Sie erhalten von uns eine ausführliche Information über das Audi 100 Coupé S. (Vergessen Sie bitte nicht Ihre Anschrift.)

D-1-15

5T
IN-CD 438

Motorisch ein wichtiger Schritt hin zum späteren quattro: Die Spitzenversion 5T der Audi 100-Luxusversion 200 wird von einem Fünfzylinder-Turbomotor beschleunigt – der Basis des 30 PS stärkeren quattro-Triebwerks erster Generation.

Doch der Reihe nach: Wieso entschieden sich die Audi-Techniker beim Sprung nach oben für lediglich fünf Zylinder, warum nicht gleich für deren sechs?

Drei gute Gründe sprachen anfangs für die ungerade Zylinderzahl – weitere Gründe sollten sich im Laufe der Audi-Fünfzylindergeschichte hinzugesellen. Grund Nummer 1: Audi gedachte damals noch, als Frontantriebs-Pionier und -Spezialist auch bei künftigen 100-Generationen auf vorn angetriebene Räder zu setzen. Damit direkt zusammen hängt Grund Nummer 2: Ein Sechszylinder-Reihenmotor wäre für den konzeptbedingten Längseinbau vor der Vorderachse zu lang geraten, dessen Quereinbau hätte eine völlig neue, aufwändige Getriebekonstruktion erfordert. V6-Versuche befriedigten die Audi-Motorentechniker weder in der Laufkultur noch im Drehmomentverlauf. Schließlich Grund Nummer 3: Ein Reihenfünfzylinder konnte auf den bestehenden Fertigungsstraßen hergestellt werden, was einen damit nicht kompatiblen V-Sechszylinder schon organisatorisch und wegen dessen höherer Fertigungskosten, also nicht nur wegen dessen aus Audi-Sicht unbefriedigender Eigenschaften, von vorneherein ausschloss.

Die Zylinderzahl Fünf prägt zwar bis heute das Ingolstädter Motoren-Image, doch in der Motorenbaugeschichte hatte Audi damit keineswegs die Pole Position inne. Allerdings war der Fünfzylinder-Initiator bei Audi einer der Ersten, die Fünfe im Motorenbau gerade sein ließen. Dieser Initiator heißt Dr. Ferdinand Piëch. Der war Anfang 1972 nach einem Porsche/Piëch-familiären Übereinkommen bei der damaligen Porsche KG ausgeschieden, um während eines kurzen Intermezzos als Freelance Konstruktions-Aufträge Dritter zu erledigen – ganz im Stil seines legendären Großvaters Professor Ferdinand Porsche und dessen Stuttgarter Dr. Ing. h.c.F. Porsche GmbH der 1930er Jahre. Einer der ersten Piëch-Auftraggeber war Professor Hans Scherenberg, damals Forschungs- und Entwicklungsvorstand von Daimler-Benz. Denn Mercedes war daran interessiert, das Pkw-Dieselprogramm des Unternehmens nach oben zu erweitern – es fehlten jedoch intern entsprechende Entwicklungs-Kapazitäten.

Womöglich erinnerte sich Piëch anlässlich des Untertürkheimer Auftrags an eine frühere Erfahrung bei Porsche anlässlich eines Entwicklungsauftrags für den französischen Lkw-Hersteller Berliet. In diesem Zusammenhang machte er nämlich Bekanntschaft mit einem Berliet-Dieselfünfzylinder für den Einsatz im Lkw – Piëch später: „Wir waren verblüfft von den guten Eigenschaften des Fünfzylinders. Er zeigte sich namentlich in Bezug auf Laufruhe den konkurrierenden Vierzylindern klar überlegen.“ Nicht nur Berliet in Frankreich, sondern auch Lancia in Italien setzten im Lkw-Motorenbau einst auf fünf Zylinder in Reihe – dies nicht allein nach dem Diesel-Prinzip, sondern gleichermaßen nach dem System des Herrn Otto. Dieser Motortyp 102 mit 6875 cm^3 (Bohrung x Hub: 108 x 150 mm, Nennleistung 93 PS bei 1860/min) ging bereits 1938 in Diesel-Konfiguration in Serienproduktion. Im Hubraum identische Otto-Varianten dieses Triebwerks folgten in den 1940er Jahren und wurden bis Ende des Zweiten Weltkrieges gebaut.

Deutlich weniger Hubraum (2971 cm^3), aber mit 80 PS kaum weniger Leistung als die Lancia-Fünfzylindermonumente offerierte Dr. Piëchs Entwicklung für Mercedes-Benz, die zum Motorentyp OM 617 führte. Dieser erste Fünfzylinder im Pkw-Bau feierte seine Premiere im Juli 1974 im

Fünfzylinder-Premiere im Pkw: Der Piëchsche Diesel-Fünfzylinder OM 617, im Mercedes-Auftrag konstruiert …

… kam ab 1974 in der Mercedes-Mittelklasse W 115 (Fan-Bezeichnung „/8“) zum Einsatz, später auch in der S-Klasse.

Fünfzylinder-Premiere im Lkw: Lancia Esaro, ab 1938 mit knapp sieben Liter großen Otto- und Dieselmotoren gebaut.

Mercedes 240 D 3.0 der /8-Reihe W 115 – dies also zu einer Zeit, da Dr. Piëch bereits seit rund zwei Jahren im Audi-Sold stand. Der ehemalige Porsche-Mann hatte den Untertürkheimer Motorenbauern gute Gründe für seine Fünfzylinder-Idee ins Feld geführt. Und diese Motive waren naturgemäß auch in Ingolstadt relevant:

- die im Vergleich zum Sechszylinder (ob in Reihe oder im V) ökonomischere Fertigung,
- und das im Vergleich zum Reihen-Vierzylinder deutlich bessere Schwingungsverhalten, das den Fünfer in dieser Hinsicht näher am Sechser ansiedelt als am Vierer.

Es galt, so zitierte *auto motor und sport* in Ausgabe 19/1979 den damaligen Audi Entwicklungschef Dr. Piëch, „die Laufruhe eines Sechszylinders mit der Wirtschaftlichkeit eines Vierzylinders zu kombinieren".

„Machen Sie mal den Fünfzylinder!" lautete im Herbst 1973 die eher skeptische (und von Dr. Piëch initiierte) Order des Zweitakt-Enthusiasten Bernard Büchner an seine Mitarbeiter, eine Order, die auf dem Tisch des Abteilungsleiters Bent R. Dall landete. Dessen damaliger Chef, Hauptgruppenleiter Herfeld, erinnerte sich gut drei Jahrzehnte später an den ersten, sehr pragmatischen Schritt zum Fünfzylinder: „Die erste Zeichnung war einfach entstanden. In einem Längsschnitt des R4-Motors war einfach ein fünfter Zylinder dazu gezeichnet worden. Das war auf den Sepia-Kopien schön zu erkennen: Man sah die Radierspuren und die neu gezeichneten Teile sehr gut. So entstand aus dem Hubraum 1,5 Liter des Vierzylinders EA 827 der neue Hubraum 1,8 Liter[1] des ersten EA 828."

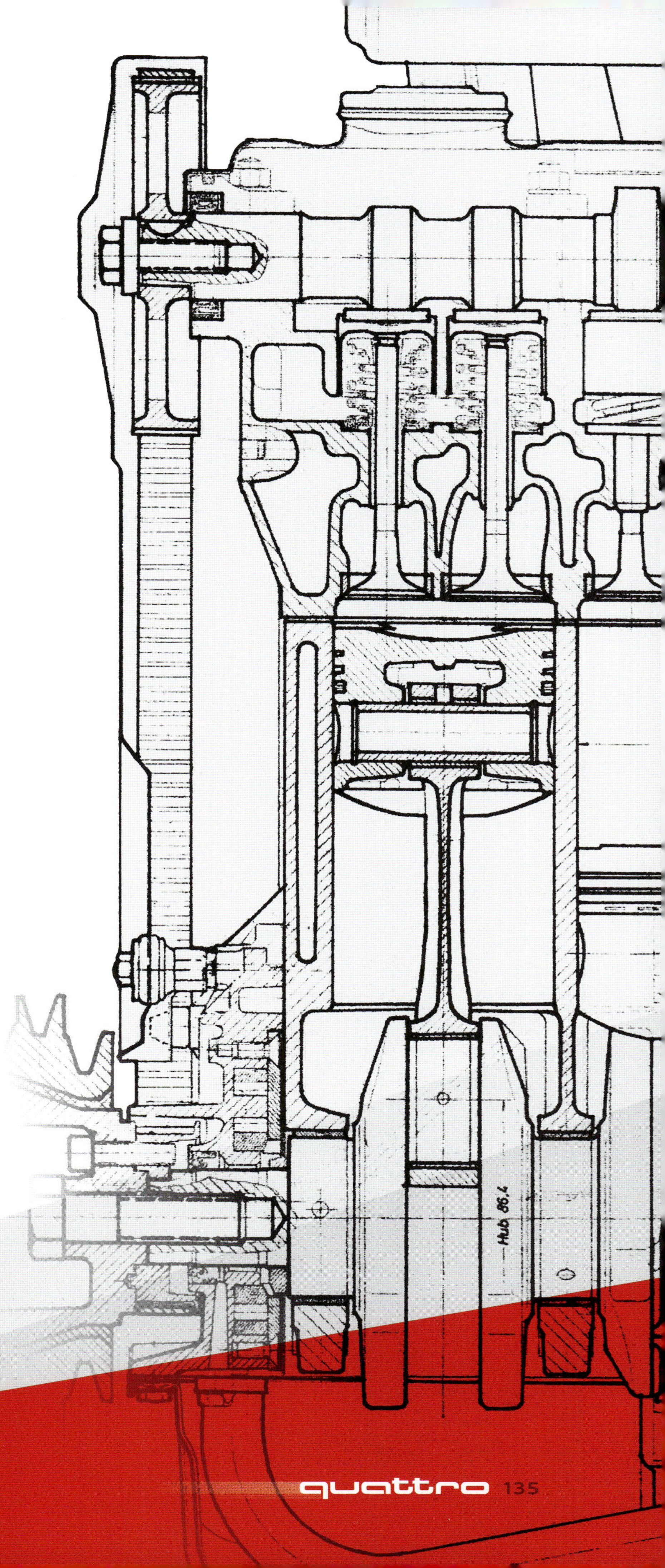

Die Ergänzung: Der fünfte Zylinder machte aus dem Vierzylinder EA 827 den später legendären EA 828.

[1] Anmerkung: Es waren exakt 1839 cm³.

Fünfzylinder-Premiere bei Audi: In der zweiten 100-Generation (C2) gab EA 828 in Einspritzversion mit Bosch K-Jetronic sein Debüt – mit stolzem „5E"-Hinweis am Kühlergrill.

[1] Karl-Heinz Herfeld bezieht sich hier auf den Nachfolger des 100 PS starken Vergaser-80 GT, den 110 PS-Einspritzmotor des Audi 80 GTE von 1975. Dessen Kraftstoff-Zuteilung erledigt die mechanisch gesteuerte, kontinuierliche Einspritzung K-Jetronic von Bosch. Ab 1976 wurde dieses Triebwerk legendär, als es die GTI- (und GLi-) Versionen des Golf und Scirocco besonders dynamisch beschleunigte.
[2] **Dirk Bösenberg** (* 1941) startete seine Audi-Karriere als Assistent von Dr. Ferdinand Piëch. Später sollte er auch in Sachen quattro eine Rolle spielen: als Promotor des für das Modelljahr '83 eingeführten elektronischen Displays mit integriertem Bordcomputer, kombiniert mit einem Checksystem mit Sprachausgabe (siehe auch Seiten 105, 137 und 252 ff).

Naturgemäß war es mit dieser simplen Erweiterung nicht getan. Erste Prüfstands-Versuche eines derart verlängerten Motors verliefen alles andere als überzeugend – Herfeld: „Der funktionierte nicht zufriedenstellend. Weder ein, noch zwei oder drei Vergaser liefen richtig, und so kamen wir schnell zum Einspritzsystem K-Jetronic, das uns ja von der Entwicklung für den Vierzylinder[1] her bekannt war." Dabei blieb es jedoch nicht. Auf dem Weg zum funktionierenden Fünfzylinder verlor der Motor die hier unnötige 827-Zwischenwelle, die beim Vierzylinder dank ihrer Ausgleichsgewichte die Laufruhe fördert, kompensiert sie doch zumindest einen Teil der speziell im Vierzylinder störenden Massenkräfte. Da diese Welle zugleich den Zündverteiler und die Ölpumpe betätigt, mussten für beide Aggregate im Fünfzylinder neue Antriebe vorgesehen werden. So wird hier der Zündverteiler direkt von der Nockenwelle angetrieben, während den Ölkreislauf eine von der Kurbelwelle angetriebene Sichelpumpe im Fluss hält.

Auch in Sachen Hubraum blieb es nicht bei der Urversion von gut 1,8 Liter – Herfeld: „Im Zwischenschritt wurden es erst zwei Liter, schließlich 2,14 Liter." Diese 2144 cm^3 ergaben sich unter Verwendung des später an Chrysler gelieferten und auch im VW Iltis gebräuchlichen langhubigen 1,7-Liter-Blocks mit 79,5 Millimeter Bohrung und 86,4 Millimeter Hub: Fünf Mal 428,8 cm^3 Zylinderhubraum ergeben besagte 2144 cm^3, mit der später die Otto-Fünfzylinder im niedersächsischen VW-Werk Salzgitter in Serienfertigung gingen.

Zuvor galt es jedoch, die Qualitäten des Fünfzylinders im Vergleich zur Sechszylinder-Konkurrenz zu eruieren. Zitiert seien hier erneut die Erinnerungen des an der Entwicklung beteiligten Zeitgenossen Karl-Heinz Herfeld: „Wir waren sehr gespannt, als der erste Motor, der am Prüfstand lauffähig für ein Fahrzeug abgestimmt worden war, in unserer Werkstatt bei Meister Kögler in einen C1 eingebaut wurde. Nach den ersten Probefahrten, die subjektiv gesehen recht ordentlich verliefen, waren wir dann gespannt auf die Ergebnisse der Akustikmessungen im Labor von Herrn Bösenberg[2]. Wir waren wohl immer noch etwas unsicher mit dieser ungewohnten ungeraden Zylinderzahl. Als dann die Messergebnisse zeigten, dass der Motor zwar nicht an das Laufverhalten eines Sechszylinders heranreichte, aber deutlich besser als ein Vierzylinder war, gab es das offizielle Startzeichen für dieses Motorenkonzept bei Audi." Herfeld weiter: „Das war 1974."

Bis zur Serienreife wartete in den folgenden beiden Jahren allerdings noch ein großes Pensum an Entwicklungsarbeit auf die verantwortlichen Audi-Ingenieure. So galt es beispielsweise, die Schwingungsprobleme des Fünfzylinders in den Griff zu bekommen. Anfangs wurde versucht, der konzeptbedingten ungebetenen Massenmomente erster Ordnung durch nicht weniger als zehn Gegengewichte an der geschmiedeten Kurbelwelle Herr zu werden. Das Ergebnis befriedigte die Ingolstädter Konstrukteure allerdings noch nicht annähernd. Erst eine gezielte Unwucht am Schwungrad und ein ebenso ausgelegter Schwingungsdämpfer am vorderen Ende der Kurbelwelle brachten den gewünschten Effekt. Mit sechs Lagern, im Durchmesser 58 Millimeter messenden Lagerzapfen und geschmiedeten Pleueln zählt der Kurbeltrieb im Audi-Fünfer deshalb zu den besonders aufwändig zu fertigenden Bauteilen.

Zudem galt es, Biegeschwingungen im Motor/Getriebe-Komplex in den Griff zu bekommen. So verriet Dr. Piëch dem *auto motor und sport*-Redakteur Clauspeter Becker anlässlich dessen Fünfzylinder-Recherchen für Ausgabe 19/1976: „Zwischen Motor und Kupplungsglocke trat ein regelrechter Scharniereffekt auf." Schräg angeordnete Außenrippen an den Außenwänden des Motorblocks und des Getriebegehäuses sind das sichtbare Resultat erfolgreicher Gegenmaßnahmen. Schließlich dient auch die im Audi-Fünfzylinder typische Zündfolge 1-2-4-5-3 der Reduzierung von in Richtung der Zylinder wirksamen Massenmomenten erster Ordnung. Sie sollte den Audi-R5 während seiner gesamten Geschichte genauso begleiten wie der Kröpfungsversatz an der Kurbelwelle (72 Grad) und der Zündabstand aller fünf Zylinder (144 Grad). Diese Werte wiederum treten nämlich den Massenkräften erster und zweiter Ordnung entgegen.

Das Vorgehen nicht nur bei der Bekämpfung von allerlei Massenkräften und Massenmomenten beschrieb im Dezember 2016 einer der damaligen Zeitzeugen aus der Audi-Konstruktionsabteilung. Dieser Peter Leitner gestand damals der bereits auf Seite 128 erwähnten *Audi Blog*-Autorin Verena Väth: „Wir mussten einfach viel ausprobieren und abschätzen, was Material, Versteifungen, Wärmeverteilung und Ähnliches angeht. Außerdem hatten wir keine Computerunterstützung, die kam gerade erst auf. Wir haben alles am Reißbrett gezeichnet, dem sogenannten ‚Brett vorm Kopf'. Bei jeder Veränderung mussten wir wieder von vorn anfangen. Den Zahnriemenantrieb habe ich mit Logarithmentafeln berechnet. Im Endeffekt war für uns jedes Bauteil ein Erlebnis. Es hat in der Realität nicht immer dem entsprochen, was wir uns im Kopf vorgestellt hatten. Aber natürlich haben wir das nie zugegeben."

Das Ergebnis solchen „Trial and Error"-Vorgehens sei hier trocken mit einigen Daten und Fakten fest gehalten (mehr davon im Anhang auf Seite 369): Reihenfünfzylinder mit zusammen gegossenen Zylinderbuchsen, somit ohne Kühlwasserpolster zwischen den Zylindern. Dadurch ergab sich, wie gefordert, ein besonders kurzer – Länge gerade mal 475 Millimeter (gemessen von Stirnseite bis Getriebeflansch) – und steifer Grauguss-Motorblock. Im Leichtmetall-Zylinderkopf sind jeweils zwei Ventile pro Brennraum wie im Vierzylinder EA 827 hängend in Reihe angeordnet. Angetrieben werden sie über Tassenstößel von einer vierfach gelagerten, oben liegenden Nockenwelle. Inclusive Einstellblättchen wiegt jeder Tassenstößel lediglich 68 Gramm. Die Ventilteller-Durchmesser wurden gegenüber der 827-Version mit 38 Millimeter (Einlassventile) und 33 Millimeter (Auslassventile) um vier bzw. zwei Millimeter vergrößert. Pro Ventil kommen zwei konzentrische Ventilfedern zum Einsatz.

Sowohl die Brennraum-Einlässe als auch -Auslässe sind an der rechten Motorseite angebracht – auch das ein Erbe des gleichfalls mit einem Gleichstrom-Zylinderkopf bestückten Vierzylinders EA 827, aber auch ein Vorteil für eine geplante US-Version des Fünfzylinders[1]. Die für den US-Markt erforderliche Abgasrückführung lässt sich relativ einfacher und kostengünstiger realisieren, wenn die Auspuffleitung in direkter Nachbarschaft zum Einlasskrümmer verläuft. Die fünf Leichtmetallkolben mit eingegossenen Regelstreifen sind mit je zwei Kompressionsringen und einem Ölabstreifring versehen. Gezündet wird das Gemisch in Brennräumen, die teils im Kolbenboden, teils im Zylinderkopf angelegt sind.

Mit Blick auf seine langhubige Auslegung – der Hub beträgt 86,4 Millimeter, die Bohrung lediglich 79,5 Millimeter – überrascht EA 828 mit einer erstaunlichen Drehfreude. So genehmigten ihm seine Väter als zulässige Höchstdrehzahl immerhin 6800/min (bei einer Nenndrehzahl von 5700/min), der Ventiltrieb verträgt kurzfristig gar bis zu 7400/min – Resultat der erfolgreichen Maßnahmen zur Bekämpfung materialmordender Massenkräfte und Massenmomente. Auch mit seinem geringen Gewicht von lediglich 166,6 Kilogramm, nur 12,6 Kilogramm mehr als beim „alten" Zweiliter-Vierzylinder des Audi 100 GL und Coupé, vermag der Audi-Fünfzylinder (5E-Version) im Vergleich zu Wettbewerbern aufzutrumpfen: Der BMW-Sechszylinder beispielsweise bringt in der 2,5-Liter-Variante des Typs 525 mit 210 Kilogramm[2] über 40 Kilogramm mehr auf die Waage. Mit 235 Kilogramm[2] fällt der zeitgenössische 2,8-Liter von Mercedes-Benz sogar noch schwerer aus.

An die legendäre Laufkultur des BMW reicht der Audi-Fünfzylinder zwar nicht heran, doch den Vergleich mit Sechszylindern von Mercedes-Benz, Opel und Ford musste der Audi-Fünfer im zeitgenössischen Umfeld nicht scheuen – *auto motor und sport* im ersten Test des 100 5E (Ausgabe 25/1976): „Er überzeugt durch Laufruhe und Geschmeidigkeit ..." und: „Ebenfalls erfreulich ist, wie die Leistungsentfaltung vor sich geht. Der Fünfzylinder ist trotz seines langen Hubs drehfreudig, und er reagiert stets spontan und willig auf Gaspedalbewegungen."

Das Fazit von Tester Fritz Reuter fiel entsprechend aus: „Keine Frage also: Die fünfte Dimension hat Zukunft.".

[1] In den USA trug der Audi 100 C2 die Bezeichnung Audi 5000 und wurde ausschließlich in der 5E-Version vermarktet. Der abgasentgiftete Fünfzylinder leistet 103 PS (76 kW), somit 33 PS (24 kW) weniger als die Europa-Ausführung.

[2] Quelle: *auto motor und sport* 4/1974 („Was die Motoren wiegen und leisten").

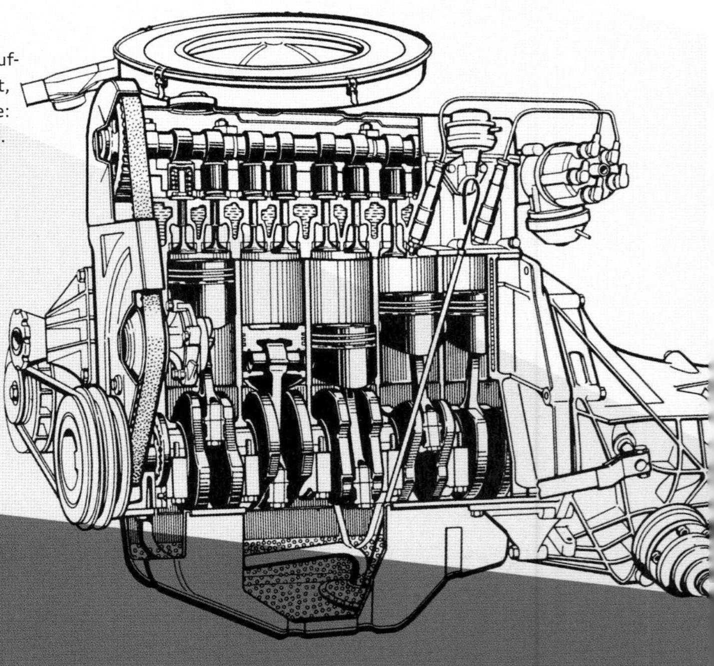

Überzeugte Tester mit Laufruhe und Geschmeidigkeit, außerdem mit Drehfreude: Audi-Fünfzylinder EA 828.

„Wir mussten viel auspro-
bieren“ – so erinnert sich Audi-
Konstrukteur Peter Leitner
an die 828-Entwicklung.

Im Vergleich zum Audi-Fünf-
zylinder gut 40 Kilogramm
schwerer: 2,5 Liter-Sechs-
zylinder von BMW.

Im Vergleich zum Audi-Fünf-
zylinder über 65 Kilogramm
schwerer: 2,8-Liter-Sechs-
zylinder von Mercedes.

Genial konzipierter Allradantrieb, ungewöhnlicher Fünfzylinder-Motor: In der zweiten Hälfte der 1970er Jahre hatte Audi die wesentlichen Technikelemente für den quattro parat.

Bei Audi beginnt die Ära der Abgasaufladung

Topmodelle haben künftig „Turbos für Saus und Braus“

Mit dem Fünfzylinder-Entwicklungsauftrag 828 tat Audi 1976 einen ersten wesentlichen Schritt ins automobile Oberhaus – und damit zugleich hin zur künftigen quattro-Legende: Die zweite 100-Generation (C2) fuhr im europäischen Markt auf Augenhöhe mit den etablierten Klassen-Konkurrenten aus Stuttgart und München. Der Urquattro und spätere quattro-Varianten wiederum sollten gegenüber diesen gar einen technologischen Vorsprung erzielen. Mit seinem Leistungsvermögen und seinem durchaus gesitteten Trinkgebaren nahm der Fünfzylinder nicht nur rational gestimmte Käufer für sich ein. Denn mit seiner akustischen Besonderheit faszinierte er überdies emotional orientierte Menschen, Enthusiasten mit Superbenzin im Blut. Der R5 aus Ingolstadt wurde geradezu Kult – und das lag und liegt bis heute an seiner unverwechselbaren Geräuschentwicklung.

Dabei war ausgerechnet die spezielle Tonlage des Reihen-Fünfers in der Schlussphase seiner Entwicklung ein Akustikthema des Anstoßes. „Der leicht unrunde, wummernde Klang des Fünfzylinders“, erinnerte sich Entwicklungsingenieur Peter Leitner (siehe auch Seite 139) 2016 im *Audi Blog*-Interview, „kam intern schlecht an, weil wir einen laufruhigeren Motor entwickeln wollten. Wir haben sogar noch versucht den Sound zu verändern, aber Aufwand und Ergebnis standen in keinem Verhältnis zueinander.“

Aus heutiger Sicht war das zweifellos ein großes Glück – Leitner: „Der Kult um den Fünfzylinder kam ja vor allem durch den Sound des Motors zustande. ... Da bekommt man richtig Gänsehaut.“ Auch Michèle Mouton, die südfranzösische spätere quattro-Rallye-Pilotin (siehe auch Seite 204/205), schwärmte in Ausgabe 3/2008 des britischen Enthusiasten-magazins *Octane*: „Es ist das Geräusch. Niemand kann den Sound des Audi Quattro vergessen. Noch heute vermisse ich ihn ...“

Zu ihrer aktiven Zeit hatte sie sich gleichlautend in der in Stuttgart erschienenen *Motor Revue*, Jahresausgabe 1984, geäußert: „Der schönste Lärm der Welt kommt vom Quattro. Ein fauchender Turbo ist das Größte.“ Mouton war sich in dieser Einschätzung einig mit ihrer einstigen italienischen Copilotin Fabrizia Pons, die den *Octane*-Redakteuren, publiziert in Ausgabe 4/2013, gestand: „Dieser Fünfzylinder-Sound ist einfach magisch ...!“

Sind sich einig in ihrem Enthusiasmus für den Audi-Fünfzylindersound: Michèle Mouton, Fabrizia Pons.

Erzeugt Gänsehaut und ist „magisch“: „Den schönsten Lärm der Welt“ erzeugt ein fauchender Rallye-quattro ...

Turbolader
quattro
Audi
IN NH 42
PIERBURG
D

Kraftpaket aus Ingolstadt: Fünfzylinder-Turbomotor mit 170 PS (125 kW).

Mit maximal 136 PS (100 kW) konkurrierte die zweite Audi 100-Generation zunächst mit den Modellen 520 und 525 von BMW (122 bzw. 145 PS) sowie mit den Mercedes-Typen 250 und 280 (129 bzw. 156 PS), war jedoch diesen bis zu einer Vierteltonne schwereren Limousinen dank ihres raffinierten Leichtbaus (100 5E-Leergewicht: 1250 kg) im Temperament mehr oder weniger überlegen. Dafür sorgte ihr vergleichsweise niedriges Leistungsgewicht von nur 9,2 kg/PS (BMW: 11,1 bzw. 9,5 kg/PS; Mercedes 10,9 bzw. 9,64 kg/PS). Gleichwohl reiften bereits im Fünfzylinder-Debütjahr 1977 Pläne für einen noch deutlicheren Vorsprung durch Technik, um auch den Spitzenmodellen der gehobenen Mittelklasse-Konkurrenz – etwa dem BMW 528i oder dem Mercedes 280E – Paroli bieten zu können.

Das Ergebnis solchen Sinnens hielt der Protokollant im Nachgang zur APP[1]-Sitzung vom 18. August 1977 in Wolfsburg fest – unveränderter O-Ton der entsprechenden APP-Vorlage 197:

„Von FE wird 5 Zylinder-Turbo als Höhermotorisierung für den Audi 100 vorgeschlagen. Es ist geplant, eine Vorläuferserie von ca. 1000 Fahrzeugen ab Mitte 1978 im Inland mit diesem Motor auszurüsten.

2,2 Liter, 170 PS, V_{max} 205 km/h, 0–100 km/h in 8,5 Sek.

Hochgeschwindigkeits-Fahrwerk:
Änderungen an der Vorderachse: Achslenker, Schwenklager, Federung, Stoßdämpfer, Bremsscheiben, Gelenkwellen,

Änderungen an der Hinterachse:
Achszapfen, Federung, Dämpfer, Radnaben, Stabi, Bremsen.
Festsattelbremsen, Scheibenbremsen hinten, Bremskraftverstärker, 9'' Tandem mit Vakuumpumpe, Servolenkung; Räder 6Jx15, Reifen 205/60 VR 15, Benzintank 75 Liter,

Stand der Entwicklung lt. TE-IN[2]:
Erprobung auf dem Dauerlaufprüfstand: 3 aufgeladene 5-Zylinder nach dem Düsseldorftestprogramm[3] über 800 Stunden Laufzeit geprüft. Dabei stellten sich aufladungsspezifische Beanspruchungserscheinungen heraus, die durch geeignete Materialwahl und konstruktive Gestaltung in den Griff zu bekommen sind, so daß der aufgeladene Motor annähernd die gleiche Laufzeit wie der Saugmotor erreichen wird.

Erprobung im Fahrzeug:
Die eigentliche Fahrzeug-Dauerlauferprobung beginnt im September 1977. Gegenwärtig laufen 10 aufgeladene Audi 100 mit maximal 20000 km Laufstrecke, darunter Erprobung in Finnland, Afrika, Nürburgring.
Gesetzliche Vorschriften hinsichtlich Geräusch und Abgas werden weltweit erfüllt.

Termine:
Motorteile sind am 8.7.1977 planungsfreigegeben worden.
Beschaffungsfreigabe soll im Oktober 1977 erfolgen.

Fahrwerksteile:
sollen im September 1977 beschaffungsfreigegeben werden.

Herstellkosten:
Mehrkosten gegenüber Grundmotorisierung 1,6/ 85 PS betragen ca. 3210 DM für Motor, Fahrwerk und Getriebe (aber ohne Zusatzausstattung)

[1] **APP** = **A**usschuss für **P**rodukt-**P**lanung
[2] **TE-IN** = **T**echnische **E**ntwicklung **In**golstadt.
[3] Düsseldorftestprogramm = spezielles Motoren-Dauertestprogramm, in Reminiszenz an die erste Pkw-Nachkriegsfertigungsstätte von D<W (Düsseldorf ab 1950) benannt.
[4] Quelle: Statistik 1977 des Kraftfahrtbundesamt in Flensburg.

Entwicklungskosten: ohne Angabe.

Spezial-Betriebsmittel:

Produktion	14,7 Mio DM
Einkauf	2,6 Mio DM
Summe	17,3 Mio DM“

Da plante Audi, toleriert von Volkswagen, offensichtlich eine Hochleistungs-Limousine. Und für Derartiges fehlte in der zweiten Hälfte der 1970er Jahre als Nachhall der ersten Ölpreis-Krise von 1973 vielfach und vor allem in den Medien die gesellschaftliche Akzeptanz – zumal sich die nächste Energiekrise bereits abzeichnete. „Die gesamtwirtschaftliche Entwicklung in der Bundesrepublik Deutschland“, heißt es folglich einleitend im Audi-Geschäftsbericht 1977, „blieb im Jahr 1977 deutlich hinter den Erwartungen zurück.“ Und: „... eine Verlangsamung des wirtschaftlichen Wachstums konnte nicht verhindert werden.“

Dabei ging es Audi noch vergleichsweise gut. So habe das Geschäftsjahr der Audi NSU Auto-Union AG, wie sich das Unternehmen damals noch sperrig betitelte, einen „zufriedenstellenden Verlauf“ genommen – was noch bescheiden ausgedrückt war. Mit 339883 produzierten Fahrzeugen, darunter allerdings auch 21955 im VW-Auftrag in Neckarsulm gebauten Porsche 924, hätte man durchaus von einem Rekordjahr sprechen können. Immerhin entsprach die Produktionssteigerung einer Zunahme von 30,7 Prozent gegenüber dem Vorjahr. Auch der Anteil an den Neuzulassungen in Deutschland hatte mit 9,4 Prozent[3] eine neue Höhe erreicht (Vorjahr: 7,7 Prozent[4]). Im Geschäftsbericht ’77 heißt es dazu: „Damit erreichte das Unternehmen den höchsten Zuwachs aller inländischen Anbieter und konnte sich auf den vierten Platz der Zulassungsrangordnung verbessern.“ (Vor Audi lagen 1977 nur noch Volkswagen mit 21,5 %[4], Opel mit 19,2 %[4] und Ford mit 14,5 %[4]. Mercedes-Benz folgte Audi auf Rang 5 mit 8,6 %[4], BMW auf Rang 6 mit 5,4 %[4].)

Trotz der bei Audi wirtschaftlich vergleichsweise günstigen Voraussetzungen für die Entwicklung eines Spitzenmodells oberhalb der 100-Reihe sprachen in erster Linie Kostenerwägungen für die Ingolstädter Turbo-Präferenz. Dipl.-Ing. Axel Werner, einst maßgeblich in die Entwicklung des „Ur-Turbo“ auf EA 828-Basis involviert, beschrieb das „Entwicklungs-Korsett“ 2008 in einer Turbo-Chronik für Audi-interne Zwecke. Zwar sei am Anfang das Ziel „Leistungssteigerung“ eindeutig im Vordergrund gestanden. Doch zugleich bestand die „Maßgabe, aus Kostengründen (Entwicklungsaufwand, Fertigungseinrichtungen, Lagerhaltung) möglichst viele Gleichteile mit dem vorhandenen Saugmotor ... zu verwenden“.

So hätte ein entsprechend hubraumgrößerer Saugmotor eine komplette Neukonstruktion erfordert – „mit allen Konsequenzen“ auch für das Fahrzeug selbst. Schließlich sei der Bauraum im Motorabteil begrenzt, auch durfte das Gewicht des Motors wegen dessen Anordnung vor der Vorderachse nicht deutlich zunehmen. Die Aufrüstung des Fünfzylinders wiederum sei „relativ einfach und kostengünstig umsetzbar“. So könnten beispielsweise „wesentliche Teile ... vom vorhandenen Saugmotor unverändert oder mit geringen Änderungen ... übernommen werden“. Dazu zählten laut Werner das Kurbelgehäuse, der Zylinderkopf weitgehend und das Saugrohr.

Neben Kostengesichtspunkten sahen die Ingolstädter Turboentwickler freilich durchaus auch überlegene Motorqualitäten eines im Hubraum bescheidenen Turbomotors gegenüber einem großvolumigen Saugmotor. So sei der Treibstoffverbrauch günstiger als bei einem leistungsgleichen größeren Sauger – und dies gelte insbesondere „in zunehmendem Maße mit Weiterentwicklungen, vor allem der Elektronik“. Auch sei ein Turbomotor „akustisch vorteilhaft“, Verdienst der schalldämmenden Turbine im Auspufftrakt. Schließlich spreche auch noch das geringe Gewicht eines aufgeladenen, relativ kleinvolumigen Motors für das Turbokonzept. Tatsächlich sollte der 5T-Fünfzylinder im Vergleich zur 5E-Version im Gewicht lediglich um elf Kilogramm zulegen, was letztlich für ein 5T-Motorgewicht von nur 176,5 Kilogramm sorgte. Zum abermaligen Vergleich (siehe auch Vorkapitel, Seite 138): Der von BMW im damaligen Typ 525 verwendete Sechszylinder-Reihenmotor M30 wiegt 210 Kilogramm, Mercedes verwendete im Typ 280 einen 235 Kilogramm schweren „Brocken“ mit sechs Töpfen (M110).

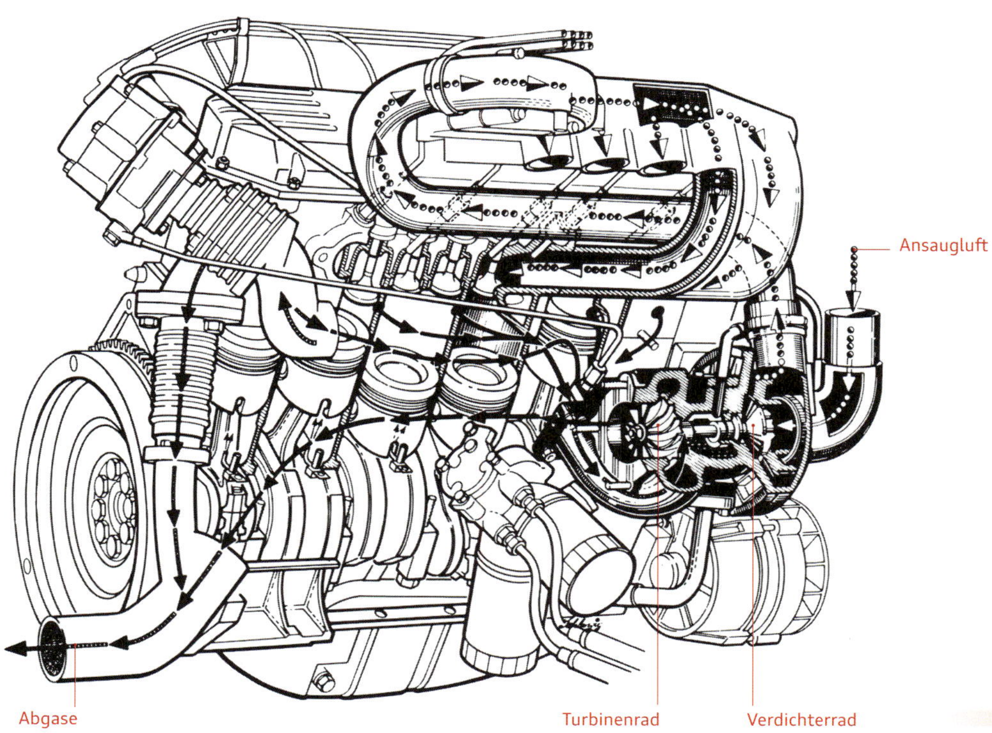

200T-Funktionsgrafik: Die Abgase treiben die Turbine, deren Verdichterrad setzt das Luft/Treibstoffgemisch unter rund 0,8 bar Druck. Ergebnis: 25 Prozent mehr Leistung als in Saugversion, nämlich 170 statt 136 PS.

[1] **Motorklopfen**: entsteht vor allem beim Beschleunigen unter Volllast durch eine unkontrollierte Selbstentzündung des Benzin/Luft-Gemischs, im frühen Turbomotor hervorgerufen durch eine sich schlagartig erhöhende Verdichtung bei vollem Einsatz des Turboladers.
[2] **Kühnle, Kopp & Kausch** in Frankenthal, Pfalz; 1774 als Glockengießerei gegründet, ab Ende des 19. Jahrhunderts auf die Fertigung von Dampfkesseln, Kolbendampfmaschinen und Turbinen spezialisiert. Turbolader wurden von KKK seit den 1960er Jahren produziert. Das Unternehmen gehört seit 2006 Siemens.
[3] gebräuchliche, jedoch irreführende Ladedruckangabe, die den Überdruck oberhalb des Atmosphärendrucks von 1 bar benennt, in diesem Falle beträgt der Ladedruck also 1,82 bar. In dieser Chronik werden jedoch zur Vermeidung von Fehlschlüssen die allgemein gebräuchlichen Druckangaben genannt.
[4] **Wastegate**: Ventil zur Ableitung überschüssigen Abgas-Drucks.

Mitte 1977, im Frühstadium der Turboentwicklung, überwogen freilich noch die Turboprobleme. Erste geheime Dauerläufe auf dem VW-Prüfgelände in Ehra-Lessien sorgten für Ernüchterung: Die Probanden, so Zeitzeuge Werner, segneten „alle bald an Klopfschäden[1] das Zeitliche". Werner weiter: „Zu diesem Zeitpunkt war bereits entschieden, dass das Fahrzeug keinen Ladeluftkühler bekommen sollte, angeblich wegen der mit der etwas schwierigen Unterbringung verbundenen Kosten. Bei einem Verdichtungsverhältnis von 1:7 waren außerdem folgende Bauteile festgelegt: Saugrohr (wie Saugmotor), KKK[2]-Turbolader, Typ K 26, für einen maximalen Ladedruck von 0,82 bar[3] bei 3200/min, Abgaskrümmer, Art der Ladedrucksteuerung, nämlich durch Ansteuerung eines Wastegates[4] durch den Abgasdruck vor der Turbine und den (Unter-) Druck hinter der Stauscheibe des Luftmengenmessers der Einspritzanlage Bosch K-Jetronic. Als Zündverteiler wurde zunächst – wie bei einem Saugmotor – eine Ausführung mit Fliehkraft- und lediglich Unterdruckverstellung verwendet."

Bald stellte sich jedoch heraus, dass die herkömmliche, für den Turbobetrieb unzureichend differenzierende Zündzeitpunkt-Zuteilung eine der Ursachen frühzeitiger Ehra-Lessien-Schäden war. Vordringlichste Aufgabe war es deshalb, so Werner, „eine neue Verstellmöglichkeit des Zündzeitpunktes zu entwickeln, die an die Bedürfnisse eines Turbomotors besser angepasst war". Es stellte sich nämlich heraus, dass der Einflussfaktor „Last" beim Turbomotor einer Korrektur durch den Saugrohr-Überdruck bedarf – zusätzlich zu den bei Saugmotoren üblichen Einflussgrößen Drehzahl (via Fliehkraft) und Last (via Saugrohr-Unterdruck). Werner: „Nur so kann beim Turbomotor der gesamte Lastbereich erfasst werden, denn im Fahrbetrieb ... befindet man sich wesentlich häufiger in der Umgebung des Atmosphärendrucks oder gar im Überdruckbereich als im Unterdruckbereich."

Wie schon bei der Entwicklung des Basis-Fünfzylinders erfolgten erste Verteilerversuche nach Überlegungen am Schreibtisch und daraus abgeleiteten „Trial and error"-Aktivitäten in der Versuchswerkstatt. So entstanden erste Verteiler-Prototypen, und die, so Werner, „funktionierten mit dem zugehörigen System der pneumatischen Ansteuerung problemlos". Audi-Hauslieferant Bosch erhielt daraufhin den Auftrag, den Verteiler-Prototypen nachzubauen und in Serie zu fertigen.

Aus heutiger Sicht war der von Audi für den „Pionier-Turbo" 5T vorgesehene Zündverteiler trotz der zusätzlichen Regelfunktion freilich noch ein unzureichender, wenngleich einigermaßen funktionierender Kompromiss. Ein verbrauchsoptimaler Zündzeitpunkt in Last- bzw. Drehzahlbereichen, in denen ein Motorklopfen auftreten konnte, war unter normalen Bedingungen nämlich nicht möglich, da es eine Korrektur des Zündzeitpunktes durch die Ladelufttemperatur nicht gab. Um deshalb zerstörerisches Klopfen des Motors unter allen erdenklichen Bedingungen zuverlässig zu vermeiden, wurde der Zündzeitpunkt in gefährdeten Betriebsbereichen auf diese kritischen Bedingungen ausgelegt. Eine funktionierende Klopfregelung stand damals nämlich noch nicht zur Verfügung.

Immerhin sorgte der mechanisch-pneumatische Zündverteiler mit seiner Fliehkraft-, Unter- und Überdruck-Verstellung für eine befriedigende Haltbarkeit des Turbo-Fünfzylinders. Dazu trugen auch eine Spritzölkühlung zur Absenkung der Kolbentemperaturen und mit Natrium gefüllte Auslassventile zur raschen Ableitung der Verbrennungstemperaturen bei. Im Übrigen konnte der Treibstoffverbrauch im Laufe der Verteilerversuche gesenkt werden – wenngleich nicht im wünschenswerten Maße: In unabhängigen Tests von Fachzeitschriften entnahm der 5T-Fünfzylinder in seiner Serien-Version regelmäßig plus/minus 17 Liter Super pro 100 Kilometer aus seinem 75 Liter-Treibstoffreservoir.

Das hingegen erscheint lediglich aus heutiger Sicht als dramatisch, bewegte sich doch der 170 PS-Audi in Sachen Verbrauch durchaus im zeitgenössischen Rahmen seiner wichtigen Klassen-Konkurrenten: Auch ein BMW 528i und Mercedes 280E konsumierten einst in dieser Größenordnung (verfügten allerdings über ein 14 bzw. 15 PS-Leistungsplus). Aber: Opel Senator 3.0E (180 PS) oder der gleichfalls von Turbokraft beschleunigte Saab 900 Turbo (145 PS) begnügten sich mit jeweils weniger als 15 Liter/100 km ...

Audi Turbo-Konkurrenten aus Deutschland: Mercedes-Benz 280/280E der Reihe W 123 (hier in Coupé-Version), ...

... Opel Senator und dessen Coupé-Ableitung Monza mit relativ genügsamen Dreiliter-Sechszylindermotoren ...

... und BMW 525 und 528 i als Maßstab „turbinenartiger" Sechszylinder-Motorisierung.

Motortechnologisch mit Audi verwandt, jedoch auf vier Zylinder beschränkt: Saab 900 Turbo.

 Bei Audi beginnt die Ära der Abgasaufladung – Topmodelle haben künftig „Turbos für Saus und Braus“

September 1979, IAA in Frankfurt: Zwar droht eine Energiekrise, doch der neue Audi 200 5T ist Publikumsmagnet.

Anfang 1979 war es an der Zeit, die in Ehra-Lessien durchgeführten Dauerlaufversuche der Technischen Entwicklung durch Praxistests zu ergänzen – eine Forderung der Audi-Qualitätssicherung. Als Versuchsfahrer dienten dabei ausgesuchte „normale“ Kunden, sogenannte „Vielfahrer“. Das waren meist Unternehmer, die sehr viele Kilometer in kurzer Zeit im Alltagsverkehr abspulten und die das nun für eine gewisse Zeit mit einer Turbo-Limousine im unauffälligen Audi 100-Ornat taten. Verwendung fanden dabei sowohl 5T-Exemplare mit Fünfgang-Schaltgetriebe als auch mit Dreigang-Automatik. Deren Drehmomentwandler war so abgestimmt worden, dass das in den ersten Turbogenerationen sehr deutlich spürbare „Turboloch“[1] sozusagen überspielt wurde.

Aufgabe der Privat-Testfahrer war es, regelmäßig Fragebögen auszufüllen und genau Buch zu führen über getankte Kraftstoffmengen, den speziellen Fahrzeugeinsatz (ob Stadt-, Landstraßen- oder Autobahnbetrieb), die jeweiligen Wetterbedingungen sowie eventuelle Auffälligkeiten oder Reklamationen. Die Fragebögen landeten dann auf dem Tisch eines der Entwicklungs-Ingenieure, der sich bei unerklärlichen Beanstandungen persönlich mit dem Klienten austauschte. Offensichtlich gab es, abgesehen von gelegentlichen Klagen über einen relativ hohen Treibstoffverbrauch, wenig Anlass zur Kritik – Mitte 1979 erhielt der 5T das „Go“ für dessen Lancierung.

September 1979, Internationale Automobil-Ausstellung in Frankfurt: Audi präsentiert das Ergebnis der gut zweijährigen Entwicklungsarbeit – den neuen Audi 200 5T. Diese IAA fand ausgerechnet zu einem Zeitpunkt statt, als erneut im Gefolge der Islamischen Revolution im Iran und dem Sturz des Schahs von Persien die Rohölpreise explodierten und eine wirtschaftliche Rezession drohte. Es war einmal mehr eine Hoch-Zeit meinungsbildender Auguren. „Vom Schnellgang zum Spargang“ kommentierte etwa die *Frankfurter Allgemeine Zeitung* am 19. September 1979 das IAA-Geschehen, „volle Kraft voraus mit Schlagworten wie ‚Dynamik‘ oder ‚Tempo‘ ist nicht mehr möglich. Die Triumphe der Technik werden heute kritischer gesehen als je zuvor. Jetzt geht es vor allem um die Tugenden der Technik. Vom Schnellgang zum Schongang lautet der Auftrag für das Heer der Ingenieure in allen großen Automobilfabriken.“

[1] Das „**Turboloch**“ rührt vom verzögerten Ansprechen des Laders her, wenn diesem bei niedriger Drehzahl noch ungenügender Abgas-Druck zur Verfügung steht, um die Masse des Turbinenrades in ausreichende Drehzahl zu versetzen. Dadurch wirken Turbomotoren der ersten Stunde beim Beschleunigen zunächst zögerlich, mit Einsetzen der Aufladung bauen sie schlagartig Leistung auf.

Und in diesem Klima kam Audi mit dem Audi 200 5T daher, einem rollenden Gegenentwurf, Schnellgang statt Schongang, Symbol für Dynamik und Tempo: 170 PS entsprechend 125 kW Nennleistung; 205 km/h Höchstgeschwindigkeit; Beschleunigung aus dem Stand auf 100 km/h in nur 8,5 Sekunden. Das war offensichtlich erklärungs- und interpretationsbedürftig. So reagierte Audi-Entwicklungsvorstand Dr. Ferdinand Piëch im Automagazin *mot* vom 17. September 1979 vorbeugend auf drohende Anfeindungen: „Turbo-Aufladung verbinden wir nicht mit Raserei, sondern mit Komfort. Unser neuer Audi 200 5T erfüllt ebenso hohe Komfortansprüche und bietet nicht allein überlegene Fahrleistungen – also keine Energieverschwendung."

Der Spiegel sah das offensichtlich anders. In seiner Ausgabe vom 21. Januar 1980 liest er den Audi-Verantwortlichen mit diesen Sätzen die Leviten: „Einen ‚im Verhältnis zur Leistung niedrigen Verbrauch' loben die Audi-Techniker auch an ihrem Turbo-Modell (Durchschnitt 12,5 Liter[1]), bei dem sie dank einer mit 100000 Umdrehungen[1] rotierenden Abgasturbine dem gleichen Motor 34 zusätzliche Pferdestärken entlocken. Die ‚feinste Art, Audi zu fahren' artet jedoch in eine Sauforgie aus, sobald der Fahrer die einem Sportwagen geziemende Beschleunigung und die hohe Spitzengeschwindigkeit hemmungslos ausnutzt."

In derselben *Der Spiegel*-Ausgabe konterte Audi-Chefentwickler Piëch freilich die Redakteure in der ihm eigenen Art und Weise. „Chomeini trifft uns alle", räumte er in Anspielung auf den iranischen Revolutionsführer ein, „aber ist er nicht in Wirklichkeit ein Reaktionsbeschleuniger?" Nach Piëchs Meinung würden die 1980er und 1990er Jahre „die interessantesten Jahre des Automobilbaus überhaupt" – zum einen, weil ein paar Autofirmen auf der Strecke blieben, zum andern, „weil extreme technische Veränderungen" eintreten würden.

In diesem Zusammenhang konnte sich der Porsche-Enkel einen Seitenhieb auf Konkurrenten, die, wie beispielsweise Ford und Mercedes, mit Zylinder-Abschaltung experimentierten, nicht verkneifen: „Wir betreiben lieber alle Zylinder und fahren dafür mit ein paar weniger", zitierte ihn *Der Spiegel*. Dr. Piëch war sich damit in Sachen Audi-Technikphilosophie mit seinem Vorstandsvorsitzenden Wolfgang R. Habbel einig. Der hatte ein halbes Jahr zuvor den *auto motor und sport*-Redakteuren ins Notizbuch diktiert (Ausgabe 14/1979), wie Audi auf die damals drohende Energieverknappung reagiert habe: „Ich würde sagen, dass Audi in diesem Punkt vorsichtige Schritte gemacht hat, indem wir nicht auf den Sechszylinder, sondern zunächst einmal auf den Fünfzylinder gegangen sind."

Spezielle Zeiten bedürfen eben passender Argumente ...

Ganz nebenbei ließ Dr. Piëch in seinem *Spiegel*-Interview übrigens bereits im Januar 1980 durchblicken, was er wenig später in Genf zu präsentieren gedachte. So spottete er über die Zylinderabschaltungsversuche der Kollegen auch mit diesen Worten: „Das wäre ja, als hätten wir Menschen vier Beine und würden zwei davon nachschleifen."

Was die Hamburger Journalisten damals noch nicht wissen konnten: Audi gedachte, künftig alle vier Beine zu nutzen ...

[1] *Der Spiegel* meint hier Liter/100 km bzw. Umdrehungen/Minute.

1979: Machtwechsel im Iran mit Folgen für die Weltwirtschaft – der Schah muss gehen, Chomeini kommt ...

Januar 1980, Sphinx Dr. Piëch im *Spiegel*: quattro in Andeutungen …

Für den künftigen quattro wird der 5T perfektioniert

Ladeluftkühler und Elektronik für noch mehr „Bums“

Wäre der Audi quattro auch mit der 170 PS-Motorisierung des Typ 200 5T zur Legende gereift?

Womöglich schon – doch als Spitzenmodell von Audi, als Spitzenmodell des Volkswagenkonzerns musste er auch in Sachen Nennleistung eine Spitzenposition einnehmen. Darüber war sich die zum „Blasen“ neigende quattro-Truppe (siehe auch Seite 84) einig, an ihrer Spitze Entwicklungschef Dr. Ferdinand Piëch (der ein rundes Vierteljahrhundert später beim Bugatti Veyron auf „mindestens 1000 PS“ bestehen sollte). 200 PS (147 kW) sollte er haben, eine runde Zahl, die der Porsche 911 Carrera 3.0 anno 1976 als Normgröße akzeptabler Sportwagen-Motorisierung vorgegeben hatte.

Piëch-Vorgabe für den Super-Sportwagen im 2. Jahrtausend: „mindestens 1000 PS“ – mit dem ab 2005 gebauten Bugatti Veyron 16.4 wurde 2005 die Vorgabe erfüllt.

Piëch-Vorgabe für den quattro, Super-Audi der 1980er Jahre: „200 PS" analog zur Ikone Porsche 911 Carrera von 1976, der damaligen Normgröße der Sportwagenwelt.

Um das ambitionierte Ziel von über 93 PS Literleistung zu erreichen, bedurfte es freilich einer hingebungsvollen Weiterentwicklung des 5T-Triebwerkes – unter Vorgabe möglichst geringer Kosten (insbesondere bei dessen Produktion) und unter gehörigem Zeitdruck: So blieb nur ein knappes Jahr vom Entwicklungsstart des speziellen quattro-Turbomotors bis zur quattro-Vorstellung in Genf im März 1980. Verstärkung holte sich Entwicklungschef Piëch für diese Herkulesaufgabe 1979 im Allgäu. Dort, in Buchloe, ist der BMW-Veredler Alpina ansässig. Und Alpina hatte 1978 mit der 300 PS starken BMW-Ableitung B7 für gehöriges Aufsehen gesorgt.

Dabei handelt es sich um eine Turboversion der BMW 5er- und 6er-Reihen, die dank der vom damaligen Alpina-Entwicklungschef Dr. Fritz Indra[1] eingeführten vollelektronischen Zündung mit herausragender Effizienz bestach. Dr. Indra stützte sich bei seiner Zündungsentwicklung auf Erkenntnisse des Karlsruher Physikers und Mathematikers Dr. Gunther Hartig. Der hatte das konventionelle mechanisch-pneumatische Zündsystem durch ein elektronisches digitales Schaltgerät ersetzt, das einen Rechner für den Takt des Zündzeitpunktes, für den Schließwinkel sowie für die Schaltung einer herkömmlichen Transistorzündung nutzte.

Ab dem Januar 1979 verstärkte Dr. Indra das Ingolstädter Team als Leiter der Audi-Motorenkonstruktion. Den Wechsel nach Ingolstadt begründete er, befragt von *auto motor und sport*, in zweifacher Weise: „Audi ist heute die attraktivste Firma für einen Techniker. Sie hat ein klares Zukunftskonzept und ist für mich richtungsweisend.“ Außerdem fühlte er sich mit Dr. Piëch seelenverwandt: „Wir haben sehr ähnliche Vorstellungen von unserer künftigen Arbeit.“[2]

Dr. Indras damaliger Mitarbeiter Axel Werner erinnerte sich 2008 in der bereits mehrfach zitierten Audi-Motorenchronik an einen der wesentlichen, von seinem neuen Chef initiierten Entwicklungsschritte für die quattro-Motorisierung: „Trotz der Terminlage sollte der mechanisch-pneumatische Zündverteiler mit seiner Fliehkraft-, Unter- und Überdruckverstellung ... durch eine vollelektronische Kennfeldzündung ersetzt werden, die weitere Vorteile und Optimierungen des Zündzeitpunktes möglich machte. Einen Verteiler gab es trotzdem noch. Dessen Aufgabe war jedoch allein die Hochspannungsverteilung, das heißt die Weiterleitung der Hochspannung zur Zündkerze des ‚richtigen‘ Zylinders. Er hatte keinerlei Verstell-Funktion. Der weite Bereich des Zündzeitpunktes wurde allein über einen entsprechend breiten Kontakt des Verteilerfingers abgedeckt.“

Anlässlich des quattro-Debüts würdigte der gebürtige Wiener Dr. Indra am 14. März 1980 in einem Interview mit dem in Wien erscheinenden *Kurier* den hohen Stellenwert der neuartigen Zündanlage bei der quattro-Motorenentwicklung: „Mit der vollelektronischen Zündung beim Quattro ist eine der größten Hürden übersprungen. Denn gerade ein Turbomotor stellt hohe Anforderungen an die Zündung. Der Zündzeitpunkt muss ganz genau passen – in jedem Betriebsbereich. Das ist nur bei der vollelektronischen Zündung, bei der der Verteiler keine Steuerungsfunktion mehr inne hat, zu erreichen. Denn vom Verteiler zur Kurbelwelle ist ein langer Weg. Da sind viele Toleranzen drin, alles schwingt und dreht sich, und bis man endlich am Verteiler ist, hat man gar nicht mehr den idealen Zündzeitpunkt.“

Bei der Entwicklung der Zündungselektronik für den quattro galt es jedoch andere Wege zu beschreiten als jene, die Dr. Indra noch im Alpina-Sold ging. Dr. Hartig hatte mit Bosch einen Lizenzvertrag abgeschlossen, doch Bosch fand angesichts der gebotenen Zeitknappheit keine Entwicklungskapazität für ein Fahrzeug-Muster, zumal dieses anfangs ja noch für eine eher kleine Serie gedacht war. Eine Alternative fand sich schließlich in Japan bei dem bereits 1910 gegründeten, in Tokio ansässigen Elektronik-Unternehmen Hitachi – womöglich dank der ausgesprochen guten Kontakte von Dr. Piëch in die von ihm sehr geschätzte japanische Industrie (und Kultur). Die Kooperation sollte sich als ausnehmend erfreulich gestalten – Audi-Kontaktmann Werner über die nach Ingolstadt gereiste Hitachi-Abordnung, bestehend aus einem Software-Entwickler und einem Mitarbeiter des Technischen Verkaufs: „Die beiden Hitachi-Herren waren unglaublich nett, und es war eine Freude, mit ihnen zu arbeiten!“

[1] **Dr. Fritz Indra** (* 22. März 1940) studierte Maschinenbau an der TH Wien, wo er 1969 als Dr. tech. promovierte. Der gebürtige Wiener arbeitete bis 1971 als Hochschulassistent und wechselte danach zu Alpina. Nach seiner Audi-Zeit übernahm er 1985 bei Opel die Leitung der Motoren-Entwicklung. Von 1997 bis 2005 fungierte Dr. Indra als Executive Director in der Vorausentwicklung bei General Motors in Detroit.
[2] Quelle: *auto motor und sport* Ausgabe 23/1978 vom 8. November 1978.

Turbo-Sensation aus dem Jahr 1978: Alpina B7 auf Basis des BMW-Motors M30B30.

300 PS starke Turbo-Boliden aus dem bayerischen Buchloe: B7-motorisierter BMW 6er ...

... und 5er von Alpina, der 1978 mit V_{max} 250 km/h „schnellsten Serien-Limousine der Welt“.

Im Gepäck hatten die beiden Japaner einige Steuergeräte sowie ein Applikations-Werkzeug – Werner: „ein schreibmaschinenähnliches Gerät“ – zur Manipulation der Steuergerät-Daten und -Funktionen. Werner: „Das System wurde auf dem Motorenprüfstand aufgebaut und funktionierte auf Anhieb. Aber ich wünschte mir – gerade für einen Turbomotor – noch einige zusätzliche Funktionen.“ Zum Schutz des Motors war dem Audi-Techniker an einer drehzahlabhängigen Sicherheitskennlinie gelegen, die bei Überschreiten eines maximal zulässigen Ladedrucks ein weiteres Ansteigen durch Ausblenden jeder zweiten Zündung verhindern würde. Werner: „Der Software-Entwickler sah mich an, legte den Kopf leicht auf die Seite und sagte ‚No problem, very easy!‘ Er zog sich in eine Ecke zurück, und weniger als zwei Stunden später ... fragte er, welche Drehzahlstützstellen und welche zugehörigen Drücke ich denn gerne hätte. ... Er setzte sich dann an das Applikationsgerät und tippte fleißig ein paar Minuten und sagte dann, wir sollten das doch jetzt sofort mal am laufenden Motor ausprobieren. Es funktionierte!“

Verantwortlich für den Alpina B7: Dr. Fritz Indra, ab 1979 bei Audi Motorenchef.

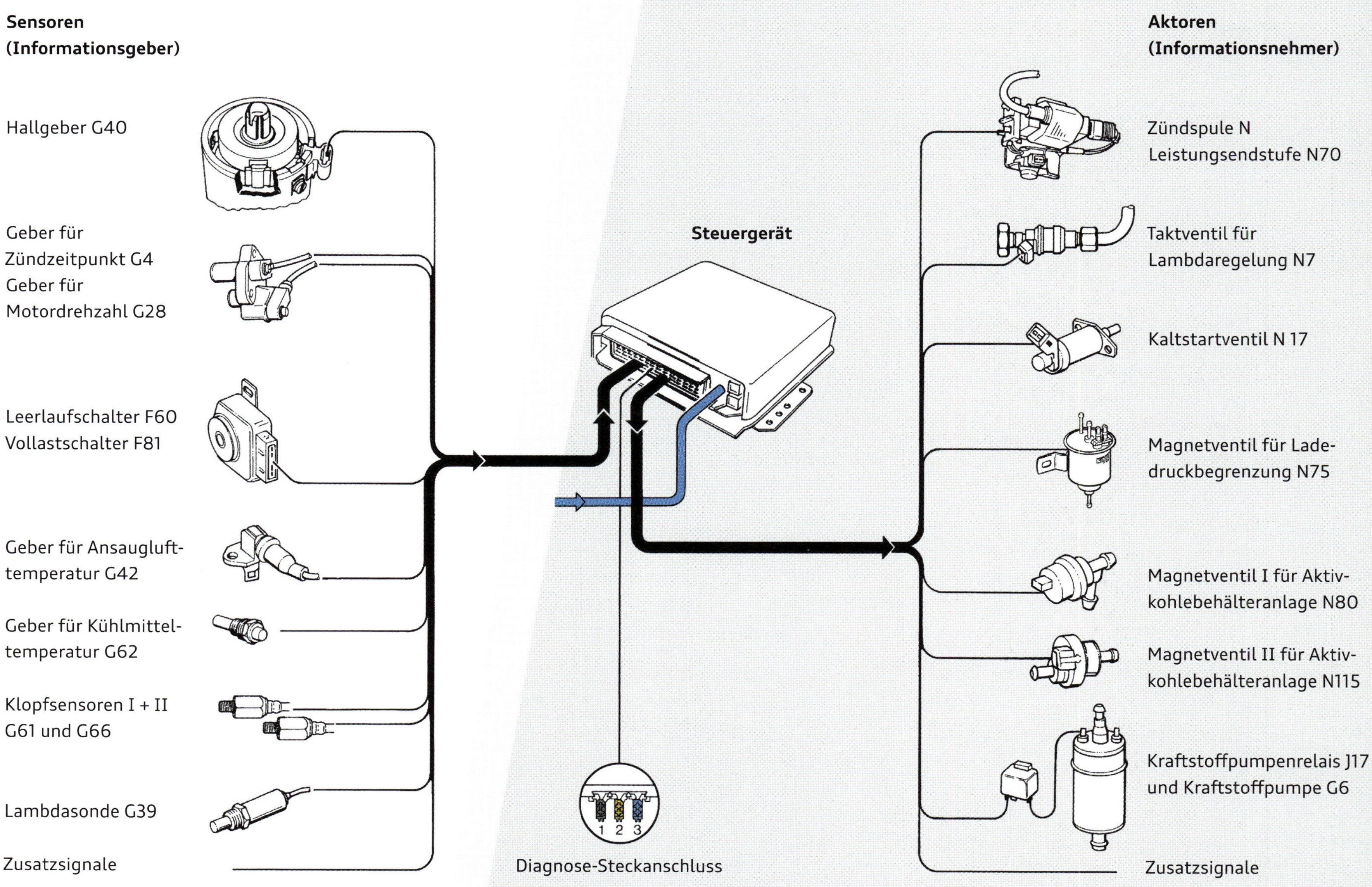

Das digital arbeitende Steuergerät J88 (Mitte) ist die Zentrale der vollelektronischen Zündung. Es verarbeitet die von den Informationsgebern gelieferten Signale, prüft sie und berechnet die Ausgangssignale an die Informationsnehmer entsprechend gespeicherten Kennfelder und Kennlinien – siehe die Grafiken auf Seite 161 oben.

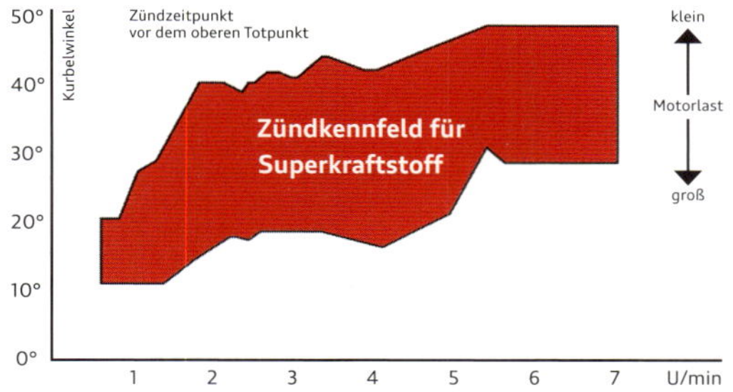

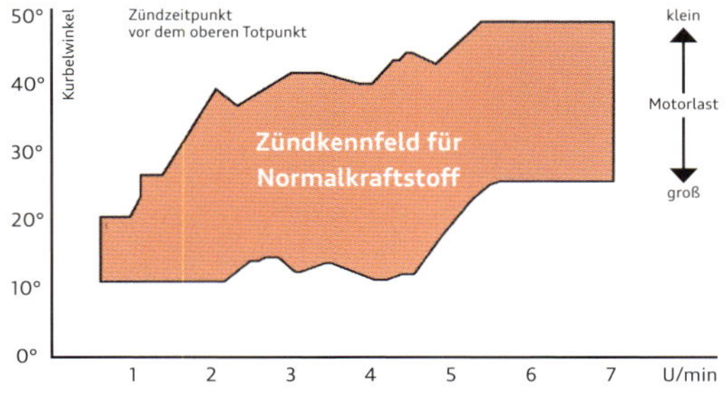

Die vorgegeben Zündzeitpunkte je nach Treibstoffqualität sind in zwei verschiedenen Kennfeldern im Steuergerät J88 gespeichert. Je nach Drehzahl, Belastung, Motortemperatur und Oktanzahl variieren die Zündzeitpunkte auf exakt vorgegebene Weise.

[1] **TSZ** = Transistor-Spulenzündung.

Und wie funktionierte das vollelektronische Zündsystem des Audi quattro?
Zunächst einmal seine Bestandteile – es besteht aus

- einem **Steuergerät** („Black Box"),
- einem **TSZ**[1]**-Schaltgerät**,
- einem **Zündverteiler mit integriertem Hallgeber** (vor Zünd-OT von Zylinder 1),
- einer **Zündspule** (von Bosch),
- **Gebern für die Motordrehzahl** (positioniert oben an der Kupplungsglocke des Getriebegehäuses, angesteuert von den Zähnen des Anlasser-Zahnkranzes),
- **für die Bezugsmarke** (seitlich am Motorblock positioniert, meldet 60 Grad vor OT von Zylinder 1 und wird von einem Stift am Schwungrad angesteuert),
- **für die Ladelufttemperatur** (wird, hinter der Drosselklappe angeordnet, von der Ladeluft im Saugrohr umströmt),
- **für den Saugrohrdruck** (ist im Steuergerät angeordnet und wird über eine Schlauchleitung mit Saugrohrdruck beaufschlagt),
- sowie einem **Leerlaufschalter** (wird, seitlich unter dem Drosselklappenteil eingebaut, von einem Hebel an der Drosselklappenwelle betätigt).

Die „Black Box" ermittelt aus den Signalen der diversen Geber für jeden Betriebszustand die optimalen Zündwinkel und steuert auf Basis dieser Informationen das TSZ-Schaltgerät. Dieses wiederum schaltet nach den Signalen der „Black Box" den Primärstrom der Zündspule ein und aus und begrenzt ihn auf einen fixierten Wert.

Sicherheitsschaltungen begrenzen die Höchstdrehzahl des Motors auf 6750/min. Der maximal zulässige Ladedruck von 0,9 bar wird durch Ausblenden jedes zweiten Zündimpulses begrenzt. Gleichfalls der Sicherheit dient eine Abschalteinrichtung der elektrischen Kraftstoffpumpe nach mehr als einer Sekunde Motorstillstand. Schließlich übernimmt ein Selbstprüfsystem bei einem eventuell defekten Leerlaufschalter oder Ladeluft-Temperaturgeber eine Drehzahlbegrenzung des Motors auf 4000/min. Sollte der Geber für die Ladelufttemperatur ausfallen, wird automatisch der Zündwinkel um 8 Grad zurückgenommen. Da die Zündverstellung vom Steuergerät übernommen wird, entfällt diese Aufgabe im Zündverteiler. Allerdings hat der Verteilerläufer einen vergleichsweise breiten Kontakt, damit die Zündspannung auch bei größeren Zündwinkeln sicher übertragen werden kann.

Ergänzend sei in Sachen quattro-Elektronikzündanlage die Pressemitteilung vom März 1980, herausgegeben zur Einführung des Audi quattro, als Kurzfassung zitiert: „Ein Fühler im Ansaugrohr registriert die unterschiedlichen Temperaturen und informiert die Elektronik, die stets den für Leistung und Verbrauch optimalen Zündzeitpunkt errechnet und einstellt. ... Die vollelektronische Zündung gestattet schon auf dem Prüfstand, das Motorkennfeld für 250 Lastpunkte zu ermitteln und optimale Zündzeitpunkte im Bordcomputer einzuspeisen." Mit einem markanten Beispiel für die Wirkungsweise der neuartigen Zündanlage schließt die Pressenotiz die entsprechende Erläuterung: „Üblicherweise nimmt man, um Schießen im Auspuff zu vermeiden, eine erhöhte Luft- und Kraftstoffmenge in Kauf. Die Frühverstellung der vollelektronischen Zündung auf etwa 50 Grad vor OT bewirkt jedoch den gleichen Nutzen – nur kraftstoffsparender: Schalter an der Drosselklappe teilen diesen Betriebszustand mit und geben Order für die Zündverstellung."

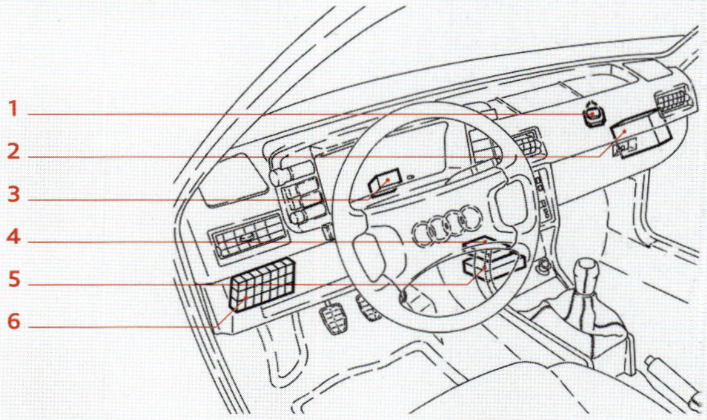

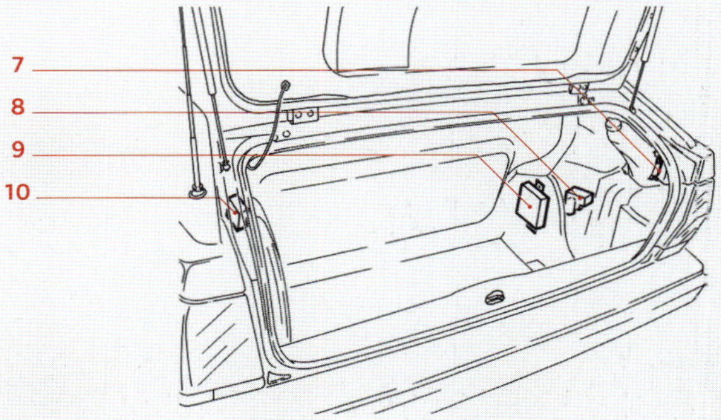

Das „Gehirn" des Audi quattro ist in verschiedenen Fahrzeugbereichen positioniert:

1 TSZ-Schaltgerät
2 Steuergerät für elektronische Zündanlage
3 Blinkgeber
4 Steuergerät für automatische Geschwindigkeitsregelung
5 Hauptkontrollgerät Auto-Check/Sprachausgabe
6 Zusatzrelaisträger
7 Motor für Heckscheibenwaschpumpe
8 Motor für Zentralverriegelung (Bidruckpumpe)
9 Steuergerät ABS
10 Lampenkontrollgerät

Blick in die Turbinenmimik: Die roten Schnittmodell-Partien symbolisieren heiße Abgase.

Drangvolle Enge: Im quattro-Motorraum blieb kein einziger Bereich ungenutzt.

Ende August 1979 wurde – nach weiteren Detail-Modifikationen und Abstimmungen – erstmals ein Prototyp der vollelektronischen Zündung in Betrieb genommen. Das fertig entwickelte Gerät ging im Februar 1980 bei Hitachi in Serie – gerade rechtzeitig zur Premiere des quattro in Genf. Das Leistungsziel, 200 PS, war erreicht worden, und das sowohl mit Hilfe der elektronischen Zündanlage, einer völlig neu konzipierten Auspuffanlage, als auch in erster Linie dank eines Ladeluftkühlers mit 13 Kühlreihen. Dessen Verwendung war beim Typ 200 5T noch an Einbau- und Kosten-Beschränkungen gescheitert. Im quattro wurde der Ladeluftkühler rechts unten vor dem Radhaus angeordnet. Seine Funktion: Durch ihn weht die vorverdichtete und deshalb stark erwärmte Luft und wird dort vom Fahrtwind um 40 bis 50 Grad Celsius gekühlt. Als Folge wird Ladeluft mit geringerer Temperatur und folglich mit größerer Dichte und mehr Sauerstoff in die Brennräume gepresst.

Durch die Absenkung der Ladelufttemperatur konnte der maximale Ladedruck gegenüber der 170 PS-Version des 200 5T zugunsten einer noch besseren Füllung von 1,8 auf 1,9 bar (Überdruck = 0,9 bar) erhöht werden – unter Beibehaltung der Grundverdichtung von 7:1. Bei vollem Ladedruck ergibt sich in den fünf Brennräumen des quattro-Turbo eine Verdichtung von (rechnerisch) circa 13:1 – angesichts diesen Wertes werden Erinnerungen an den Mitteldruckmotor der ersten Audi-Nachkriegsstunde wach (siehe auch Seite 122) …

Der Ladedruckverlauf entsprechend der sogenannten „p_3“-Regelung, die den Druck im Auspuffrohr zwischen Motor und Turbine als Wastegate-Initiator heranzieht (siehe auch Seite 106) konnte im Vergleich zur 200 5T-Version etwas günstiger gestaltet werden. So liegen beim quattro-Motor 1,2 bar bereits bei etwa 1800/min an, also um 200/min früher als beim 200 5T. Auch der Druckwert 1,6 bar steht um rund 200/min früher bereits bei 2150/min zur

Turbo-Systematik: Die Abgase werden nach getaner Turbinen-Arbeit entsorgt, Ladeluft gelangt zunächst in den Kühler, dann über den fünfarmigen Krümmer in die Brennräume.

Verfügung. Etwa 3000/min bedeuten für beide Turbovarianten deren jeweilige Druckspitze – 1,9 bar (kommuniziert als „1,85 bar“) beim quattro, 1,82 bar beim 200 5T. Danach fällt bei beiden Varianten der Druck kontinuierlich ab, und wird unter Last bei 6000/min mit 1,7 bar (quattro) bzw. 1,6 bar (200 5T) eingesteuert. Das Mehr an Druck führt bei gleichzeitiger Erhöhung der Kraftstoffzufuhr gegenüber der 200 5T-Version zur Erhöhung des Drehmomentes (plus 20 Nm = 285 Nm) und vor allem zur deutlichen Leistungssteigerung (plus 30 PS = 200 PS).

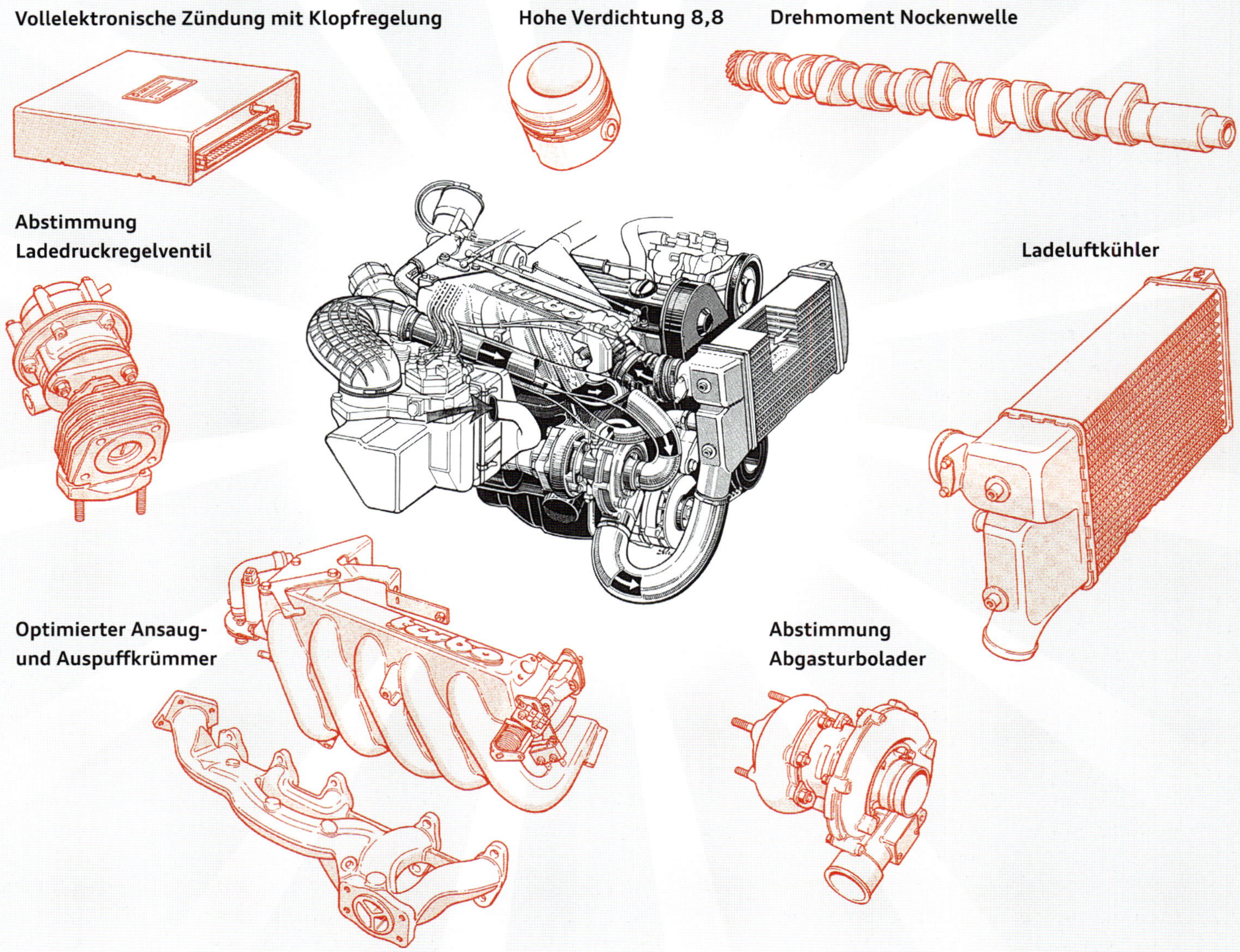

So erst 1983 in der zweiten Audi 200-Generation realisiert: 8,8:1 verdichteter 5T-Motor mit optimierten Turboteilen.

Im Zusammenhang mit der Ladeluftkühlung bedurfte auch das Saugrohr der Modifikation als Anpassung an die Einbauverhältnisse und den platzraubenden Ladeluftkühler. Dessen einflutiges Drosselklappenteil wurde folglich nach vorn verlegt, wodurch zwischen Ladeluftkühler und Saugrohr (das unter bestimmten Umständen beim Turbomotor naturgemäß als Druckrohr fungiert) nur geringe Luftschlauch-Umlenkungen vonnöten sind. Die Stauscheibe des Luftmengenmessers (für die ansonsten unveränderte mechanische Bosch-Einspritzanlage K-Jetronic) erfuhr gegenüber der 200 5T-Version eine Verkleinerung um vier Millimeter auf 76 Millimeter. Damit wurde der Ringspalt zwischen dem Kegel und der Stauscheibe vergrößert und so dem um rund 20 Prozent erhöhten Luftbedarf angepasst.

Und was hat es mit der speziellen quattro-Auspuffanlage auf sich?

Die entspricht zwar im Konstruktionsprinzip derjenigen des 200 5T, doch wurde ihr Rohrdurchmesser um fünf Millimeter auf 65 Millimeter vergrößert, um dem größeren Abgasstrom durch die erhöhte Motorleistung gerecht zu werden.

Einiges wurde somit in der Hitze des Gefechtes getan, um das Leistungs-Ziel „200 PS" zu erreichen – noch einiges mehr wurde zwar erprobt, doch wegen des Zeitdrucks und des nach wie vor engen Kosten-Korsetts nicht für den ersten quattro umgesetzt. So lief in der Dr. Indra-Abteilung Ende 1979 eine Motoren-Alternative im Versuch, die mit einem kürzeren Saugrohr ein noch höheres Drehmoment ergab. Zusätzlich wurde die Verdichtung testhalber auf 8:1 erhöht.

Das brachte neben einer geringen Leistungssteigerung vor allem ein noch besseres Grunddrehmoment, hauptsächlich einen erheblich besseren, harmonischeren Drehmomentverlauf schon bei niedrigen Drehzahlen – und zudem einen deutlich geringeren Treibstoffverbrauch.

Zwei wesentliche Kritikpunkte der Ur-Serie des quattro, das ausgeprägte „Turboloch" (siehe auch Seite 151) und ihr heftiges Trinkgebaren, hätten womöglich vermieden werden können. „Aufgrund der mit diesen geringfügigen Änderungen verbundenen Kosten", bedauerte Entwicklungsmann Axel Werner später, „wurde jedoch leider eine Übernahme in die Serie des quattro nicht durchgeführt." Vor allem die bei Audi üblichen umfangreichen Dauerläufe vor Serieneinführung hätten besagte Mehrkosten erzeugt – und zudem fehlte Ende 1979 für weitere Dauerläufe so kurz vor dem Genf-Termin im März 1980 die erforderliche Zeit.

Nebenbei: Ende der 1970er Jahre glaubte noch nicht jeder im Vorstand von Audi an eine gesicherte Zukunft des quattro. Die bürgerliche 200-Serie genoss folglich Vorrang, und für die wurden – dieses Mal in der Neckarsulmer Motorenentwicklung – auch flugs Weiterentwicklungen des Fünfzylinder-Zweiventilmotors in Angriff genommen. Mit einer Verdichtung von nun 8,8:1 und dem Gebrauch eines Ladeluftkühlers feierte die erste Stufe 1983 in der zweiten 200-Generation, basierend auf der dritten 100-Reihe (Typ 44), ihre Premiere, 1984 gefolgt von einer Variante mit Drei-Wege-Katalysator. 1985 kam im 200 5T erstmals ein Turbomotor mit um 1,5 Millimeter vergrößerter Bohrung (somit 2226 cm³ Hubraum) zum Einsatz – doch das sind andere, wenn auch mit der quattro-Chronik motorisch eng verwandte Geschichten.

Beide Audi-Modelle, quattro und 200 5T, sollten in den kommenden Jahren die Turboentwicklung – zusammen mit Turboaktivitäten von Saab und Porsche – entscheidend voranbringen. Das Konzept, Kraft aus Abgasen zu beziehen, bietet schließlich einen ganzen Katalog an Vorteilen, die der Autojournalist Olaf von Fersen am 27 Juni 1979 in der Zeitschrift *mot* mit diesen Worten aufzählte:

- „Aufladung schafft die Möglichkeit, aus kleinen Motoren hohe Leistungen zu gewinnen, ohne sie hoch drehen zu lassen. Da bedeutet Einsparung an Reibungsverlusten, Minderung von Verbrauch, Verschleiß und Lärm."
- „Mit Hilfe des Turboladers … wird der thermische Wirkungsgrad über das mit dem Ansteigen des Ladedrucks zunehmende Verdichtungsverhältnis gesteigert. Außerdem lassen sich aufgeladene Motoren oft mit einem abgemagerten Luft/Kraftstoff-Gemisch umweltfreundlicher betreiben."
- „Ein weiterer Vorteil des aufgeladenen Motors ergibt sich bei den Lärmemissionen. Die teilweise Entspannung der Abgase in der Abgasturbine mindert das Auspuffgeräusch und erlaubt die Verwendung weniger aufwendiger Schalldämpferanlagen."
- „Es wirkt sich günstig aus, daß aufgeladene Motoren im unteren Drehzahlbereich mit einem reduzierten Verdichtungsverhältnis arbeiten und für eine hohe spezifische Leistung keine hohen Drehzahlen und extremen Steuerzeiten brauchen."
- „Da aufgeladene Motoren im Verhältnis zu Saugmotoren gleicher Leistung kleiner und leichter sind, eröffnet sich ihnen auch in der Gewichtseinsparung eine Zukunftschance."

Kein Wunder also, dass sich die Turboaufladung Ende des 20. Jahrhunderts zum automobilen Massenphänomen entwickelte, das auch Mittelklasse-Mobile und Kleinwagen erfassen sollte – dies als unumgänglicher Wegbereiter des sogenannten „Downsizing" zu Anfang des 21. Jahrhunderts, des Bemühens um immer sparsamere, zugleich jedoch potentere Triebwerke kleinen Hubraums zwecks Bewältigung immer höherer Leergewichte.

Die Turbopioniere der späten 1970er Jahre waren sich darüber freilich keineswegs im Klaren. Zwar befinde sich der aufgeladene Motor „erst am Anfang seiner Entwicklung", konstatierte Dr. Fritz Indra im Frühjahr 1981 im *auto motor und sport*-Interview (Ausgabe vom 23. April 1981). So sei „das Entwicklungspotential hier noch erheblich größer als beim Saugmotor". Andererseits werde der Turbomotor, so Dr. Indra gegenüber dem Wiener *Kurier* (Ausgabe vom 14. März 1980), „mit ziemlicher Sicherheit nie der Massenmotor werden. Einfach deshalb, weil die Materialien, die beim Turbo aufgrund der hohen Temperaturen verwendet werden müssen, teuer sind und wohl auch teuer bleiben. In der billigeren und mittleren Klasse geht die Rechnung nicht auf".

Auch einer, der dank des Turbos geschäftlichen Profit zog, glaubte noch 1979 nicht an eine allzu große Verbreitung des Otto-Turbomotors. „Der Turbomotor", vermutete Helmut Pickert, Vorstandsmitglied beim Turbo-Fabrikanten Kühnle, Kopp & Kausch, im *auto motor und sport*-Interview (Ausgabe 1/1979), „wird wohl in naher Zukunft den Spitzenmodellen vorbehalten bleiben."

Der Motorenmann aus Ingolstadt in Oberbayern und der Turboladerproduzent aus Frankenthal in der Pfalz – sie sollten sich schon mittelfristig, erst recht jedoch langfristig betrachtet, irren …

Die ersten beiden „schnelllaufenden“ Allradler von Audi erfüllten im Limousinen-Gewand ihr Versuchs-Pensum. Geheimhaltung war die Devise – nicht nur nach außen, also in die Öffentlichkeit, sondern gleichermaßen nach innen. Schließlich war der quattro anfangs noch „eine Schwarzarbeit“ (O-Ton Dr. Ferdinand Piëch – siehe auch Seite 87), ein Projekt ohne Segen der Vorstandsvorsitzenden in Ingolstadt oder gar in Wolfsburg. So drehte der A1 erste Runden auf dem Werksgelände unter dem Deckmantel einer zweitürigen Facelift-Version des ersten Audi 80 (B1), wie sie 1977 als Typ 82 vorgestellt worden war.

A2 wiederum versteckte sich unter der viertürigen Gestalt des Nachfolgers Audi 80 B2, der 1978 in Serienfertigung ging. Deren voluminösere Formen kaschierten das technologische Darunter deutlich besser als der zierliche B1, zumal die vorn und hinten identischen Radaufhängungen der B2-Serie entstammten und in den Spurweiten dieser entsprachen. So lief dieser quattro-Prototyp mit unauffälligem Äußeren und dem Kennzeichen IN-NE 48 sozusagen inkognito sowohl im Raum Ingolstadt als auch am Nordkap und in der Sahara (wo er, auf 286 PS hochgerüstet, wegen einer gebrochenen Benzin-Leitung im Sommer 1978 den Feuertod starb – siehe auch Seiten 106/107).

Der quattro braucht eine passende Gestalt

Sein Design steht für Kompetenz statt für „Chi-Chi“

Hartmut Warkuß: Herr der Ringe, das Audi-Design betreffend (hier mit einem 80 B3-Modell), …

… bestimmte ab 1976 bei Audi die Linienführung. Sein erstes Gesamtwerk war 1972 der 80 B1.

Giorgetto Giugiaro: Der Trendbegründer von „Keil und Kante" beeinflusste auch den quattro.

Giugiaro-Meilenstein aus deutscher Produktion: der VW Golf Serie 1 im Kanten-Design.

Einigkeit herrschte indessen sowohl in der quattro-Kernmannschaft um Dr. Piëch als nach der Projekt-Legitimation auch in den Ingolstädter und Wolfsburger Vorstandsetagen, dass „Vorsprung durch Allradtechnik" auch in der Gestaltung eines speziellen Aufbaus zu visualisieren sei. Diese heikle Aufgabe fiel der Audi-Designabteilung unter ihrem Chef Hartmut Warkuß[1] zu – heikel deshalb, weil, wie auch in technologischer Hinsicht eigentlich kein bzw. ein nur minimales Budget zur Verfügung stand.

Da traf es sich gut, dass auf der Bodengruppe des 80 B2 gerade ein zweitüriges Coupé (EA 458) im Entstehen war, an dessen Formgestaltung Warkuß-Mitarbeiter Karl („Charly") Witowski[2] seit Anfang 1977 arbeitete. Warkuß, Ende 2018 dazu befragt: „Für uns war es von Beginn an völlig klar, dass das Coupé für den quattro die Basis bilden sollte ... Die quattro-Technik sollte in einem neuen, eigenständigen Modell präsentiert werden." Witowski, seit 1970 bei Audi an Bord, zeichnete das künftige Mittelklasse-Coupé betont geradlinig – eben entsprechend dem „damaligen Zeitgeist im Automobildesign" (Warkuß).

Dieser Zeitgeist bestimmte für eine kurze Designepoche die Abkehr von eher rundlichen Formen, es war die Zeit des sogenannten „Quader-Designs", die Ära von „Keil und Kante", wie sie der italienische Design-Shootingstar Giorgetto Giugiaro in den 1970er Jahre maßgeblich beeinflusst hatte (und die sich auch im Giugiaro-Design von VW Golf und Scirocco widerspiegelt). Obwohl „ein heute übliches Lastenheft noch nicht existierte", so Warkuß, „gab es natürlich dennoch Vorgaben: Ein Viersitzer musste es sein, wenn auch durchaus etwas eingeschränkt. Einen gewissen Kofferraum-Standard musste das Auto erfüllen." Warkuß weiter: „Man hat dann eben gemacht. Klar waren vier Sitze, der Radstand der Limousine musste beibehalten werden, der Motor war gesetzt, dessen Masse die Gestaltung der Frontpartie beeinflusste."

[1] **Hartmut Warkuß** (* 8. Juni 1940) erlernte ursprünglich den Beruf des Graveurs und erwarb in der Abendschule ein Design-Diplom. 1964 startete Warkuß seine Designer-Karriere bei Mercedes-Benz, wechselte 1966 zu Ford und fand 1968 zu Audi. Erstes Audi-Projekt mit Warkuß-Einfluss: das 100 Coupé S von 1970; erster komplett von Warkuß konzipierter Audi: der Typ 80/B1 von 1972. Sein nächstes „Kind" wurde der Audi 50 von 1974, zugleich (als Polo) sein erster Volkswagen. 1976 übernahm Warkuß unter Technik-Vorstand Dr. Ferdinand Piëch die Leitung der Audi Designabteilung. Zusammen mit Piëch ging Warkuß 1993 zu VW. Hier hinterließ er mit Passat B5 (1996), Golf IV (1997), Lupo (1998) und Phaeton (2001) markante Spuren. Speziell die vierte Golf-Serie gilt bis heute als Messlatte für alle Folge-Generationen.

[2] **Karl Witowski** (* 15. Januar 1949, † 11. Juni 2020), Designer, siehe Datenschutzanmerkungen zu einigen quattro-Akteuren im Anhang auf Seite 400.

Karl Witowski: Der Warkuß-Mitarbeiter zeichnete das Basisdesign des Urquattro.

Im Radstand und in den Spurweiten ist das Coupé mit der 80-Limousine zweiter Generation identisch – und folglich im Innenraum ähnlich geräumig.

Kante gezeigt: EA 458, das künftige Audi 80 Coupé, war vom Gespann Piëch/Warkuß dazu ausersehen, die Basis für den künftigen Audi quattro zu bilden.

An diesen eher lockeren Vorgaben orientierte sich Witowski: Radstand 254 cm, Spurweiten vorn/hinten 139,5/142 cm – so, wie beim 80 B2. Selbst die Fahrzeugbreiten von Limousine und Coupé sind mit 168,2 cm auf den Millimeter identisch, einzig in der Höhe geriet das Coupé mit 135 cm um 1,5 Zentimeter sportlicher, in der Länge mit 434,9 cm um 3,4 Zentimeter kompakter. Dass in Ingolstadt ein Coupé im Entstehen war, wurde offensichtlich frühzeitig zu einigen Fachblättern „durchgestochen". Jedenfalls veröffentlichte das Stuttgarter Magazin *mot* davon bereits am 12. Juli 1978 eine Zeichnung, nannte das Fantasieprodukt „künftiger Audi 90", traf mit einer betont aerodynamisch-rundlichen Gestaltung jedoch nicht annähernd dessen letztlich realisiertes Quader-Design. Immerhin wussten die *mot*-Rechercheure bereits, dass das künftige Audi-Coupé im Gegensatz zum VW Scirocco und zur 1977 vorgestellten Audi 100 Avant-Limousine keine kombiartige Heckklappe bekommen würde.

Hartmut Warkuß Ende 2018: „Die große Heckklappe war sicher eine Überlegung. Da bei Audi Leichtbau eine vorrangige Rolle spielte, verzichteten wir darauf." Warkuß weiter: „Eine große Heckklappe hat mehr Gewicht und beeinträchtigt schließlich auch die Steifheit des Aufbaus. Gerade die Steifheit war damals in unseren Gesprächen oft ein Thema, ein wichtiges Thema, das eine große Rolle gespielt hat. Damit hängt auch zusammen, dass die Rücksitzbank im Coupé und damit auch im quattro fest, also nicht klappbar, konzipiert wurde."

Für die Innenraumgestaltung der künftigen Audi-Modelle 80 B2 (Debüt: 1978) sowie Coupé (und damit des quattro) zeichnete mit dem Briten Martin Smith[1] ein Designer verantwortlich, der 1977 gerade erst zum Leiter der Bereiche Interieur und Konzepte berufen worden war. Wie sein Kollege Witowski setzte er auch innen bis ins Detail die funktionale Geometrie der damals herrschenden Formensprache um: kantige Gestaltung des kompletten Armaturenbrett-Bereiches, quaderförmige Instrumententräger, rechtwinklige Anordnung der Bedienelemente, der Lüftungseinheiten, der Mittelkonsole und der Schaltkulisse. Das anfangs für eine bürgerliche Mittelklasse-Limousine vorgesehene, zwar sehr klare, doch wenig emotionale Innenraum-Ambiente sollte nahezu unverändert auch im Coupé Verwendung finden – und im quattro. Was freilich im Coupé gerade noch Akzeptanz erfuhr, sollte später im quattro Kritiker auf den Plan rufen – und noch später zu einer futuristischen Überarbeitung des Cockpitbereiches führen. Doch davon später mehr …

Das künftige Audi-Coupé war also als Basis für den künftigen quattro vorgesehen. Doch obwohl diese Übernahme in der Allrad-Mannschaft schon frühzeitig verabredet war, kam der entsprechende offizielle Auftrag an die Designabteilung sozusagen „last minute". Hartmut Warkuß erinnerte sich Ende 2018 daran, dass er erst „Anfang 1979" die Order für die Umgestaltung des Coupés zum quattro bekam. Ihm blieb somit nicht einmal ein Jahr Zeit für die Aufgabe, die Warkuß seinem Mitarbeiter Martin Smith überantwortete. Diese Zeitknappheit prägte nicht zuletzt das Interieur des quattro in seiner ersten Ausführung – Hartmut Warkuß: „Das Cockpit ist eine der aufwändigsten Entwicklungen im Automobilbau. Auf Grund der zur Verfügung stehenden Zeit war eine Neuentwicklung nicht möglich."

So fand das Typ 80-Instrumentarium für die Verwendung im quattro lediglich die Ergänzung um eine Ladedruckanzeige (Maximalwert: 2 bar), die an die Stelle des dafür geopferten 80-Kühlwasserthermometers zur Linken der Tankanzeige zwischen Tachometer und Drehzahlmesser rückte. Aus Platzgründen signalisiert im quattro statt eines Zeigerinstruments lediglich eine Kontrollleuchte „ungesunde" Kühlwassertemperaturen. Zwei Differentialsperren-Anzeigen mit grünen Leuchten für die Hinterachssperre (links) und die Zentralsperre (rechts) sind tief unten in der Mittelkonsole, unterhalb des Radioschachtes, angesiedelt.

Martin Smith: Das Cockpit-Design von Audi Coupé und quattro ist das Werk des Briten.

Entschlossene Minen, vierbeiniger Helfer: Audi-Designteam um 1985.

Formensprache der späten 1970er Jahre, von Designer Smith im Coupé zelebriert.

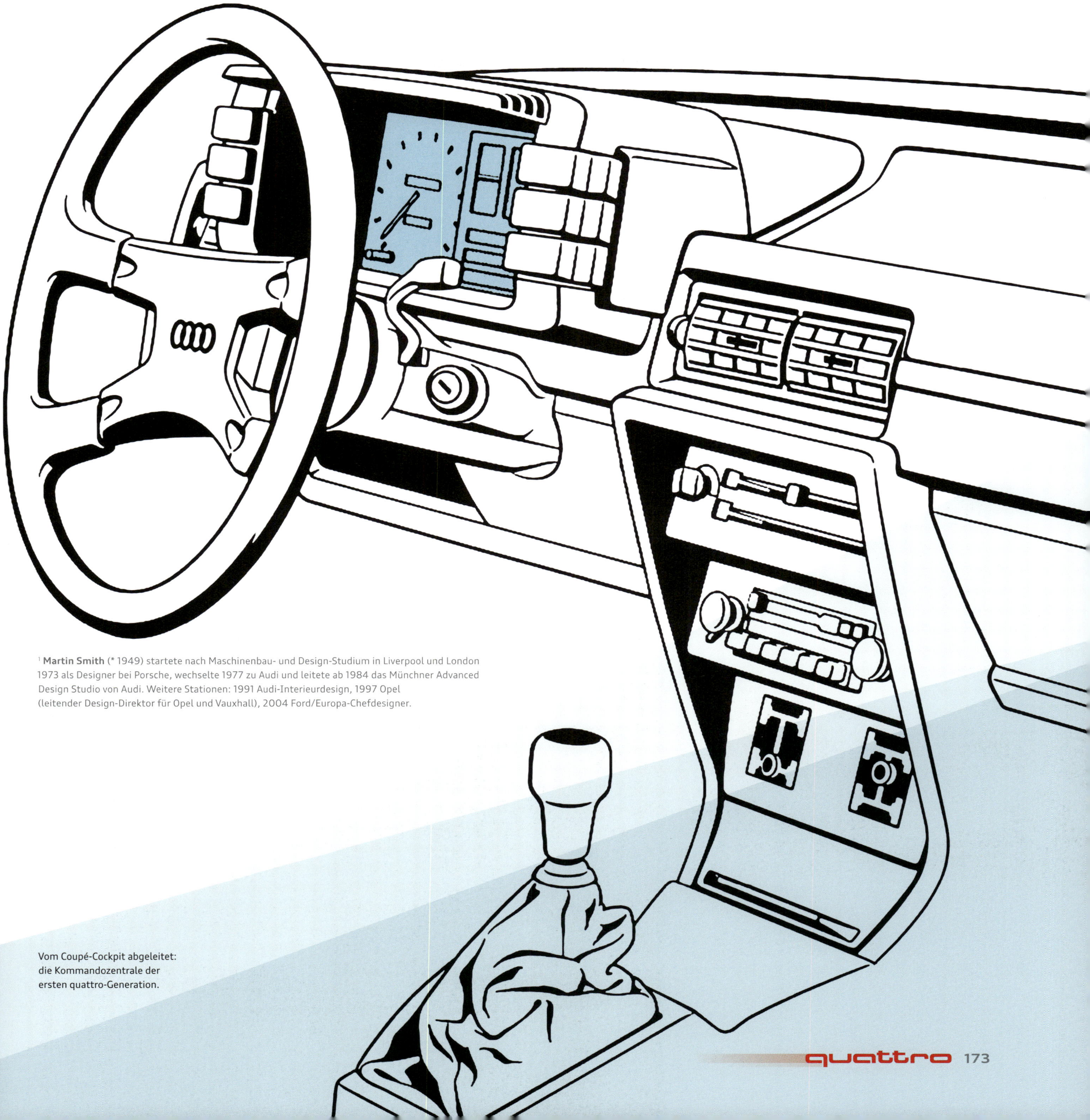

Vom Coupé-Cockpit abgeleitet: die Kommandozentrale der ersten quattro-Generation.

[1] **Martin Smith** (* 1949) startete nach Maschinenbau- und Design-Studium in Liverpool und London 1973 als Designer bei Porsche, wechselte 1977 zu Audi und leitete ab 1984 das Münchner Advanced Design Studio von Audi. Weitere Stationen: 1991 Audi-Interieurdesign, 1997 Opel (leitender Design-Direktor für Opel und Vauxhall), 2004 Ford/Europa-Chefdesigner.

120 140
100 160
80 180
km
000738
60 200
40 220
35
240
W-1000
VDO
2
0
BAR

Relativ karge Instrumentierung im ersten quattro: mit Ladedruckanzeige auf Kosten des Wasserthermometers, Vorserien-Lenkrad mit AU-Ringen.

„Kundenakzeptanz" erhofft: Die ersten quattro-Sitzbezüge im „Zebra-Streifenvelours" wirken eher biedermeierlich, doch die Sitzausformung gilt auch heute noch als vorbildlich.

Seine Besonderheit dokumentiert der quattro im Interieur lediglich mit speziellen Bezügen für die Sitze, die Türverkleidungen und den Dachhimmel. Deren Design war, so Hartmut Warkuß, „in Absprache mit der Vertriebsabteilung" entstanden, weil es nach Ansicht der Verkäufer „die größtmögliche Kundenakzeptanz" erwarten ließ. Aus heutiger Sicht erscheinen die Bezüge – Audi-Bezeichnung: „Zebra-Streifen-Velours negro" – ein wenig biedermeierlich plüschig. Die Sitze selbst fanden und finden indessen bis heute Zuspruch – *auto motor und sport* 1981 im Test: „Glanzlichter der Quattro-Innenarchitektur sind zweifellos außerordentlich bequeme und dabei bemerkenswert guten Seitenhalt bietende Sportsessel".

Das im Durchmesser 40 Zentimeter messende Vierspeichen-Lederlenkrad ist wiederum der Improvisation bei der ursprünglichen quattro-Einrichtung geschuldet: Es wurde nämlich nicht eigens für den quattro gestaltet, sondern stammt ursprünglich vom Audi 200T. Wegen dieser Herkunft trägt seine Prallplatte bei quattro-Serienstart[1] mittig eingeprägt statt des revolutionären „quattro"-Hinweises lediglich einen Hinweis auf das bereits mit der Limousine eingeführte Motorentechnologie-Merkmal „turbo". Immerhin gibt es an der Griffigkeit der bürgerlichen Leihgabe nichts auszusetzen.

Tatsächlich setzte nicht allein der knappe Zeitrahmen die quattro-Designer unter Druck, auch das verfügbare Budget limitierte das mögliche Maß der Modifikationen. Schließlich galt es, ein Fahrzeug zu gestalten, das zunächst lediglich als in Kleinserie gefertigtes „Leuchtturm-Projekt" vorgesehen war – und dem maßgebliche Größen des Konzern-Marketings gar nur geringe Verkaufschancen einräumten (siehe auch Seite 93). Es gab folglich keine Stückzahlplanung in einer Größenordnung, über die sich größere Entwicklungs-Investitionen hätten amortisieren können. Eine besondere Herausforderung bei der Umgestaltung des Coupés bestand im Übrigen in der Forderung von Dr. Piëch, ein neues quattro-Image auch im Design klar herauszuarbeiten – jedoch ohne die stimmige Audi-Grundlinie der späten 1970er Jahre zu verlassen.

[1] Erste Vorserien-Exemplare, die auch für Prospekte Modell standen, trugen statt des „turbo"-Schriftzuges die Auto Union-Ringe am Lenkrad – siehe die entsprechende Abbildung auf den Seiten 175/176.

Die Nuss war somit hart, die es zu knacken galt. Das Design sollte also das technologisch Besondere des quattro visualisieren – und dieses Besondere waren und sind naturgemäß die vier angetriebenen Räder. Designchef Warkuß erinnerte sich 40 Jahre nach dem Entstehen der quattro-Formensprache im Interview für diese quattro-Chronik an die damalige Design-Motivation: „Die Flanken mit den Blistern über allen vier Rädern sollten die Traktion aller vier Räder visualisieren. Das Design sollte bewusst rustikal für den Einsatz an Rallye-Wettbewerben ausgelegt sein und nicht für den Boulevard." 15 Jahre zuvor hatte Warkuß anlässlich des Jubiläums „25 Jahre quattro"[1] die quattro-Designphilosophie so dargestellt: „Im harten Wettbewerb, ob im Motorsport oder auf der Straße, ist kein Raum für Gimmicks. Im Gegenteil, hier muss die Botschaft zäh und rauh (O-Ton: „tough and rough") sein. Sie muss klar und geradlinig auf das technische Highlight einer derart unvergleichlichen Fahrmaschine hinweisen."

[1] Quelle: Audi-Jubiläumskassette „25 Jahre quattro".

quattro-Designentwürfe: unterschiedliche Kotflügelverbreiterungen – schwungvoll, …

… oder im zeitgenössischen Tuning-Stil mit rundum verbreitertem Radausschnitt.

Fingerübungen der Designer für künftige quattro-Modelle: Der Sport wurde …

… ab 1983 realisiert, das Targa-Coupé für den Nachfolger wurde verworfen.

Typische quattro-Formensprache: klar, geradlinig, Allrad-Betonung durch Kotflügelverbreiterungen.

Zur Demonstration versuchsweise längs geteilt: unterschiedliche Stoßfänger/Frontspoilergestaltungen.

Die endgültige quattro-Gestalt nimmt Form an: mit den typischen Kotflügelverbreiterungen, von den Designern „Blister“ genannt, jedoch hier noch mit unterschiedlichen Varianten für den Heckspoiler.

[1] **Mock-up** = maßstabsgetreues, in Designstudios gefertigtes Modell zur Demonstration verschiedener Formen und Designelemente.

Diskutiert und im Mock-up[1] umgesetzt, doch erst im zweiten Serienanlauf realisiert: Breitbandscheinwerfer.

Befragte Designchef Warkuß zur quattro-Designphilosophie: Herbert Völker, Chef der in Wien erscheinenden *Autorevue*.

Zeigte Peter Müller, Schweizer Skirennläufer und „Lauberhorn-König" von 1980, quattro-Details: Designchef Hartmut Warkuß.

Ähnlich äußerte sich Warkuß auch gegenüber Herbert Völker[1], dem langjährigen Chefredakteur der österreichischen *Autorevue*: „Was wir visuell symbolisieren wollten, war ein Auto, das an der Erde festgewachsen ist, das kein Sturm umblasen kann. Es sollte etwas ruppig aussehen und kein Chi-Chi-Auto sein, es sollte nicht die Eleganz, sondern sein Können in den Vordergrund bringen. So musste ein eigenartiges, knuffiges Auto entstehen ..."

Diese Kernsätze passen perfekt zur einstigen Forderung des damaligen Audi-Entwicklungschefs Dr. Piëch. Zum Thema „Funktion des künftigen Automobils" zitierte ihn bereits 1978 die Zeitschrift *Auto und Verkehr* (Ausgabe 9/1978) mit diesen Worten: „Das Auto ist immer noch zu 80 Prozent ein Lustobjekt und nur zu 20 Prozent ein Beförderungsmittel. Die Technik hat gegen das Lustgefühl anzutreten. Seit 50 Jahren hat die Autoindustrie dem Publikum reich geschmückte Christbäume verkauft. Jetzt muss sie versuchen, Kugel um Kugel, Kerze um Kerze abzunehmen und wieder eine ‚Fahrmaschine' anbieten."

Statt mit Christbaum-Kugeln behängten die Audi-Designer die „Fahrmaschine" quattro mit aerodynamischen Hilfsmitteln: vorn in Gestalt eines tief nach unten gezogenen Frontspoilers mit sechs Schlitzen, der dem quattro-Gesicht den Anschein eines vorgeschobenen „Unterkiefers" verleiht. Auf dem Heckdeckel thront ein schwarzer Hartgummi-Spoiler, dem man die Improvisation der quattro-Designgeschichte durchaus ansieht. Herausragend windschlüpfig geriet die quattro-Karosserie trotz aller Windleitwerke dennoch nicht: Mit c_w 0,43 spielte sie im Reigen der Neuerscheinungen des Jahres 1980 eine nur mittelmäßige Geige. Offensichtlich war bei Audi die Zeit noch nicht reif für eine überlegene Aerodynamik – umso fanatischer wurde in dieser Hinsicht unter dem Eindruck der Energiekrise des Jahres 1980 an der Karosserie der dritten Audi 100-Generation (C3) gefeilt. Die wartete bei ihrem Debüt 1982 mit damaligen Rekordwerten von – je nach Windkanal – gerade mal c_w 0,30 bis 0,32 auf.

[1] Quelle: *quattro, Sieg einer Idee*, Paul Frère und Herbert Völker, Orac Verlag, Wien.
[2] **Untersteuern** = Tendenz, in Kurven unter Last dem Kurvenausgang zuzustreben.

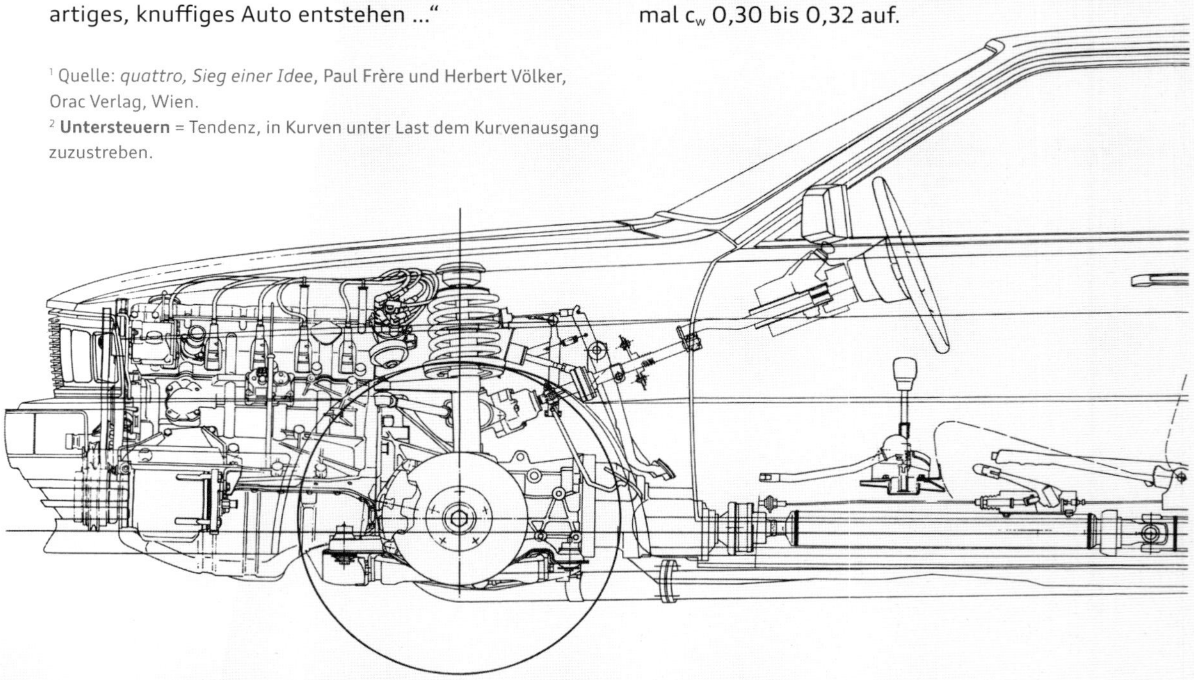

Kraftpaket vor der Vorderachse angeordnet – die Kopflastigkeit bescherte dem quattro anfangs ausgeprägtes Untersteuern[2].

Aerodynamisch ist der quattro keine Glanznummer der Audi-Geschichte – ganz im Gegensatz zu den dritten Generationen von Audi 80 und 100. Der Heckspoiler verbesserte den c_w-Wert ein wenig und erhöht zudem den Abtrieb.

Das Prospektmotiv suggeriert perfekte quattro-Aerodynamik, der c_w-Wert ist nur Durchschnitt.

Man konnte also in Ingolstadt, wenn man wollte – bei Coupé und quattro schien der Wille der Designer freilich noch wenig ausgeprägt. Umso mehr war bei den quattro-Prospektdichtern der ersten Stunde eine herausragende Windschlüpfigkeit der Vater der Gedanken – und der blumigen Texte. So behaupteten sie etwa in der Prospekt-Ausgabe vom August 1981 (Nummer 198/119.011.00/02) unter der Überschrift „Audi Quattro. Seine aerodynamische Karosserie." allen Ernstes „Erfordernisse der Aerodynamik haben zum Entstehen seiner zeitlosen Form beigetragen." Flankiert ist die Luftnummer von einer Schwarz/weiß-Grafik, die den widerstandslosen Fahrtwind rund um eine quattro-Silhouette demonstrieren soll.

Dass das Gespann Piëch/Warkuß mit seinen Gestaltungsidealen, „Fahrmaschine" statt „Christbaum", manche seiner Zeitgenossen überforderte, sollte sich schon bei der quattro-Präsentation herausstellen – Warkuß etwas untertreibend: „Bei Pressevorstellungen war es nicht einfach, das Design-Thema zu vermitteln, da in dieser Preisklasse Eleganz erwartet wurde ..." So kommentierte Gerold Lingnau, Autoredakteur der *Frankfurter Allgemeinen Zeitung*, am 10. Februar 1982 im Rahmen seines quattro-Testberichtes mit feiner Ironie: „Schon auf den ersten Blick lässt er die Kraft und das Temperament erahnen, die in ihm stecken. Südländische Schönheit geht ihm völlig ab. Seine Züge sind mit dem groben Pinsel gemalt, nicht mit der Tuschfeder, sein teutonisches Styling kann er nicht verleugnen. Wenn man drin sitzt, braucht man's gottlob nicht mehr zu sehen ..." Im Kritik-Zusammenhang muss ich mich hier selber outen, äußerte ich mich doch in meinem quattro-Test (*auto motor und sport* 4/1981) ähnlich vernichtend, das quattro-Design betreffend: Es entspräche dem, „was kritische Betrachter dann als ‚gewöhnungsbedürftig' bezeichnen, wenn der Begriff ‚häßlich' vermieden werden soll".

Nicht nur der eine oder andere Motorjournalist konnte sich mit der herben Gestalt des quattro nicht anfreunden, auch so mancher Automobil-Konsument ätzte in Leser-Beiträgen gegen das quattro-Design. Zwei Beispiele für den „vordigitalen Shitstorm" seien beispielhaft aus den Leserbrief-Spalten der *Auto Zeitung*-Ausgabe 8/1980 herausgegriffen. „Dieser unförmige, abgeschnittene Klotz von einem Auto wird dem Porsche nicht das Fürchten lehren können", schreibt da einer, und ein anderer lässt seinem Unmut mit diesen Worten Lauf: „Wahrscheinlich ist die (angedeutete) Keilform nur eine Entschuldigung dafür, dass das ganze Ding eine luftbremsende Vorderfront durch benzinfressende Mehr-PS kompensieren muss. Kurz: Häßlicher geht's nimmer."

Mock-up zur Demonstration unterschiedlicher Frontpartien und verschiedener Flankenbemalungen. Das große Foto entspricht weitgehend der finalen Lösung.

Da war es wenig hilfreich, dass beim quattro-Design auch mit – sagen wir „bourgeoisen" – Hilfsmitteln gearbeitet wurde. So zieren die beiden quattro-Türen sehr auffällige Auto Union-Ringe in Form aufgeklebter Folien. Die bezog Audi vom damals in der Autoindustrie ausgesprochen verkaufstüchtigen Folienproduzenten 3M. In dieser Flanken-Beklebung sieht Hartmut Warkuß heute, damals dafür als einstiger Designchef verantwortlich, etwas verschämt eine weitere Zeitgeisterscheinung: „Eine damals gebräuchliche Möglichkeit, Erscheinung oder Ausdruck einer Karosserie zu verändern, war der Einsatz von Folien, die aufgeklebt wurden. Häufig wurden Sondermodelle zur Differenzierung zu den Basismodellen damit versehen. Da Rallye-Fahrzeuge immer mit Applikationen verschiedenster Art beklebt waren, schien es uns geeignet, die vier Ringe markant und selbstbewusst anzubringen."

War von Anfang an richtig und hat bis heute Bestand: der typische „quattro"-Schriftzug – links an einem quattro der späten 1980er Jahre, gegenüber anlässlich der quattro-Premiere.

Auto Union-Ringe als Hinweis auf eine große Automobiltradition: quattro-Schmuck von der Stunde Null bis zum Produktionsende.

Immerhin: Die Ringe, einst Symbole für die Auto-Union-Marken Audi, DKW, Horch und Wanderer (und von Audi-Verkaufsprogrammdichtern geschichtsklitternd als „Audi-Ringe“ bezeichnet), sollten den Urquattro während seiner kompletten Bauzeit genauso begleiten, wie die charakteristische Gestaltung der Typbezeichnung „quattro“ am Fahrzeug – übrigens hier durchweg und im Gegensatz zu ersten Prospektverwendungen mit klein geschriebenem „q“ (siehe auch Seiten 8/9). Dieses Logo verantwortete Ende der 1970er Jahre Christine Gulden, eine einstige Mitarbeiterin von Hartmut Warkuß. „Frau Gulden hatte sich als Grafikdesignerin selbständig gemacht“, erinnerte sich Warkuß Ende 2018 an den Vorgang. „Sie bekam den Auftrag zur Gestaltung des quattro-Schriftzuges. Der gelang ihr derart charismatisch und perfekt, dass er noch heute Bestand hat …“

In der Tat: Christine Gulden prägte die Grafik des Urquattro von den Anfängen 1980 bis zu dessen Produktionseinstellung rund elf Jahre später – und noch weit darüber hinaus …

War die Entscheidung, das Audi Coupé mittels rustikaler Modifikationen zum quattro zu „frisieren“, ein Fehler?

Wäre der quattro auch mit einer fein ziselierten, eleganteren Karosserie zur Legende geworden – etwa in der Gestalt des von Pininfarina 1980 entworfenen Quartz auf quattro-Basis (siehe Seite 350 ff)?

Im Rückblick geläutert und mit der „Fahrmaschinen“-Gestalt des quattro im Reinen muss ich als einstiger Kritiker heute Abbitte tun. Nicht zuletzt ist neben den Fahrqualitäten, dem unverwechselbaren Sound und den Rallye-Erfolgen das gleichermaßen charakteristische wie funktionale Design ein wesentlicher Teil der quattro-Legende – kein Zweifel: Die Statur eines mit Christbaumkugeln und Kerzen behängten Schönlings stünde im Widerspruch zu seinen Talenten und zu seinem Potential.

Der Allrad-Audi zur quattro-Stunde Null

„Vorsprung durch Technik“ nimmt nur zögernd Fahrt auf

„Revolution im Autobau?“ fragte das Fachblatt *auto motor und sport* Ende Februar 1981 auf dem Titel der Ausgabe 4/1981, in der die Technik des quattro, seine Entstehung, seine voraussichtliche Rolle im Motorsport und ein erster quattro-Test die hervorgehobenen Themen waren. „1981“ – ein Druckfehler? Feierte der quattro nicht bereits ein Jahr zuvor, Anfang März in Genf, sein Debüt?

Kein Druckfehler: In der Tat war der quattro-Start Anfang der 1980er Jahre etwas rumpelig, einerseits zögerlich, zudem auch noch pannenbehaftet – kurzum: Nach dem ersten Schuss in Genf hatte der quattro Ladehemmung. Zwar sollte die quattro-Produktion ursprünglich, so die Zeitschrift *mot* in der April-Ausgabe 1980 unter Berufung auf quattro-Initiator Jörg Bensinger, „schon im April mit täglich zehn Exemplaren gestartet werden“. Doch Ende Mai 1980 musste Audi anlässlich der Genfer quattro-Premiere gegebene Lieferzusagen zurückziehen. Im September 1980 bezog sich die Ingolstadt-Ausgabe der Münchner Boulevardzeitung *tz* auf den Audi-Produktionsvorstand Hans Kialka[1], der in Sachen quattro-Lieferung auf den „Januar 1981“ vertröstete und „Schwierigkeiten mit den neuen Werkzeugen“ einräumte. Audi-Pressesprecher Hans von Bismarck verriet in diesem Zusammenhang, dass besagte Werkzeuge keine „qualitativ einem 50000-Mark-Fahrzeug entsprechende Verarbeitung“ ermöglicht hätten.

[1] **Hans Kialka** (* 1918) begann seine Berufslaufbahn 1932 mit einer Werkzeugmacherlehre und trat 1940 bei Mercedes-Benz ein, wo er es bis zum Leiter der Maschinenreparatur brachte. 1954 wechselte Kialka zum Volkswagen, um dort von 1965 bis 1969 als Leiter des VW-Werkes Kassel zu fungieren. Seine nächste Station war ab 1969 Audi, wo er es bis zum Produktions-Vorstand brachte.

Traditioneller Saisonauftakt der Automobilbranche: der Genfer Salon im März 1980 – erste quattro-Bühne.

Ärger mit quattro-Bezug dräute im Mai 1980 auch wegen der geplanten Strategie des V.A.G.[1]-Vertriebs, nur einen „erlesenen Kreis von quattro-Händlern" aufbauen zu wollen. So berichtete *tz/Münchner Merkur* am 3. Mai 1980 unter der Überschrift „Audi bittet zur Kasse", wer quattro-Händler werden wolle, müsse „mindestens zwei dieser 50000-Mark-Boliden erwerben und diesen Stand durch entsprechende Nachbestellungen stets beibehalten". Laut *tz* meuterte die Händlerschaft: „Das Risiko ist uns zu groß, da machen wir nicht mit." Weiter im *tz*-Text: „Daß sich durch den offenen Boykott dieser Kreis allerdings jetzt auf nur ein gutes halbes Dutzend Vertragspartner beschränkt, war wohl nicht beabsichtigt." Zudem habe sich „der Produktionsbeginn nun schon um mehrere Wochen verzögert. Noch ist nicht einmal bekannt, wann die ersten Kundenfahrzeuge ausgeliefert werden können."

Der Lieferverzug sollte nicht nach Wochen gemessen werden, sondern nach Monaten. Erst im Oktober 1980 fixierte der Audi-Vertrieb den Verkaufspreis: 49900 DM – das waren gut zwei Tausender mehr als noch in Genf avisiert. Die Vorserienproduktion begann am 16. Januar 1980 mit einem an den Audi-Fuhrpark ausgelieferten quattro, Fahrgestellnummer 85A0085001. Die quattro-Nullserie lief in geringen monatlichen Stückzahlen am 7. Juni 1980 an, erste Fahrgestellnummer WAUZZZ85ZBA900051. Dieses Exemplar wurde bereits dem Modelljahr 1981 zugerechnet.

Produktionsort: die Ingolstädter Audi-Halle N2. In derselben Halle befand sich auch die Montagelinie, auf der im VW-Auftrag der quattro-Initiator Volkswagen Iltis gefertigt wurde (siehe auch Seite 64). Am Jahresende '80 listete die quattro-Produktionsstatistik 292 Exemplare. Aus dieser Charge erhielten am 28. November dieses Jahres statt lediglich einem halben Dutzend immerhin 73 ausgewählte Händler der V.A.G.-Verkaufsorganisation ihren Vorführ-quattro, um damit nach einem Empfang durch Audi-Vorstandschef Dr. Wolfgang R. Habbel in einer Sternfahrt zu ihren Heimatorten zu starten. Den Technik- und Ausstattungsstatus dieser ersten Promotion-quattro detailliert der Anhang auf Seite 372.

[1] **V.A.G.** = damalige Abkürzung für Volkswagen-Audi-Gemeinschaft, zuständig für den Vertrieb von Volkswagen- und Audi-Modellen.

Anziehungsobjekt von Audi: Bei seinen ersten Auftritten stand der quattro stets im Mittelpunkt des Interesses, ob international in Genf (siehe auch Seiten 120/121, 194/195), oder regional im Ingolstädter Stadttheater (links und oben).

Entwickler-Stolz: Technik-Vorstand Dr. Piëch zeigt in Ingolstadt „seinen“ quattro, …

… Journalisten starten im Januar 1981 in Österreich zum ersten quattro-Test.

Die Auslieferung der ersten Kundenexemplare begann hingegen erst Ende Januar 1981, etwa zeitgleich mit der Belieferung der Fachpresse mit ersten Testwagen im Serienstandard – dies unter teils winterlichen Bedingungen, was gut passte zu den Traktionsqualitäten des Allradlers (Testergebnisse siehe Seite 356 ff). Zugleich erwies sich die größte Stärke des quattro unter derartigen Wetterverhältnissen in der Hand einiger Kunden als verführerisch – und damit geradezu als Schwäche (davon später mehr …).

Was aber war der Grund für die lange Zeitspanne zwischen Premiere in Genf und Baubeginn?

Ein Audi-Insider verriet mir anlässlich meiner Recherchen zu besagtem ersten quattro-Test in *auto motor und sport* 4/1981, der Aufschub sei „wegen notwendiger Feinarbeiten für einen größeren Kundenkreis“ nötig geworden. Den Blick ins Audi-Nähkästchen gestattete er mir freilich nur unter Wahrung seiner Anonymität, auch weigerte er sich standhaft, Details der „Feinarbeiten“ zu verraten. Heute wissen wir, dass es nicht allein um „Feinarbeiten“ am Auto ging, sondern mindestens so sehr um eine Justierung an dessen Produktionsweise.

Da in Ingolstadt zunächst keine Räumlichkeiten zur Verfügung standen, erhielten die Stuttgarter Karosseriewerke Baur noch im Januar 1980 den Auftrag, einige B2-Bodengruppen zur Aufnahme des Allrad-„Gekröses“ im Mitteltunnel zu modifizieren.

Es geht aufwärts: Ende Januar 1981 lieferte Audi die ersten quattro aus.

Wegen dieser Stuttgarter Initialfertigung des quattro (und wegen der späteren Teilfertigung des Sport quattro – siehe Seite 274) hält sich bis heute das Gerücht, sämtliche quattro seien bei Baur gefertigt worden. Auch erste Exemplare der quattro-typischen Kotflügelverbreiterungen wurden in Stuttgart nahe des Mineralbades Berg aus Stahlblech gedengelt, um damit auf einem Baur-Pilotband 24 Vorserien- und Ausstellungsexemplare zu bestücken – darunter auch jenes weiße Exemplar, das 1980 in Genf die quattro-Ära von Audi etwas überstürzt einleitete.

Noch bis Ende Dezember 1979 hatte in Ingolstadt Unklarheit über den Präsentationstermin für den Allradler geherrscht, zudem stand auch der Präsentationsort unter einem Fragezeichen. Dass es der Genfer Automobil-Salon Anfang März 1980 werden sollte, lag letztlich auch am Veranstaltungszyklus der eigentlich favorisierten Internationalen Automobil-Ausstellung in Frankfurt: Die fand (für Pkw) nämlich nur in ungeraden Jahren statt. Anfang Januar erteilte Audi-Vorstandschef Dr. Wolfgang Habbel endlich das „Go!“ für Genf, wohl wissend, dass die quattro-Entwicklung noch nicht vollständig abgeschlossen war – und dass kaufkräftige quattro-Interessenten nicht umgehend beliefert werden konnten.

Ein weiterer wichtiger Grund für das Vorziehen der quattro-Premiere: Der neue Allradler sollte sich zum Auftakt als eigenständiger Spitzentyp von Audi profilieren und nicht lediglich als Abwandlung eines konventionell konzipierten, deutlich preisgünstigeren und leistungsschwächeren Modells mit Frontantrieb. Dieses konventionelle Audi Coupé auf 80 B2-Basis gab dann erst deutlich später, nämlich am 1. September 1980, sein Debüt.

Die Rechnung ging auf: Dem Coupé mit Frontantrieb wurde allenthalben das imagefördernde Merkmal attestiert, „mit der Karosserie des quattro“ versehen worden zu sein. Auch Werner Oswald, der 1997 verstorbene Doyen des Automobil-Journalismus, erlag in seinem Standardwerk „Deutsche Autos seit 1945“ (erschienen beim Motorbuch Verlag in Stuttgart) dieser Fehleinschätzung, basierte doch tatsächlich der quattro auf dem Coupé. Und dessen Entwicklung war bereits 1977, zwei Jahre vor der Aufrüstung zum quattro, gestartet worden (siehe auch Seite 166 ff).

Genfer Salon, März 1980, Audi-Pressekonferenz: Technik-Vorstand Dr. Piëch ...

Dann also Genf, Anfang März 1980 statt des sonst üblichen IAA-Termins im September: Endlich konnte nicht nur die Weltöffentlichkeit den neuen Geniestreich von Audi in Augenschein nehmen sondern auch Vertreter der Audi-Wettbewerber. Natürlich war Technikern aus Stuttgart-Untertürkheim und München bei Testausflügen an den Polarkreis – dort führt bis heute nicht allein Audi Wintererprobungen durch – nicht verborgen geblieben, dass die Ingolstädter etwas ganz Besonderes im Köcher hatten. Höchste Geheimhaltung des Projektes verhinderte freilich das Durchsickern von belastbaren Fakten.

Jörg Bensinger über das Maß dieser Geheimniskrämerei und die Einschätzung forschender Kollegen anlässlich des Genfer Salons 1979: „Niemand bekam unsere Produktionszeichnungen zu sehen, nicht einmal die Lieferanten. Als wir auf dem Genfer Salon noch immer nichts von dem Wagen gezeigt hatten, fragten mich die Leute von Daimler-Benz, BMW und Porsche, ob wir wirklich so ein Auto bauen würden. Richtig glauben wollte es niemand. Ich denke, sie hielten uns für nicht ganz richtig im Kopf."

... erläutert "Vorsprung durch Technik", quattro-Schreibweise noch ungeklärt.

Audi
Audi Quattro.
Audi Quattro.
Audi quattro

tz

sport auto

Frankfurter Allgemeine
ZEITUNG FÜR DEUTSCHLAND

Frankfurter Rundschau

Rheinischer Merkur
WOCHENZEITUNG FÜR POLITIK, WIRTSCHAFT UND KULTUR

sportmagazin
kicker
DEUTSCHLANDS GRÖSSTE SPORTZEITUNG

Abendzeitung
(089) 2377-1

stern
magazin

quattro-Fotomodell der ersten Stunde: „IN-NJ 66" lieferte die Bilder für …

… erste Presse-Berichte: „völlig neue Dimensionen der Fahrsicherheit" (FAZ).

Erst im November 1979 waren erste Details über das quattro-Projekt durchgesickert und gierig von der einschlägigen Fachpresse kommuniziert worden, vereinzelt auch von Tageszeitungen. Doch noch mauerte die Audi-Presseabteilung. Erst am 26. Januar 1980 rollte auf breiter Front die quattro-Vorberichterstattung an, gefüttert durch erste Verlautbarungen der Audi-Kommunikatoren mit freilich noch dünner Faktenlage. Im Umfeld der Vorberichterstattung für den Genfer Auto-Salon erreichte die quattro-Eloge einen ersten Höhepunkt. Nahezu jede nennenswerte Tageszeitung in Deutschland widmete dem neuen Technologieträger aus Ingolstadt mindestens einen Mehrspalter – und die gewählten Überschriften lesen sich wie ein mehr oder weniger fantasievoller Streifzug durch die deutsche Sprache. Von sachlich bis reißerisch ist dabei alles zu finden.

Beispiele gefällig?

„Vier Räder packen sicher zu" versprach die in München erscheinende *Abendzeitung* am 22. März 1980, von „Quattrophonie" schwärmten unisono die Münchner *tz* am 22. März 1980 und zur gleichen Zeit das Motorsportmagazin *sport auto* in Ausgabe 4/1980. Knapp zwei Monate später fragte am 3. Mai 1980 der *Pfälzische Merkur* „Audi Quattro – der Porsche-Killer?" Das Wochen-Magazin *Stern* versprach in Ausgabe 11/1980 einen „Bahnbrecher aus Bayern", das zweimal pro Woche erscheinende Fußball-Fanblatt *Kicker* titelte in Ausgabe 26/1980 „Für Piste und Trampelpfad".

Überwiegend waren die Reaktionen auf den quattro in den Print-Medien positiv bis bewundernd – dies sogar unabhängig von deren gesellschaftspolitischer Ausrichtung. So hieß es in einem Kommentar der üblicherweise eher autokritischen *Frankfurter Rundschau* am 15. März 1980 unter anderem: „Noch kann man den Audi Quattro nicht kaufen, aber schon steht fest, dass er mit seinem Vierradantrieb für Fahrzeuge dieser Art einen neuen Maßstab setzt … Sein Erscheinen bei Audi muss zweifellos als Meilenstein gewertet werden." Und als Fazit vermutete der *Rundschau*-Kommentator: „Bei solchen Beweisen der Ingenieurspotenz darf man glauben, dass auch auf die möglicherweise härteren Forderungen von morgen die passende Antwort gefunden werden wird." Die eher konservative *Frankfurter Allgemeine Zeitung (FAZ)* titelte in der Ausgabe vom 5. März 1980 ähnlich hymnisch: „Das Quattro-Coupé eröffnet völlig neue Dimensionen der Fahrsicherheit." Und: „Bei Audi betrachtet man den Quattro auch als moderne Interpretation des klassischen Gran-Tourismo-Fahrzeugs – kompakt, leistungsfähig, komfortabel."

Auffallend ist, dass sich viele Journalisten schwer taten, den neuen quattro zu verorten. Von einer „Luxuslimousine mit Allradantrieb" war da beispielsweise in der *Neue Hannoversche* vom 29. März 1980 die Rede, andere nannten ihn einen „Sportwagen". Der *Rheinische Merkur* wiederum postulierte am 23. Mai 1980 zum quattro Gegenteiliges, nämlich: „Ein sportliches Fahrzeug, aber kein Sportwagen".

Unterschiedliche Angebote für den Markt der 1980er Jahre: Panda von Fiat …

… quattro mit Allradantrieb, Coupé und Luxuslimousine mit Turbomotor von Audi.

Passte der quattro von Audi, ob nun „Luxuslimousine“ oder „Sportwagen“, in die Zeit schwelender Energiekrisen? War er opportun im Frühjahr 1980, als Dr.-Ing. Vittorio Ghidella, Generaldirektor der Fiat Auto S.p.A., den neuen 45 PS-Panda in *auto motor und sport* 5/1980 als „unsere Antwort auf die schwindenden Energiereserven“ pries?

Dass die Strategie der Autoindustrie seit jeher ein hochbrisantes Politikum ist, liegt auf der Hand. Bundesverkehrsminister Volker Hauff (SPD) jedenfalls kritisierte die Autobauer im Rahmen eines Streitgesprächs mit BMW-Chef Eberhard von Kuenheim, am 28. März 1980 im Wochenblatt *Die Zeit* zitiert: „Ich fürchte, dass in wesentlichen Teilen der Automobilindustrie die Kriterien dafür, was fortschrittliche Technologie ist, sich immer noch an der Entwicklung orientieren, die in den sechziger Jahren stattgefunden hat: stärkere Autos zu bauen, schnellere Autos zu bauen, sportliche Autos zu bauen. Das Hauptproblem der achtziger und der neunziger Jahre wird aber sein: das Automobil im Energieverbrauch, der Sicherheit und der Umweltbelastung den veränderten Rahmenbedingungen anzupassen.“

Und ohne den Audi quattro explizit zu nennen, stellte der sozialdemokratische Verkehrsminister die eher rhetorische Frage: „… ist ein Automobil, das 200 PS und einen Vierradantrieb hat und eine Spitzengeschwindigkeit von 220 km/h erreicht, um eines der neuesten Modelle zu nennen, eigentlich das Auto der Zukunft? Oder ist das Automobil der Zukunft eines, das eher bei einem Verbrauch von vier Litern pro hundert Kilometer liegt?“

200 PS, 220 km/h – das waren in der Tat Leistungswerte auf Porsche-Niveau. Ob sie in die Zeit passten, sei dahingestellt. Zum damaligen Audi-Image passten derartige Daten jedenfalls nicht wirklich. Dem Autor und damaligen Endzwanziger sei in dieser Hinsicht ein persönlicher, subjektiv gefärbter Rückblick gestattet: Audi – dieses Fabrikat galt Anfang der 1980er Jahre als ein braves Vehikel für eher biedere Zeitgenossen. Beamte im gehobenen Dienst fuhren Audi, Lehrer, wohlhabendere Rentner und Pensionäre, die für sich allenfalls im Mercedes Diesel eine Alternative sahen. *Welt am Sonntag* schlug in der Ausgabe vom 17. Februar 1980 anlässlich eines ersten Hinweises auf den künftigen quattro in dieselbe Kerbe: „Audi will damit das Marken-Image ändern, will nicht mehr nur der Autohersteller für Männer mit Hut und Hosenträger sein, sondern auch für Fahrer, die Hochleistungstechnik schätzen.“

Diese Klientel, jene Dynamiker, die Dr. Ferdinand Piëch und seine junge Ingenieursmannschaft für Audi begeistern wollte, fuhren Porsche oder BMW, einige auch Alfa Romeo. Wäre der Begriff „Premium-Marke“ damals bereits en vogue gewesen, er hätte sicher nicht für Audi Anwendung gefunden.

All das wollte Piëch verändern – und er veränderte es, zunächst als Audi-Entwicklungschef technologisch, dann auch als Vorstandsvorsitzender von Audi unternehmerisch. Noch viel mehr als der Audi 200 bedeutet der quattro einen ersten Schritt des dramatischen Imagewandels der Ingolstädter Marke, die gerade mal 15 Jahre zuvor ihre Renaissance mit einer Viertakt-motorisierten DKW-Limousine, dem F 103, erlebt hatte. Für dieses brave Modell hielt die Konzernmutter Volkswagen gar eine Typbezeichnung für entbehrlich – beim Debüt 1965 hieß er kurz und bündig und ausschließlich „Audi“.

Doch zumindest anfangs scheint bei Audi intern die Funktion des neuen quattro als Technologieträger und Imagebooster noch nicht realisiert worden zu sein. So spielt das Allrad-Coupé im Geschäftsbericht des Jahres 1980 bemerkenswerterweise kaum eine Rolle. Vor dem Hintergrund eines Verkaufsrückgangs von 8,9 Prozent im Inland (der Gesamtmarkt gab in jenem Jahr um 7,7 Prozent nach) ist vielmehr die Rede von Energiekrise und von technischen Audi-Reaktionen zwecks einer Verbrauchssenkung. Erwähnt werden dabei etwa der „Einsatz weiterer wirtschaftlicher Motorversionen“ außerdem „die Ausrüstung aller durch Ottomotoren angetriebenen Modelle mit einer elektronischen Zündanlage“ oder „die Verwendung eines Economy-Getriebes mit ausgeprägtem Spar- und Schoncharakter“ für eine „Benzineinsparung bis zu 22 %: Formel E“.

Da blieb für den 200 PS starken quattro mit einem werksseitig angegebenen DIN-Verbrauch[1] von 7,9/10,4/15,7 L/100 km nur wenig Raum. Seinen Auftritt im Kapitel „Technische Entwicklung“ muss sich der quattro sogar noch mit dem im November 1980 eingeführten Audi Coupé GT 5S teilen, dessen „besonders wirtschaftlicher Kraftstoffverbrauch“ denn auch hervorgehoben wird. Über den quattro heißt es nur, dass dieser „inzwischen bei mehreren Motorsportveranstaltungen seine leistungsfähige und hochwertige Technik demonstrieren konnte“, er sich also „durch seine zukunftsweisende Technik besonders für den Rallyeport eignet“.

Euphorie und Stolz hören sich anders an.

Er eignet sich also für den Rallyesport, der neue quattro – kein Wunder: Dieses von seinen motorsportlich ambitionierten Initiatoren und Schöpfern vermutete Talent hatte ja ursprünglich den Ausschlag gegeben für seine Entwicklung (siehe auch Seite 84 ff). Der Allradwagen war ursprünglich als Waffe erdacht worden, mit dem Audi die damalige Elite in der Rallye-Weltmeisterschaft „verblasen“ könnte. Doch diese Motivation wurde im zeitgenössischen Krisenklima des Jahres 1980 verschämt unter den Tisch gekehrt. Sie wurde gar geleugnet und ins Gegenteil verkehrt. So beschrieb Dr. Ferdinand Piëch die Audi-Intension mit dem neuen quattro in der *Süddeutschen Zeitung* vom 5. März 1980 mit diesen Worten: „Der Quattro wurde nicht gebaut, damit Audi ein geeignetes Rallye-Fahrzeug in die Hand bekommt. Als die ersten Prototypen fertig waren, entdeckten wir die hervorragenden Möglichkeiten, die in diesem Fahrzeug stecken, und es wäre einfach schade, wenn dieses potentielle Siegerauto nicht im Sport eingesetzt werden würde.“

In der Tat: Rallye-Abstinenz mit dem quattro – das wäre schade gewesen. Sie hätte die Motorsportwelt um ein Faszinosum gebracht – und Audi um einen außerordentlich geschäftstüchtigen Absatzförderer für das gesamte Ingolstädter Modellprogramm.

[1] Verbrauch nach DIN 70030 von 7/78 entsprechend der ECE-Empfehlung A70. Die Werte wurden bei konstant 90 km/h, konstant 120 km/h und für einen Stadtzyklus gemessen.

Was wäre die Rallye-Geschichte ohne den quattro von Audi?

Sie wäre zweifellos sehr viel ärmer an dramatischen Auftritten und sensationellen Erfolgen: Der quattro prägte eine Epoche der Rallye-Weltmeisterschaft, und er zwang alle Wettbewerber, den Ingolstädter Allrad-Spuren zu folgen, wollten sie ihre Siegchancen auch nur ansatzweise wahren – dies zur großen Genugtuung des einstigen Allradförderers Dr. Ferdinand Piëch. Der beschrieb die Motivation Motorsport laut Walter Treser, dem quattro-Projektleiter der ersten Stunde, mit diesen Worten[1]: „Erst wenn unsere Idee auch von den Gegnern übernommen wird, gewinnt sie ihre wahre Bedeutung. Wenn wir die alleinigen Anbieter eines exotischen Systems bleiben, werden wir zu einem europäischen Subaru."[2]

Im Stuttgarter Motorsportmagazin *sport auto*, Ausgabe 12/1979, begründete Dr. Piëch ein künftiges Rallye-Engagement von Audi mit zwei Zielen: „Wir versuchen, das Geld für Zukunftsentwicklungen nur einmal auszugeben, aber zweimal zu verwerten. Wir wollen im Motorsport für die technische Vorentwicklung Erfahrungen sammeln und zum anderen mit ihm PR betreiben." Weiter im Piëchschen O-Ton: „Das Sportprogramm ist den Entwicklungszielen untergeordnet. Der Motorsport muss wichtige Dinge, die sich in der Vorentwicklung befinden, anwenden, und die Vorentwicklung muss die Einsatzerfahrungen für die Technologie kommender Modelle verwerten können."

So ganz nebenbei verriet der damalige Audi-Entwicklungschef, was von Audi in Zukunft zu erwarten sei – und welche Qualitäten er anstrebe: „... Wir untersuchen auch andere Konzeptionen als den Frontantrieb. ... Für den Rallyesport ist es wichtig, dass das Auto in Leistung, Robustheit und Straßenlage überlegen sein soll. Diese Eigenschaften kommen auch dem Normalprodukt zugute. Unsere Maxime ist: Technischer Fortschritt beim werksseitig eingesetzten Wagen sollte mit dem käuflichen Serienauto in allerengster Verwandtschaft stehen."

Und wie schätzte der Audi-Vorstandsvorsitzende die – aller Voraussicht nach kostspieligen – Rallye-Ambitionen seiner Techniker ein?

„Motorsport ist ein Reaktionsbeschleuniger, um technische Neuerungen schneller zum Durchbruch zu bringen", stärkte Dr. Wolfgang R. Habbel in der *Frankfurter Allgemeinen Zeitung* am 18. November 1980 seinen Sportlern den Rücken. „Ohne Motorsport brauchen neue Ideen erheblich längere Laufzeiten auf dem Markt. Der Rallye-Einsatz ersetzt nicht die Arbeiten im Labor, aber die zusätzliche Piste bringt viele praktische Erfahrungen und einen Erfolgszwang in unsere Arbeit."

[1] Quelle: www.treser-audi.de

[2] Subaru hatte 1979 den Leone 4 WD präsentiert, ein als Limousine und Kombi lieferbares Fahrzeug der unteren Mittelklasse mit zuschaltbarem Allradantrieb (Vierzylinder-Boxer, 1,6 Liter Hubraum, 71 bzw. 83 PS). Ab 1981 bot Subaru dieses Modell auch in Deutschland an. Dr. Piëch konnte Anfang der 1980er Jahre noch nicht wissen, dass ausgerechnet Subaru in der Rallye-WM der 1990er Jahre und kurz nach der Jahrtausendwende sehr erfolgreich werden sollte: 1995 bis 1997 jeweils Erster der WM-Teamwertung, 1995, 2001 und 2003 fuhren die WM-Champions Subaru (Colin McRae, Richard Burns und Petter Solberg).

Der quattro kommt seiner Urbestimmung nach

„Vorsprung durch Technik" startet in die Rallye-Szene

Im Ford Capri (hier ein 2600 RS) geriet der Allradantrieb 1969 zum Flop.

Pro Allrad-Freigabe im Motorsport: von Hanstein …

… Piëch-Freund, Rennfahrer und Motorjournalist Frère …

… und – unfreiwillig – Ford-Sportchef Ashcroft.

Allerdings: Verzögerungen beim Produktionsstart des Audi quattro verzögerten auch dessen Premiere und Karriere im internationalen Motorsport. Zwar war es Audi bereits 1979 gelungen, das bislang in den FIA[1]-Regeln gültige Allradverbot auf Antrag des deutschen FIA-Vertreters, Fritz-Huschke von Hanstein, zu streichen. Dr. Ferdinand Piëch 30 Jahre später im *auto motor und sport*-Interview[2]: „Ich konnte Huschke von Hanstein und meinen Freund Paul Frère dafür gewinnen … Deutschland hat den Vorschlag (Anm. d. Autors: Streichung des Allrad-Verbots) bei der FIA eingebracht. Paul Frère hat den Vorschlag für Belgien unterstützt. Und auch die Engländer waren dafür. Die glaubten, das könne eine Chance für Rover sein. Die anderen hielten das Thema für unerheblich."

Dr. Piëch verschwieg allerdings, dass auch der damalige Ford-Sportchef, Peter Ashcroft, unfreiwillige Schützenhilfe geleistet hatte. Der gab nämlich gerne amüsante Erfahrungen mit einem von Ferguson umgerüsteten Allrad-Ford Capri zum Besten (siehe auch Seite 28). Demnach erzielte das Coupé mit Gerry Birrell am Volant auf dem britischen Ford-Testareal erst akzeptable Rundenzeiten, nachdem wegen eines Defekts der Vorderradantrieb deaktiviert war und das Vehikel ganz konventionell nur heckgetrieben seine Runden drehte … Allradantrieb, so suggerierte es der Brite, ist eine „Blase", die kaum gefährlich werden könne. Und so gab es seitens der im Rallyesport konkurrierenden Hersteller keine Einwände.

Das Allradverbot trat am 1. Januar 1980 außer Kraft, was wiederum gleichbedeutend war mit der künftigen Legalität des quattro im internationalen Rallyesport. Denn die regelkonforme Gruppe 4-Mindeststückzahl von 400 Exemplaren[3] war bereits im Bau und sollte, so die *Süddeutsche Zeitung* am 3. Januar 1980, „planungsgemäß bis Mitte nächsten Jahres[4] zu schaffen sein". Informant der in München erscheinenden Tageszeitung war Jürgen Stockmar[5], der bei Audi damals sowohl den Fahrversuch, als auch die Sport-Aktivitäten verantwortete. Der Kölner *Auto Zeitung*[6] verriet Stockmar (als deren ehemaliger Chefredakteur) die Vorteile dieser Doppelfunktion: „Die Fahrwerksentwicklung im Serienbau durfte ich als mein Standbein betrachten. Den Aufbau einer Audi-Sportabteilung dagegen als mein Spielbein." Nach der quattro-Homologation, so der „Spielbein-Sportchef" gegenüber der *Süddeutschen Zeitung*, „verziehen wir uns mit Mikkola und unserer bisherigen Mannschaft erst einmal ins Unterholz zum Erfahrungsammeln bei kleinen Veranstaltungen, ehe wir uns an die großen Aufgaben heranwagen".

Mikkola?

Hannu Mikkola[7], der damals 37-jährige „Fliegende Finne", galt in den 1970er/1980er Jahren als einer der weltbesten Rallye-Fahrer, der freilich bislang noch keine Weltmeister-Krone trug. Ende 1979 hatte er gerade mit seinem Ford Escort RS 1800 den letzten 1979er WM-Lauf, die RAC-Rallye in England, gewonnen, und noch vor Ort konnte ihn Stockmar endgültig für Audi gewinnen. „Mikkola wird uns im nächsten Jahr mit Rat und Tat bei unserem Entwicklungsprogramm zur Seite stehen und ab 1981 die komplette

[1] **FIA** = **F**édération **I**nternationale de l'**A**utomobile. Der internationale Dachverband des Automobils bzw. der Autofahrer mit Sitz in Paris hat die Förderung des Automobilsports und des internationalen Kraftverkehrs zum Ziel.

[2] Quelle: Supplement *„30 Jahre Audi Quattro"* der Motorpresse Stuttgart, beigelegt den Zeitschriften *auto motor und sport* (20/2010), *sport auto* (10/2010), *AUTOStraßenverkehr* (21/2010), *Motor Klassik* (10/2010) und *MOTORSPORT aktuell* (39/2010). Mit „Rover" meinte Dr. Piëch womöglich den späteren MG Metro 6R4 von 1984.

[3] Gruppe 4-Definition nach dem damaligen Sportgesetz: in kleiner Serie (Mindeststückzahl: 400 in 24 aufeinander folgenden Monaten) hergestellte Wagen mit mindestens zwei Sitzplätzen, weitreichende Verbesserungsfreigaben gegenüber dem Serienstandard. Die entsprechenden Regeln wurden (und werden) von dem in Paris ansässigen Dachverband **FIA** = Féderation Internationale de l'Automobile definiert. 1980 wurden die Motorsport-Fahrzeuge (neben den Formel-Fahrzeugen) in sechs Gruppen eingeteilt, von seriennah (Gruppen 1 und 3) über stark modifizierte Serienfahrzeuge (Gruppen 2 und 4) bis hin zu reinen Rennfahrzeugen (Gruppen 5 und 6).

[4] Aus Sicht des Jahres 1979 meinte das Blatt das Jahr 1980. Tatsächlich wurde der quattro erst zum 1. Januar 1981 unter der Nummer 673 in der Gruppe 4 homologiert.

[5] **Prof. h. c. Dr. Jürgen Stockmar** (* 1941) startet seine Berufslaufbahn nach seinem Maschinenbaustudium 1968 als Motorsportleiter des Neusser Vergaserproduzenten Solex. 1972 wechselte er zum Kölner Automagazin *Auto Zeitung* und war dort zunächst Testchef, später Chefredakteur. Zu Audi wechselte Stockmar 1976 als Leiter der Abteilung Fahrversuch und Sportchef. 1981 wechselte er zu Steyr-Daimler-Puch in Graz als Allrad-Entwicklungsleiter, dort ab 1985 Mitglied des Vorstands. 1988 fand Stockmar zurück zur Audi AG, nun in der Position des Vorstands Technische Entwicklung. Weitere Stationen: 1990 Vorstand Steyr-Daimler-Puch, 1994 Technik-Vorstand bei Opel, 1998 Vorstand Magna International. 2005 Mitglied des Continental-Aufsichtsrates.

[6] Ausgabe vom 24. November 1980

[7] **Hannu Olavi Mikkola** (* 24. Mai 1942) startete seine Rallye-Karriere 1963 mit seinem privaten Volvo PV 544. Nach einer Ingenieursstudienpause konzentrierte er sich wieder auf den Rallyesport – mit Aufsehen erregenden Erfolgen: Sieger der 1000-Seen-Rallye in Finnland 1968, 1969, 1970, 1974, 1975, Sieger der East African Safari Rallye 1972. Mikkola fuhr Rallye-Einsätze mit Ford Escort, Peugeot 504, Fiat 124 Abarth, Toyota Corolla und Celica, Opel Kadett GT/E, Mercedes 450 SLC, Porsche 911, Mazda, Subaru – und ab 1981 Audi quattro. Seine letzte Rallye bestritt der Finne 1993 auf einem Subaru.

[8] Quelle: Helmut Zwickl, *Kurier*, Wien vom 9. Februar 1980.

Ende der 1970er Jahre in der Rallye-WM ein Maß der Dinge: Ford Escort RS 1800.

WM für uns bestreiten", frohlockte laut *Süddeutsche Zeitung* vom 3. Januar 1980 Jürgen Stockmar, „das wurde dieser Tage per Handschlagvertrag besiegelt." Allerdings stand der Finne Audi vorerst nur für Testfahrten zur Verfügung. Denn 1980 musste er noch Verträge erfüllen, die er Mitte 1979 mit Ford und Mercedes-Benz geschlossen hatte. Dass er dabei voreilig gehandelt haben könnte, dieser Gedanke kam ihm womöglich im Herbst 1979 auf einer Waldschotterpiste nahe Ingolstadt. Dorthin hatte ihn Jürgen Stockmar gelotst.

Der Audi-Mann musste offensichtlich einige Überzeugungsarbeit leisten, um den Finnen nach Oberbayern zu dirigieren. Denn mit Audi, trotz einiger Einsätze mit dem Frontantriebs-Audi 80 ein unbeschriebenes Blatt in der Rallye-WM, wollte Mikkola eigentlich nichts zu tun haben: „Eines ist klar – für Audi werde ich nicht fahren."[8] Während der Schotter-Spritztour im quattro revidierte Mikkola seine Meinung indessen innerhalb einer Stunde: „Ich fahre für euch …!"[8] Seine Diagnose: „Schon jetzt hat dieses Auto gegen einen Rallye-Escort Chancen."

Wollte eigentlich nicht für Audi Rallyes fahren: Hannu Olavi Mikkola.

Überzeugte Mikkola mit Hilfe des quattro von Audi: Sportchef Jürgen Stockmar.

Werbe-Ikonen für Audi – und für den quattro: das französisch-italienische Duo Michèle Mouton mit Copilotin Fabrizia Pons.

RAC-Rallye 1978: Die Sieger heißen Hannu Mikkola und Arne Hertz auf Ford Escort RS.

Südfranzösischer „Vulkan" - Michèle Mouton war im Kollegenkreis gefürchtet.

Dazu muss man wissen, dass dieser Rallye-Escort RS 1800 zum Jahrzehntwechsel der 1970er in die 1980er Jahre einer der Favoriten der Rallye-Weltmeisterschaften war: Mikkola hatte damit 1978/79 zweimal in Folge die RAC-Rallye in England gewonnen, außerdem die Rallye Portugal und die Rallye Neuseeland; dank des Escort wurde Ford 1979 Hersteller-Rallye-Weltmeister; und Ari Vatanen steht damit als Rallye-Weltmeister 1981 in den WM-Annalen. Nun jedoch war sich der blonde Nordmann sicher: „Mit dem Quattro", so zitierte ihn später, nämlich am 5. März 1980, wiederum die *Süddeutsche Zeitung*, „werde ich Weltmeister." 25 Jahre danach, 22 Jahre nachdem Mikkola auf quattro tatsächlich erstmals Rallye-Weltmeister geworden war, zitierte ihn ein Audi-Pressetext anlässlich des Jubiläums „25 Jahre quattro" mit diesen Worten: „I have just experienced a convincing view of the future. Quattro will change the rally scene once and for all." („Ich erlebte gerade eine überzeugende Aussicht auf die Zukunft. Der quattro wird die Rallye-Szene ein für allemal verändern.")

Noch war es freilich nicht soweit. Am 4. August 1980 meldete der *Donau Kurier*: „Mit dem neuentwickelten Vierradantrieb-Quattro-Coupé wird sich Audi NSU in diesem Jahr entgegen ursprünglichen Plänen offiziell an keiner Rallye beteiligen." In das Sammeln von Erfahrungen „im Unterholz" sollte mehr Zeit investiert werden, auch der verzögerte Produktionsstart des quattro (siehe Seite 188) kam den Sportlern in die Quere. So war die nächste quattro-Schlagzeile des Jahres 1980 kein Rallye-Erfolg, sondern eine Personalie. Am 7. September 1980 verkündete Dr. Hermann Harster in seiner *Bild am Sonntag*-Kolumne „Auto intim" eine Sensation: „Wie ich höre, soll die beste Rallye-Fahrerin der Welt, der ‚Vulkan' der Riviera, Michèle Mouton[1], von Fiat zu Audi wechseln. ... Viele Fahrer von Weltklasse haben durch sie ihr Waterloo erlebt."

Tatsächlich galt Mouton in damaligen WM-Fahrerkreisen als durchaus ernst zu nehmende Konkurrentin. Auf einem Fiat 131 Abarth hatte sie beispielsweise 1978 die Tour de France für Automobile, ein Langstrecken-Straßenrennen ähnlich der einstigen italienischen Mille Miglia, gewonnen. Dem *Stern*[2] gestand sie „Hinterm Herd bin ich eine Niete, aber hinterm Steuer bin ich nicht zu bremsen." Für Audi war Mouton ein Glücksgriff, ein willkommener PR-Gag in einer Zeit, da Machos noch Hochkonjunktur hatten. Und Public Relations hatten neben der technischen Weiterentwicklung höchste Priorität – Walter Treser in der Zeitschrift *Gute Fahrt*, Ausgabe 3/1981: „Beim professionellen Motorsport geht es tatsächlich in erster Linie um Public Relations, um Werbung."

Sportveranstaltungen, so der mittlerweile zum Sportchef als Stockmar-Nachfolger berufene quattro-Jünger der ersten Stunde, „bieten grundsätzlich die Möglichkeit, einen Firmennamen schnell durchzusetzen, aber auch eine spezifische technische Entwicklung. So glauben wir, mit dem Audi Quattro über den Motorsport den von uns entwickelten permanenten Vierradantrieb durchzusetzen und seine Vorteile für alle Fahrzeuge aufzeigen zu können."

[1] **Michèle Mouton** (* 23. Juni 1951) startete ihre Rallye-Laufbahn 1974 bei der Rallye France. In ihrer zwölfjährigen Motorsportkarriere fuhr sie Autobianchi A 112, Alpine-Renault A 310, Fiat 131 Abarth, Lancia Stratos, Peugeot 205 T16 – und natürlich Audi quattro.
[2] Quelle: *Stern* Ausgabe vom 22. Januar 1981.

„Besser gegen Röhrl gewinnen als mit ihm“ – Frust-Credo des amtierenden Audi-Sportchefs Treser.

Ein großes Maß an Publicity hätte sicherlich auch der deutsche Star der Rallye-Szene, Walter Röhrl, garantiert. Und einige Zeit schien es auch so, als könne sich der Regensburger, Mitte 1980 motiviert durch erste Testfahrten mit dem quattro, für Audi erwärmen – worüber sich auch Kollege Hannu Mikkola aufrichtig gefreut hätte: „Mit Röhrl bei Audi“, so der Finne im Interview mit dem Motorsportmagazin *rallye racing* (Ausgabe 11/1980), „das wäre optimal!“ Doch Mercedes-Benz funkte mit einem unwiderstehlichen Angebot dazwischen, bei dessen Ausgestaltung es womöglich auch eine Rolle gespielt hatte, dass Audi den Stuttgartern Hannu Mikkola abgeworben hatte …

Jedenfalls unterschrieb Röhrl zur Enttäuschung der Ingolstädter einen Fünfjahresvertrag bei der Mercedes-Benz AG (die wiederum Walter Röhrl nach deren Knall-auf-Fall-Ausstieg aus dem Rallyesport Anfang 1981 bitter enttäuschen sollten …).

Der Frust der Ingolstädter mündete in eine alternative PR-Strategie: Mit Röhrl am quattro-Volant, so die Audi-Werbestrategen, stünde stets das Fahrgenie Röhrl im Mittelpunkt des Interesses. Für Audi sei es jedoch wesentlich, dass Audi und die Qualitäten des quattro das Interesse auf sich zögen. Besser sei es deshalb, so Walter Treser damals gegenüber Pressevertretern, „gegen Röhrl zu gewinnen anstatt mit seiner Unterstützung …“

Gleichwohl war Walter Röhrl – Mercedes-Vertrag hin, Mercedes-Vertrag her – von der Rallye-Zukunft des quattro überzeugt, und in der für ihn typischen direkten Art nahm er dabei trotz der Verpflichtung „beim Daimler“ kein Blatt vor den Mund. So zitierte ihn am 31. Dezember 1980 der *Donau Kurier* mit diesen Worten: „Das Auto braucht noch ein Jahr, bis es ganz ausgereift ist. In einem Jahr ist der Quattro siegverdächtig.“ Tatsächlich musste quattro-Pilot Nummer 1, Hannu Mikkola, während der Testphase der Jahre 1980/81 noch etwas Geduld aufbringen.

„Hannu Mikkola hat anfangs immer nur sehr gequält gelächelt und gesagt, na schön, Jungs, ich bin ganz sicher, dass ihr das Auto hinkriegt“, erinnerte sich Walter Treser in *auto motor und sport* 4/1981 an die motorsportlichen quattro-Lehrjahre. Zu dieser Testphase zählte im November 1980 auch ein Einsatz als Vorauswagen, also außer Konkurrenz, bei der Rallye Algarve in Portugal, einem Lauf zur Rallye-Europameisterschaft. Im Ziel hatte Mikkola auf den eigentlichen Sieger und neuen Europameister (Antonio Zanini auf Ford Escort RS 1800) rund 25 Minuten Vorsprung …

Walter Röhrls Hoffnung und Enttäuschung 1980: Der Mercedes-Vertrag war von kurzer Dauer.

Erster quattro-Testeinsatz außer Konkurrenz: Mikkola/ Hertz starten Ende 1980 bei der Rallye Portugal als Vorauswagen – und das im doppelten Wortsinn, ...

... denn im Ziel hat das quattro-Team auf den Lauf-Sieger Zanini auf Ford 25 Minuten Vorsprung.

quattro-Entwicklungshelfer in Sachen Zuverlässigkeit: Freddy Kottulinsky testete über 40000 Kilometer.

Sportfahrer-Ehrung 1981: zwei quattro-Organisatoren, Rode links, Gumpert rechts, genießen die Anerkennung.

Aus diesem Einsatz zog der Finne laut *sport auto* 12/1980 eine (vorläufige) Erkenntnis, das quattro-Fahrverhalten betreffend: „Der Quattro verlangt eine eher rundstreckenspezifische Fahrweise. Querstellen bringt gar nichts, im Gegenteil: Es raubt sogar immens viel Zeit. Durch den Allradantrieb verhält sich das Auto bis in den Grenzbereich hinein neutral."

Dem britischen Motorsportjournalisten Chris Drake beschrieb er das quattro-Fahrverhalten bei derselben Gelegenheit[1] in ähnlicher Weise: „It is not a sideways car like the Escort – when the wheels slide, all four of them slide, sort of like understeer and oversteer at the same time. I am still developing the car and my driving too. The Quattro feels like a front-wheel-drive car in most situations. I drive more slowly into corners and straighter but faster out of them. The car is very good in straight lines, so you must make the straights as long as possible." („Es ist kein Auto zum Querfahren wie der Escort – wenn die Räder rutschen, rutschen alle vier, eine Art gleichzeitiges Unter- und Übersteuern. Ich bin noch dabei, das Auto und auch meinen Fahrstil zu entwickeln. Der quattro fühlt sich in den meisten Situationen wie ein Auto mit Frontantrieb an. Ich fahre langsamer in die Kurven und gerader, aber schneller aus ihnen heraus. Das Auto ist bei Geradeausfahrt sehr gut, deshalb muss man so lange wie möglich geradeaus fahren.")

Immerhin: In Portugal hielt der quattro durch – trotz seiner komplexen Technik, die ihm Konkurrenten als Achillesferse attestierten. Reinhard Rode[2], der spätere Audi-Sportchef und 1980 unter Walter Treser noch Rallye-Einsatzleiter, widersprach der Konkurrenz in der Motorsportzeitschrift *Sportfahrer* (Ausgabe 12/1980): „Die Technik ist zwar kompliziert und hochstehend, wir glauben aber, sie soweit in den Griff zu bekommen, dass das Auto hält und wir überhaupt nicht ‚bauen' müssen während einer Rallye." Gehörigen Anteil an der Zuverlässigkeitsmaximierung des Rallye-quattro hatte Cheftester und Technik-Koordinator Freddy Kottulinsky[3], der im für Rallye-Zwecke präparierten Allrad-Audi rund 40000 Testkilometer abspulte.

Kottulinsky war es auch, der den Kleinen Kurs von Hockenheim mit einem quattro-Rallye-Prototyp auf trockener Piste und mit Dunlop-Racingreifen in nur 1:14 Minuten umrundete. Aufschlussreich war damals ein Vergleich mit den Zeiten von Spitzenfahrern auf konventionellen Gruppe-4-Rallye-Autos anlässlich der

quattro-Skeptiker: Roger Clark, England, von Ford …

… Ari Vatanen, Finnland, Opel- und Ford-Drifter …

… Björn Waldegaard, Schweden, Lancia Stratos-Legende …

… und Timo Mäkinen, Finnland, im Mini ein Rallye-Held.

Vom quattro begeistert: Stig Blomqvist, Schweden …

… und Walter Röhrl, Bayern, damals Weltmeister 1980.

Rallye Vorderpfalz (die auch eine Hockenheim-Wertungsprüfung enthielt): Diese Profis erzielten nämlich lediglich Zeiten zwischen 1:19 und 1:21 Minuten (vergleiche auch Seite 99). Sportchef Treser hatte jedenfalls in jeder Hinsicht ein gutes Gefühl, als er Anfang 1981 *auto motor und sport* für Ausgabe 4/1981 Rede und Antwort stand: „Im letzten halben Jahr haben wir Fortschritte gemacht, da wurde das Auto zuverlässig, und da war dann auch Mikkola endgültig von der Richtigkeit des Konzepts überzeugt."

Richtigkeit des quattro-Konzeptes?

Nicht alle Mikkola-Konkurrenten waren damals, Ende 1980, davon überzeugt. So befragte die Kölner *Auto Zeitung* für die Ausgabe vom 8. Dezember 1980 die Rallye-Crème de la crème nach ihrer Meinung zum quattro – hier einige eher kritische Stimmen:

Roger Clark (Ford): „Der Quattro erinnert mich an die Rallye-Cross-Zeit mit dem allradgetriebenen Ford Capri Anfang der 70er Jahre. Dieses technische Spielzeug hatte ein unmögliches Handling …"

Ari Vatanen (Opel, Ford): „Meine einzigen Erfahrungen mit einem Vierradantrieb holte ich mir bislang nur auf einem Land-Rover. Es war nicht gerade berauschend. Der Quattro könnte für uns alle allerdings völlig neue Aspekte eröffnen und würde von uns Profis auch einen neuen Fahrstil verlangen."

Björn Waldegaard (Lancia/Ford): „Ich möchte abwarten und sehen, ob Audi mit dem Quattro richtig liegt. Außerdem stelle ich mir vor, dass dieser Wagen schwierig zu beherrschen ist, etwa so, wie ein übermotorisierter Fronttriebler."

Timo Mäkinen (Mini-Cooper, Austin-Healey, Ford): „Audi dürfte große Probleme haben, das zwangsläufige Schieben über die Vorderräder in den Griff zu kriegen. Damals mit dem Allrad-Capri hatten wir Traktionsvorteile nur auf den Start-Geraden."

Peter Ashcroft (Ford-Sportchef): „Für Audi wird es noch eine Heidenarbeit sein, die vielen Quattro-Getriebe den beinharten Anforderungen in unserem Rallye-Geschäft entsprechend standfest zu machen. Mich überzeugt der Quattro nicht."

Einzig **Stig Lennart Blomqvist**[4], als Saab-Pilot untersteuernde Frontantriebsgeräte gewohnt und des Linksbremsens[5] mächtig, zeigte sich gleich Mikkola und Röhrl angetan vom quattro: „Ich bin vom Quattro-Konzept begeistert und würde das Auto auch liebend gern mal im Wettbewerb fahren."

Dieses Vergnügen sollte dem Schweden später vergönnt sein: ab 1982 fuhr er quattro in der Rallye-WM – doch davon später mehr …

Als Ergänzung und Abschluss der Fahrerstatements soll hier ein weiteres Mal **Walter Röhrl**, Rallye-Weltmeister von 1980 auf Fiat (Heckantrieb), 1982 auf Opel (Heckantrieb) und Vizeweltmeister 1983 auf Lancia (Mittelmotor/Heckantrieb) zu Wort kommen. Kühl analysierte er, der mehrfache Weltmeister auf konventionellen Fahrzeugen, die Rallye-Zukunft, von Audi-Pressevertretern später gerne zitiert: „Was wir hier sehen, ist die Einführung einer innovativen Technologie, die allem bisher Erlebten ganz klar überlegen ist. Ich glaube, dass ich gegen die Audi Quattro verlieren werde, die sind einfach so viel besser …"

[1] Zitiert in der britischen Klassik-Zeitschrift *Octane* vom Januar 2012.

[2] **Reinhard Rode** (* 31. Juli 1943) übernahm im Juni 1981 von Walter Treser die Funktion des Sportchefs. Rode arbeitete als gelernter Techniker und Kaufmann von 1970 bis 1972 in der Marketingabteilung von Volkswagen. Anschließend betreute er bei VW-Motorsport als Sportsekretär die Formel-V-Europa, danach die Rallye-Einsätze des VW Golf. 1978 wechselte der Braunschweiger zu Audi, dies zunächst als Rallye-Einsatzleiter.

[3] **Freddy Kottulinsky** (* 21. Juli 1932, † 4. Mai 2010) begann seine Motorsportkarriere 1959 mit einem Porsche 356 und wechselte in den 1960er Jahren in den Formel-Motorsport (Formel Super Vau, Formel 3, Formel 2) – einige Resultate: dreimaliger Formel-3-Europameister, schwedischer F3-Meister 1966, European Super Vau-Goldcup 1974. Ab 1973 auch im Rallyesport aktiv – und ab 1976 bei Audi. So siegte er 1980 bei der Wüsten-Rallye Paris-Dakar mit einem von Audi betreuten (und in Ingolstadt konstruierten – siehe auch Seite 50 ff) Volkswagen Iltis. In der quattro-Entwicklungsphase bewegte er den quattro nicht nur bei Tests, sondern beispielsweise auch bei der finnischen Northern Lights Rally.

[4] **Stig Lennart Blomqvist** (* 29. Juli 1946) begann seine Rallye-Laufbahn 1973 auf Saab 96 V4 und blieb bis 2006 aktiv. In diesen Jahrzehnten fuhr er außer Saab und Audi Ford, Mitsubishi, Nissan, Peugeot, Škoda, Subaru und Talbot.

[5] „Linksbremsen": von dem finnischen Rallye-Fahrer Timo Mäkinen Anfang der 1960er Jahre für Frontantriebsautos (z.B. von Mini oder Saab) entwickelte Technik, bei der in Kurven mit dem linken Fuß das Bremspedal betätigt wird, während der rechte Fuß auf dem Gaspedal bleibt. Dadurch blockieren die hinteren Räder und brechen aus, während die Vorderräder die Fuhre durch die Kurve ziehen. Vermieden wird so das für Frontantriebswagen typische und von Rallye-Fahrern unerwünschte Untersteuern, also das Schieben der Vorderräder zum Kurvenausgang. Linksbremsen erzeugt das Gegenteil, nämlich ein erzwungenes Übersteuern, und sollte sich auch für quattro-Piloten als eine der Schnelligkeit förderliche Fahrtechnik herausstellen.

Das Verlieren der quattro-Gegner nahm im Januar 1981 bei der (nicht zur WM zählenden) 12. Jänner-Rallye in Österreich seinen Anfang: Dort siegte erstmals ein Allradfahrzeug, ein werksunterstützter quattro mit dem sechsfachen österreichischen Staatsmeister Franz Wittmann (Senior) am Lenkrad und Dr. Kurt Nestinger als Beifahrer. 20 Minuten, 50 Sekunden Vorsprung hatten die beiden im Ziel. Das waren Welten: Im Vorjahr konnte Wittmann mit seinem Audi 80 dem Zweiten lediglich eine Minute und 23 Sekunden abnehmen ... „Dem Sieger", meldete folglich die in Graz erscheinende *Kleine Zeitung* am 12. Jänner 1981 mit Blick auf dessen Dominanz, „war langweilig ..." Zur Überraschung sowohl der Konkurrenten, als auch der Audi-Rallye-Truppe und womöglich des passiv anwesenden Walter Röhrl erwies sich nämlich der quattro bei seinem ersten ernsthaften Einsatz nicht nur überragend schnell – Röhrl scherzhaft zu Wittmann: „Franz, fahr doch nicht so schnell!"[1] Der quattro erwies sich zudem bei seiner Rallye-Premiere als unerwartet standfest – Treser gegenüber dem *sport auto*-Reporter (Ausgabe vom 28. Januar 1981): „Wir haben nur Reifen gewechselt und Sprit nachgefüllt, aber keine einzige Schraube nachziehen müssen oder einen anderen Defekt behoben."

[1] Quelle: *Oberösterreichisches Tagblatt* vom 12. Jänner 1981.

Erster Rallye-Sieg mit Allradantrieb: Franz Wittmann/Dr. Kurt Nestinger, Jänner-Rallye 1981.

Audi quattro
MAUTNER MARKHOF
CARELLO
MEGALUX
N-NV 90
kléber
MTC

[1] Anmerkung des Autors: Gemeint ist Ari Vatanen im Ford Escort RS 1800.
[2] Quelle: *auto motor und sport* Ausgabe 8/1985.

Erster WM-Sieg mit Allradantrieb: Hannu Mikkola/ Arne Hertz, Schweden, '81.

Allrad-Euphorie gedämpft: Flop bei der Rallye Monte Carlo '81, Mikkola crashte.

National hatte der quattro mit dem Jänner-Sieg Flagge gezeigt: Zumindest im Schnee schien der Audi unschlagbar zu sein. Übergeordnete Audi-Ziele waren jedoch Weltmeisterschaftsläufe, war die Rallye-Weltmeisterschaft, war die quattro-Dominanz nicht nur im Schnee, sondern unter allen erdenklichen Pistenverhältnissen. Es sollte noch einen starken Monat dauern, bis der quattro auch in der internationalen Rallye-Szene ein erstes Ausrufezeichen setzte, einmal mehr unter tiefwinterlichen Bedingungen. „Jemand fragte mich auf der anschließenden Pressekonferenz, ob ich die Rallye nur wegen meines Autos gewonnen habe, das ich fuhr", erinnerte sich Hannu Mikkola 31 Jahre später im Interview des britischen Enthusiastenblattes *Octane* (Ausgabe vom Januar 2012), „unglücklicherweise war mein Antwort ‚ja'!"(O-Ton: „Someone asked wheather I only won the rally because of the car I was driving. Unfortunately the answer is yes!")

Welches Unglück war dem Finnen da widerfahren? Er hatte 1981 überlegen die 31. Schweden-Rallye gewonnen, vor seinem Landsmann Ari Vatanen im Ford Escort – und als erster Finne überhaupt. Denn seit 1950 hatten immer Schweden den Sieg bei ihrem heimatlichen WM-Lauf unter sich ausgemacht. Auf 1300 Kilometern und 25 Wertungsprüfungen mit zusammen 370 Kilometern fuhr Mikkola letztlich einen Vorsprung von einer Minute und 53 Sekunden heraus – dies jedoch im Schongang, nur so schnell wie nötig, so behutsam wie möglich. In der Wochenschrift *Motorsport aktuell* (Ausgabe vom 18. Februar 1981) berichtete der Reporter, Mikkola habe seine Speed genau so dosiert, „dass einer seiner Landsleute[1] ständig dachte: ‚Vielleicht erwisch ich dich doch noch, du Hund!'" Rallye-Chef Treser jedenfalls war zufrieden. In der bereits zitierten *Motorsport Aktuell*-Ausgabe gab er erleichtert zu Protokoll: „Ich glaube, wir haben deutlich gezeigt, dass der Allradantrieb Wegweiser für die Zukunft sein wird."

Schweden lieferte somit Satisfaktion für die Schmach des ersten internationalen quattro-Auftritts: Ausgerechnet bei der besonders prestigeträchtigen Rallye Monte Carlo musste Audi 1981 die Waffen streichen. Dabei hatte alles so gut begonnen. „Audi startet sensationell: Wird ‚Monte' die Quattro-Show?" fragte am 27. Januar 1981 der *Münchner Merkur* – und das mit gutem Grund: „Die finnische/schwedische Kombination Hannu Mikkola/Arne Hertz fuhr auf den ersten sechs Sonderprüfungen über rund 150 Kilometer in den tiefverschneiten und vereisten Seealpen ... einen Vorsprung von 5:54 Minuten vor den Franzosen Therier/Vial (Porsche) heraus."

Später würde Renault-Pilot Bruno Saby, so Herbert Völker zehn Jahre danach in der österreichischen *Autorevue*-Ausgabe 9/1991, völlig konsterniert sagen: „Bis jetzt brauchte man eine Sanduhr, um die Zeitunterschiede zwischen dem Quattro und den anderen zu messen, ab morgen genügt ein Kalender." Jean Todt, der damalige Peugeot-Sportchef, war sich sicher: „Mit dem Allradantrieb hat Audi im Rallyesport eine neue Epoche eingeleitet."[2]

Die Statements sollten Gültigkeit haben – obwohl Audi beim ersten Lauf der Rallye-WM, der 49. „Monte", ein Debakel erleben musste. Als Erste war Michèle Mouton ausgefallen, disqualifiziert, weil sie mit fremder Hilfe zu einer Zeitkontrolle geschleppt worden war. Wasser im Tank und in den Benzinleitungen hatte den Fünfzylinder lahmgelegt – womöglich war an einer öffentlichen Pariser Tankstelle gepanschtes Benzin gebunkert worden. Für Mikkola begann die Monte-Krise nach seinem für die Konkurrenz demütigenden Auftakt mit einem desertierenden Lichtmaschinenkeilriemen und endete in der 11. Sonderprüfung auf der vereisten Straße nach St. Nazaire, als er mit dem Fuß vom Bremspedal rutschte.

Welt-Sportredakteur Klaus Blume analysierte das Malheur in der Ausgabe vom 28. Januar 1981: „Dass Mikkola ... ein Fahrfehler unterläuft – warum nicht? Nur, wenn so etwas beim allradgetriebenen Audi Quattro passiert, lässt sich kaum mehr etwas korrigieren. Der bei Rallye-Fahrern sonst üblich Griff zur Handbremse, um das Auto kontrolliert quer zur Fahrbahn zu stellen ..., ist bei diesem Auto kaum möglich. Weil alle vier Räder angetrieben werden, ist Querstellen nicht möglich – das Auto fährt geradeaus. Und geradeaus war vor St. Nazaire halt eine Brückenmauer." Mikkola trug zwar den waidwunden quattro auf drei intakten Rädern ins Audi-Servicelager, doch die Reparatur ließ das Mikkola/Hertz-Team hoffnungslos zurückfallen. Gleichwohl kam *Welt*-Mann Blume zu einem eindeutigen Schluss die quattro-Zukunft im Motorsport betreffend: „Eine Brückenmauer wird ihn nicht aufhalten."

Er sollte recht behalten – wenn auch nicht mit seiner Analyse, mit einem quattro könne man, technologisch begründet, nicht driften. Doch davon später mehr ...

Die erste quattro-Rallye-Version von 1980/1981

Favoritenschreck mit über 300 PS und Allradantrieb

„Seit dem Lancia Stratos schlug kein anderes Rallye-Auto in der Szene derart ein, wie der Audi Quattro", versicherte Rubert Saunders, Motorsport-Redakteur des britischen Enthusiastenmagazins *Autosport*, am 2. April 1981 seinen Lesern, „in den drei Monaten, seit er erstmals antrat, wurde der Audi Quattro das meistdiskutierte Rallye-Auto aller Zeiten …" Saunders steckte jedoch auch den Finger tief in eine quattro-Wunde, die zu Beginn der quattro-Rallye-Karriere auch Zweifler in Ingolstadt auf den Plan gerufen hatte: die vergleichsweise große Komplexität dieses allradangetriebenen Coupés. „Überkompliziert und empfindlich", dozierte der Brite in seinem Artikel, sei so ein Allradler, wenn etwas bräche, sei es unmöglich, das ‚in the field', also während des Rallye-Einsatzes, womöglich innerhalb einer Sonderprüfung, auf die Schnelle zu reparieren. Auch hätten Fahrer beklagt, dass ein Allrad-Rallye-Auto nicht zu beherrschen sei, bei welcher Geschwindigkeit auch immer. Es fehle dem Auto prinzipbedingt die Balance, derer es bedürfe, soll man das Gerät zum Beispiel auf losem Untergrund in den Griff bekommen.

Aber, so der Motorsport-Redakteur entwarnend im Anschluss an seinen Negativ-Katalog, „die Audi-Ingenieure haben diese Probleme offensichtlich gelöst …"

Sport-Pressekonferenz vor dem WM-Auftakt '81. Es reden und antworten (v.l.n.r.): Sport-Pressesprecher Scharnagl, Tester Kottulinsky, Organisator Rode, Sportchef Treser, Pilot Mikkola und Beifahrer Hertz, Letztere assistiert von einer Übersetzerin.

Treser
H. Mikkola
A. Hertz

September 1980: Der erste Rallye-quattro (IN-NE 71) gemäß der Gruppe 4 im frühen Rohbau-Stadium.

November 1981: Vesperpause in der Audi Sport-Werkstatt, Aufbau, Weiterentwicklung.

Welcher Modifikationen bedurfte es, um diesen Audi quattro gemäß der im Anhang J der FIA-Gesetzgebung definierten Gruppe 4 und den in diversen Anhängen des quattro-Homologationsblattes erlaubten Modifikationen zu einem chancenreichen Rallye-Instrument zu verwandeln?

Einer Menge: Denn viel hat der erste Rallye-quattro nicht mehr gemein mit seiner Ausgangsbasis, dem Audi quattro erster Serie. Äußerlich gleicht die spektakuläre Rallye-Waffe zwar dem Original, die kantige Urform blieb erhalten, die Wiedererkennung ist somit gewahrt. Doch die Karosseriematerialien wurden rigorosem Abspecken unterzogen. So kamen für die Herstellung von Dach und Seitenteilen Blechtafeln mit nur 0,6 Millimeter Stärke zum Einsatz – ein Drittel weniger als beim Serien-quattro, der in diesen Bereichen mit 0,9 Millimeter-Blechen auf Tour geht. Kunststoff ist der Werkstoff für die Heckklappe, Aluminium wiederum für die Rallye-Türen, die Motorhaube und die vorderen Kotflügel, wie im Nachtrag 02/02V des quattro-Homologationspapiers Nr. 671 der FIA für die Motorsport-Gruppe 4 akzeptiert. Dabei ist beispielsweise ein Ingolstädter Rallye-Kotflügel mit lediglich 1,5 Kilogramm Gewicht fast schon ein Fall für die Briefwaage. Die Türen und Motorhaube wiegen jeweils nur sieben Kilogramm.

Auch das Armaturenbrett und die hintere Feuerschutzwand zwischen Treibstoff-Tank und Fahrgastzelle wurden mittels eines neuartigen Kompositmaterials erleichtert. An Stelle des serienmäßigen Aluminiums nahm Audi hier Anleihen am Flugzeugbau: „Zwei Lagen Blech in Stanniolpapier-Stärke mit etwas Luft dazwischen“ – so beschrieb Technikbetreuer Walter Treser die Leichtbaulösung einst dem *auto motor und sport*-Reporter (Ausgabe 4/1981). Gut 130 Kilogramm gegenüber der fahrfertig 1331 Kilogramm[1] schweren Serienversion blieben beim Feilen um ein möglichst geringes Kampfgewicht auf der Strecke: 1200 Kilogramm[1] ergab Anfang 1981 die Waage. Kleinigkeiten, etwa durchlöcherte Gas- und Kupplungspedale trugen zur Gewichtstilgung genauso bei, wie beispielsweise ein Kevlar-Gehäuse an der Triebwerksfront zum Schutz des Nockenwellen-Zahnriemens.

[1] Beide Angaben gemäß dem Wiege-Protokoll von *auto motor und sport*, Ausgabe 4/1981.

Die Gewichtseinsparung gegenüber der Ausgangsbasis um knapp zehn Prozent erscheint umso eindrucksvoller, als andererseits die Last einer langen Liste nicht immer leichter Rallye-Accessoires zu kompensieren war. Ein spezielles Bordwerkzeug „wie in einer mittleren Schlosserei" (Treser) sollte es Mikkola/Hertz im Einsatz ermöglichen, in Notfällen zur Selbsthilfe zu schreiten. Den Folgen von Rallye-Katastrophen anderer Art beugten sowohl eine voluminöse Feuerlöschanlage als auch ein Überrollkäfig des Spezialisten Winfried Matter vor, der trotz der Verwendung leichter Aluminiumrohre immerhin 28 Kilogramm wiegt. Dieser überaus robuste Käfig soll im Übrigen während des Rallye-Einsatzes nicht nur die menschlichen Aktiven beschützen, sondern auch die technoiden – Treser erläuterte die weiterführende Aufgabe des Rohrgeflechts gleichfalls in *auto motor und sport* 4/1981 mit diesen Worten: „Der Überrollkäfig ist bis zur Stoßstange nach vorn geführt. Alle wichtigen Aggregate sind daran befestigt und geschützt."

Welche „wichtigen Aggregate" meinte Treser? Der Audi-Techniker bezog sich auf diese unverzichtbaren Komponenten: Motor und Ladeluftkühler, Vorderachse, kompletter Unterbodenschutz. Den Schutz von unten übernimmt dabei eine praktisch unzerstörbare Platte, bestehend aus Kevlar-, Kohlefaser- und Titandrahtgewebe. Selbst bei brutalsten Landungen nach im Rallyesport durchaus folkloristischen Flugeinlagen verformt sich diese Hightech-Platte „nur ganz wenig", versprach damals Walter Treser. Angesichts derartiger Talente überrascht das relativ geringe Gewicht der Unterleibsarmierung: Sie wiegt gerade mal 12,5 Kilogramm.

Rallye-quattro der ersten Stunde: Lenkrad serienmäßig, Uhrensammlung, …

Arbeitsplatz des Navigators: Halda-Computer, Trittplatte für festen Halt.

… hochbordige Schalensitze für den Seitenhalt, Hosenträgergurte zur Sicherheit.

Feuerschutzwand zwischen Tank und Innenraum aus neuartigem Komposit-Material.

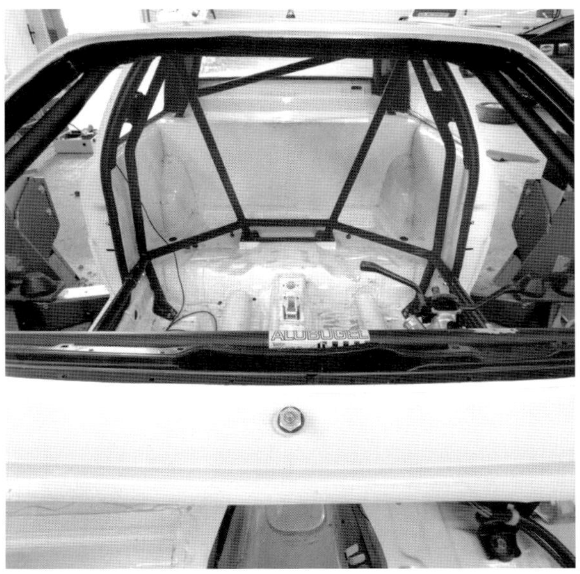

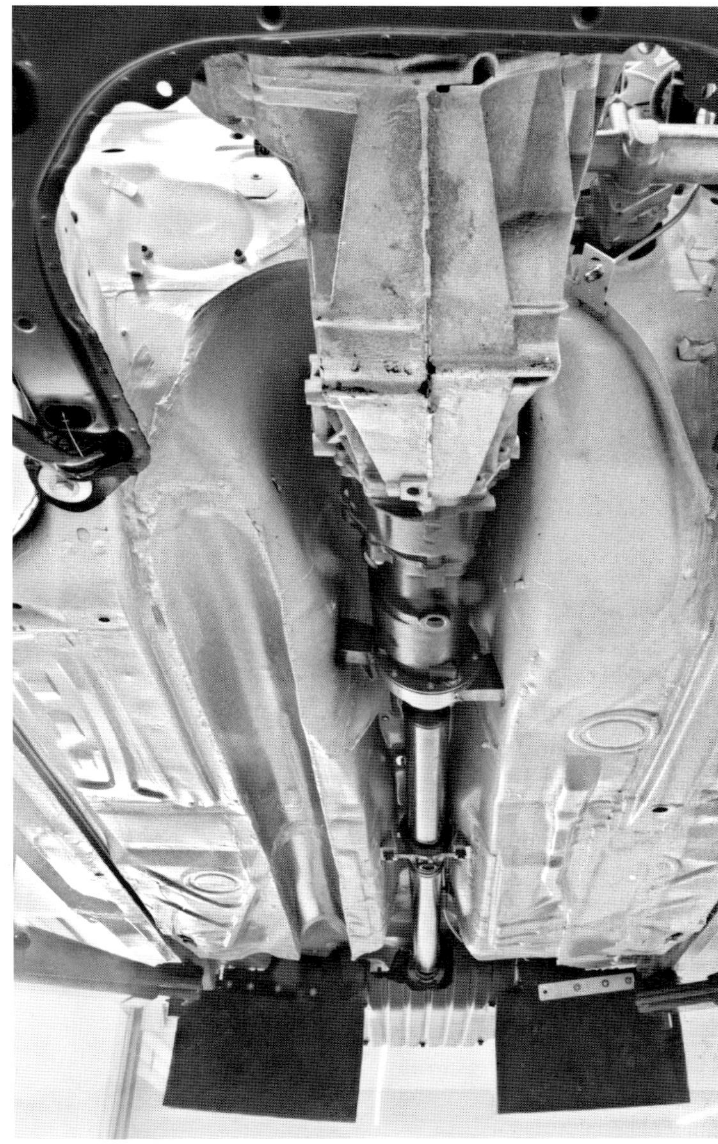

Sicher ist sicher: voluminöse Feuerlöschanlage – wenn's brenzlig wird, …

… 28 kg schwerer Überrollkäfig aus Leichtmetall – wenn's mal rund geht.

Der Matter-Käfig schützt mit verzweigten Rohren nicht nur die Insassen, …

… sondern mit nach vorn in den Motorraum reichendem Geäst auch die Technik.

Nahezu unzerstörbar: Schutzplatte des Hinterachsantriebs aus Kevlar, Kohlefaser und Titandraht

Da eine forcierte und gelegentlich sprunghafte Fahrweise auch der Aufbaustruktur eines Fahrzeugs gehörig zusetzt, wurden in der Audi-Rallye-Abteilung alle Schweißnähte verstärkt – und an hochbelasteten Punkten erfuhren die Verstärkungen zusätzliche Verstärkungen … Auch die Fahrwerks-Querlenker, Schwenklager, Spurstangen, Federn, Stoßdämpfer und Stabilisatoren sind gegenüber den Serienvarianten kräftiger dimensioniert. Sie wurden zudem so konzipiert, dass sie den Reparaturbedingungen im Rallye-Einsatz angepasst sind und besonders zeitsparend ausgetauscht werden können.

Erbarmungslose Stresstester für den Rallye-quattro zur Aufdeckung von Schwachstellen: neben Cheftester Freddy Kottulinsky die beiden Rallye-Profis Harald Demuth (l.) und Walter Smolej.

[1] **Dago Röhrer** (siehe Datenschutzanmerkungen zu einigen quattro-Akteuren im Anhang auf Seite 400).
[2] **Toni Vonficht** (siehe Datenschutzanmerkungen zu einigen quattro-Akteuren im Anhang auf Seite 400).
[3] **Günther Pfeffel** (siehe Datenschutzanmerkungen zu einigen quattro-Akteuren im Anhang auf Seite 400).

Szenen eines Martyriums: Im Steinbruch wurde dem Rallye-Prototyp Ende 1981 nichts geschenkt.

Was für den harten Rallye-Einsatz in welcher Weise am quattro zu verstärken oder zu modifizieren war, das ermittelte für die Audi-Sportabteilung Ende 1981 ein kleines Versuchsteam. Ort des Geschehens: ein teilweise überfluteter Steinbruch in der Nähe des fränkischen Drügendorf. Vorbereitet von Diplomingenieur Dago Röhrer[1] und seinen Mechanikern Toni Vonficht[2] und Günther Pfeffel[3] musste dort Ende 1981 der zuvor von Mikkola/Hertz eingesetzte, 328 PS starke Rallye-quattro ein verschärftes Offroad-Testprogramm über sich ergehen lassen. „Audis Bruchkommando" überschrieb das Fachblatt *Rallye Racing* in Ausgabe 12/1981 eine entsprechende Reportage im Hinblick auf die Brutalität des Vorgehens der Röhrer-Truppe, dessen Leiter im Kollegenkreis den Ruf eines „Killers von Ingolstadt" besaß. Schichtweise Testfahrer waren bei diesem materialmordenden Treiben Freddy Kottulinsky, der zuvor schon maßgeblich an der Entwicklung des Rallye-quattro beteiligt war, außerdem die Rallye-Profis Harald Demuth[4] und Walter Smolej[5].

„Unser mehrtägiger Funktionstest ist auf 1000 km ausgelegt"; erläuterte Röhrer dem *Rallye Racing*-Autor Wolfgang Inhester, „wir erreichen dabei einen Beanspruchungsgrad des Wagens, der dem härtester WM-Rallyes entspricht." Während des von Inhester beobachteten Höllenritts Smolejs über Sprunghügel, durch Schlaglöcher und über Geröllpassagen zeigten sich in der Tat einige quattro-Schwachstellen, die es zu eliminieren galt. So explodierte beispielsweise das Kugellager einer vorderen Halbwelle, das Schaltgestänge verbog sich, die Manschette und das Stützlager eines vorderen Federbeins kapitulierten nach dessen vielfachem Durchschlagen beim Landen nach Flugeinlagen. Nach 120 Tortur-Kilometern brach die rechte vordere Antriebswelle, für die verstärkte Ausführungen, so Röhrer, bereits in der Fertigung seien. Fazit von Audis „Bruchchef": „Was wir hier tun, muss sein, wenn man den Erfolg will, aber ein bißchen pervers ist es halt schon."

[4] **Harald Demuth** (* 2. Juli 1950) stieg 1972 auf BMW 2002 TI in den Rallyesport ein. Von 1974 bis 1978 bestritt Demuth für Toyota überwiegend nationale Rallyes. 1979 bis 1985 stand Demuth im Audi-Sold, insbesondere ab 1982 erzielte er zahlreiche Siege bei überwiegend nationalen Rallye-Läufen auf diversen quattro-Varianten. So wurde Demuth 1982 und 1984 auf quattro Deutscher Rallye-Meister. Ab 1986 wechselte Demuth auf Mercedes-Benz 190E 2.3 16V, 1989/90 fuhr er für Mitsubishi. Noch heute tritt Demuth für Audi bei historischen Rallye-Events an.

[5] **Walter Smolej** (* 17.Dezember 1950) startete seine Rallye-Karriere 1973 auf einem BMW 2002 TI. 1974 bis 1978 setzte Smolej bei Läufen zur Deutschen Meisterschaft und Rallye-WM auf Opel-Modelle (Ascona, Kadett GT/E), 1976 zusammen mit dem späteren Röhrl-Co Christian Geistdörfer als Beifahrer. Für Audi und Schmidt Motorsport (80 GLE, Coupé) fuhr Smolej 1979 bis 1981 überwiegend bei nationalen Rallye-Läufen. In seiner letzten Saison (1983) setzte er auf Ford (Escort 1800 RS).

Spuren der Wüsten: Dass die Teststrecke teils überflutet war, ist unübersehbar.

Kontrolle nach der quattro-Quälerei: Was ging kaputt? Was muss man verstärken?

Haltvorrichtung: belüftete, mit Aluminiumnaben verschraubte Bremsscheiben, Aluminium-Bremssättel.

Pervers oder nicht – für die Rallye-Zukunft des quattro leistete die Röhrer-Truppe genauso unschätzbare Dienste, wie die Rallye-Entwickler unter Walter Treser. So sind die belüfteten Bremsscheiben mit Aluminiumnaben verschraubt, Leichtmetallbremssättel und ein einstellbarer Bremskraftverteiler sind genauso Tribute an den speziellen Härteeinsatz wie der Entfall eines hydraulischen Bremskraftverstärkers. Bremsmanöver bedürfen somit zwar des forcierten Wadenmuskeleinsatzes des Piloten, ermöglichen diesem jedoch ohne Servoverstärkung ein gefühlvolleres Dosieren. Beim Dirigieren seines Gefährts genießt allerdings auch der Rallye-Fahrer Hilfestellung: Die im Zivil-quattro serienmäßige Servolenkung wurde beibehalten.

Gleichwohl entsprachen beim ersten Rallye-quattro nur einige wenige Teile dem Serienstatus – und die stammten nicht einmal durchweg vom Serien-quattro. Das verriet Projektleiter Walter Treser dem damaligen *auto motor und sport*-Sportredakteur Norbert Haug anlässlich dessen quattro-Reportage für Ausgabe 4/1981. So wurden die beiden Türfensterkurbeln dem damaligen VW Polo entliehen, damals preisgünstigstes Produkt des Konzerns und deshalb von bescheidener, somit leichtgewichtiger Materialstärke. Die vier Antriebswellen stammen vom Audi 200 Turbo, der zu Beginn der 1980er Jahre schwersten Limousine des Unternehmens, was besonders üppig dimensionierte Wellen ratsam erscheinen ließ. Das Fünfganggetriebe erhielt, so die Pressemitteilung von Audi zum ersten Rallye-quattro (Stand Ende 1980), „angepasste Rallye-Übersetzungen", nämlich (Serienübersetzungen jeweils in Klammer) 3,00:1 (3,6:1) im ersten Gang, 2,00:1 (2,125:1) im Zweiten, 1,50:1 (1,36:1) im Dritten, 1,217: 1 (0,967:1) im Vierten und 1,040:1 (0,778:1) im fünften Gang. Zur Anpassung an unterschiedliche Streckenverhältnisse standen drei verschiedene Achsübersetzungen zur Verfügung, nämlich 4,11:1, 4,55:1 und 4,87:1 (Serien-quattro: 3,889:1).

Selbst mit der längsten Rallye-Übersetzung (4,11:1) sind somit die im Rallye-Betrieb am häufigsten benützten Gänge drei bis fünf deutlich kürzer übersetzt als im Serien-quattro, Anpassung an das gegenüber dem Serienmotor um gut 1000/min höhere Drehvermögen des Rallye-Triebwerks. So erreichte der Serien-quattro mit 200 PS (147 kW) im *auto motor und sport*-Test seine V_{max} von 222 km/h bei 5900/min und wurde in den Gängen eins bis vier jeweils bis 6500/min ausgedreht. Je nach Übersetzung nannte das offizielle Audi-Datenblatt für den ersten, knapp über 300 PS (228 kW) starken Rallye-quattro eine Höchstgeschwindigkeit von 175 km/h (Übersetzung 4,87) bis zu 255 km/h (Übersetzung 4,11) bei jeweils rund 7500/min.

Wie aber unterschied sich der um rund ein Drittel stärkere Rallye-Motor der ersten Stunde vom Serientriebwerk der ersten quattro-Generation?

Auch auf dem Motorensektor, so Walter Treser einst, „hat das Rallye-Auto mit dem Serien-quattro fast nichts mehr gemeinsam" – und das erscheint durchaus einleuchtend. Entwicklungshelfer und Testfahrer Freddy Kottulinsky verriet den *sport auto*-Redakteuren für deren Ausgabe 12/1980 einige wesentliche Details der Aufrüstung: „Wir sind deshalb auf so viele Zusatz-PS gekommen, weil wir bei Herabsetzung der Verdichtung von 7:1 auf 6,3:1 und Steigerung des Ladedrucks von 0,85 bar in der Serie auf 1,5 bar beim Rallye-Wagen den Leistungsbereich entscheidend nach oben hin verlegt haben. Ladeluftkühlung, Wasserkühlung und Ölkreislauf wurden optimiert, eine Pierburg-Renneinspritzung tut ein Übriges."

Ein Drittel mehr Leistung als in Serienversion: Der Rallye-Fünfer leistete in Gruppe 4-Version anfangs dank fast verdoppeltem Ladedruck, Pierburg-Renneinspritzung, intensivierter Ladeluftkühlung und Feintuning über 300 PS. Blick von unten: Leitungen der Trockensumpfschmierung.

Immer am Ball: Motorenmann Martin Rossmann (dunkler Pullover) begleitete persönlich die quattro-Härteprüfungen im Steinbruch.

So wurde die Durchsatzmenge des Ladeluftkühlers von 600 bis 700 m^3 pro Stunde auf 900 bis 1000 m^3 pro Stunde erhöht. Kühnle, Kopp & Kausch (KKK), der Turbolader-Hersteller aus Frankenthal, lieferte eigens gefertigte Lader mit größerem Turbinengehäuse und speziellem Verdichter, auch dank des damit drastisch erhöhten Ladedrucks gut für zusätzliche 30 PS. „Mit dem Serienlader", informierte Martin Rossmann[1], Leiter der Audi-Abteilung EML (für Entwicklung, Motor, Leistung), 1981 dem Stuttgarter Journalisten Haug, „sind wir bei 280 PS am Ende." Klassischem Tuning-ABC entsprechen weitere Maßnahmen, etwa die größeren, zwecks verbesserter Kühlung mit Natrium gefüllten Ventile oder die „schärferen" Ventilsteuerzeiten der solitären Nockenwelle. Die fünf gegossenen Kolben der Serienversion wichen geschmiedeten und leichteren Exemplaren aus der Werkstatt des Stuttgarter Kolbenmagiers Helmut Wahl.

Gefeilt wurde auch an weiteren Komponenten, etwa an den Pleueln, der Kurbelwelle, dem Schwingungsdämpfer und dem Schwungrad. Mit diesem Maßnahmenkatalog konnte das Motorgewicht gegenüber der Serienversion um 8,5 Kilogramm auf 162 Kilogramm gedrückt werden. Statt des serienmäßigen Ölsystems mit „nassem" Sumpf, also einer Ölwanne unterhalb des Kurbeltriebs, kommt im Rallye-quattro eine Trockensumpfschmierung zum Einsatz. Die sorgt auch unter extremen Quer-, Horizontal- oder Vertikal-Beschleunigungen für einen jederzeit ausreichenden Öldruck. Ihr Öltank sitzt zugunsten einer verbesserten Gewichtsverteilung zusammen mit dem 120-Liter-Tank, der Batterie und Ersatzrädern im Kofferraum.

Die Ölkühlung erfolgte zunächst über einen Bugkühler nahe dem Wasserkühler, ab der Rallye San Remo Anfang Oktober 1981 über einen niedrigeren, aber breiteren Ölkühler unterhalb des (zeitgleich vergrößerten) Heckflügels. Dort ist das motorlebenswichtige Utensil besser gegen Steinschläge geschützt – und womöglich war die Neupositionierung auch ein gutes Omen. Denn beim ersten Einsatz mit Heckölkühler siegte damit in der Toskana Michèle Mouton. Es war ein historischer Sieg, und das keineswegs mit speziellem quattro-Bezug. Vielmehr war Moutons San Remo-Erfolg der erste Lauf-Sieg einer Frau in der Männer-Domäne Rallye-WM.

Mouton hatte für diesen Erfolg in ihrem quattro bereits 340 PS zur Verfügung, rund 30 PS mehr als zu Anfang der quattro-Rallye-Entwicklung. So entstanden in der Frühphase der quattro-Rallye-Einsatzvorbereitung, also Ende 1980, Anfang 1981, zwei Rallye-Motorvarianten: ein Leistungs- und ein Drehmomentaggregat. Sie unterschieden sich in der Nennleistung um rund zehn Prozent, glichen sich hingegen weitgehend im maximal verfügbaren Drehmoment von etwa 420 Newtonmeter. Dass zunächst dem schwächeren Triebwerk mit 228 kW (310 PS) bei 6000/min der Vorzug gegeben wurde, hing mit dessen für Rallye-Einsätze günstigerer Charakteristik zusammen: Beim 310 PS-Triebwerk wird der Drehmomentgipfel statt erst bei knapp 5000/min bereits bei 3500/min erklommen. Allerdings sahen die Ingolstädter Motorengurus und deren Schweizer Entwicklungspartner Max Heidegger weder bei 310 PS, noch bei 340 PS das Ende der Fahnenstange. Bis zur Korsika-Rallye '81, also Ende April des Jahres, wurden 400 PS angestrebt (die jedoch erst 1983 als Zehnventiler-Maximum in der in jenem Jahr eingeführten Gruppe B[1] erreicht werden sollten).

Doch schon mit „nur" 310 PS ermittelte *auto motor und sport* für Ausgabe 4/1981 eindrucksvolle Beschleunigungsdaten – und dies sowohl auf Asphalt, als auch auf Schnee. So stürmte der Prüfling auf geteerter Piste in nur 5,2 Sekunden aus dem Stand bis 100 km/h, auf schlüpfrigem Terrain waren es gleichermaßen eindrucksvolle 8,4 Sekunden. Zum Vergleich zog die Stuttgarter Redaktion jenen Rallye-Fiat Abarth 131 heran, mit dem Walter Röhrl im Vorjahr die Rallye-Weltmeisterschaft gewonnen hatte. Und der verlor, gemessen auf Asphalt, bis zur 100-km/h-Marke zwei Sekunden auf den Quattro, bis zur 160-km/h-Marke waren es gar 5,1 Sekunden. Fast noch fantastischer: die nur minimale Zeitdifferenz des „Schnee-quattro" gegenüber dem „Asphalt-Fiat" von nur 1,2 Sekunden (bei der Messung 0 bis 100 km/h) ...

[1] **Martin Rossmann** (siehe Datenschutzanmerkungen zu einigen quattro-Akteuren im Anhang auf Seite 400).

[1] **Gruppe B**: Nachfolger der zuvor geltenden Gruppe 4. Statt 400 Exemplare (Gruppe 4) mussten für eine Gruppe-B-Homologation lediglich 200 Exemplare gefertigt worden sein. Zudem waren darauf basierend (mindestens 20 Mal gebaute) Evolutionsfahrzeuge erlaubt.

[1] **Peter Göbel** (* 25.April 1969) startete seine Rallye-Karriere 1992 als Beifahrer von Walter Röhrl bei einer historischen Rallye. Im Team mit Mathias Kahle wurde Göbel auf Škoda Octavia WRC sowie Fabia Super 2000 in den Jahren 2002, 2004, 2005 und 2010 Deutscher Rallye-Meister.

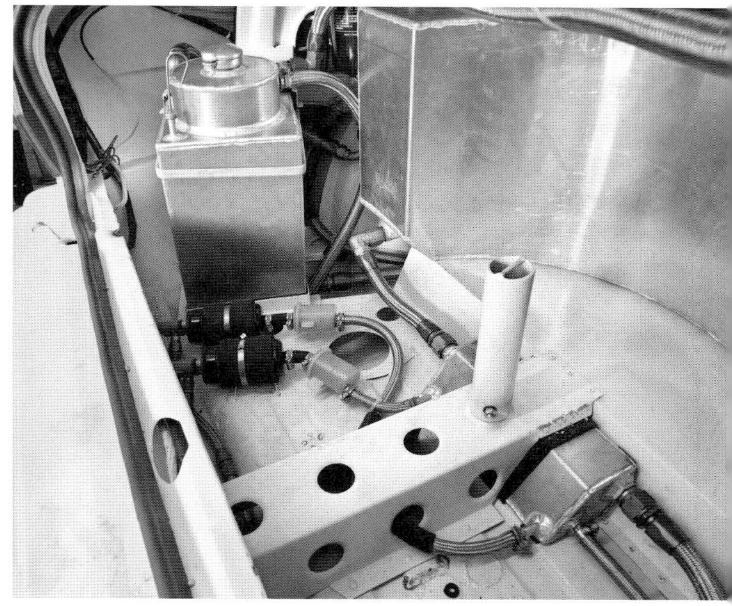

Ehrgeizig wie bei der Suche nach Motorleistung waren 1981 auch die Ziele, das Einsatzgewicht des Rallye-quattro betreffend. Bis Mitte der Saison 1981 fand die Audi-Rallye-Truppe weitere 60 Kilogramm, die für beste Sonderprüfungszeiten entbehrlich schienen: Einsatzgewicht nun nur noch 1140 kg. Die Saison 1982 brachte weitere 22 Kilogramm Ersparnis, die der bereits am 1. Dezember 1981 von Audi unter der Nachtrags-Nummer 07/07V zur Homologation Nr. 671 für Motorsportzwecke homologierte Leichtmetall-Motorblock an Stelle der Grauguss-Version ermöglichte.

Leichtbau und Leistung bestimmten einerseits die Audi-Rallye-Strategie für den quattro, eine möglichst hohe Zuverlässigkeit trotz der vergleichsweise komplexen quattro-Technik genoss jedoch gleichermaßen Priorität. In dieser Hinsicht waren nicht zuletzt die Elektroniker gefragt, die der quattro-Blackbox zu Leibe rückten. Sie verzichteten einerseits auf die Leerlaufstabilisierung der Serien-Zündanlage, implantierten ihr jedoch anderseits ein erweitertes Programm an Notlaufimpulsen. So greift die Elektronik bei zu hohem Ladedruck oder krankhaften Ladeluft- oder Kühlwassertemperaturen in das Zündungsmanagement ein und unterdrückt jede vierte Zündung. Bei Überdrehzahlen kommt es gar nur zu jeder zweiten Zündung – eine List, die Motorenmann Rossmann dem späteren Mercedes-Sportchef Norbert Haug Anfang 1981 so erläuterte: „Damit reduziert sich der kritische Zustand, der Fahrer merkt, dass etwas nicht stimmt, hat aber noch genügend Leistung“ um ans Ziel der Sonderprüfung zu gelangen.

Dennoch waren es anfangs vor allem Motorschäden und Schäden in der Motoren-Peripherie, die in der ersten quattro-Rallye-Saison Siegesfahrten stoppten. Auch ohne gepanschtes Benzin im Tank, wie noch bei der Rallye Monte Carlo, quittierte bei der Rallye Portugal im März 1981 in Moutons quattro gelegentlich die Einspritzanlage ihren Dienst. Dieses Pierburg-Accessoire, so Rallye-Beifahrerprofi Peter Göbel[1] im quattro-Rückblick in *Motor Klassik*-Ausgabe 12/2005, sei so zuverlässig „wie die Wettervorhersage, weil man damals auf mechanische Bauteile setzte“. Die Kraftstoffzumessung erfolgt bei dieser Anlage über die Regelgrößen Motordrehzahl, Drosselklappenzustellung, Ladedruck und Motortemperatur. Weil die Einspritzanlage nicht immer so einspritzte, wie dies ihre Vorgabe war, aber immerhin nicht total versagte, warf sie die Französin in Portugal zwar zurück, ermöglichte ihr aber immerhin noch Platz 4.

Kein Platz für Reisegepäck: Den Kofferraum des Rallye-quattro teilen sich der 120 Liter-Benzintank, Ersatzräder, der Öltank der Trockensumpfschmierung und die Batterie.

 Die erste quattro-Rallye-Version von 1980/1981 – Favoritenschreck mit über 300 PS und Allradantrieb

Rallye Akropolis, Juni '81:
Mikkola/Hertz disqualifiziert, Vatanen/
Richards siegten im Ford Escort.

Rallye San Remo, Oktober '81:
Sieg für Mouton/Pons auf Audi quattro,
Mikkola/Hertz landen auf Platz 4.

Schweden-Rallye, Februar '81:
erster WM-Laufsieg für den quattro,
Fahrer Mikkola, Beifahrer Hertz.

Schlechter war Mikkola dran: Ausfall mit Ventil- und Kolbenschaden. Auch bei der Rallye Korsika, für die Audi im Hinblick auf die überwiegenden Asphalt-Sonderprüfungen breitere Reifen unter verbreiterten Kotflügeln und verbesserte Bremsen einsetzte, zahlten die Ingolstädter Ende April/Anfang Mai Rallye-Lehrgeld: erneut Motorschäden und Ausfälle beider Werks-quattro. Dass die noch relativ unerfahrene Audi-Rallye-Truppe in der Rallye-WM '81 noch Lehrgeld bezahlen musste, nicht nur technologisch, sondern auch in Sachen Reglement und Strategie, das zeigte sich Anfang Juni bei der Rallye Akropolis in Griechenland.

Dort wurden nämlich alle drei quattro wegen einer nicht zulässigen Kühlluftzuführung in den Motorraum[1] disqualifiziert – nachdem Mikkola die konventionelle Konkurrenz von Sonderprüfung 2 bis zur letzten SP, der Nummer 34, gedemütigt hatte. Und wer war in Sonderprüfung 1 vorn: Das war Michèle Mouton, die damit für kurze Zeit als erste Frau einen Lauf zur Rallye-WM anführte ... Doch unabhängig vom Rallye-Ausschluss quälten die quattro auch in Griechenland noch technische Gebrechen – dieses Mal bereiteten die hinteren Differentiale Sorgen. Es kam also einiges zusammen, wofür Walter Treser letztlich die Verantwortung übernahm: Sein Chef, Dr. Ferdinand Piëch, legte ihm folglich den Rücktritt nahe. Nachfolger wurde das Gespann Reinhard Rode[2], zuvor Rallye-Einsatzleiter, sowie Roland Gumpert[3], der 1980 Erfahrungen als erfolgreicher Einsatzleiter der Paris-Dakar-Rallye gemacht und Audi mit drei in Ingolstadt entwickelten und vorbereiteten Volkswagen Iltis als Dreifachsieger beendet hatte.

[1] Ersatz eines Hauptscheinwerfers durch eine Kühlluft-Öffnung, die sich erst durch den Fahrtwind öffnet. Da statisch geschlossen, wurde diese Modifikation bei der Abnahme von den Kommissaren nicht beanstandet und erst während der Rallye als Disqualifikationsgrund erkannt – und sanktioniert.

[2] **Reinhard Rode** (siehe Fußnote auf Seite 209)

[3] **Roland Gumpert** (siehe Fußnote auf Seite 64)

Audi-Fahrerlager bei der Rallye Akropolis im Juni 1981: unzulässiges Detail vereitelte die Wertung.

Übernahm den Job des Audi-Sportchefs nach dem Debakel in Griechenland: Roland Gumpert (mit Reinhard Rode).

Detail des Anstoßes – und der Disqualifikation 1981 in Griechenland: unzulässige Kühlluftführung an Stelle des Scheinwerfers.

Bei den meisten Piloten unbeliebt: die Tendenz zu heftigem Untersteuern.

Mit Links bremsen, mit Rechts Gas geben: So übersteuert der quattro.

Trotz des Führungswechsels sollten auch beim nächsten WM-Lauf, der 1000-Seen-Rallye Ende August 1981 in Finnland, neue Motorprobleme zutage treten – dieses Mal im Bereich des Zylinderkopfes. Jene becherförmigen Stößel, die den Nockenwellentakt an die Ventile weiterleiten und bei laufendem Motor einer kontinuierlichen Drehbewegung unterworfen sind[1], gaben dieses Mal geräuschvoll den Geist auf und stoppten Mikkolas zuvor uneinholbare Siegesfahrt. So wurde der Finne nach einem knapp dreiviertelstündigen Reparaturmanöver im Kopfbereich statt verdienter Erster nur enttäuschter Dritter.

Das Leiden Mikkolas sollte auch beim nächsten WM-Lauf, der Rallye San Remo, Anfang Oktober 1981 in der Toskana, kein Ende finden. Einmal mehr war es die Einspritzanlage, die ihn am zügigen Fortkommen hinderte. Dass er, als die Maschine endlich sauber lief, eine Bestzeit nach der anderen in die zentralitalienischen Schotterpisten stempelte, beförderte ihn allerdings nicht auf Platz 1. Den erfuhren sich unter dem Jubel der italienischen Enthusiasten die Damen des Hauses: Michèle Mouton und ihre italienische Beifahrerin Fabrizia Pons. Mikkola, immerhin, hatte sich derweil von der Schlussposition auf Platz 4 vorgekämpft.

Umgekehrt die Vorzeichen dann beim letzten WM-Lauf der Saison '81, der RAC Rallye Ende November in England. Hier hatte das Team Mikkola/Hertz bereits zweimal gesiegt, 1978 und 1979 jeweils auf Ford Escort RS 1600, hier kannte sich der Finne bestens aus, ein unschätzbarer Vorteil, bietet doch „die RAC" geheime Sonderprüfungen, für die kein „Gebetbuch"[2] erstellt werden kann. Und hier zeigten Mikkola/Audi was im quattro steckt ... sofern er einwandfrei funktioniert. Obwohl der Finne gleich zu Beginn der Rallye im Nebel kurzzeitig die reguläre Piste verfehlte, siegte er mit elf Minuten, fünf Sekunden Vorsprung auf den Weltmeister 1981, Ari Vatanen im Ford Escort 1800 RS. Mit zwei WM-Siegen und total 62 Punkten[3] wurde Hannu Mikkola in seiner ersten quattro-Saison immerhin bereits Dritter der Fahrer-Gesamtwertung (Michèle Mouton musste sich hingegen mit Rang 8 zufrieden geben).

Und Audi? Die Herstellerwertung 1981 listet die Ingolstädter in der ersten kompletten quattro-Saison mit 63 Punkten auf Platz 5[4].

Gleichwohl hatte Audi mit den ersten quattro-Einsätzen in der Rallye-Weltmeisterschaft ein ähnlich wichtiges Ziel erreicht wie deren Gewinn – ganz im Sinne des leider erfolglosen Ex-Sportchefs Walter Treser: „Beim professionellen Motorsport geht es tatsächlich in erster Linie um Public Relations, um Werbung," hatte er Anfang 1981 den Redakteuren des Volkswagen- und Audi-Magazins *Gute Fahrt* (Ausgabe 3/1981) gesagt, und: „Sportveranstaltungen bieten grundsätzlich die Möglichkeit, einen Firmennamen schnell durchzusetzen – aber auch eine spezifische technische Entwicklung."

Welche Rolle der quattro im Rallyesport einst spielte, das brachte Peter Dron, der renommierte Sportredakteur des britischen Enthusiastenmagazins *Motor* (Ausgabe vom 3. Juli 1982) mit diesem Statement auf den Punkt: „... the Quattro is as revolutionary to rallying as the Lotus 78 (the first ground-effect F1 car) was to Grand Prix racing." ("Der quattro ist für den Rallyesport so revolutionär, wie es der Lotus 78 als erster Formel 1-Wagen mit Ground-effect für den Grand Prix-Motorsport war ...")

Bei derart positiver öffentlicher Resonanz würdigte schließlich auch der Audi-Bericht zum Geschäftsjahr 1981 das ursprünglich im Vorstand eher reserviert betrachtete Rallye-Engagement der Haussportler. Unter der Überschrift „Motorsport-Engagement bringt Zeitraffereffekt" heißt es da: „Die Überlegenheit des Allradkonzepts beweist Audi mit der Beteiligung des Audi quattro an der Rallye-Weltmeisterschaft. Der Bezug zum Kundenauto ist in diesem Fall besonders groß, da – im Gegensatz zum Formelsport – das Konzept kaum von der Serie abweicht. Die Aktivitäten im Sportbereich und im modernen Serienautomobilbau gleichen sich in wesentlichen Bereichen. Die markantesten Merkmale sind Aerodynamik, Vermeidung von Übergewicht, hoher Wirkungsgrad, sichere Fahreigenschaften und Zuverlässigkeit."

Und weiter im Text des Geschäftsberichtes '81: „Der harte Rallye-Einsatz bringt einen Zeitraffereffekt; er ermöglicht Erprobungen unter realistischen Bedingungen, wie sie im Labor nur teilweise simuliert werden können. Beispielsweise ergaben Auswertungen, dass 2000 Rallye-Kilometer ca. 300000 Kunden-Kilometer entsprechen. Für die Serienarbeit bedeutet dies einen Vorteil von unschätzbarem Wert. Darüber hinaus sind die Motorsportaktivitäten geeignet, den Bekanntheitsgrad und das Image der Marke Audi, insbesondere im Ausland, zu fördern. Die Siege bei der Jänner-Rallye in Österreich, bei der Schweden-Rallye, bei der Rallye San Remo und bei der britischen RAC-Rallye sind der Nachweis für den Anspruch „Vorsprung durch Technik."

Wie aber stand es um die Balance des Rallye-quattro, zum Beispiel, wenn auf Schotterpisten Biegungen zügig zu umrunden sind? Hatten deutsche und britische Beobachter aus der Zeitschriftenbranche recht mit ihrer Theorie, ein quattro ließe sich nicht im klassischen Rallye-Stil breitseits durch die Ecken scheuchen ...?

Tatsächlich ist der quattro von Haus aus ein Untersteurer, er schiebt also in Kurven über die Vorderräder zum Kurvenaußenrand, weil – wie beim Frontantriebswagen – ein Teil von deren Bodenhaftung für die Vortriebskraft in Anspruch genommen wird. Auch die quattro-typische Kopflastigkeit wegen des vor der Vorderachse positionierten Motors fördert die Neigung zu heftigem Untersteuern. Dieses Gebaren bietet für Alltagsfahrer zwar Sicherheitsreserven, weil es dem Naturell „normaler" Autofahrer entspricht, einem Schieben über die Vorderräder mit einem zunehmend stärkeren Lenkeinschlag zu begegnen. Für Rallye-Fahrer ist der Untersteuerer jedoch eher verpönt. Denn die Profis pflegen in Kehren einen Fahrstil, der am besten mit „instabiler Balance" zu beschreiben ist. Sie favorisieren eher ein ausbrechendes Heck, das sie gefühlvoll mit Hilfe von Lenkung (Gegenlenkung) und dosierendem Gaspedaltreten in der Balance halten, um so driftenderweise besonders zügig Kurvenpassagen zu bewältigen.

[1] Diese Drehbewegung wird dadurch erzeugt, dass die Tassenstößel bei Audi gegen die Nockenmitte um 1,5 Millimeter versetzt angeordnet sind, was ihnen bei jeder Nockenbeaufschlagung eine Rotation aufzwingt.
[2] „Gebetbuch" = Rallye-Jargon für den Aufschrieb des Beifahrers, der mit dessen Hilfe dem Fahrer detaillierte Anweisungen für den Streckenverlauf gibt.
[3] alle quattro-Rallye-Resultate der ersten kompletten Saison (1981) und der folgenden Jahre stehen im Anhang auf Seite 384 ff.
[4] hinter Talbot, Datsun, Ford und Opel.

Die Audi-Techniker der Sportabteilung waren sich sowohl der Untersteuertendenz ihres Kandidaten bewusst als auch des von Rallye-Profis favorisierten Eigenlenkverhaltens eines Rallye-Boliden. Folglich experimentierten sie in der Entwicklungsphase dies versuchsweise mit einem Freilauf an der Vorderachse: nämlich zum einen an den vorderen Antriebswellen, zum andern direkt im Schaltgetriebe. Die temporäre Entkoppelung der Vorderräder von der Antriebsfunktion sollte dafür sorgen, dass die Vorderräder im Schiebebetrieb frei laufen, was ihnen, entlastet vom Antrieb, die bestmögliche Bodenhaftung sichern sollte. Auch das Einlenken in Kurven konnte dadurch verbessert werden.

Gleichwohl verzichtete die Mannschaft um Walter Treser nach ausführlichen Versuchen auf die Freilauftechnologie – Treser gegenüber Norbert Haug in dessen bereits mehrfach zitierter Rallye-quattro-Entwicklungsstory: „Der Allradantrieb hat fast überall Vorteile, den kleinen Nachteil in sehr engen Spitzkehren nehmen wir in Kauf."

Somit musste auch Hannu Mikkola mit diesem „kleinen Nachteil" leben. Im britischen Auto-Magazin *Classic & Sports Car*, Ausgabe Mai 1998, erinnerte sich Hannu Mikkola an seine ersten Erfahrungen mit dem Allrad-Audi: „Um den Quattro zu fahren, musste ich eine Menge lernen." Und weiter: „Im Handling war der Quattro näher an einem Frontantriebsauto als am Hecktriebler. Ich war ja an den Hecktriebler gewohnt, speziell an Escorts. Also musste ich mich ans Linksbremsen gewöhnen, was ich zuvor noch nie praktiziert hatte. Fahrer mit Frontantriebs-Erfahrung, etwa Stig Blomqvist, hatten es da einfacher."

Noch zu Beginn seines quattro-Engagements hatte Mikkola dem deutschen Motorsportmagazin *Sportfahrer* (Ausgabe 12/1980) den notwendigen quattro-Fahrstil so beschrieben: „Man muss versuchen, immer eine saubere Linie zu fahren. Ähnlich dem Fahren auf der Rundstrecke, dann ist man mit dem Quattro richtig schnell." Freddy Kottulinsky wiederum war, veröffentlicht in *sport auto* 12/1980, gegensätzlicher Meinung, womöglich dank seiner Erfahrung mit dem Frontantriebs-Audi 80, den er (und Harald Demuth) 1978 und 1979 im Audi-Auftrag bei diversen Rallyes bewegt hatte. Bei diesen Werkseinsätzen sollte das Sportteam erste Erfahrungen auf zuvor unbekanntem Terrain sammeln – als Vorbereitung auf größere Aufgaben in der Zukunft (siehe auch „Die Audi-Motorsportabteilung – eine Chronik" ab Seite 235). Naturgemäß hatte Kottulinsky im Vergleich zu Mikkola Ende 1980 während der Entwicklungsphase auch mehr quattro-Erfahrung gewonnen. „Mit dem Quattro kann man nicht nur neutral oder untersteuernd um Biegungen geigen", postulierte folglich der ehemalige Paris-Dakar-Sieger, „sondern auch im besten Querfahrstil übersteuern."

Wie das geht, erlernte Mikkola (und später auch Walter Röhrl) mit Assistenz von Kottulinsky und Stig Blomqvist, dem schwedischen Frontantriebsspezialisten, der 1982 zu Audi stoßen sollte, um zwei Jahre später mit dem quattro Weltmeister zu werden. Mikkola jedenfalls erinnerte sich (wiederum in *Classic & Sports Car* 5/1998): „Ich musste mich ans Linksbremsen gewöhnen, … um das Auto quer zu stellen. Man lupfte das Gaspedal ein wenig und bremste gleichzeitig mit dem linken Fuß. Dadurch schwenkte das Heck nach außen, dann hält man das Gefährt in Querfahrt und kann dank dessen herrlicher Traktion durch die Kurve powern." Allerdings: Dieser Fahrstil funktionierte zwar hervorragend auf Schotter. Auf griffigem Asphalt war das Untersteuern jedoch deutlich ausgeprägter, weil es unter diesen Bedingungen schwieriger war, das Auto zum Übersteuern zu bringen …

Die Linksbrems-Technik erfüllte im Rallye-quattro im Übrigen noch einen zweiten Zweck – hier sei abermals Mikkola (frei übersetzt) zitiert: „Anfangs hatten wir ein ziemlich tiefes Turboloch. … Die Lösung war, die Drehzahl möglichst hoch zu halten, wodurch ich jederzeit genügend Drehmoment zur Verfügung hatte." So blieb also der rechte Fuß des Piloten stets auf dem von Profis so genannten „lauten Pedal", dem Gaspedal – auch dann, wenn Gänge gewechselt wurden. Dadurch blieb der Turbolader stets im Blase-Betrieb und musste nicht erst dazu ermuntert werden …

Die Audi-Motorsportabteilung
Eine Chronik der ersten Jahre

Motorsport war mit Beginn der quattro-Einsätze keineswegs Neuland für den Ingolstädter Automobilhersteller. Denn schon vor der Nachkriegsära „Audi“ nutzte die am 3. September 1949 in Ingolstadt gegründete Auto Union GmbH die Werbewirksamkeit des Motorsports und dessen einst nicht in Frage gestellte Funktion als Wegbereiter des technischen Fortschritts. Die Auto Union und deren damalige Marke DKW führten die Tradition der Auto Union AG, Chemnitz, fort. Sinngemäß formuliert dies eine im September 2009 von der Audi AG am ehemaligen Hauptverwaltungsgebäude der Auto Union GmbH in Ingolstadt angebrachte Gedenktafel. Und zur Tradition der Auto Union gehört nun einmal der Motorsport, sei es mit vier oder mit zwei Rädern.

„Bis 1954 hatte DKW eine eigene Wagensportabteilung“, erinnert sich Ralf Friese, Historiker von Audi Tradition und Auto Union-Experte, und das mit beachtenswerten Erfolgen. So heißt der Rallye-Europameister von 1954 Walter Schlüter, der auf diese Weise mit seinem DKW-Typ Sonderklasse Rallye-Extraklasse errang. „Bis 1956“, so Friese weiter, „gab es außerdem eine erfolgreiche Motorrad-Rennabteilung. Bis 1965 betreute DKW Sportfahrer über das Werk Ingolstadt, teilweise in Kooperation mit DKW-Tuner Albrecht Wolf Mantzel Senior in Hockenheim und (später) Ingolstadt, hatte aber keine eigene Sportabteilung mehr.“

1965 bedeutete das Aus von DKW – und den Beginn von Audi. Die ersten Audi-Jahre waren eine Zeit des Umbruchs, des Improvisierens, was die Modellentwicklung anbelangt, aber auch die Oberhoheit der Volkswagenwerk AG. Und deren bis 1968 amtierender Generaldirektor Heinrich Nordhoff verabscheute jedwede Motorsportaktivität. Erst in den 1970er Jahren bekannte sich Audi zur Sportlichkeit seiner Modelle – und zunehmend auch zum Motorsport. Ein erster kleiner Schritt wurde 1978 mit einer für den Motorsport zuständigen Abteilung getan. Die damalige Projektzeit des ursprünglich für den Motorsport gedachten quattro und die ambitionierte Sportförderung durch den Audi-Entwicklungschef Dr. Ferdinand Piëch waren dafür zweifellos die Auslöser.

Audi-Gedenktafel in Ingolstadt, Bezug zur Vorkriegs-Auto Union AG in Chemnitz.

DKW Sonderklasse mit Extraklasse: Der Rallye-Europameister '54 hieß W. Schlüter.

Eilenriede, 1955: August „Gustl“ Hobl wird in diesem Jahr 350-cm³-Meister auf DKW.

Legendär: „Singende Säge“ von DKW mit 350 cm³ Hubraum (hier 1954 mit A. Hobl).

Der quattro repräsentiert nicht den Anfang des Audi-Motorsports. In den 1970ern zeigten die Ingolstädter mit dem 80 bei Rallyes und auf Rundstrecken Flagge. 1980 wurde Audi Tourenwagen-Europameister[1].

Aus der zunächst noch eher undercover arbeitenden Abteilung wurde Anfang 1980 die offizielle Abteilung Audi Sport mit einem Konzept, das eine damalige Audi-Mitteilung in einer presseabteilungstypischen Elogendiktion und in Abgrenzung zu Aktivitäten des Mutterkonzerns so skizzierte:

„Mit der derzeitigen Modellpalette hat AUDI eine Vielzahl technisch hochwertiger und anspruchsvoller Automobile. Während sich die Marke Volkswagen im nationalen und internationalen Breitensport eine ausgezeichnete Position erworben hat, widmet sich AUDI neben dem Breitensport dem nationalen und internationalen Spitzensport. Bei AUDI hat Sport Tradition. Immer wenn ein neues technisches Konzept[2] dargestellt werden sollte, beteiligte sich das Unternehmen am Motorsport."

Weiter im Pressetext: „Die vor einem halben Jahr gegründete Abteilung Audi Sport ist Heimat der AUDI-Werksmannschaft, die sich direkt an sportlichen Wettbewerben beteiligt. Sie arbeitet aber auch eng zusammen mit Herstellern von Sportteilen und Tunern. Sie betreut die AUDI-Sportfahrer und nationale Teams. Audi Sport entwickelt in enger Zusammenarbeit mit der Technischen Entwicklung Hochleistungs- und Spezialteile."

Im Folgenden listet die Mitteilung jene Audi-Modelle, die für Motorsport-Einsätze vorgesehen seien:

- **Audi 80 GLE/GTE**[3] für die Gruppe 1 (Serien-Tourenwagen, Mindeststückzahl 5000 innerhalb eines Jahres, nur geringe Modifikationen erlaubt) mit einer Nennleistung bis zu 135 PS (100 kW); für die Gruppe 1B (geringfügig erweiterte Tuningmöglichkeiten für Einsätze in der sogenannten „FIA-Trophäe Trans-Europa für Produktionswagen") mit einer Nennleistung bis zu 150 PS (111 kW); für die Gruppe 2 (Tourenwagen, Mindeststückzahl 1000 innerhalb eines Jahres, mindestens vier Sitze, erweiterte Tuning-Möglichkeiten) mit einer Nennleistung bis zu 175 PS (130 kW).
- **Audi Coupé**[4]: Gruppe 1 mit bis zu 130 PS (96 kW); Gruppe 1B mit bis zu 150 PS (111 kW); Gruppe 2 mit bis zu 210 PS (155 kW).
- **Audi 4000**[5] **(Audi 80/USA)**: Gruppe 1 mit bis zu 155 PS (115 kW); Gruppe 1B mit bis zu 180 PS (133 kW); Gruppe 2 mit bis zu 230 PS (170 kW).
- **Audi quattro**[6]: Gruppe 4 (Grand-Tourisme-Wagen, Mindeststückzahl 400 innerhalb von zwei Jahren, erlaubte Modifikationen analog zur Gruppe 2) mit über 300 PS (222 kW)

Seit Anfang 1980 Heimstatt der 1978 gegründeten Audi-Sportabteilung: Werkstatt und Bürotrakt in Ingolstadt.

Erdarbeiter: Team Demuth/ Fischer, Audi 80 GTE Gruppe 2, bei der Rallye Baltic 1979.

Audis Waffe im internationalen Rallye-Spitzensport:

Von Audi Sport für die Rennsport-Gruppen 1 und 2 (Foto) vorgesehen: Coupé.

Corporate Identity für den „Vorsprung durch Technik": Einheitlicher visueller Auftritt der Audi-Teams sorgt für Wiedererkennung und für Corpsgeist im Team.

Schaulauf in Hockenheim mit Wolfsburger Sportkameraden: Der Audi 50[2] …

… von Tuner Rolf Nothelle lehrte in der 1150 cm^3-Klasse Konkurrenten das Fürchten.

[1] Quelle: *Renn- und Sportwagen-Katalog 1979* des Motorsportmagazins *sport auto*, Herausgeber: Motorpresse Stuttgart.
[2] In der Saison 1976 eingesetztes Exemplar, modifiziert im Rahmen der damaligen Gruppe 5 national. Leistung dank Kugelfischer-Saugrohreinspritzung, Schrick-Spezialnockenwelle und vielerlei Feinarbeit: 124 PS bei 8000/min (Quelle: *sport auto* 2/1977).

Bemerkenswerterweise ist hier der in nationalen Wettbewerben sehr chancenreiche Audi 50 nicht gelistet, der in Gruppe-1-Version rund 70 PS (51 kW) aus 1092 cm^3 bot und mit einem Preis von rund 16000 DM[1] im Wettbewerbstrimm (Audi 80 GTE Gruppe 1: ca. 28000 DM[1], Audi 80 Gruppe 2: ca. 60000 DM[1]) gerade für Nachwuchs-Rallye-Fahrer ein erreichbares Gerät repräsentierte.

Folgende Wettbewerbe sah das Sportprogramm in der Gründungsphase von Audi Sport vor:

- Läufe zur Rallye-Weltmeisterschaft,
- Läufe zur Rallye-Europameisterschaft,
- Nationale Rallye-Meisterschaften,
- Läufe zur Tourenwagen-Europameisterschaft,
- Nationale Rundstrecken-Meisterschaften.

Man nahm sich also viel vor im Motorsport, damals Anfang der 1980er Jahre. Und vor diesem Hintergrund galt es auch, derartige Engagements gebührend zu kommunizieren. So schließt eine kleine Audi Sport-Broschüre aus jener Zeit mit diesen Marketing-Vorgaben:

„Entsprechend dem hohen Anspruch – das Audi-Erscheinungsbild in der Öffentlichkeit positiv zu unterstützen – soll auch der Auftritt im Motorsport in angemessener Form erfolgen. So stehen die Gesamtaktivitäten unter der Überschrift **Audi Sport**. Untermalt und farblich ausgeschmückt wird das Erscheinungsbild durch die drei Farben rot, beige und dunkelbraun. Diese Farben und Identity-Merkmale werden bei allen Aktivitäten verwendet – und zwar vom Briefpapier über Druckschriften und Werbegegenstände bis hin zu einer Kollektion attraktiver Sportkleidung."

„Dieses Erscheinungsbild wird bei der Audi-Werksmannschaft und den ‚Nationalen Teams' verwendet und durch ein exklusives Sortiment von Artikeln allen Fahrern die Möglichkeit geben, sich mit dem Audi-Sport zu identifizieren." Rot, beige und dunkelbraun, die Farben dynamisch schräg gestellter Streifen des künftigen Audi Sport-Logos – sie sollten in den kommenden Jahren zwar nicht immer, aber immer öfter die Farben des Erfolgs werden …

Ordnung muss sein: exakte CI-Vorgaben für die drei Audi-Motorsportfarben und Prozentangaben für Logo-Wiedergaben im eventuellen Schwarzweißdruck.

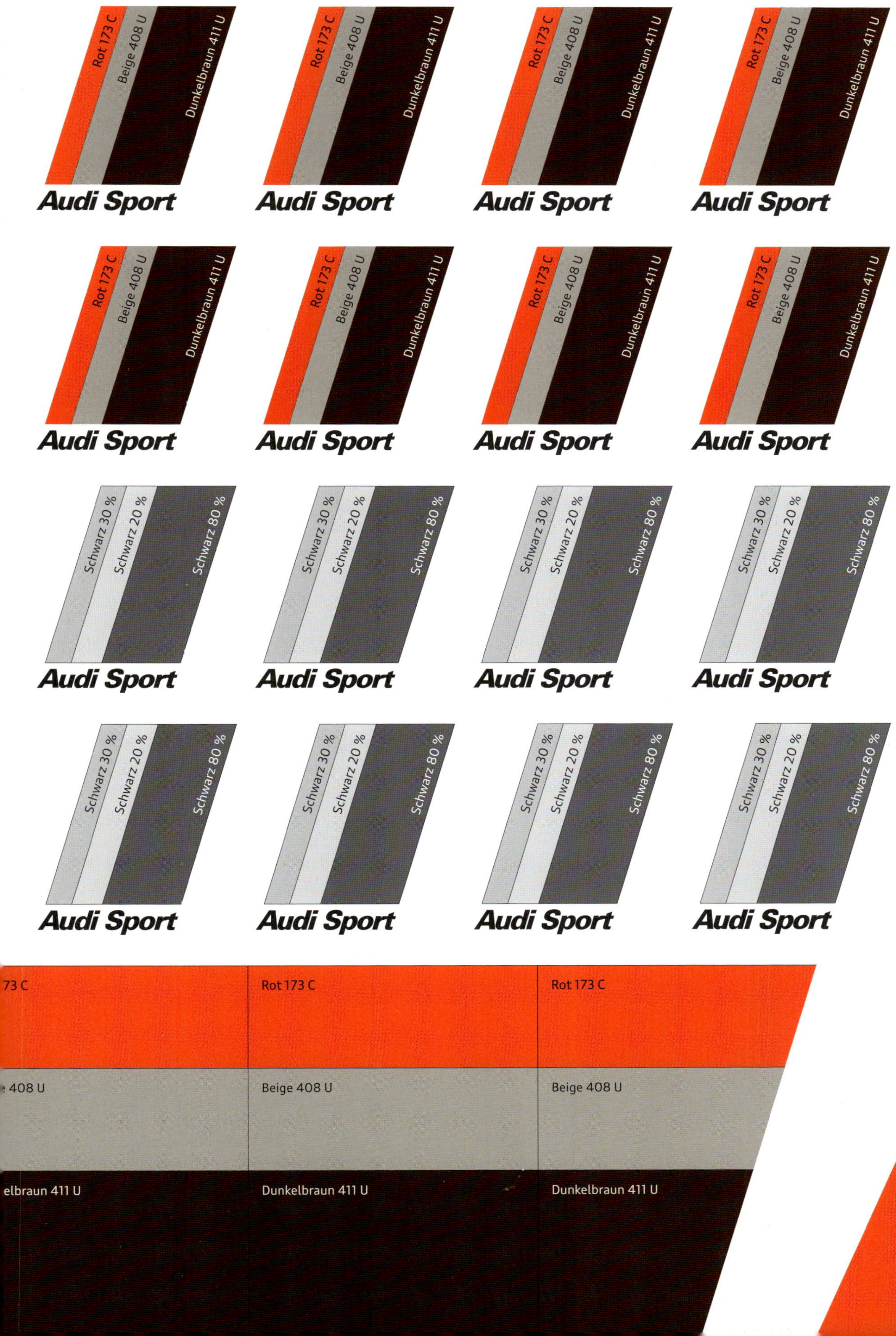

Der Allrad-Audi im zweiten quattro-Jahr

Die Produktion gibt Gas, Audi wird Rallye-Weltmeister ’82

Eintausendneunhundertsechsundfünfzig quattro, liebevoll teilweise in Handarbeit gefertigt, hatten 1981 die Audi-Werkhallen verlassen. Sie addierten sich Ende des Jahres zu jenen 292 Exemplaren, die noch 1980 ab dem 28. November entstanden waren, nachdem die Produktion nach einiger Verzögerung (siehe auch Seite 188 ff) endlich angelaufen war. Zum quattro-Produktionsablauf – übrigens parallel zum Allrad-Initiator VW Iltis – in einer autarken Halle im nördlichen Bereich des Audi-Werkes sei Albert Scharpf[1] zitiert.

Scharpf war von Mitte 1981 bis Ende 1988 in der quattro-Fertigung für die Qualitätssicherung und Funktionsprüfung vor der Endabnahme der Allrad-Coupés zuständig: „Es gab kein fest installiertes Band, sondern Schiebetakte mit der Taktzeit von etwa einer Stunde. Das ist sehr hoch, denn normalerweise wird ein Auto in einer Taktzeit von einer Minute gefertigt. Jeder Arbeiter hatte also eine Stunde Arbeitszeit. Dann gab es einen Meister, der nach einer Stunde eine Pfeife herauszog, woraufhin das Fahrzeug einen Takt weiter geschoben wurde.“ Des Weiteren erinnert sich Albert Scharpf an quattro-Serien von zwölf bis 20 Stück, „überwiegend in einer Schicht, oder, wenn es gegen 20 Stück ging, auch einmal in zwei Schichten.“

[1] **Albert Scharpf** (* 20. August 1954) trat nach dem Studium der Feinwerktechnik 1978 bei Audi ein und avancierte im Oktober 1981 zum Gruppenleiter Qualitätssicherung in der Urquattro/Sport quattro-Kleinserienfertigung. 1988 wechselte er nach Neckarsulm (dort u.a. Leiter V8-Motorenmontage, Qualitätsförderung, Endabnahmen). Scharpf ist seit 2016 im Ruhestand.

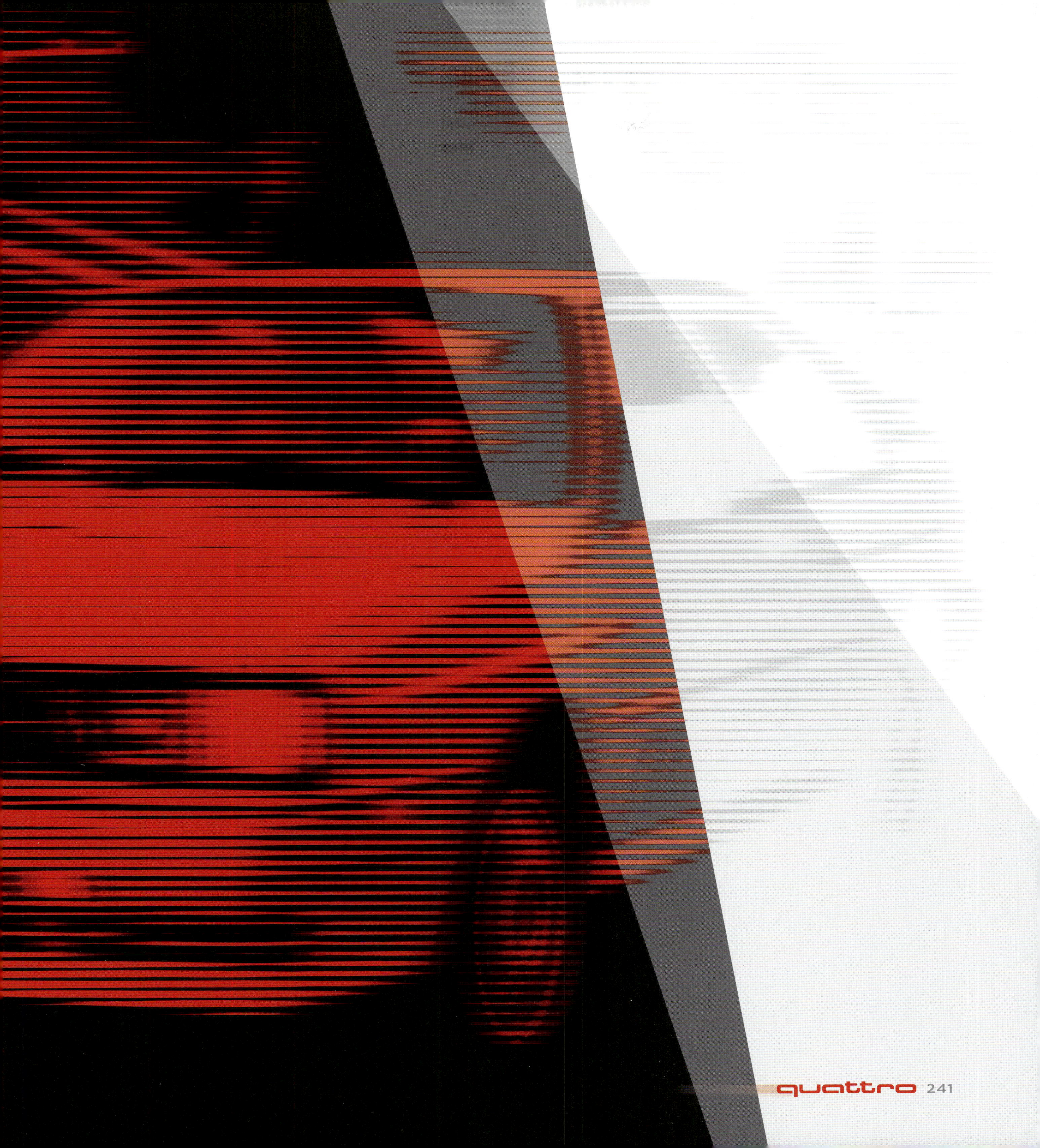

quattro-Kleinserie in Halle N2, montiert von 46 Mitarbeitern in, so der damalige Produktionschef Willi Klemann, „exklusiven Boutiquen". Derart entstand das „Spitzenprodukt der Audi AG" ohne herkömmliche Fließbänder, in liebevoller Einzelfertigung.

Einmal quattro-Fan, immer quattro-Fan: Noch heute besitzt Albert Scharpf privat einen Urquattro.

Erinnerte sich am quattro-Produktionsende 1991 gerne an „hochmotivierte" quattro-Werker: Willi Klemann.

Zur Verabschiedung des Urquattro sollte Willi Klemann[1], damals Leiter der Audi-Fahrzeugfertigung, am 27. Mai 1991 seinerseits quattro-Produktionsdetails in Erinnerung rufen: „Die Fertigung der Audi quattro", so der Audi-Manager vor der versammelten Trauergemeinde im Audi-Werk Neckarsulm, „war von Anfang an als Spitzenprodukt der AUDI AG in separaten Fertigungsinseln durchgeführt worden. Vom Karosseriebau über die Lackierung bis zur Montage wurden die Fahrzeuge in ‚exklusiven Boutiquen' von hochmotivierten Werker-Teams geschweißt, lackiert und montiert. Über den gesamten Produktionszeitraum bauten diese 46 Mitarbeiter mit handwerklicher Akribie die Fahrzeuge auf. In der Halle N2 wurde der Audi quattro montiert. Nicht in Fließbandfertigung, sondern in Einzelfertigung."

[1] **Willi Klemann** (siehe Datenschutzanmerkungen zu einigen quattro-Akteuren im Anhang auf Seite 400) war damals neben seiner Verantwortung für die gesamte Audi-Fertigung auch Werkleiter des Audi-Werkes Neckarsulm.

2248 quattro innerhalb der ersten 13 quattro-Produktionsmonate – statt des von internen Skeptikern in Ingolstadt und speziell in Wolfsburg befürchteten, im Klima damaliger Ölkrisenszenarien durchaus möglichen quattro-Flops hatten die Herren Piëch, Bensinger und Treser recht behalten. „Vorsprung durch Allrad“ fanden allein in Deutschland bis zum 1. Juli 1982 exakt 1279 Käufer reizvoll genug, um mindestens 50000 D-Mark statt in einen Porsche 911 oder Mercedes SL lieber in einen Audi zu investieren – und somit in ein Fabrikat, dessen Image Anfang der 1980er Jahre noch geprägt war von Biederkeit, von Hut- und von Hosenträgern. Zwar fand Konkurrent Porsche 1981 auf dem europäischen Markt knapp 5000 Käufer für den 911 SC, doch schließlich konnte sich der Elfer ja auch seit 1964 als Sportwagenikone

quattro-Kommandozentrale zum Serienstart: Kontrollleuchten für die beiden Differentialsperren unterhalb des Blaupunkt-Radios.

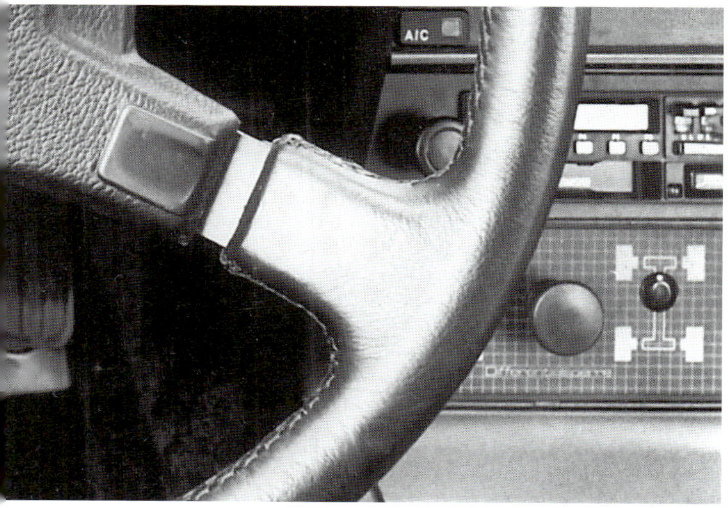

mit einem konkurrenzlosen Imagevorsprung profilieren. Der quattro hingegen stand erst am Anfang der Imagegenerierung, dies sowohl für den Allradantrieb, als auch für den Hersteller Audi.

Das Audi-Allradcoupé stand auch am Anfang seiner technologischen Entwicklung, in deren Verlauf es Zug um Zug perfektioniert werden sollte. Bereits im Mai 1981 betraf dieses Streben die beiden von Hand zu aktivierenden Sperren für das Zentral- und Heckdifferential. Eingeführt mit Fahrgestellnummer 85 B 901 484 lassen sich die Sperren statt mechanisch mittels Seilzügen (die dazu neigen, Geräusche zu übertragen) fortan mit Hilfe des Saugrohrdrucks mechanisch/pneumatisch mittels Unterdruck zuschalten. Statt der beiden Hebel unterhalb der Handbremse, der rechte für die Zentraldifferentialsperre, der linke für die hintere Differentialsperre, dient der Sperrenaktivierung nun ein zweistufiger Zugschalter mit rundem Knopf an der Mittelkonsole, dort, wo zuvor der Schriftzug „Differentialsperre“ zwischen den beiden Allradsymbolen stand.

Der Unterdruck wird vom Schalter zu zwei Unterdruckelementen am hinteren Achsantrieb geleitet. Zur Sperre für das zentrale Verteilergetriebe führt nach wie vor ein Seilzug. Die hintere Differentialsperre wird von den Unterdruckelementen über einen Klemmhebel betätigt. Wird der Schalter in die erste Stufe gezogen, betätigt der Saugrohrdruck das Schaltelement der Zentraldifferentialsperre, einhergehend mit dem Aufleuchten einer grünen Leuchte in der Mitte eines Allradsymbols zur Rechten des Zugknopfes. Wird der Zugknopf in die zweite Stufe gezogen, gelangt der Saugrohrdruck sowohl zur Zentral-, als auch zur Hinterachsdifferentialsperre – nun leuchtet auch die Sperrenkontrollleuchte zur Linken des Zugknopfes auf.

Sperrenaktivierung zum quattro-Serienstart: zwei Zughebel zwischen Handbremse und Mittelkonsole.

Sperrenaktivierung ab Mai 1981: Zugknopf zwischen den Kontrollleuchten – Systemdetails gegenüber.

Das Hinterachsdifferential lässt sich somit nicht mehr sperren, ohne dass zugleich auch das Zentraldifferential gesperrt wurde. Diese Zwangsreihenfolge soll verhindern, dass auf trockener Fahrbahn versehentlich lediglich das Heck-Differential gesperrt wird, was dieses unter solchen Bedingungen beschädigen könnte. Die Sperren selbst erfolgen mittels Klauen und verbinden die jeweiligen Differentialkörbe mit den Antriebswellen starr (100 %-Sperren).

Systemdetails der zweiten Differentialsperren-Generation: Betätigung nun mechanisch/ pneumatisch mit Hilfe des Saugrohr-Unterdrucks.

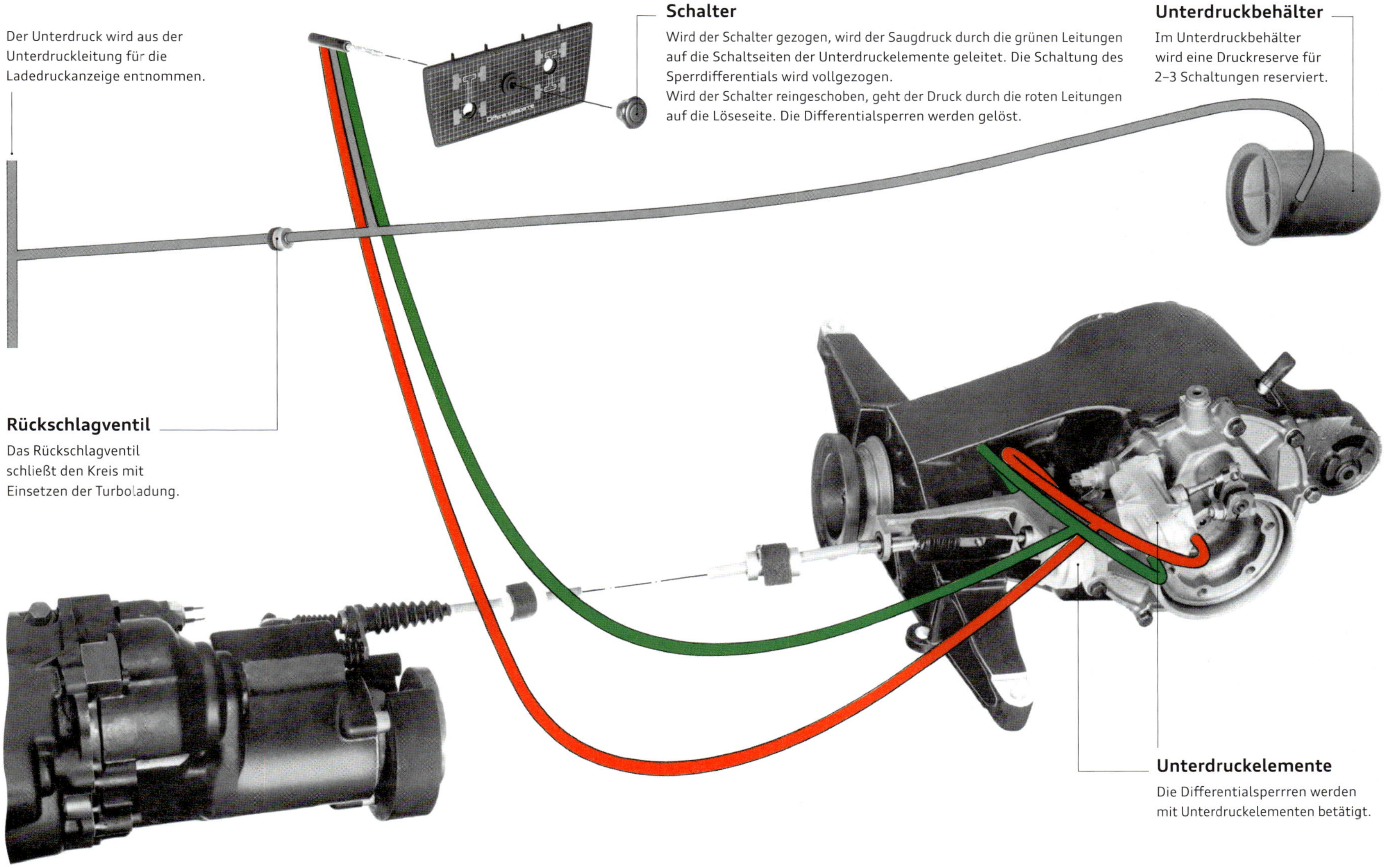

Der Unterdruck wird aus der Unterdruckleitung für die Ladedruckanzeige entnommen.

Schalter

Wird der Schalter gezogen, wird der Saugdruck durch die grünen Leitungen auf die Schaltseiten der Unterdruckelemente geleitet. Die Schaltung des Sperrdifferentials wird vollgezogen.
Wird der Schalter reingeschoben, geht der Druck durch die roten Leitungen auf die Löseseite. Die Differentialsperren werden gelöst.

Unterdruckbehälter

Im Unterdruckbehälter wird eine Druckreserve für 2–3 Schaltungen reserviert.

Rückschlagventil

Das Rückschlagventil schließt den Kreis mit Einsetzen der Turboladung.

Unterdruckelemente

Die Differentialsperrren werden mit Unterdruckelementen betätigt.

Sperrenbetätigung im Wandel: Auf den Zugschalter folgte im September '82 ein Drehschalter, dazu nur noch eine Sperren-Grafik.

Armaturenbrett als Objekt des Experimentierens: Dieser Designentwurf mit modifizierten Schaltern und neu arrangierter Mittelkonsolen-Logistik stammt vom Juni 1982.

Der zweistufige Zugknopf wich übrigens bereits mit Modell '83 (einhergehend mit der Einführung der digitalen Armaturen – siehe Seite 254 ff) einem Drehknopf, an dessen Stelle 1989 wiederum im Zuge der Einführung des Modells 20V ein Kippschalter treten sollte (siehe Seite 336). Doch damit nicht genug der Sperren-Betätigungsarten: So hatte die Audi-Designabteilung im Juni 1982 einen Entwurf vorgelegt, der zwei unabhängige Sperren-Drucktasten, gekennzeichnet mit „1" und „2", vorsah, dies in Kombination mit neu gestalteten Drucktasten links und rechts des neuartigen VFD-Instrumentariums (siehe Seite 254 ff). Diese Varianten fanden indessen nicht die Gnade der Ingolstädter Entscheider, wenngleich sich die erste grundlegende Modifikation des quattro-Cockpits – siehe gleichfalls Seite 254 – eng daran anlehnte.

Nicht wenige der ersten quattro-Käufer glaubten, sich in ein Wunderauto versetzt, in eines mit grenzenloser Kompetenz dank der vier angetriebenen Räder und der beiden Differentialsperren. Tatsächlich suggerierte dieses Coupé mit seiner damals unübertroffenen Fahrstabilität, Traktion und Spurtreue auch auf schlüpfriger Fahrbahn ein Höchstmaß an Fahrsicherheit – und das verleitete so manchen quattro-Piloten, die natürlich selbst für einen Allrad-Sportwagen fixierten physikalischen Grenzen zu überschreiten. „Auch der Allrad-Antrieb des Audi Quattro", vermeldete folglich *auto motor und sport*-Reporter Peter Frey in Ausgabe 9/1982 das Selbstverständliche, „ist keine Garantie gegen Unfälle." So hatten offensichtlich nicht wenige quattro-Fahrer der ersten Stunde sich und ihr Gefährt überschätzt und folglich mehr oder weniger heftigen Flurschaden angerichtet – darunter auch Journalisten von unterschiedlicher fahrerischer Kompetenz, denen die Audi-Presseabteilung einen quattro zum Zwecke des Testens überlassen hatte.

Einer davon, Redakteur E. W. vom Lokalblatt *Heilbronner Stimme*, hatte seinen Test-quattro im November 1981 auf der Autobahn zerlegt, als er auf der Überholspur mit 120 km/h auf eine Eisplatte geriet – Ergebnis: Totalschaden am inklusive vieler Optionen knapp 60000 DM teuren Testwagen. Dem allseits bekannten *ZDF*-Sportreporter K. S. wiederum kam in München eine Gartenmauer in die Quere – Ergebnis: gerade noch reparabler Sachschaden.

Schließlich ließ der *auto motor und sport*-Reporter auch den Testredakteur F. H. des Motorsportmagazins *sport auto* und den Mitarbeiter P. J. der eigenen Testabteilung in seinem Unfallbericht nicht ungeschoren. Ersterer musste auf der Autobahn Stuttgart – Singen mit seinem Test-quattro innigen Leitplankenkontakt erdulden – Ergebnis: 14700 DM Schaden. Und der Zweite unterschätzte bei der quattro-Titelfotoproduktion für Ausgabe 4/1981 des Stuttgarter Magazins die Höhe und Härte eines Schneewalls – Ergebnis: ein demolierter Frontspoiler.

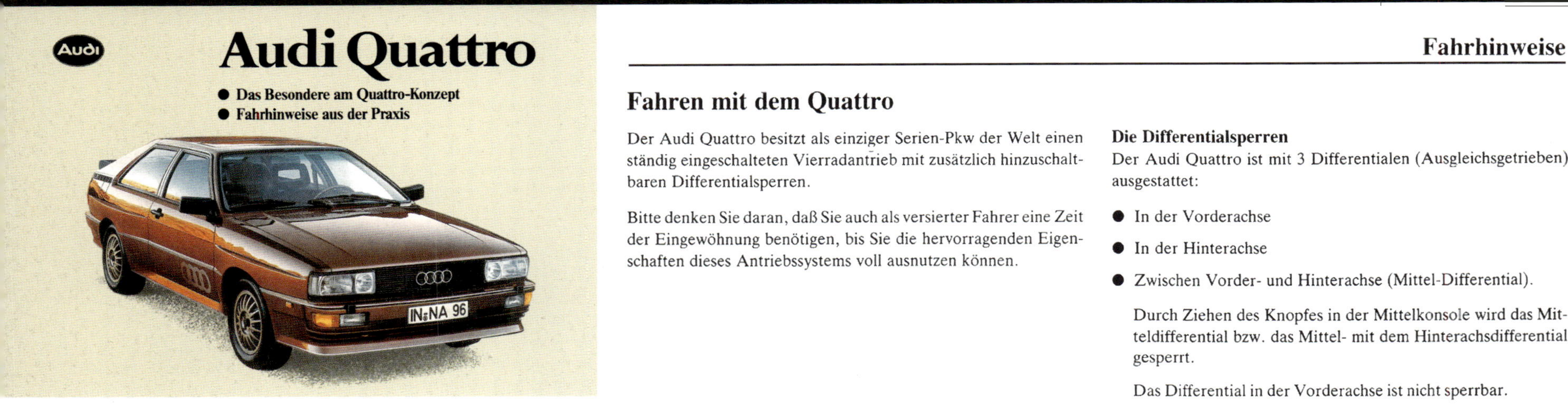

Audi Quattro

- Das Besondere am Quattro-Konzept
- Fahrhinweise aus der Praxis

Fahrhinweise

Fahren mit dem Quattro

Der Audi Quattro besitzt als einziger Serien-Pkw der Welt einen ständig eingeschalteten Vierradantrieb mit zusätzlich hinzuschaltbaren Differentialsperren.

Bitte denken Sie daran, daß Sie auch als versierter Fahrer eine Zeit der Eingewöhnung benötigen, bis Sie die hervorragenden Eigenschaften dieses Antriebssystems voll ausnutzen können.

Die Differentialsperren
Der Audi Quattro ist mit 3 Differentialen (Ausgleichsgetrieben) ausgestattet:

- In der Vorderachse
- In der Hinterachse
- Zwischen Vorder- und Hinterachse (Mittel-Differential).

Durch Ziehen des Knopfes in der Mittelkonsole wird das Mitteldifferential bzw. das Mittel- mit dem Hinterachsdifferential gesperrt.

Das Differential in der Vorderachse ist nicht sperrbar.

Vorsichtsmaßnahmen in der quattro-Betriebsanleitung: „Bitte denken Sie daran, …"

Fast 700 quattro-Frontspoiler musste Audi bis Mai 1982 an das Audi-Werkstattnetz liefern, Stückpreis: 1026 DM – Obolus für offensichtlich unplanmäßige Geländefahrten. Den Absatz von 160 Kühlern wertete quattro-Initiator Bensinger im Schadensbericht als ernsthafter: „Wer den Kühler beschädigt, hat einen Unfall gehabt." Naturgemäß blieb diese spezielle quattro-Statistik dem Audi-Ingenieur nicht verborgen, zumal er schon selber entsprechende Erfahrungen durchlitten hatte. „Die physikalischen Gesetze gelten selbstverständlich auch für den Quattro", versicherte er Frey, „und genau das schreiben wir auch in der Betriebsanleitung."

Tatsächlich steht dort unter der Überschrift „Fahren mit dem Quattro" (mit großem „Q"!): „Bitte denken Sie daran, daß Sie auch als versierter Fahrer eine Zeit der Eingewöhnung benötigen, bis Sie die hervorragenden Eigenschaften dieses Antriebssystems voll ausnützen können." Und weiter heißt es in der Urfassung der quattro-Betriebsanleitung unter der Überschrift „Fahren auf rutschiger bzw. glatter Straße": „Durch den ständigen Antrieb aller vier Räder wird die hohe Motorleistung auch bei relativ glattem Untergrund gut auf die Straße übertragen. Dabei ist aber zu beachten, daß auch beim Quattro bei zu hoher Geschwindigkeit die Vorderräder aufschwimmen können (Aquaplaning). Dabei wird – im Gegensatz zu Fahrzeugen mit Frontantrieb – der Beginn des Aufschwimmens nicht durch ein plötzliches Hochdrehen des Motors angezeigt. Deshalb gilt auch hier: Nicht mit zu hoher Geschwindigkeit fahren …"

Seinen Crash-Artikel unter dem Slogan „Grenz-Verkehr" schloss Peter Frey mit einem Piëch-Zitat, das mir selber beim Lesen wohlbekannt war (siehe auch Seite 13): „Jeder Fahrer", so der damalige Audi-Entwicklungsvorstand, „sollte beim Einsteigen in den Quattro den Kopf nicht draußen lassen."

Diese Empfehlung galt naturgemäß auch für amerikanische quattro-Käufer, denen der Allrad-Audi ab dem Januar 1982 von Volkswagen of America offeriert wurde – Absatz-Planziel für das erste Jahr: 500 Exemplare zu jeweils rund 35000 $ Grundpreis[1]. Im Juni des US-Einführungsjahres veröffentlichten fast zeitgleich die beiden großen US-Automagazine, *Car & Driver* und *Motor Trend*, ihre quattro-Tests. Motorisch entsprachen die US-quattro allerdings nicht den europäischen Artgenossen. US-amerikanische Abgasrestriktionen hatten die Nennleistung um rund 20 Prozent auf 160 SAE-PS (119 kW) gedrückt, verursacht durch den Einsatz eines Drei-Wege-Katalysators. Auch das maximale Drehmoment litt signifikant unter der Abgasentgiftung, wie dies in den Debütjahren des geregelten Katalysators generell hinzunehmen war[2]. So stehen im US-quattro lediglich 230 Nm bei 3000/min zur Verfügung, 55 Nm weniger als in der Europa-Version.

Diese deutliche Erschlaffung hatte naturgemäß Auswirkungen auf die von der US-Version des quattro gebotenen Fahrleistungen. Zum Beleg seien vergleichend die Messwerte von *auto motor und sport* (Ausgabe 4/1981) und *Car & Driver* (Ausgabe 6/1982) herangezogen. In der Höchstgeschwindigkeit verlor der US-quattro mit 122 mph (195,2 km/h) gegenüber dem deutschen Testwagen immerhin 27 km/h. Beim Beschleunigungswert 0 bis 160 km/h lautete das Verhältnis 19,1 zu 25,1 Sekunden zuungunsten der US-Version.

[1] Preis an der Ostküste, Westküsten-Preis: 34000 $; zum Vergleich: BMW forderte 1982 für den 218 PS-635 CSi knapp 40000 $, Porsche für den 928 S etwas über 40000 $.
[2] zum Vergleich: Audi Coupé ohne/mit Kat (US-Version) 130 PS/101 PS, Audi 200 5T ohne/mit Kat (US-Version 5000 Turbo) 170 PS/132 PS, BMW 633 CSi ohne/mit Kat (US-Version) 197 PS/176 PS, Mercedes-Benz 380 SE ohne/mit Kat (USA) 204 PS/157 PS, Porsche 911 SC/'82 ohne/mit Kat (US-Version) 204 PS/172 PS (Quelle: jeweils *Automobil Revue*/CH *Katalog '82*).

quattro

Engineered for those who value excellence.
Audi Quattro offers the discriminating motorist a demonstration of superlative engineering packaged in a high-performance road car with amazingly good handling and powerful performance. So much so, that for a select few, it will represent the "car of a lifetime"

Unprecedented and unequaled in our time.
Almost all passenger cars have one of two drive configurations: either two driven front wheels, or two driven rear wheels. Up until a few years ago, rear-wheel drive was the generally accepted norm. But, recently, car designers have increasingly favored the front-wheel-drive layout.

The newly developed Quattro demonstrates a **no-compromise** drive layout of rather special technical appeal: the Quattro is a high-powered passenger car **with permanently engaged four-wheel drive.** This is combined with a 2.2-liter five-cylinder fuel-injection engine developing 160 SAE net horsepower (at 5500 rpm) with a **turbocharger** and **special air inter-charge cooling**... enabling track speeds in excess of 125 mph, in fourth gear. All told, a combination which very convincingly shows the excellent performance potential of four-wheel drive.

Four-wheel drive permanently engaged.
Unlike familiar types of four-wheel-drive transmissions, where—in most cases—the drive is engaged as required for difficult conditions, on Quattro all four wheels are driven all the time. This is essential with a high-powered, four-wheel-drive car to ensure that the transmission of power to the running gear is perfectly balanced in all situations on the road.

The highly refined design of Audi front-wheel-drive cars offers the ideal basis for a high-performance four-wheel-drive vehicle. Audi Quattro uses a five-speed manual gearbox, very nearly the same as the unit which has proven successful in thousands of five-cylinder Audis already on American roads.

The torque from the five-speed gearbox is also transmitted to the **rear differential** via a **center differential** and a drive train from the back of the gearbox. This design has made it possible to adopt components from Audi 5000 and 5000 Turbo production. For example: the clutch and clutch linkage, the input shaft with gear clusters, bearings and synchromesh, the front differential, the gearbox housing and gear-change mechanism are the same—apart from the use of improved materials in some places.

There is one small, but essential, difference: instead of the normal output shaft, the gearbox employs a **tubular** shaft which enables a center differential to be **integrated** in the gearbox, with **very little** extra weight and without taking up additional space in the car. This differential distributes the torque evenly to the front and rear final drives, almost completely compensating for changes in weight distribution... both when the car is laden as well as under the dynamic effects of driving from a halt and accelerating.

Quattro's center differential works together with the front and rear differentials to reduce tire "scrubbing" and wear—as when negotiating a tight corner or parking—in spite of the permanently engaged front-wheel drive.

The propeller shaft connected to the center differential has **constant-velocity joints** at each end and a **cardan-type** universal joint in the center, to save space.

An uncanny car to drive.
For example, you will experience a phenomenon of the low rolling resistance of **four driven wheels**—actually **lower** than that of conventional layouts (two driven wheels and two free-running wheels). And the more power that has to be transmitted, the greater this adhesion becomes in Quattro. This is only possible because Quattro's tires do not "scrub"... something the unique center differential takes care of.

For **even greater adhesion,** in extreme situations, additional differential "locks" have been provided. There is a locking mechanism, on the center differential, between the front and rear drives, and a vacuum switch on the dash engages both locks for the rear differential. These are standard features, of course. Engagement of these additional locking mechanisms is simple, by means of a single control knob on the center console which can be operated at any time.* A console light indicates to the driver when the differential locks are engaged.

The suspension system of Audi Quattro is both unique, yet designed with a flair for innovative adaptation of proven technology. In an effort to employ existing standard parts as far as possible, Audi engineers adopted a number of ideas—particularly for the suspension system—not only ingenious but superbly effective!

The highly efficient MacPherson strut front suspension, nearly identical to that in Audi front-wheel-drive cars, has also been employed, **for the rear axle** (except that it has been turned 180°).

***See Owner's Manual for instructions.**

Quattro's engine: more power from intake-charge cooling.
Total SAE net horsepower of 160 makes Quattro's five-cylinder powerplant the most powerful in the entire Audi line. And, as you would expect, power of such magnitude came about only as the result of painstaking development in Ingolstadt.

Quattro's power increase is mainly derived from an inter-cooler which **reduces** the temperature of the intake air by 50° to 60° C (122° to 140°F). This means that the air blown into the combustion chambers is **more dense,** which is the same as giving the engine **an increased supply of oxygen**. The result is more power and reduced consumption.

The effective use of "intake-air cooling" is made possible by a technique not yet widely exploited in automotive engineering: **all-electronic ignition**. This unique system employs a special sensor, in the intake manifold, to register temperature variations and relay this data to **an electronic processor** which continuously calculates and adjusts the necessary ignition timing for best performance and economy*.

Other type ignition systems are not so flexible. They are only able to work on the parameters of "manifold depression" (or pressure) and "engine speed". This made it necessary, in these other systems, to set **a fixed ignition starting point** —one that was suitable for extreme cases—in order to prevent engine "knock" even at high, intake-air temperatures, with little ram-cooling effect.

In contrast, Quattro's unique **all-electronic** ignition system makes it possible—with the engine on the test bench—to determine the engine characteristics for **256 specific load conditions** and to program **the most efficient** ignition timing values into the onboard processor. The Quattro system allows an ignition advance of about 50° before tdc (top dead center) which has the effect of most efficient fuel combustion for the job at hand.

The Quattro, as imported, has EPA mileage estimates that are pleasantly surprising, given its superb performance capabilities: [17] estimated mpg*, 28 highway estimate.

***Use "estimated mpg" and "touring estimate" for comparison to other cars. Your actual mileage may vary with speed, weather, and trip length. Highway mileage and highway range will probably be less.**

The Quattro exhaust system: stainless steel throughout.
Another factor contributing to Quattro's power increase, and—at the same time—a visible feature, is the new exhaust system which is stainless steel throughout. It has larger bores than previous systems and ends up in a **dual tailpipe**, below Quattro's visually distinctive rear spoiler.

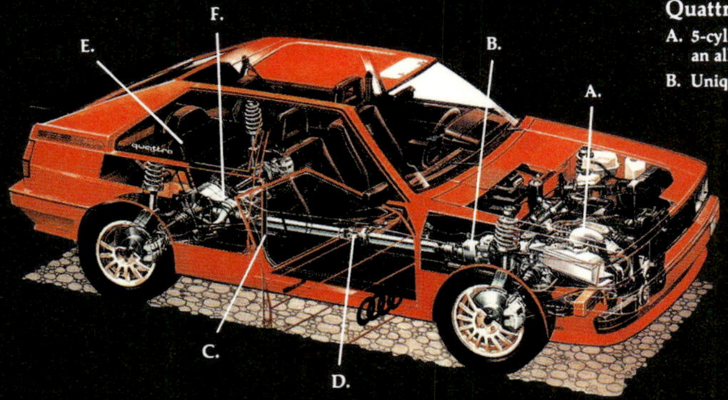

Quattro must be experienced by a knowledgeable motorist.

A. 5-cylinder, turbocharged, gasoline engine features unique intercooling, and an all-electronic ignition system with computerized ignition timing.

B. Unique interaxle differential. Integrated into existing 5-speed gearbox.

C. Quattro exhaust system is stainless steel throughout.

D. Cardan-type center universal joint, and two constant-velocity joints in propeller shaft to rear drive-axle.

E. Touring-size fuel tank: 23.8 U.S. gallons. (90 liters). Highway-estimate touring range: 650 miles*.

F. Cleverly designed rear suspension, uses a modified front suspension turned 180 degrees.

G. Engine performance will set a new standard.
Top track speed: 128 mph (206 km/H)
0-50 mph: 5.3 seconds
0-60 mph: 7.5 seconds

Beeindruckt waren die US-Tester dennoch von der Ingolstädter Allrad-Sensation – obwohl sie nicht sechs Monate Zeit hatten, das quattro-Potential voll zu erfassen. Was hat es mit diesen sechs Monaten auf sich? Dieses halbe Jahr Fahrpraxis, so zitierten die *Car & Driver*-Tester Dr. Ferdinand Piëch, brauchte es, um einen quattro völlig und bis ans Limit zu meistern. Bei aller Begeisterung für die Talente – *C & D*-Redakteur Don Sherman: „Das weltweit einzige Automobil, das man sich für einen regnerischen Tag sichern sollte!" – hatten die Amerikaner doch Einiges am quattro auszusetzen: den Mangel an Kontrollinstrumenten für den Motor beispielsweise, den zu hohen Treibstoffverbrauch (17 mpg entsprechend 13,83 L/100 km) und auch zu kurze Sitzschienen. Dr. Piëch, so Tester Larry Griffin, versprach jedoch den amerikanischen Journalisten, alle diese Kritikpunkte „in the next-generation Quattro" zu beheben.

Der quattro für die US-Enthusiasten: „konstruiert für jene, die Exzellenz zu schätzen wissen ..."

quattro-Eloge im Prospekt für US-Käufer: „Investition in Eleganz“, der quattro sei „der nächste Schritt.“

Audi Quattro
An investment in elegance.

"Elegance" is a much-bandied word. Especially regarding American cars. There are appellations that might lead one to envision the **ne plus ultra** motorcar—only to discover it is merely a heroic emblem attempting to disguise a rather ho-hum car.

When you look beyond Quattro's rather formidable performance and handling credentials, you will recognize the **quintessence** of the grand touring machine. For one thing, Quattro is superbly comfortable. For another, Quattro is able to cope easily with everyday situations. At once, Quattro is superbly mobile for winter holidays in the mountains, or when the long-distance traveler finds himself eating up endless miles of flatland freeways.

Quattro is all of these things **by design**. By extremely careful ergonomic detailing. Everything fits driver and passengers to the proverbial "T". For example, both front seats have the capability to be easily height-adjusted, aside from the expected fore-and-aft, and seatback angle adjustments. There are instruments of exceptional accuracy and clarity. Even the unique "differential lock" indicators are simple to use, clearly understood. Naturally, beyond the impressive list of standard Quattro features, you will find a few items of optional equipment: leather-covered seating, electrically heated front seats, rear window wiper/washer, a removable sunroof, and metallic paint.

But the items you often pay extra for have been included as standard Quattro equipment. Namely, electrically controlled and heated outside mirrors (right and left); air conditioning; radio speakers; an electronic antenna; central door-locking system power windows; wide, 6J X 15 light-alloy wheels; flexible front and rear air-dams that wrap around the wheel openings; a flexible spoiler, mounted on the hatch opening; front foglights incorporated in the bumper (next to the turn indicators); bronze-tinted glass, all around—with green, anti-dazzle strip along the top; a stainless steel exhaust system; an AM/FM stereo radio/cassette player; a leather-trimmed, four-spoke steering wheel (even leather-trimmed gear lever knob and all-leather gear lever boot); right down to the fully lined luggage compartment with utility light.

You will feel extremely secure and comfortable in your Quattro. It is truly "a car for all seasons".

In the automotive cosmos that is moving, more and more toward "look-alike/drive-alike" automobiles, there is **one car** that has taken a significant engineering leap forward.

Quattro: THE NEXT STEP.

Veränderungen erfuhr, Zug um Zug, speziell der quattro-Verkaufspreis – und das nicht zum Vorteil der Konsumenten. Kostete so ein quattro den Käufer der ersten Stunde noch DM 49900,– (Basispreis), so mussten quattro-Enthusiasten ab dem Mai 1981 bereits DM 52400,– entrichten und ab Dezember 1981 sogar DM 56820,–. Danach ging es Schlag auf Schlag – und die folgende Listung nimmt naturgemäß die komplette quattro-Geschichte zumindest in den deutschen Preislisten vorweg:

- März 1982: DM 59700,–
- Oktober 1982: DM 61955,–
- April 1983: DM 63720,–
- Juli 1983: DM 64300,–
- August 1983: DM 65220,–
- September 1983: DM 66858,–
- Januar 1984: DM 66685,–
- Februar 1984: DM 69595,–
- Juni 1984: DM 74465,–
- Oktober 1984: DM 75915,–
- April 1985: DM 77845,–
- Dezember 1985: DM 77900,–
- Juli 1986: DM 79570,–
- Februar 1987: DM 81515,–
- November 1987: DM 83100,–
- Juli 1988: DM 85020,–
- Februar 1989: DM 82675,–
- Juli 1989: DM 91000,–
- Januar 1990: DM 93650,–
- November 1990: DM 96200,–

Die Oktober-Preiserhöhung des Jahres 1982 ging immerhin einher mit für das Modelljahr 1983 leuchtstärkeren Cibié-Hauptscheinwerfern statt der Doppelscheinwerfer, die mit einem miserablen Abblendlicht Kritik auf sich gezogen hatten. Während der neuen Lichttechnik ungeteiltes Lob zuteil wurde, erfuhr das bereits zuvor im September 1982 aufgewertete quattro-Cockpit keine einhellige Beurteilung von Medien und Käufern.

Aufwertung?

Diese Einschätzung galt nur dann, wenn man bereit war, futuristisches Design und innovative Technologie an Stelle klassischer analoger Rundarmaturen zu goutieren. Gerade das erste, sehr einfache und inkomplette quattro-Instrumentarium hatte in ersten Tests stets Missfallen erregt, schien es doch eines 50000 DM-Gefährts nicht würdig zu sein. Hartmut Warkuß war sich dieses Defizits durchaus bewusst, doch in der Budget- und Zeitnot mussten sich die ersten quattro und deren Käufer mit dem frugalen Cockpit des Audi 80 begnügen, einer braven Mittelklasselimousine, deren Preisliste bei rund 16000 DM startete. Gegenüber diesem war aus Platzgründen gar das Wasserthermometer entfallen, an dessen Stelle ein Ladedruckmesser rückte. Das Cockpit sei nämlich, so Designchef Hartmut Warkuß, „eines der aufwändigsten Entwicklungen im Automobilbau“ (siehe auch Seite 172) und deshalb bei der quattro-Entwicklung zunächst einmal zurückgestellt worden.

Immer wieder auf das Armaturenmanko hingewiesen, entschied Dr. Piëch schon bald nach dem quattro-Debüt, dass hier Änderungen vorrangig seien. Ein progressives Automobil wie der quattro müsse auch im Interieur Progressivität ausstrahlen, so Dr. Piëch – und Fortschritt im Armaturenbereich versprach die Verwendung digitaler statt analoger Instrumente. Diese hatte der einst in Frankfurt ansässige Autoveredler Rainer Buchmann (b+b) bereits 1979 anlässlich der Frankfurter IAA in Gestalt seines Fahrer-Informationssystems namens „Dinfos“ vorgestellt, damit in der Automobilpresse für Aufsehen sorgend – und offensichtlich auch in Ingolstadt.

Hartmut Warkuß: „Die Digitaltechnik galt als fortschrittlich, und als sie serienreif war, entschieden wir uns für die Verwendung im quattro, um dessen Hochwertigkeit zu dokumentieren, auch zur Differenzierung vom Audi Coupé.“ Verantwortlich für die Umsetzung war Elektronik-Spezialist Dirk Bösenberg (siehe auch Seite 137), der bereits Anfang der 1980er Jahre prognostiziert hatte, dass Analoguhren in den kommenden zwei Jahren veraltet seien. Bis dahin habe das Digitale obsiegt.

quattro-Frontpartie bei Serienstart: Doppelscheinwerfer, Abblendlicht mit kritikwürdiger Leistung.

quattro-Frontpartie Modelljahr '83: Cibié-Hauptscheinwerfer, klares Design, hervorragende Lichtausbeute.

Vorsprung durch Digitalisierung: 1979 neuartiges Fahrerinformationssystem „Dinfos" von Tuner b+b, realisiert in einem VW Polo.

quattro-Merkmal ab September 1982: digitale Vakuumfluoreszenz-Anzeigen an Stelle klassischer Armaturen in analoger Technik.

[1] **Vakuumfluoreszenz-Anzeigen** (VFD-Technologie) wurden 1967 von dem japanischen Elektronik-Unternehmen Noritake Corp. erfunden. Sie gleichen im Aufbau einer Elektronenröhre: In einem Glaskolben sind hier ein Heizfaden, ein Steuergitter und eine Anode eingebaut. Der Heizfaden wird zum Glühen gebracht und sendet Elektronen aus. Das Steuergitter erzeugt ein elektrisches Feld zum Beschleunigen der Elektronen. Die Anode ist mit einer hellgrün fluoreszierenden Phosphorschicht belegt, die durch die Elektronen zum Leuchten angeregt wird. Die Anode ist in einzelne Segmente unterteilt, die je nach Ansteuerung hell oder dunkel leuchten und so im Display Zahlen oder Strichsegmente darstellen.

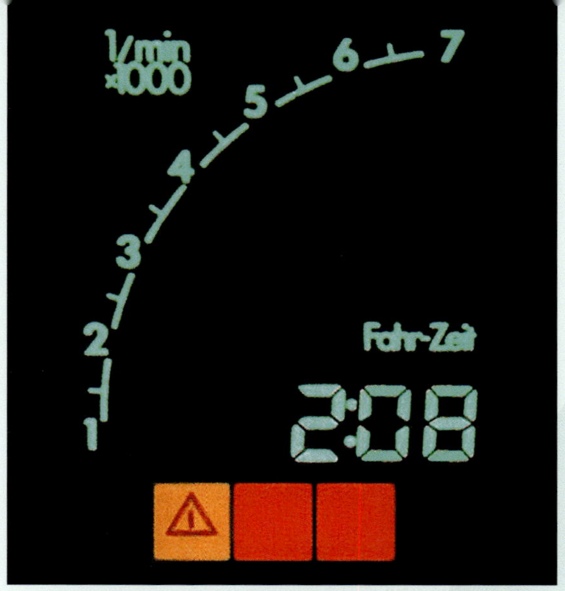

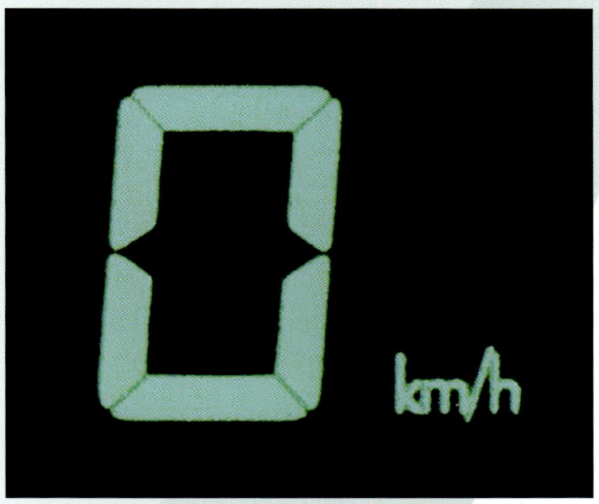

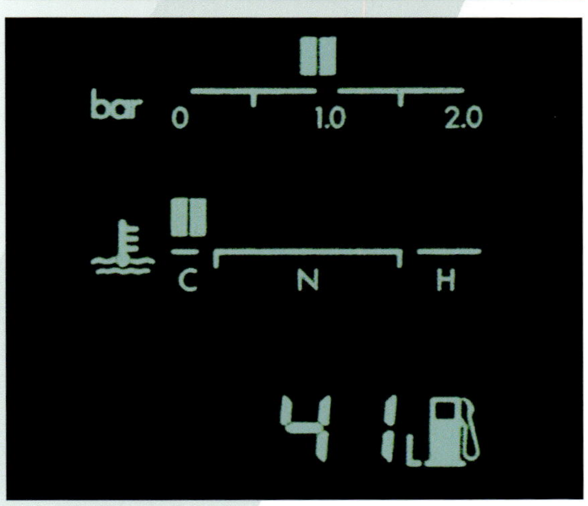

Die Cockpit-Zukunft ist digital – fast jedenfalls: quasianaloger Drehzahlbogen mit kleinen grünen Anzeigesegmenten, Fahrzeitanzeige als eine von sechs alternativen Infos, …

… zentraler Tacho mit großen, aus Leuchtsegmenten zusammengesetzten Zahlen, …

… quasianaloge Ladedruck- und Temperaturanzeigen, Ziffern für den Tankinhalt.

Doch wie funktioniert der zukünftige Sieger, die digitale Novität im Audi quattro des **Modells '83**, eingeführt im September 1982 mit Fahrgestellnummer 85-D-900 722?

Sie ist auf der Basis von Vakuumfluoreszenz[1]-Anzeigen aufgebaut. Je nach Anforderung des Fahrers erfolgen die Anzeigen mit mehrstelligen Digitalanzeigen und mit verschieden ausgelegten Quasianaloganzeigen. Dazu gesellen sich herkömmliche Kontrollleuchten und Kilometerzähler. Digital werden in dem damals neuartigen Instrumentarium die Geschwindigkeit in km/h (mit besonders großen Ziffern zentral positioniert), rechts unten die Tankanzeige (mit kleineren Liter-Angaben) und links unterhalb des quasianalogen Drehzahlbogens die Bordcomputeranzeige kommuniziert.

Quasianalog informieren mit wandernden, kleinen grünen Anzeigesegmenten zur Drehzahl (im Anzeigebereich 800 bis 7000/min), zum Ladedruck (0 bis 2 bar, wobei jeweils zwei Segmente den Messwert anzeigen; über 1,8 bar leuchten die oberen drei Segmente) und zur Kühlwassertemperatur mit einem Kalt-, Normal- und Heiß-Anzeigebereich (unter 50 Grad Celsius leuchten grün die äußerst linken Segmente, über 120 Grad Celsius blinken die vier Segmente äußerst rechts im Heiß-Bereich).

Der digitale Tachometer hat einen Anzeigebereich von 5 bis 255 km/h, wobei bei Tempi unter 5 km/h Null angezeigt wird. Nach dem Einschalten der Zündung erscheint zur Funktionskontrolle zunächst die Zahl „288". Die digitale Tankanzeige signalisiert einen Treibstoffvorrat von 5 bis 90 Liter, wobei ein Tanksäulensymbol bei 10 Liter Tankinhalt blinkt, während bei nur noch 5 Liter in der Tankanzeige ein warnendes „L" (für leer) aufleuchtet. Digital agiert auch der Bordcomputer, dessen Funktionswählschalter, ein rechts am Displaygehäuse positionierter Wippschalter mit Rücksetztaste, es dem Fahrer erlaubt, unter diesen Informationen zu wählen:

- Durchschnittsverbrauch in L/100 km,
- Momentanverbrauch in L/100 km,
- Durchschnittsgeschwindigkeit in km/h,
- Reichweite in km,
- Fahrzeit in Stunden/Minuten sowie die
- Uhrzeit.

An der linken Seite des Instrumententrägers ermöglicht ein Rändelrad die Einstellung der Helligkeit des elektronischen Displays, dessen Anzeigen in lichtem Grün gehalten und die mittels eines speziellen Kontrastfilters auch bei starker Sonneneinstrahlung gut lesbar sind. Links daneben befindet sich zudem eine Taste für eine Minimalanzeige.

Sie schaltet die äußeren Displays zwecks Konzentration des Fahrers auf die Geschwindigkeitsanzeige aus. Sobald jedoch eine kritische Situation eintritt, werden die Nebenanzeigen (etwa für die Wassertemperatur, Tankinhalt unter 10 Liter, Reichweite unter 50 km oder Fahrzeitwarnung) automatisch wieder hinzugeschaltet. Weiterhin konventionell, das heißt elektromechanisch, funktionieren in den Hightecharmaturen des quattro der sechsstellige Gesamtkilometerzähler und der vierstellige Tageskilometerzähler mit weißen Ziffern vor schwarzem Hintergrund.

Im Gegensatz dazu völlig unkonventionell ist das Bordcomputersystem mit einer Sprachausgabe verknüpft, die dem Fahrer auftretende Fehlfunktionen des Fahrzeugs mit der Stimme von Patricia Lipp, der damaligen Verkehrsfunksprecherin des Bayerischen Rundfunks, akustisch mitteilt, sollte der Wagenführer eine zentrale Warnlampe im Display übersehen haben. Diese Fehleransage besteht aus 23 in einem elektronischen Speicher abgelegten Wörtern, die mit Hilfe eines Mikroprozessors zu Sätzen kombiniert werden. Die Kommunikation der Warnhinweise übernimmt der linke Lautsprecher des Autoradios, wobei vor und nach jeder Fehleransage ein Gong ertönt. Reagiert der Fahrer auch auf den Zuruf seines Automobils nicht, insistiert dieses bei besonders schwerwiegenden Fehlern alle zwei Minuten mit wiederholten Mahnungen.

Als „schwerwiegend" stuft das System diese Mängel ein:

- Bremssystem defekt,
- Bremsflüssigkeits-Niveau zu gering,
- Handbremse gezogen (sofern Fahrzeug in Fahrt),
- Kühlwassertemperatur zu hoch,
- Kühlsystem muss geprüft werden,
- Ölstand zu gering.

Als weniger schwerwiegend (und daher nur beim Ausschalten der Zündung wiederholt in Erinnerung gerufen) schätzt der Bordcomputer beispielsweise einen nicht angelegten Sicherheitsgurt ein, ein zu niedriges Scheibenwaschwasserniveau oder aber auch ein defektes Bremslicht. Wer unter Erinnerungslücken leidet, der kann über eine Abruftaste am Scheibenwischerhebel alle zuvor kommunizierten Katastrophenverlautbarungen seines quattro abrufen.

Gimmick oder nicht: Der „sprechende Computer" im Audi quattro des Modelljahres 1983 war in Audi-Showrooms und gleichermaßen in Redaktionsstuben ein Gesprächsthema ersten Ranges – und eines mit diametral entgegengesetzten Meinungen dazu. „Eine Stummschaltung der Ansage-Elektronik", bemängelte etwa Klaus Peter Backfisch 1986 in seinem quattro-Test für das Magazin *Gute Fahrt* (Ausgabe 2/1986), „im Quattro fehlt noch." Offensichtlich fühlte sich nicht nur so mancher Journalist von den quengelnden Ansagen der „zänkischen Lady" namens „Cybil" (O-Ton *Cars & Car Conversions*/GB, Ausgabe vom März 1985) eher genervt, als informiert, sondern gerüchteweise auch Audi-Entwicklungschef, Dr. Ferdinand Piëch. Womöglich lag es daran, dass die Info-Innovation bereits im August 1987 von Audi abgeschafft wurde, dies in Verbindung mit einer neuen Variante des Digital-Instrumentariums (siehe Seite 328).

Auch am quattro-Fahrwerk hatten die Allradentwickler Änderungsbedarf erkannt, was mit Einsatz im **August 1982** zur Verstärkung der unteren Querlenker vorn und zu modifizierten Gelenken der Querstabilisator-Aufhängungen führte, um dortige Vibrationen zu mindern. An der Hinterhand sorgten Lenkerverstärkungen für verringerte Vorspuränderungen beim Ein- und Ausfedern sowie bei Kurvenfahrt. Im **Juli 1983** entfiel zudem der hintere Querstabilisator. Das führte zwar zu einem (noch) etwas stärkeren Untersteuern der Fuhre, dem zumindest ein wenig mit einer niedrigeren Luftdruckempfehlung für die Hinterräder (1,7 bar, vorn 1,8 bar) begegnet wurde. Vor allem aber unterdrückte die Fahrwerkskur relativ ausgeprägte Lastwechselreaktionen beim abrupten Gaslupfen in schnell gefahrenen Kurven. Unter diesen Bedingungen hatten frühe quattro offensichtlich gelegentlich prägnante Heckschwenks produziert, was manchem unbedarften Lenker Schweißperlen auf die Stirn

päischen Lenkradposition vorlieb nehmen und somit die linken Spuren ihrer Landstraßen und Autobahnen aus linkseitiger Fahrerwarte erobern. Die Anpassung auf ihre Fahrgewohnheiten erfreute zwar britische Allrad-Enthusiasten, Anlass zum Murren hatten sie dennoch. Wie die V.A.G. in Deutschland (siehe Seite 191) so drehte auch die VAG (UK) Ltd. mit Sitz im Yeomans Drive in Milton Keynes, Buckinghamshire, eifrig an der Preisschraube für den quattro: „... the price", informierte das britische Auto Magazin *What Car?* im Mai 1983 seine Leserschaft, „has been upped from an already expensive £ 14500 to a cost of £ 17722." *Drive* vermutete daraufhin, Audi wolle wohl ausloten, bis zu welchem Preis wohlhabende britische quattro-Interessenten mitziehen würden ...

Britisches Testgelände – auch zur Erprobung der im August 1982 geänderten Fahrwerksabstimmung des quattro: Millbrook Proving Ground in der britischen Grafschaft Bedfordshire.

getrieben hatte. Zu diesem Thema eine Anmerkung des Autors: Der *auto motor und sport*-Testwagen von Anfang 1981 war völlig frei von derartiger Tücke – was möglicherweise auf anfängliche Fertigungsschwankungen auf dem Fahrwerkssektor schließen lässt ...

Das britische Automagazin *Drive* beschrieb das ursprüngliche quattro-Lastwechselverhalten in der Ausgabe vom Oktober 1983 hingegen mit diesen Worten: „Manchmal blieb das Auto sicher in der Spur, doch wenn es der Fahrer darauf anlegte, konnte das Heck blitzartig in einen Slide abdriften. Und manchmal kam es dann zu einem Dreher." Gerade dieses uneinheitliche Gebaren, so das Enthusiastenblatt, „was a worrying feature ..." Tatsächlich hatten die Fahrwerksmodifikationen das Eigenlenkverhalten des quattro deutlich gutmütiger gemacht – was den *Drive*-Redakteuren fast schon als Spaßbremse vorkam, als sie mit ihrem Testwagen auf dem Skidpad des Millbrook-Testgeländes[1] mit wachsender Geschwindigkeit Kreise drehten: „... the Quattro behaved rather too much like a front-wheel-drive car for our taste." Je schneller der Testfahrer fuhr, desto mehr strebte der Test-quattro zum Kurvenaussenrand, „until it was impossible to get round the circle". Und wie reagierte der Audi in Millbrook auf mutwillig heftige Lastwechsel? *Drive*: „... sanft wie ein Lamm." Auch die ohnehin ausgeprägte Richtungsstabilität des quattro und die Seitenwindunempfindlichkeit hatten von der überarbeiteten Hinterhand profitiert.

Der Drive-Testwagen war im Übrigen bereits rechtsgelenkt. Zuvor, also während der ersten beiden quattro-Jahre, mussten die Briten in ihrem Allrad-Coupé zähneknirschend mit der kontinentaleuro-

[1] Das britische Millbrook Proving Ground nahe Millbrook, Bedfordshire, ist eines der größten Fahrzeug-Testgelände Europas.

Erkenne den Unterschied!
Korrekt: Dieser quattro 20V ist rechtsgelenkt, eine 1983 eingeführte Sonderausstattung für Länder mit Linksverkehr.

Für den stattlichen Mehrpreis bekamen englische Audi-Kunden zwar die Cibié-Leuchten, die Pneumatiksperren und das überarbeitete Fahrwerk, anfangs jedoch keine auf Rechtslenkung angepasste Scheibenwischerpositionierung. Auch das „Mäusekino" der linksgelenkten Continentalversion blieb den Briten vorerst versagt – was in *My Car?* prompt für neuerliche Kritik sorgte: „Die wirkliche Enttäuschung", so das Blatt, sei das Armaturenbrett. Und weiter: „A car of this class cries out for a high-tech, BMW-style facia but instead the Quattro retains the dashboard of the 80 model saloons – itself an uninspiring piece of design and ergonomics." Erst zum Modell 1984, also ab Herbst 1983, sollten auch rechtsgelenkte quattro im Armaturenbereich digitalisiert antreten.

Rallye Monte Carlo, Januar 1982:
Mikkola/Hertz (Service-Szene) Zweite hinter Röhrl/Geistdörfer im Opel.

Rallye Brasilien, August 1982:
Mouton/Pons (Foto) landen auf Platz 1, Mikkola/Hertz erleiden Unfall.

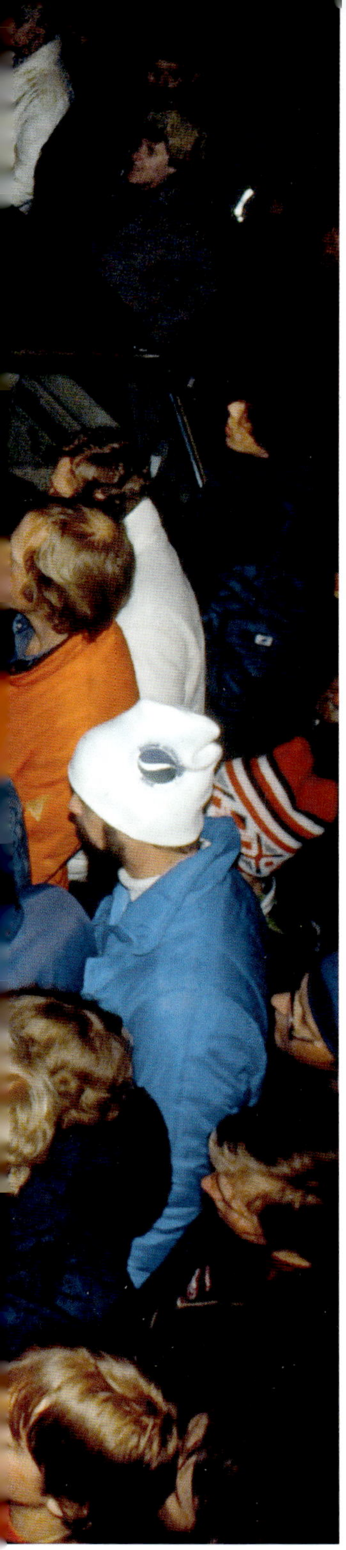

Das Fachblatt *Drive* hatte es in Millbrook demonstriert – und in der Sportabteilung von Audi war das spezielle Fahrverhalten naturgemäß auch ein zentrales Thema: die ziemlich ausgeprägte Unhandlichkeit des quattro, verursacht durch den großen Limousinen-Radstand von 2524 Millimeter, die im Grenzbereich speziell auf Asphalt allzu heftige Untersteuerneigung, verursacht durch die Kopflastigkeit wegen des weit vor der Vorderachse positionierten Fünfzylinders. „... eine Eigenart des alten Modells", frotzelte *auto motor und sport*-Chefredakteur Gert Hack Anfang 1984 in seinem quattro Sport-Fahrbericht (Ausgabe 8/1984), „ist die Tendenz, Kurven bei überhöhter Geschwindigkeit trotz eingelenkter Vorderräder ungerührt tangential zu verlassen."

Frontantriebsspezialisten wie Stig Blomqvist kamen mit diesen quattro-Eigenheiten zurecht: Sie gaben beim Einlenken Gas und bremsten zugleich, so dass der Audi dank einer entsprechend Hinterräder-betonten Bremskraftverteilung mit dem Heck ausschwenkt und, so Hack, „in den meisten Fällen die gewünschte Bahn zieht". Mit Heckantriebsgeräten sozialisierte Piloten wie Mikkola, Mouton oder Röhrl wünschten sich hingegen ein agileres Fahrverhalten, eines, das möglichst ohne brutales Zutun des Piloten von Haus aus übersteuernd ausgelegt sei.

Eine Reduzierung des Radstandes und damit einhergehend ein geringeres Trägheitsmoment um die Hochachse schien folglich das Gebot der Rallye-Stunde, und so begannen entsprechende Versuche bereits im Frühjahr 1982 (siehe „Der Allrad-Audi in Kurzfassung", ab Seite 264) ... Doch bis Ende 1982 zeigte auch der lange quattro im Rallye-Einsatz, dass mit Audi in der Rallye-WM künftig zu rechnen sei, dass womöglich gar eine neue Weltmeisterschaftsära begann. Zwar fuhr der Rallye-Weltmeister des Jahres, Walter Röhrl, mit seinem Opel Ascona noch ein konzeptionelles Auto von gestern, also eines mit Frontmotor und Zweirad-Heckantrieb. Doch Vize-Weltmeister wurde mit Stig Blomqvist bereits ein quattro-Pilot. Und – für Audi besonders wichtig – der Produzent der Rallye-Waffe von morgen wurde erstmals Hersteller-Weltmeister mit fünf Laufsiegen[1] und insgesamt 116 Punkten vor Opel mit 104 Punkten (Details siehe den Anhang auf Seite 384 ff).

Wie von den Audi-Sportlern gewünscht und erhofft, zahlten sich die Sport-Einsätze bereits im ersten erfolgreichen quattro-Jahr in klingender Audi-Verkaufsmünze aus. Das galt speziell auf ausländischen Märkten, auf denen Audi nach lediglich eineinhalb Jahrzehnten Nachkriegspräsenz der Marke noch vielfach ein kaum beschriebenes Blatt war. So verglich *auto motor und sport* in Ausgabe 4/1983 Audi-Verkaufszahlen des Jahres 1980 mit denen von 1982 auf solchen Exportmärkten, in denen Audi ab 1981 Rallye-Flagge gezeigt hatte. Es ging dem Magazin also um die Gegenüberstellung der jeweiligen Audi-Absatzzahlen vor und nach dem Engagement der Ingolstädter im Rallyesport.

In den USA hatte der Audi-Absatz demnach zwar nur um gut sieben Prozent (45525 versus 42483 Exemplare) zugenommen, doch in Belgien betrug das Plus bereits knapp zwölf Prozent (10696/9556 Einheiten). In den traditionell rallyebegeisterten Ländern wie England (plus 36 Prozent; 17955/13192 Einheiten), Finnland (plus 41 Prozent; 1230/871), Frankreich (plus 36 Prozent; 24701/18136), Italien (plus 51 Prozent; 25062/16559) und Schweden (plus 25 Prozent; 4952/3952) explodierten die Audi-Verkäufe hingegen geradezu.

Fazit des *auto motor und sport*-Sportredakteurs Norbert Haug mit Blick auf das von Audi kalkulierte 20 Millionen DM-Budget für die Rallye-Saison '83: „Der Audi-Sportetat war bisher gut angelegtes Geld."

[1] Zur Hersteller-Wertung der WM zählten lediglich zehn der zwölf WM-Läufe, nämlich die Rallyes Monte Carlo, Portugal (quattro-Sieg: Mouton/Pons), Safari/Kenia, Frankreich, Griechenland (quattro-Sieg: Mouton/Pons), Neuseeland, Brasilien (quattro-Sieg: Mouton/Pons), Finnland (quattro-Sieg: Mikkola/Hertz), San Remo (quattro-Sieg: Blomqvist/Cederberg), Großbritannien (quattro-Sieg: Mikkola/Hertz). Zur Fahrer-WM zählten außerdem die Schweden-Rallye (quattro-Sieg: Blomqvist/Cederberg) und die Rallye Elfenbeinküste.

Lombard RAC Rallye, November 1983: Wilson/Greasley vom britischen Audi-Team Sutton Motorsport (Foto) landen auf Platz 4, Mouton/Pons siegen vor Mikkola/Hertz.

SAMPO

Gut angelegt war das stattliche Rallye-Budget von Audi Anfang der 1980er Jahre zweifellos, zumal Audi nicht etwa der Konkurrenz in der Rallye-WM hinterher fuhr, sondern zunehmend vorneweg. Das, so der Wunsch der quattro-Jünger, sollte so bleiben oder, besser noch, intensiviert werden. „Der Lange ist den Audi-Sportlern schon seit Ende 1981 zu lang“, meldete *auto motor und sport* rückblickend auf das Jahr 1981 in Ausgabe 8/1985. Deshalb sei, so die Verantwortlichen der Ingolstädter Sportabteilung damals, ein kürzerer Radstand unumgänglich, um die Wendigkeit des quattro zu verbessern. Folglich entstanden bereits im Frühjahr 1982, kaum dass der quattro in seine zweite komplette Rallye-Saison eingestiegen war, unter der Regie von Roland Gumpert[1] fünf Prototypen mit unterschiedlich stark gekürzten Radständen. 290 Millimeter hatte der längste Kurze im Radstand verloren, gar 500 Millimeter der kürzeste Kurze.

[1] siehe Seite 64.

Der Allrad-Audi in Kurzfassung

Die Rechnung geht nicht auf, der Lange macht Furore

IN-NR 38

Audi quattro Sport Prototyp von 1983 – was in der Schrägansicht noch kaum ins Auge sticht, …

… kommt in der Silhouettenansicht voll zur Geltung: der skurril kurze Radstand und die üppigen Überhänge.

Das Rennen machte schließlich die im Radstand um 320 Millimeter gekappte Version: 2204 mm statt der 2524 mm Achsabstand des Urquattro nennt das Datenblatt des im Sinne seines speziellen Verwendungsziels „Audi quattro Sport“ getauften Specials. So stand der neue Super-Audi in Gestalt eines der sechs zwischen August 1983 und Januar 1984 gebauten Sport-Prototypen im September 1983 auf der IAA in Frankfurt am Main. So ging der Sport quattro im März 1984 in Kleinserie. Und so wurde der Kurze für Motorsportzwecke am 2. Mai 1984 unter der Nummer 264 als „S1“ in der damaligen Gruppe B[1] homologiert.

In der Karosserielänge verlor der Sport übrigens etwas weniger als im Radstand, weil vor dem Motor noch ein besonders voluminöser Ladeluftkühler installiert wurde: Minus 240 Millimeter, also 4164 statt 4404 mm lauten die entsprechenden Werksangaben. Geringer als angesichts der Kürzung und der im Sport verwendeten, superleichten Materialien zu erwarten gewesen, fiel das Gewichts-Minus aus: Statt der 1331 kg[2] des langen Quattro wog der Kurze im Serienornat auf der Stuttgarter Stadtwaage immerhin noch 1290 kg[2].

[1] **Gruppe B**: 1982 in der Nachfolge der Gruppe 4 eingeführten Motorsportkategorie für mindestens 200 gebaute Gran-Tourismo-Fahrzeuge, bei denen weitgehende Verbesserungen erlaubt waren. Dementsprechend vorbereitete Fahrzeuge wurden bis 1986 in der Rallye-WM eingesetzt. Nachdem es mit den extrem potenten und schnellen Spezialfahrzeugen zu schweren, teils tödlichen Unfällen gekommen war, wurden Gruppe B-Autos ab 1987 in der Rallye-WM nicht mehr erlaubt.

[2] jeweils Messungen für die entsprechenden Testberichte von *auto motor und sport* (Ausgaben 4/1981 bzw. 8/1984).

Premiere des „Kurzen“ in Frankfurt und Genf: Bei der IAA '83 stellen sich die Rallye-Amazonen Mouton und Pons der neugierigen Männergesellschaft. Anlässlich des Genfer Salons '84 posiert Cheftechniker Piëch mit dem Sport, Mouton und Mikkola diskutieren mit Journalisten die Chancen der vermuteten Wunderwaffe von Audi.

Verursacht wurde die stattliche Masse zum einen durch eine im zeitgenössischen Vergleich fast schon zügellose Luxusausstattung der für die Garagen zahlungskräftiger Audi-Freunde bestimmten Straßenversion des quattro Sport. Im Gegensatz zu Porsche in Zuffenhausen, wo Homologations-Specials wie etwa in den 1970er Jahren die 911-Varianten 2.7 RS oder 3.0 RS, oder auch der Kurzquattro-Zeitgenosse 911 SC/RS, kompromisslos auf Leichtbau getrimmt worden waren, verwöhnte Audi quattro Sport-Käufer mit schweren, vielfach verstellbaren und zudem beheizbaren Recaro-Fauteuils mit kombiniertem Plüsch- und Lederbezug, einer lederbezogenen Notsitzbank im Fond, durchaus großzügiger (also schwergewichtiger) Schalldämmung, schwerem Teppichboden, einem Stereo-Kassettenradio mit vier Lautsprechern, elektrischen Fensterhebern und einem Heckscheibenwischer.

Noch weiter reichende Extras gab es jedoch auch gegen Aufpreis nicht. „Die Fahrzeuge sind fertig spezifiziert und gebaut", mahnte deshalb vorbeugend das kleine Vertriebshandbuch VP-22 aus den Jahren 1984 und 1985 eifrige Audi-Verkäufer, „Wahlmöglichkeit nur bei Farben nach Verfügbarkeit." Und diese Verfügbarkeit beschränkte sich auf lediglich vier Lackfarben-Alternativen: tornadorot (Bestell-Schlüssel G2 G2), kopenhagenblau (Bestell-Schlüssel K3 K3), alpinweiß (Bestell-Schlüssel P1 P1) sowie malachitgrün (Bestellschlüssel N4 N4).

Sporthomologations-Varianten von Porsche: Sowohl der 911 Carrera 2.7 RS, ...

... als auch der 911 Carrera 3.0 RS setzten konsequent auf Leichtbau statt auf Luxus.

In Motorleistung und Ausstattung üppig, in der Farbpalette beschränkt: der quattro Sport von Audi.

Super-Luxus statt konsequenter Leichtbau: Audi vermutete in Käufern des sportlichsten und teuersten Audi Ausstattungs-Gourmets. Vielfach verstellbare und beheizbare Recaro-Sessel, eine aufwändige Stereoanlage sowie gewichtige Schalldämm-Maßnahmen sorgen für rund 1,3 Tonnen Leergewicht.

quattro Sport-Fünfzylinder mit hohem Kühlbedarf: massiger Ladeluftkühler an der Motoren-Stirnseite, Ölkühler in Fahrtrichtung rechts, …

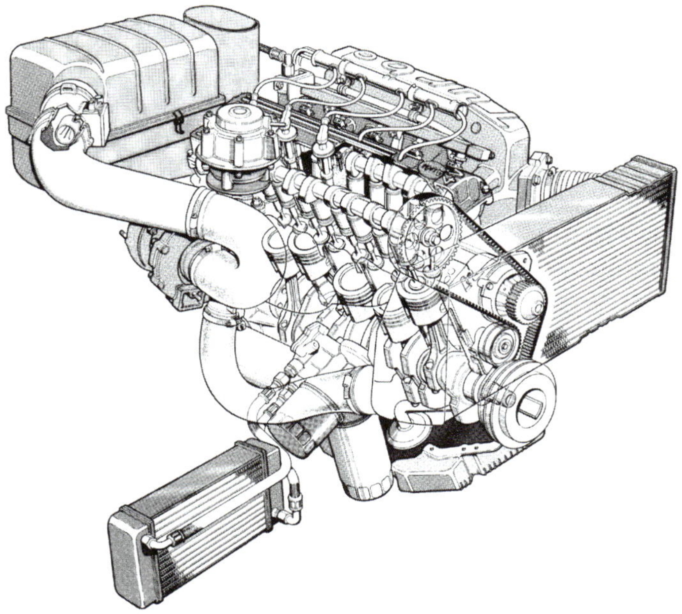

… während der Wasserkühler angewinkelt an der linken Motorseite positioniert ist. Im Foto deutlich: schmale 2 ohc-Motorenbauweise.

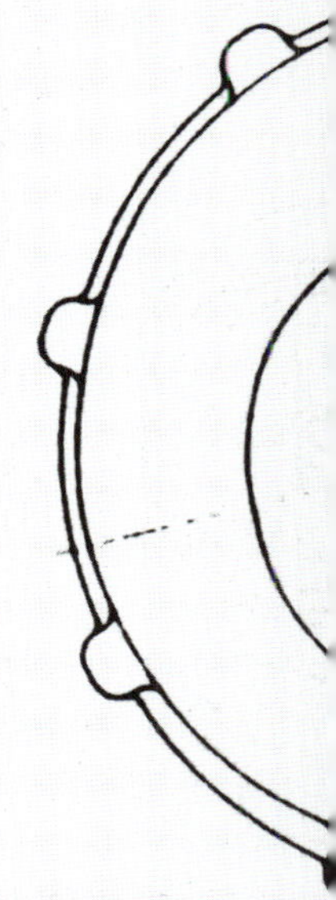

Das ursprünglich angestrebte Kampfgewicht von rund einer Tonne vereitelten neben den üppigen Serien-Accessoires einige im Vergleich zum Urquattro größere und damit schwerere Technikkomponenten. So hat beispielsweise der gegenüber dem Urquattro vergrößerte Ladeluftkühler im Bug fast das Format des Wasserkühlers. Auch der neue Doppelnockenwellen-Zylinderkopf (2 ohc) des Sport quattro bringt, obwohl aus Aluminium gefertigt, mit 18 Kilogramm rund acht Kilogramm mehr auf die Waage als der gleichfalls leichtmetallene Urquattro-Kopf mit seiner einsam rotierenden Nockenwelle. Dafür liegen sich im 2 ohc-Kopf Einlass- und Auslasskanäle nach dem Querstromprinzip leistungsfördernd gegenüber – im Zweiventilkopf teilen sich Ein- und Auslass auch in der Rallye-Version analog zum Serien-Fünfzylinder die rechte Motorseite (siehe auch Seite 138).

Mit nur 25 Grad geriet der Ventilwinkel des Vierventilkopfes ungewöhnlich eng, Voraussetzung für seine extrem schmale Bauweise. Dabei fluchten die zehn zum Zwecke der Kühlung natriumgefüllten, hängenden Auslassventile exakt mit den fünf Zylindern, während die Einlassventile um die besagten 25 Grad (in Fahrtrichtung) nach links geneigt sind. Motorenchef Dr. Fritz Indra begründete diese Anordnung dem Motoranalysenautor Paul Schinhofen in *auto motor und sport*[1] mit einer „kompakten Brennraumform und einer Konzentration des Brennraums unter den Auslassventilen", was sowohl der Leistung, als auch dem Abgasverhalten zugute komme. Dank des engen Ventilwinkels rotieren die beiden Nockenwellen sehr dicht nebeneinander, wodurch die Einlass-Nockenwelle über ein Zahnrad direkt von der Auslass-Nockenwelle angetrieben werden kann. Diese wiederum erfährt ihren Antrieb über einen Zahnriemen mit Spannrolle von der Kurbelwelle. Und die Betätigung der Ventile erfolgt wie im Zweiventilkopf direkt über Tassenstößel.

Dr. Fritz Indra, im Januar 1979 von Alpina zu Audi gewechselt (siehe auch Seite 159), und sein Viermann-Entwicklungsteam feierten mit ihrem Sport-Fünfzylinder übrigens gleich drei Premieren des Audi-Motorenbaus: Es war der erste Vollaluminium-Motor, der erste Vierventiler und zugleich der erste Audi-Motor mit Querstrom-Zylinderkopf. Neu gestaltete sich auch das Verfahren bei der Herstellung der Aluminium-Motorblöcke. Deren Grauguss-Zylinderlaufbuchsen wurden nämlich nicht nachträglich in den Leichtmetallblock eingepresst, wie dies im Alumotorenbau zuvor der Brauch war. Vielmehr wurden umgekehrt die dünnwandigen Stahlbuchsen mit einer Aluminiumlegierung zur Zylinderblockform umgossen.

[1] Quelle: *auto motor und sport* 1/1984.

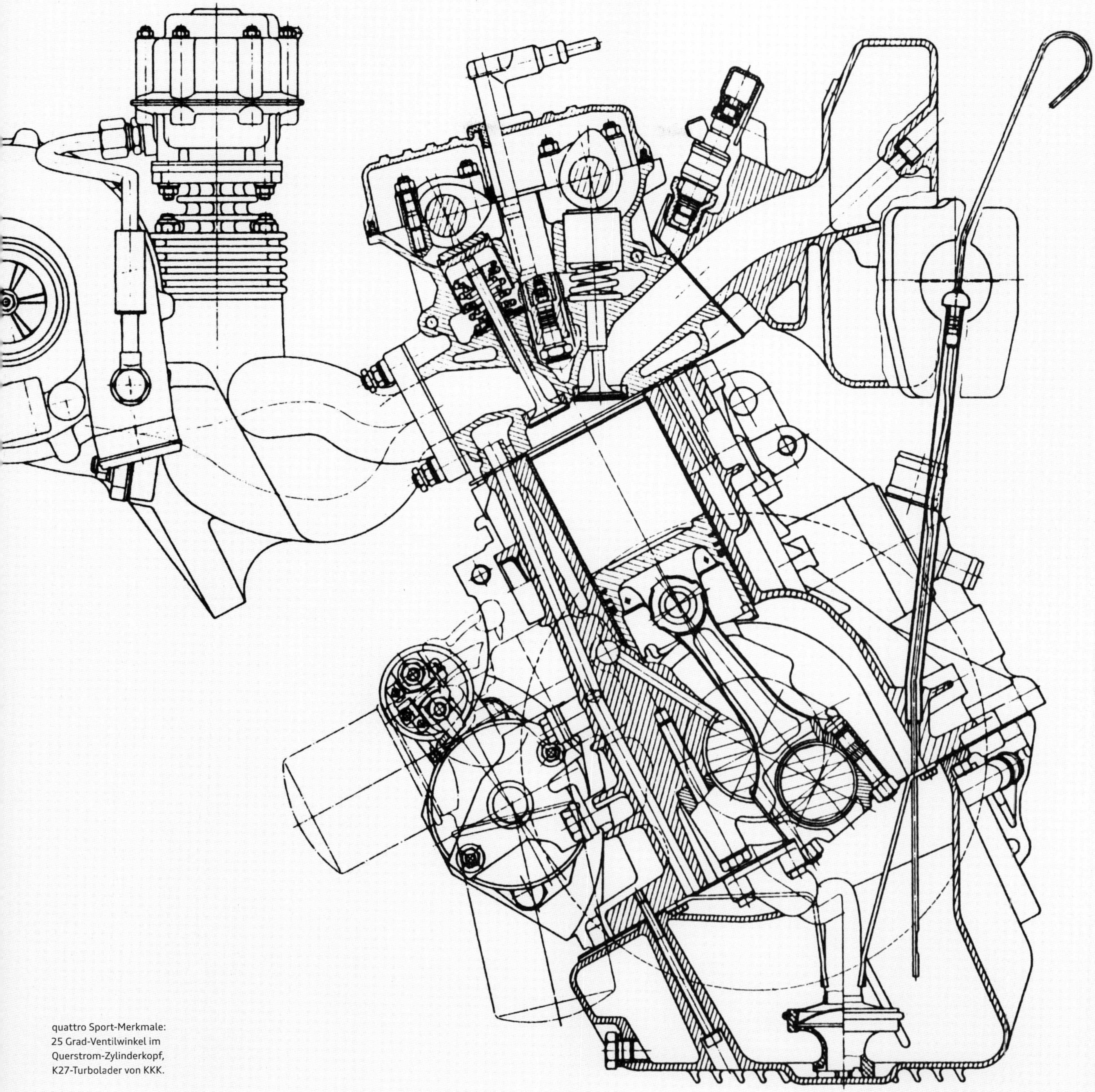

quattro Sport-Merkmale:
25 Grad-Ventilwinkel im
Querstrom-Zylinderkopf,
K27-Turbolader von KKK.

[1] **DOHC** = andere Schreibweise für 2 ohc, das „D“ steht für „Doppelte“.
[2] **Stichmaß** = Abstand zweier Zylinder von Bohrungsmittelpunkt zu Bohrungsmittelpunkt.
[3] Beim **Hitzdraht-Luftmassenmesser** handelt es sich um einen von Luft im Staurohr des Ansaugsystems umströmten, elektrisch zum Glühen gebrachten Platindraht. Je nach Masse der angesaugten bzw. unter Druck zugeführten Luft bedarf es einer unterschiedlichen Stromstärke zur Temperatur-Konstanthaltung des Drahtes. Die jeweils benötigte Stromstärke dient als Regelgröße für die Kraftstoffzuteilung.

Enges Verhältnis: Die Sport-Nockenwellen rotieren mit geringem Abstand zueinander.

In Aluminium gegossene Technikdetails: „DOHC[1]“, „4V“entile und „Turbo“.

quattro Sport im Phantombild: geballte Ladung innovativer Technikdetails.

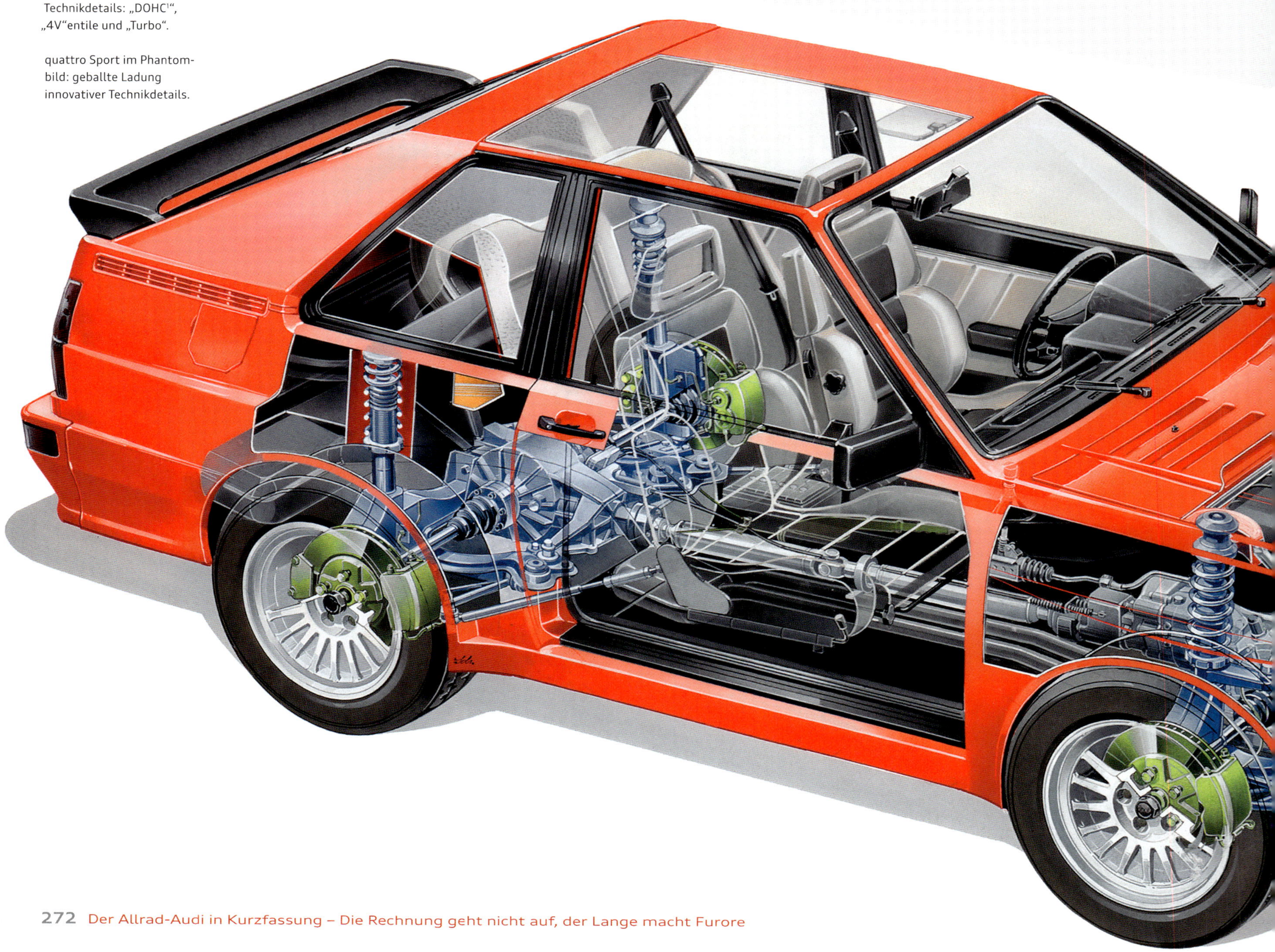

Das sogenannte Stichmaß[2] des Alublocks entspricht mit 88 Millimetern dem der Graugussversion – mit eine Voraussetzung dafür, auch den Alumotor auf bei Audi bestehenden Fertigungseinrichtungen produzieren zu können. Die fünf Pleuel und die sechsfach gelagerte 86,4 Millimeter-Kurbelwelle sind mit den entsprechenden Teilen des Graugussmotors identisch. Das Sport-exklusive Schwungrad wiegt allerdings nur 7,5 Kilogramm und damit fünf Kilogramm weniger als die entsprechende Grauguss-motor-Variante.

Trotz des gewichtigeren Kopfes geriet der Sport-Motor dank des Aluminium-Zylinderblocks insgesamt deutlich leichter. Im Vergleich zum 168 Kilogramm schweren Graugussblock des herkömmlichen Fünfzylinders wiegt die Aluminiumvariante nämlich mit nur 145 Kilogramm rund 23 Kilogramm weniger. Mit total 163 statt 178 Kilogramm Rohbaugewicht des Motors geriet der Kurz-quattro somit etwas weniger kopflastig – trotz des weit vorn im Bug angeordneten, vergrößerten und deshalb schwereren Ladeluftkühlers von der Stuttgarter Firma Längerer und Reich, wie er in identischer Ausführung auch in den ersten Rallye-quattro (langen Radstands) Verwendung fand. Dessen Verdienst ist freilich beachtlich: Bei maximaler Aufladung reduziert er die Ladelufttemperatur um 80 Grad Celsius auf nur noch 60 Grad Celsius, gleichbedeutend mit größerer Luftdichte und einem entsprechend höheren Sauerstoffanteil – Grundvoraussetzung für eine möglichst hohe Leistungsausbeute.

Dem angestrebten Ziel eines höchstmöglichen Leistungsvermögens dienen weitere Maßnahmen in der Peripherie des Sport-Fünfzylinders. Außer dem vergrößerten KKK-Lader vom Typ K27 (Basis-Quattro: K26) kommen im Sport quattro ein spezieller Leichtmetall-Einlasskrümmer mit nahe dem Ladeluftkühler platzierter Drosselklappe sowie ein besonders durchsatzfreudiger, gegossener Auspuffkrümmer zum Einsatz. Bei diesem fünfarmigen System werden die fünf Abgasströme erst kurz vor dem Eintritt in die Abgasturbine vereint, wodurch die Abgasenergie optimal genutzt wird. Das Ladedruckregelventil (Wastegate) begrenzt den Ladedruck auf 1,2 bar bei 3500/min (zum Vergleich: Basis-quattro 0,85 bar bei 3500/min).

Auch das Einspritz- und Zündsystem des Sport-quattro unterscheidet sich von der Elektronik des Urquattro mit langem Radstand. So versorgt im Sport statt der mechanischen Bosch K-Jetronic die elektronisch gesteuerte Bosch Motronic (LH-Jetronic) mit Hitzdraht-Luftmassenmessung[3] die Brennräume mit Treibstoff. Zur Bestimmung der Kraftstoffmenge bemisst diese statt des Volumens die Masse der angesaugten (bzw. gepressten) Luft – zum Debüt des quattro Sport bedeutete diese Methodik eine Turbomotorenpremiere.

Wie schon der Motor des Basis-quattro erhält auch das Sport-Triebwerk seine Zündorder höchst aufwändig durch eine in Zusammenarbeit von Bosch und Hitachi entwickelte vollelektronische Zündanlage gesteuert. Diese bezieht ihre Steuersignale von Markierungen am Schwungrad und durch weitere Regelgrößen. Dazu zählen beispielsweise die Drosselklappenstellung, die Wassertemperatur, die Ladelufttemperatur oder die Drehzahl. Nicht weniger als 179 Kennfeldpunkte garantieren bei diesem System für jeden Lastzustand eine optimale Motorsteuerung – und damit eine optimierte Leistungsausbeute.

Druckmacher von Kühnle, Kopp und Kausch: Turbolader K27, rechts davon das Ladedruckventil (Wastegate).

Leichtbau-Karosserieteile aus Kunststoff von Seger und Hoffmann (CH).

Plastik-Bomber: die vorderen Kotflügel, Motorhaube, ...

... das Dach inclusive der B- und C-Säulenblenden, ...

... die Heckklappe mit aufgesetztem Heckspoiler ...

... und die Heckschürze bestehen aus Kunststoff.

Leichtbau und Leistungsvermögen waren bei der Motorisierung des quattro Sport die obersten Maxime der Entwicklung. Und entsprechende Vorgaben galten auch bei der Konzeption des Sport-Aufbaus und des -Unterbaus. Deshalb geriet etwa die Sport-Karosserie,ein Mix aus Serienkomponenten und aufwändig gefertigten Spezialteilen, extrem leichtgewichtig. So stammt die hinter den vorderen Sitzen gekürzte Bodengruppe vom Audi Urquattro. Die A-Säulen, Türformen und die im Vergleich zum langen quattro steiler positionierte Windschutzscheibe wurden der 80-Limousine entlehnt, dies aufgrund der Erkenntnis, dass die weniger stark angewinkelte Frontverglasung weniger zu Spiegelungen neigt, als deren Urquattro-Pendant. Ab den B-Säulen ist wiederum das Audi Coupé Formen- und Teilespender.

Neun Leichtbau-Teile, nämlich die Frontschürze, die Motorhaube, die vorderen Kotflügel und hinteren Seitenwände, das Dach inklusive der B- und C-Säulenverkleidungen, die Heckklappe und die Heckschürze, lieferte hingegen die Schweizer Firma Seger und Hoffmann in Steckborn am Bodensee hinzu. Dieser Kunststoffspezialist fertigte im Vakuum-Pressverfahren[1] die einzelnen Aufbauteile aus einer Mischung von Kevlar-, Aramid- und Glasfasern, dei sie anschließend der Karosserie- und Fahrzeugbau GmbH Baur in Stuttgart-Berg weitergab. Baur wiederum fügte das Teileensemble auf der von Audi zugelieferten, verkürzten Stahlblechbodengruppe zum Sport-Gehäuse zusammen und lieferte dieses noch unmotorisierte Produkt anschließend zurück nach Ingolstadt. Aus der Stuttgarter Karosseriefertigung, so Audi-Geschichtsforscher Ralf Friese, „gibt es bei uns – leider – keine Fotodokumente, und das Baur-Archiv ist im Nebel dreier Besitzerwechsel verschollen“. Umso mehr Schwarzweißfotos förderte Friese von der Ingolstädter Sport quattro-Kleinserienfertigung zutage, die die Montagen des Motors, des Getriebes, der Radaufhängungen und der komplexen Allradantriebsteile dokumentieren.

Das schwerste Kunststoff-Karosserieteil des Sport quattro, nämlich das Dach inklusive der Seitenholmverkleidungen aus kohlefaserverstärktem Kunststoff, wiegt übrigens gerade mal 5,3 Kilogramm. Ein Seger und Hoffmann-Kunststoffkotflügel bringt es sogar auf lediglich 1,3 Kilogramm. Das sind nochmals 200 Gramm weniger, als dies das bereits bemerkenswert leichtgewichtige Alu-Pendant des langen Rallye-quattro auf die Waage bringt – Beleg dafür, wie auch marginale Gewichtseinsparungs-Chancen genutzt wurden, um den kurzen quattro für Rallye-Einsätze, dann natürlich ohne die gelisteten Luxus- und Komfortzugaben, in Richtung Eintonnen-Ziel zu trimmen.

[1] Vakuum-Pressverfahren: Dabei werden die Fasermatten bei einem extremen Unterdruck in die Werkzeugform gezogen und zugleich mit Kunstharz besprüht. Abschließend härten die Teile im Werkzeug bei 30 Grad Celsius rund 20 Stunden lang aus.

Brave Limousine als Leihgeber für die heiße Rallye-Waffe: 80/B2-Frontscheibe für den quattro Sport.

Stationen der quattro Sport-Montage: Bereitstellung des Motor/Getriebeblocks, ...

... Blick ins Untergeschoss mit Kardanwelle, zweiflutiger Abgasanlage, ...

... komplette Hinterachse mit Differential, Federbeinen und Bremsanlage.

... Einbau des Treibstofftanks in den noch unverkleideten Kofferraum, ...

... Montage-Drehgestell für die Einzelfertigung ohne Fließbandtechnologie, ...

Letzte Sport-Evolution: Turbolader mit Umluftschaltung, knapp 600 PS.

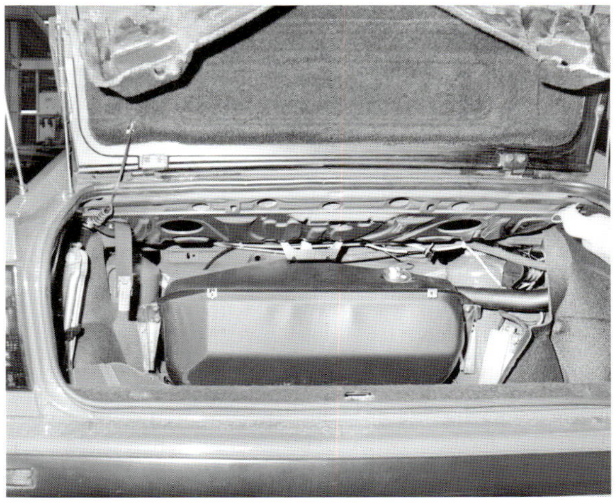

Karrieren bei NSU, Ford/ Zakowski, Audi und BMW: Fahrwerksspezialist Thomas Ammerschläger.

quattro Sport-Kopflastigkeit: Aus der Vogelperspektive wird die frontbetonte Achslastverteilung sichtbar.

Im Fahrwerksbereich gegenüber dem Urquattro unter Leitung von Ex-Ford-Renningenieur Thomas Ammerschläger[1] an die veränderten Rahmenbedingungen angepasst, nahm der Kurze aus Sicherheitsgründen ein wenig an Gewicht zu. Tiefgreifende Veränderungen befanden die Fahrwerksspezialisten indessen nicht für geboten – Sportchef Roland Gumpert gegenüber *auto motor und sport*[2] heftig untertreibend: „Nachdem der Radstand verkürzt war, erfolgten eigentlich nur noch Abänderungen im Millimeter-Bereich. Wir arbeiteten mit anderen Federhärten und passten Spur- und Sturzwerte an."

Tatsächlich bediente sich die Gumpert/Ammerschläger-Truppe auch im Radaufhängungsbereich hochkarätiger Rennsportteile: geschweißte und verstärkte, von der Rallye-Version des Urquattro übernommene Stahl-Dreiecksquerlenker, verstellbare Federteller und einstellbare Zugstreben sind Kennzeichen des vielfach einstellbaren Sport-Fahrwerks. Zudem rollt schon der serienmäßige Sport quattro auf besonders breiten Spuren: Vorn sind es in der Breite 1516 mm, hinten sind es 1492 mm – zum Vergleich die Werte des langen quattro: 1421 bzw. 1458 mm. Nebenbei geben diese auch in der Tendenz veränderten Sport-Maße, vorn um 24 mm breiter als hinten, einen Hinweis auf das gewünschte Eigenlenkverhalten des kurzen quattro: Auch mit dieser Maßnahme sollte er im Vergleich zum Urquattro auf ein weniger untersteuerndes Gebaren getrimmt werden ...

Einen gewissen Gewichtstribut forderte die deutlich größer dimensionierte Sport-Bremsanlage mit rundum innenbelüfteten, im Durchmesser 29,5 Zentimeter messenden Bremsscheiben mit Vierkolben-

Sport-Fahrwerksdetails: verstärkte Querlenker, Hilfsrahmen für den Stabilisator, ...

... vordere Radaufhängung mit stählernem Dreiecksquerlenker, Antriebswelle, ...

... Sport-Bremsanlage mit innenbelüfteten Scheiben, Vierkolben-Bremssätteln ...

... und Blackbox für das abschaltbare Antiblockiersystem im Motorraum.

Bremssätteln. Das serienmäßige Antiblockiersystem (ABS) lässt sich auf Knopfdruck abschalten. Naturgemäß bringen zudem die gegenüber dem Urquattro um ein auf neun Zoll verbreiterten Aluminiumräder (von Ronal) und die deutlich üppigere Bereifung (235/45 VR 15 gegenüber 215/60 VR 15[3] beim langen quattro) ein vergleichsweise höheres Gewicht auf die Waage.

Und wie konzipierte Audi beim serienmäßigen Sport quattro das so typische quattro-Technikelement, den Allradantrieb?

Der entsprach zunächst der zeitgenössischen Langversion, verfügte somit also bereits über die pneumatisch zu betätigenden Zentral- und Hinterachsdifferentialsperren (siehe dazu Details auf Seite 316 ff). In der Rallye-Version entfiel zunächst das Zentraldifferential – hier wurde zunächst generell mit einer starren Verbindung von Vorder- und Hinterachse gefahren.

Schon kurz nach der Homologation des Sport quattro erprobte die Audi-Sportabteilung jedoch auch ein zentrales Viscose-Sperrdifferential, das eine Variation der Kraftverteilung vorn zu hinten (statt des starren Verhältnisses 50/50) zuließ. Mit diesem ab der E2-Version[4] im Rallye-Einsatz wahlweise verwendeten Sperrdifferential mit variabler Momentenverteilung konnte das Eigenlenkverhalten zur Abstimmung auf die jeweiligen Rallye-Strecken-Verhältnisse individuell manipuliert werden: In der Regel wurde dabei der Hinterhand mehr Leistung zugeteilt, um die Vorderachse zu entlasten und damit die konzeptbedingte Untersteuerneigung zu verringern. Demselben Zweck diente eine Handbremsmimik mit jeweils einem Hebel pro Hinterrad. Der Pilot war somit in der Lage, je nach Kurvenverlauf durch ein Abbremsen des kurvenäußeren Rads ein wünschenswertes Übersteuern, also das Abdriften der Heckpartie, zu forcieren.

Im Frühjahr 1982 nahm die Karriere des kurzen quattro, des Sport quattro, seinen Anfang. Doch vor dem ersten offiziellen Rallye-Einsatz des Sport quattro S1[4], der Korsika-Rallye Anfang Mai 1984 unter Walter Röhrl und seinem Co Christian Geistdörfer, lag nach dem ersten Kürzungsprocedere noch ein langer Weg. So fanden im Sommer 1982 zunächst einmal Dauerläufe in Algerien statt. Als Antrieb diente da noch der damalige gut 300 PS starke Zweiventil-Fünfzylinder, wie er in jenem Jahr in der Rallye-WM zum Einsatz kam. Im dritten Kurzquattro-Schritt suchten die Audi-Rallye-Strategen im Herbst 1982 den Truppenübungsplatz in Neuburg an der Donau auf. Dort mühten sich im Schichtbetrieb die Rallye-Profis Stig Blomqvist, Harald Demuth, Mikael Eriksson[5] und Walter Smolej redlich, dem künftigen Bannerträger von Audi das Rückgrat zu brechen. Es galt dabei, Dauerbelastungen im Rallye-Einsatz zu simulieren, und da kannten weder die Piloten, noch die begleitende Ingenieurs- und Mechanikertruppe unter Diplomingenieur Dago Röhrer Gnade.

Nachdem die neue Ingolstädter Wunderwaffe auch diese Prüfungen überstanden hatte, folgte ein erster Test auf dem Terrain eines Laufes zur Rallye-WM: Im März 1983 erprobte Stig Blomqvist den Kurzen auf einer abgesperrten Sonderprüfungsstrecke der Portugal-Rallye. Blomqvist war hier weiterhin mit nur zwei Ventilen pro Brennraum unterwegs, weil sich die parallel entwickelte Hochleistungshoffnung, der Vierventil-Vollaluminiummotor, noch als thermisch problematisch erwiesen hatte. Gleichwohl waren die Resultate äußerst ermutigend: Rund eine Sekunde war der Kurze hier schneller als der gleich motorisierte Lange – nicht etwa am Ende der kompletten Sonderprüfung, sondern pro einzelnem Kilometer …

[1] **Thomas Ammerschläger** (* 24. November 1937) startete seine Laufbahn nach seinem Maschinenbaustudium 1965 bei NSU als Fahrwerksingenieur in der Versuchsabteilung. Die Fahrwerksabstimmungen der NSU TT, TTS, Ro 80 und K 70 gehen auf sein Konto. 1972 wechselte Ammerschläger zu Ford/Köln in die Sportabteilung unter Mike Kranefuß. 1978 entwickelte er in Zusammenarbeit mit Erich Zakowski den Turbo-Capri für die damalige DTM, der bis 1982 für Ford zahlreiche Rennen gewinnen sollte. Bei Audi heuerte Ammerschläger 1981 als Leiter Fahrwerksversuch und Fahrdynamik an, zuständig u.a. für die Optimierung des quattro-Fahrwerks. Ammerschlägers nächste Station war 1985 die BMW Motorsport GmbH, ab 1989 Leiter des BMW-Versuchs für Serienfahrzeuge, seit 1997 im Ruhestand.

[2] Quelle: *auto motor und sport* 17/1983 („Neuer Quattro Sport").

[3] Diese Maße, nämlich 8J x 15-Felgen bzw. 215/60 VR 15-Reifen, wurden für den langen quattro mit Modelljahr 1984 im März 1984 eingeführt (zuvor 6J x 15 bzw. 205/60 VR 15) – siehe auch Seite 299.

[4] Anfangs lautete die offizielle Bezeichnung des ersten Kurz-quattro im Rallye-Ornat **S1**. Mit diesem Kürzel wurde er am 1. Mai 1984 unter der Nummer B264 mit mehreren Nachträgen (weitere Nachträge tragen die Daten 1. Juli 1984, 1. Januar 1985, 1. Februar 1985 und 1. April 1985) homologiert. Mit der zweiten Evolutionsstufe vom 1. Juli 1985 verwendete Audi die unterscheidende Bezeichnung Sport quattro **E2**. In den Homologationsunterlagen des Sport quattro werden jedoch auch diese Evolutionsstufe und deren späteren Nachträge weiterhin mit **S1** betitelt.

[5] **Mikael Eriksson** (* 28. Februar 1960), der Schwede startete seine Rallye-Karriere 1981 mit einem VW Golf GTI und fuhr bis 1986 mehrere Läufe zur Rallye-WM mit diversen Audi-Modellen (quattro, Coupé, 80 quattro, 90 quattro). Im Laufe seiner weiteren Sportlaufbahn fuhr er bis 1993 Lancia Delta, Nissan 200 SX, Mitsubishi Galant, Toyota Celica und Ford Escort.

In der Audi-Sportabteilung glaubte sich also die Truppe um Roland Gumpert auf gutem Weg, und noch hofften die Verantwortlichen in Ingolstadt, dass statt der für die Homologation in der Gruppe B notwendigen 200 Sport quattro-Exemplare womöglich sogar eine 800er Serie abzusetzen sei – naturgemäß nicht ausschließlich an Rallye-Fahrer mit Meisterschaftsambitionen, sondern überwiegend an begüterte Superauto-Liebhaber und -Sammler. „Winning on Sunday, selling on Monday" – gemäß dieser amerikanischen Marketing-Weisheit würden Enthusiasten mit gut gefüllter Brieftasche womöglich Schlange stehen, um sich im Ruhm des vermuteten Rallye-Superstars zu sonnen. Auch hatte Porsche mit den RS-Modellen des 911 ja bewiesen, dass die heißesten Geräte einer Serie dank sportlicher Erfolge nicht verkauft werden mussten – sie wurden stets Enthusiasten zugeteilt, die dafür ungeduldig Schlange standen ...

Auf diese durchaus selbstbewusste, letztlich jedoch deutlich verfehlte[1] Zielsetzung wurden sämtliche Investitionen in das exklusive Sport-Modell umgelegt, was dennoch zu einem ausgesprochen selbstbewussten Preis für den kurzen quattro führen sollte: Mit anfangs 195000 DM (Stand 2. April 1984), später 198800 DM (Stand 15. Oktober 1984) und schließlich gar 203850 DM (Stand 29. April 1985) offerierte Audi Mitte der 1980er Jahre das teuerste Auto aus deutscher Produktion. Für den Kaufpreis eines Audi Sport quattro hätte man auch ein exklusives Porsche-Paar, bestehend aus einem 911 Turbo und einem 928S, erwerben können.

Immerhin entstanden bis zum ersten April 1984 zunächst einmal die von der Sportgesetzgebung für die Gruppe B geforderten 200 Exemplare – „bloß zusammengesteckt, und so nicht tauglich für den Verkauf", sollte Technikvorstand Dr. Ferdinand Piëch später gestehen[2], was an ein ähnliches Vorgehen bei der Homologierung seines Porsche 917 im April 1969 erinnert. Auch die damals der FIA-Abnahmekommission vorgeführten Zwölfzylinder-Rennwagen standen zwar in der reglementskonformen Stückzahl 25 im Hof des Zuffenhausener Porschewerkes, doch kaum einer davon war wirklich fahrtüchtig ...

Auch die 200 Sport quattro mussten nach der Abnahmeprozedur wieder komplett demontiert werden, um hernach sorgfältig und sachgerecht zusammengesetzt zu werden. Schließlich sollten auch die Kleinstserien-Audi den für das Ingolstädter Unternehmen typisch hohen Qualitätsanforderungen genügen, weshalb sie sämtliche Prüfinstanzen eines normalen Serien-Audi durchlaufen mussten. Ein Exemplar wurde gar für einen Crashtest geopfert. Zusätzliche 14 Exemplare, intern Sport E2, sah die Audi-Motorsportabteilung für von der FIA abgesegnete Evolutions-Zwecke vor: Sie erhielten alle Ausrüstungsgegenstände, die in den Zusätzen 01/01 VO, 02/02 VO sowie 03/01 ET zum Homologationsblatt B-264 als akzeptabel gelistet sind. Dazu zählt beispielsweise ein 25 Kilogramm schwerer Überrollkäfig des Sicherheitsspezialisten Winfried Matter im württembergischen Graben-Neudorf, dessen Rohre bei Wandstärken von drei Millimetern 40 Millimeter im Durchmesser betragen und mit einer Zugfestigkeit von 36 kg/mm² aufwarten.

April 1984: Spalier stehen für die FIA-Abnahmekommision zwecks quattro Sport-Homologation (Gruppe B).

[1] Insgesamt entstanden lediglich 214 Sport quattro.
[2] Quelle: *auto motor und sport*-Ausgabe 8/1985.

26. April 1984: 30 Sport quattro-Monteure feiern 200 fertige quattro Sport.

April 1969: Spalier stehen zwecks FIA-Abnahme des Piëchschen Porsche 917.

Schaltzentrale für Profis: Anzeigen für den Lade-, Benzin- und Öldruck, Wasser- und Motoröltemperatur, Batterieladung plus Warnleuchten für zu geringen Öldruck und zu hohe Wassertemperatur. Zentraler Drehzahlmesser mit „Spion“ bei 7700/min, Tacho im Wortsinn links außen als Nebensache …

FÉDÉRATION INTERNATIONALE DU SPORT AUTOMOBILE
ONS Oberste Nationale Sportkommission für den Automobilsport in Deutschland GmbH

Homologation Nr. B 264

Nachtrag Nr. / Extension Nr. **10 - 07 VO**

Nachtrag zum offiziellen Testblatt der FISA
Form of extension to the official FISA-Homologation

[X] VO Ausstattungsvariante / Option variant

Homologation gültig ab / Homologation valid as from: - 1 JUIL 1985   in Gruppe / in group: A

Fahrzeughersteller / Manufacturer of the car: Audi AG   Modell und Typ / Model and type: Audi Sport quattro S 1

Überrollbügel/-käfig
Rollbar/rollcage

	Hauptbügel / Main rollbar	Diagonalstrebe / Longitudinal/diagonal strut	Vorderbügel / Front rollbar
Bügelhersteller / Rollbar manufacturer	Winfried Matter GmbH, Industriegebiet, D-7523 Graben-Neudorf		
Material / Material	Al Zn Mgl	Al Zn Mg 1 /	Al Zn Mgl
Außendurchmesser / Exterior diameter	40 mm	40 mm/ mm	40 mm
Wandstärke / Wall thickness	3 mm	3 mm/ mm	3 mm
Streckgrenze / Elastic limit	30 kg/mm²	30 kg/mm²/ kg/mm²	30 kg/mm²
Zugfestigkeit / Tensile strength	36 kg/mm²	36 kg/mm²/ kg/mm²	36 kg/mm²
Gesamtgewicht inkl. Befestigungsvorrichtungen / Total weight including fixings	32 kg		

Kompletter Überrollbügel/-käfig ausgebaut
Complete rollbar/rollcage outside the car

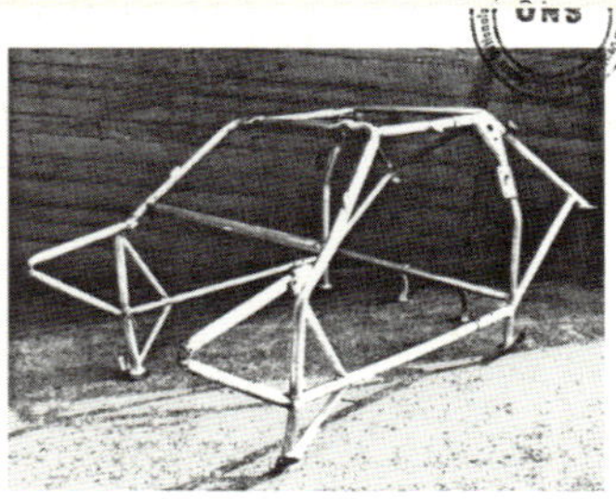

Hiermit wird bestätigt, daß der beschriebene Überrollbügel/-käfig den Anforderungen des Anhangs J der FISA entspricht, insbesondere in Bezug auf seine Befestigungen, Verbindungen und Beanspruchungswerte.
We certify that the present rollbar/rollcage complies with the conditions of the FIA Appendix J, in particular with regard to its attachments, its connections and its stress resistances

ONS

F.I.S.A.

Unterschrift des Fahrzeugherstellers
Signature of the car manufacturer representative

VO 21

Marke / Make: Audi   Modell / Model: Sport quattro S1   Homologations Nr. / Homologation Nr.: B 264

Nachtrag Nr. / Ext. Nr.: **08 - 05 VO**

Seite od. Nachtrag / Page or ext	Artikel / Article	Beschreibung / Description
8	803	BREMSEN / brakes 16" Girling Teile-Nr./part Nr.

	Vorn / Front (SV 859 615 105B/106B)	Hinten / Rear (SV 859 615 405A/406A)
e) Anzahl der Zylinder je Rad / Number of cylinders per wheel	4	4
1) Bohrung / Bore	43 mm	33,9 mm
g) Scheibenbremsen / Disc breakes		
1) Anzahl der Bremsbeläge je Rad / Number of pads per wheel	2	2
2) Anzahl der Sättel je Rad / Number of calipers per wheel	1	1
3) Material der Bremssättel / Caliper material	Leichtmetall/light alloy	Leichtmetall/light alloy
4) Maximale Dicke der Scheibe / Maximum disc thickness	30 mm	22,2 mm
5) Außendurchmesser der Scheibe / Exterior diameter of the disc	SV 859 615 301B/302B 330 mm (± 1 mm)	SV 859 615 301C/302C 280 mm (± 1 mm)
6) Außendurchmesser der Belagfläche / Exterior diameter of the shoes rubbing surface	330 mm	280 mm
7) Innendurchmesser der Belagfläche / Interior diameter of the shoes rubbing surface	218 mm	180 mm
8) Länge der Beläge über Alles / Overall length of the shoes	98 mm	94 mm
9) Belüftete Scheiben / Ventilated disc	ja / ~~nein~~ (yes/~~no~~)	ja / ~~nein~~ (yes/~~no~~)
10) Bremsfläche je Rad / Braking surface per wheel	964,5 qcm	722 qcm

Seite (Page) VO 14

Weitere Zusatzfreigaben für die Gruppe B: Trockensumpfschmierung (Artikel 333), 120 Liter-Kunststofftank (Artikel 401), verstärkte Gelenkwellen (Artikel 606) und verstärkte Querlenker vorn und hinten (Artikel 701 a/b), erlaubten eine Materialausführung sowohl in Stahl als auch in Leichtmetall. Unter Artikel 701 listet der Anhang zudem verstärkte Federbeine mit unterschiedlichen Bolzen zur Aufnahme der Querlenker und zum Ausgleich der Anlenkpunkte, sowohl vorn als auch hinten und alternativ zudem in Aluminiumausführung.

Des Weiteren durften mit dem Segen der Abnahmekommissare ein verstärkter und verkürzter Spurhebel, Spurstangen mit Unibalgelenken, eine direkte Spurstangenlenkung, eine längenveränderliche Sicherheitslenksäule, obere Kugelkopfgelenke für die Federbeine, Querstabilisatoren vorn und hinten unterschiedlicher Dimensionierung zur Fahrwerksabstimmung (Durchmesser alternativ 19, 22, 25 oder 28 Millimeter) Verwendung finden. Auch die Bremsanlage konnte im Rahmen des Erlaubten heftig aufgerüstet werden. Artikel 803 listet zwei alternative Hauptbremszylinder mit 13 und 15 Zoll Durchmesser, Bremsscheiben unterschiedlicher Durchmesser (vorn 295 mm und alternativ 330 mm für eine Bremsfläche pro Rad von bis zu 1069 cm^2, hinten 280 und alternativ 304 mm Bremsfläche pro Rad bis zu 810 cm^2), ein Bremspedalwerk mit Waagebalkensystem zur Einstellung der Bremskraftverteilung sowie unterschiedliche Feststellbremssystem (Absperrventil an Stelle einer Handbremse oder hydraulisch betätigte Handbremse).

Weitere Nachträge behandeln im Detail Möglichkeiten bei den Außenabmessungen und bei der Leistungssuche. So erlaubte das Homologationsblatt eine Fahrzeugbreite von bis zu 1860 mm, also ein Plus von bis zu 57 mm im Vergleich zur serienmäßigen Basisversion. Als maximal zulässiger Hubraum wurden 2142 cm^3 vorgegeben, was multipliziert mit dem Turbo-Handicapfaktor 1,4 mit berechneten 2999 cm^3 gerade noch in die Dreiliter-Klasse passte. Das ermöglichte statt eines Mindestgewichts von 1100 kg (wie beim ersten Rallye-quattro wegen der Turboberechnung knapp über drei Liter Hubraum) minimal nur 960 Kilogramm – zumindest theoretisch.

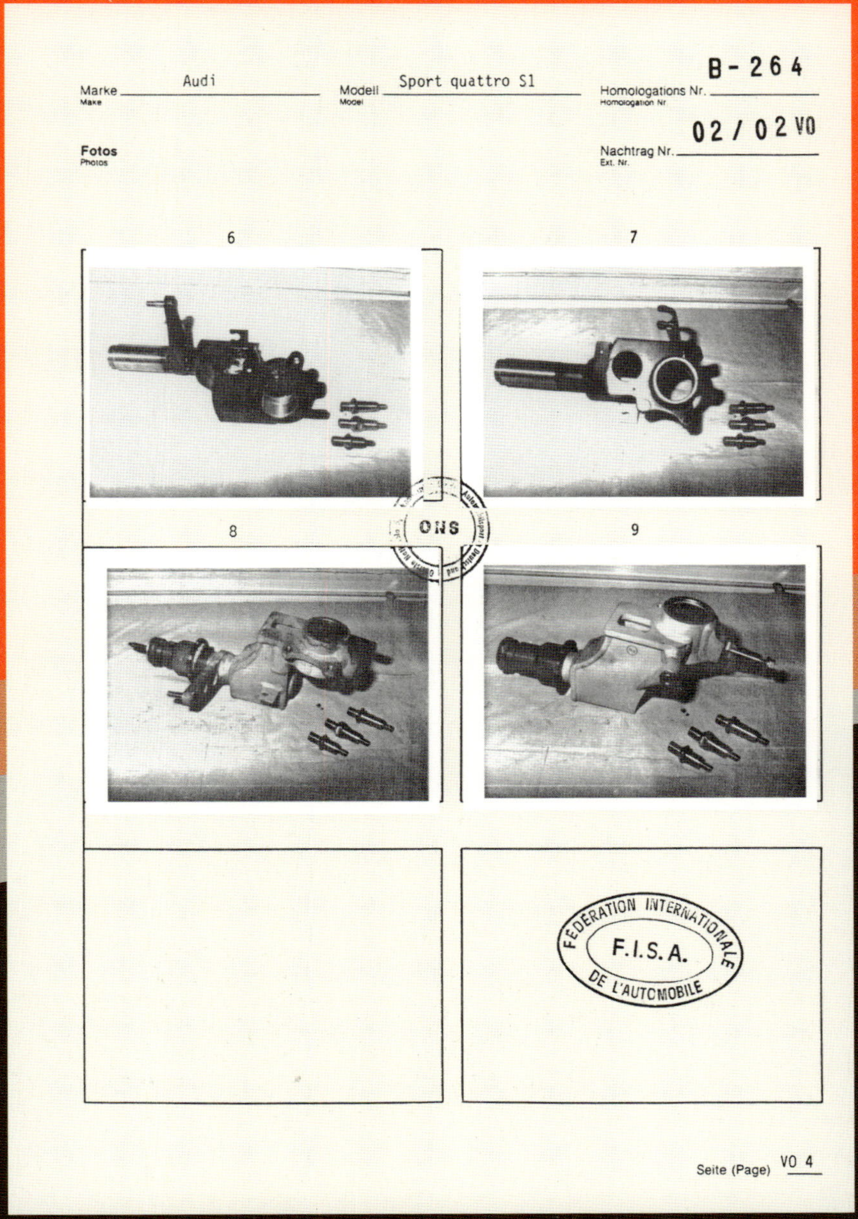
Marke / Make: Audi
Modell / Model: Sport quattro S1
Homologations Nr. / Homologation Nr: B-264
Fotos / Photos
Nachtrag Nr. / Ext. Nr.: 02/02 VO

6

7

8

9

FÉDÉRATION INTERNATIONALE DE L'AUTOMOBILE
F.I.S.A.

Seite (Page) VO 4

Ordnung muss sein: Nachträge zur quattro Sport-Homologation „B 264“ ...

... gehen bis ins Detail: Ob Streckgrenze und Zugfestigkeit des Überrollbügels, ...

... Bremsscheiben- und Sattelbeschaffenheit, oder Radaufhängungs-Spezifika.

[1] Quelle: *Motor Revue*-Ausgabe 1993/1994.

Als maximal zulässiges Bohrungsmaß stehen 80,11 mm in der Homologationsliste (Serie: 79,3 mm). Und auch die Gewichte beweglicher Motorteile sind limitiert. So darf ein Pleuel nicht weniger als 530 Gramm wiegen, das Gewicht der Kurbelwelle soll elf Kilogramm nicht unterschreiten, dem Schwungrad ist ein Mindestgewicht von fünf Kilogramm vorgegeben. Schließlich gab das Homologationsblatt auch Maximalmaße für die Ventile (Einlass maximal 32,1 mm, Auslass maximal 28,1 mm) vor.

Zwei Getriebevarianten listet das Homologationsblatt B-264 unter dem Nachtrag 03/01 ET, nämlich ein Fünfganggetriebe mit gegenüber der Serienversion geänderten Übersetzungen und ein Sechsganggetriebe, außerdem drei Achsantriebe unterschiedlicher Übersetzungen. Die Achsträger vorn und hinten durften für den Rallye-Einsatz nachgeschweißt und verstärkt, der Getriebetunnel für die rallyespezifische Schaltbetätigung modifiziert werden. Selbst die Möglichkeit zur Cockpitbelüftung, nämlich über Plexiglas-Schiebefenster in den Türen und ein „Sonnendach, Typ Klappe, Betätigungssystem mechanisch" ist im Homologationsblatt des Sport quattro exakt beschrieben.

Der Nachtrag 12-01 ES behandelt des weiteren eine „Sportevolution" gültig ab dem 1. Juli 1985. Es handelt sich dabei um die zweite Evolutionsstufe für den Sport quattro, was zur Zusatzbezeichnung E2 (an Stelle von S1) führte (siehe auch Fußnote auf Seite 277). Hier werden noch weiterreichende Modifikationen gelistet/gestattet, mit der Audi sein Sport-Gerät zu perfektionieren gedachte. Neben zwei Handschaltgetrieben mit alternativ fünf oder sechs Gängen ist nun auch ein von Porsche adaptiertes Doppelkupplungs-Getriebe unter der Überschrift „Automatik" aufgeführt. Um aerodynamische Defizite des Kurzen zu eliminieren, etwa die Neigung, an der Vorderhand abzuheben, meldete die Audi-Sportabteilung für den Evo-Sport vielfältige Karosseriemodifikationen an: monumentale Spoiler vorn und hinten, aerodynamisch auf Abtrieb ausgelegte Kotflügelverbreiterungen. Zur günstigeren Gewichtsverteilung verlegte die Gumpert-Truppe nun sowohl den Wasserkühler als auch die Lichtmaschine in den Kofferraum, was zu einer nahezu ausgeglichenen Lastverteilung führte: Statt knapp 60 Prozent des Gewichtes lasteten nun nur noch gut 50 Prozent auf der Vorderachse.

Der Totalumbau führte letztlich zu jenem sowohl technologisch als auch optischen Ungetüm auf vier Rädern, das mit der quattro-Ausgangsbasis, ob lang oder kurz, nur noch entfernt Ähnlichkeit hat. Herbert Völker, der langjährige Beobachter der damaligen Rallye-Szene, bezeichnete dieses Evolutions-Elaborat 1993 in einer Rallye-Epochen-Betrachtung[1] denn auch als „aufregendstes Rallye-Auto aller Zeiten". Es sei der „Höhepunkt der zügellosen Gruppe B mit ihren Monstern" gewesen. Wer das Homologationsblatt B-264 und vor allem dessen Anhänge in Sachen Evolution studiert, der findet dort in den Listungen möglicher Modifikationen die Bestätigung für Völkers Erinnerung, dass damals „so gut wie alles, was stark und schnell macht", erlaubt gewesen sei.

Dennoch mündete für Audi die quattro-Erfolgsära der früheren 1980er Jahre mit dem Kurzen in eine Leidenszeit. Während Audi mit dem langen quattro (Gruppe 4 und Gruppe B) 1982 und 1984 zwei Mal Hersteller-Weltmeister geworden war, mit Hannu Mikkola 1983 sowie Stig Blomqvist 1984 zweimal den Fahrer-Weltmeister gestellt und von 1981 bis 1984 insgesamt 22-WM-Läufe für sich entschieden hatte, vermochte Audi dank der Teams Blomqvist/Cederberg und Röhrl/Geistdörfer mit dem Sport quattro lediglich Anfang November 1984 die Rallye Elfenbeinküste bzw. Anfang Oktober 1985 die Rallye San Remo für sich zu entscheiden. Dem stehen in den WM-Jahren 1984 bis 1986 nicht weniger als 17 Sport quattro-Ausfälle, überwiegend wegen technischer Gebrechen, gegenüber ...

Rund 500 PS bei 7700/min: quattro Sport-Fünfzylinder in Gruppe B-Rallye-Version.

Schiebefenster: Ausführung im Homologationsblatt des quattro Sport vorgeschrieben.

Weltmeister mit dem langen quattro: Triumpf für das Team Mikkola/Hertz 1983.

Pech mit dem kurzen quattro: Motorschaden bei der Rallye Korsika '84 (Röhrl/Geistdörfer).

HB Audi TEAM
Castrol

Sieg und Niederlage: Während das Team Blomqvist/Cederberg Ende 1984 bei der Rallye Elfenbeinküste den ersten Sport quattro-Sieg heraus fahren (großes Foto), fallen Röhrl/Geistdörfer im Mai '84 beim ersten quattro Sport-Einsatz bei der Korsika-Rallye mit Elektrikschaden aus.

Der „Kurze“ ’85 ohne Fortune: Blomqvist/Cederberg (Foto) stranden in Afrika mit Getriebeschaden, Mikkola/Hertz mit Motordefekt …

… und Röhrl/Geistdörfer in Griechenland mit Fahrwerksdefekt – kleiner Trost: Blomqvist/Cederberg (Foto) werden Zweite.

Angekündigt hatte sich das Sport quattro S1- und E2-Desaster bereits 1983, als die Entwicklung des für den Sport quattro vorgesehenen Vierventil-Vollaluminiummotors Rückschläge erlitt: Thermische Probleme des Hochleistungstriebwerks bedurften zeitraubender Korrekturen. Als Walter Röhrl kurz nach der Homologation des Kurzen auf dem Porsche-Prüfgelände in Weissach damit erste Tests fuhr, kam er nicht etwa euphorisch von seinen Runden zurück, sondern mit kritischen Kommentaren. So empfand er den kurzen quattro beim Einlenken und im Grenzbereich als zu nervös – was Bände sprach, hatte er doch in der Vorsaison den Lancia 037 Gruppe B bewegt, ein Mittelmotor-Gerät mit überaus agilen und fragilen Fahreigenschaften.

Auch das Ansprechverhalten des neuen, innerhalb von lediglich vier Monaten entwickelten Vierventil-Motors behagte dem Regensburger Rallye-Star nicht. Es sei, so Röhrl, zögerlicher als beim Rallye-Zweiventiler. Zudem verfüge der Vierventiler über ein schmaleres nutzbares Drehzahlband als der Zweiventil-Vorgänger. Als Röhrl/Geistdörfer den kurzen Sport quattro erstmals bei einem WM-Lauf, der Rallye Korsika, einsetzten, erlebten die beiden ein Fiasko: Wegen eines klemmenden Kühlwasserthermostats überhitzte zunächst das Kühlwasser, daraufhin auch das Schmieröl, was zuerst das Fahrerteam durch Dämpfe malträtierte, danach die Kevlar-Haut ihres Boliden mittels Feuer.

Es sollte nicht der letzte Motorschaden sein, der die Kurzen in den kommenden Monaten traf: Bei der Akropolis-Rallye 1984 ereilte dieses Schicksal das Team Mouton/Pons, bei der Rallye San Remo Ende September desselben Jahres das Team Blomqvist/Cederberg. Röhrl/Geisdörfer wiederum erwischte es im Februar 1985 anlässlich der Schweden-Rallye, Mikkola/Hertz im April 1985 bei der Safari-Rallye in Kenia und bei der 1000-Seen-Rallye im August des Jahres, wenn auch hier, in den finnischen Wäldern, lediglich wegen Ölverlustes.

Kritische Fragen an Audi-Sportchef Roland Gumpert in *sport auto* 11/84: „Warum gewinnt Audi nicht mehr?“

Dazu gesellten sich weitere Malaisen: Elektronik- und Kupplungsprobleme wie bei Röhrl/Geistdörfer anlässlich der Akropolis im Mai 1984, Schäden an Lenkung und Vorderradaufhängung wie bei Mikkola/Hertz im August 1984 in Finnland. 1985 erlitten Blomqvist/Cederberg in Kenia einen Getriebedefekt, Röhrl/Geistdörfer mussten Anfang Mai 1985 auf Korsika wegen Bremsenproblemen aufgeben und in Griechenland Ende Mai 1985 wegen Fahrwerksinsuffizienz. Im November 1985 verursachte die kollabierende Elektronik in Mikkolas Sport quattro E2 dessen Ausfall.

Besserung war auch 1986 nicht in Sicht. Wenn der Kurze durchhielt, dann hatte er trotz weltbester Fahrer (namens Röhrl und Mikkola) keine Chance gegen die mittlerweile überlegenen, gleichfalls allradangetriebenen und kompakteren Konkurrenten von Peugeot (205 Turbo 16) oder Lancia (Delta S4). Bei der Rallye Monte Carlo ’86 reichte es für Mikkola, Röhrl und Audi gerade noch zum dritten und vierten Platz hinter Sieger Toivonen im Lancia und Salonen im Peugeot.

„Warum gewinnt Audi nicht mehr?“ fragte folglich das Stuttgarter Motorsportmagazin *sport auto* schon auf dem Titel der November-Ausgabe 11/1984, also am Ende der ersten Sport quattro-Saison – dies auch vor dem Hintergrund einer Aussage des Audi-Vorstandsvorsitzenden Dr. Wolfgang Habbel. Der hatte kurz vor Erscheinen des Heftes sibyllinisch geäußert, man müsse wohl das Audi-Engagement im Motorsport überdenken. Sportchef Roland Gumpert relativierte freilich gegenüber dem *sport auto*-Redakteur Arno Schmitt die unverhohlene Drohung seines Chefs. Dies sei „ein ganz normaler Vorgang“. Man frage sich „gegen Jahresende immer wieder, ob und wie es mit dem Motorsport weitergeht“. Gumpert ging jedoch davon aus, „dass Audi langfristig im Motorsport engagiert bleibt“.

quattro Sport-Gegner mit überlegenem Konzept: Mittelmotor-Lancia Delta S4 Gruppe B, technologisch keine Verwandtschaft mit dem in Großserie gebauten Frontantriebs-Delta.

Ertappt: Der heimlich von der Audi-Sportabteilung entwickelte Mittelmotor-quattro fuhr einem Erlkönig-Jäger vor die Kamera.

Warum aber gewann Audi nicht mehr?

Im *sport auto*-Interview verwies Gumpert auf „Auswüchse bei Peugeot und Lancia“: Audi halte „an der Seriennähe fest, weil wir die Leute, die Käufer und Kunden, nicht verdummen“. So habe beispielsweise ein serienmäßiger Peugeot 205 „mit dem Rallye-Peugeot nichts zu tun: in der Serie Frontmotor und Frontantrieb, in der Rallye Mittelmotor und Allrad“. Der Audi quattro sei hingegen „grundsätzlich ein Serienauto … der Sport-Quattro ist eine Weiterentwicklung des Quattro.“ Audi, so der Ingolstädter Sportchef, habe sich „an die Serie gehalten, und der Sport-Quattro ist als Serienfahrzeug käuflich“. Schließlich zum Abschluss des Interviews: „Wir wollen auf alle Fälle beweisen, dass das Konzept mit dem ‚kurzen‘ das richtige ist.“

Allerdings verschwieg Gumpert dem Stuttgarter Motorsportjournalisten, dass Audi klammheimlich parallel zum Evo-Sport quattro seit Ende 1984 an einer völlig anders gearteten, viel radikaleren Rallye-

Waffe arbeitete, an einem Fahrzeug, das so gar nicht zur kommunizierten „Ableitung eines Serienautos“ passte. Dabei handelte es sich um ein allradgetriebenes, extrem kompaktes Mittelmotorgerät im Stil des Lancia Delta-Konkurrenten, vorgesehen für die sogenannte Gruppe S[1], die ursprünglich 1988 die Gruppe B ablösen sollte.

Wie bei dem Lancia lassen sich bei diesem Audi-Special sowohl der komplette, an einem Stück aus Karbon gefertigte Vorderwagen, als auch die komplette Heckpartie nach vorn bzw. nach hinten klappen oder dank der Schnellverschlüsse blitzschnell komplett demontieren, was Wartungs- und Reparaturarbeiten bei Rallyes erheblich erleichtert – und beschleunigt. Seit Anfang 1985 wurde dieses (wegen der kurzen Überhänge vorn und hinten auch in den Fahrzeugproportionen vorteilhaftere) Geschoss geheimen Tests unterzogen, zum Beispiel auf abseitigen Pisten nahe der Gemeinde Admont im Norden der Obersteiermark, Österreich. Dort lief das Ingolstädter „Wild“ versehentlich einem Erlkönig-Jäger vor die Linse – mit nachhaltigen Folgen: Zwar erwarb Audi die Negativfilme der Enthüllungsserie, trotzdem fanden Fotos in die Journaille.

Wegen des nun offensichtlichen Widerspruchs zwischen offiziell kommunizierter „Serien-Treue“ und inoffizieller Entsagung von der Seriennähe starb das Projekt auf „Order von oben“ und konnte so nie seine Talente entfalten. Eine zweite, rundlichere Mittelmotor-Variante für die Gruppe S erreichte folglich nicht einmal mehr die Testphase – sie zählt heute zum Fundus des Audi museum mobile in Ingolstadt.

Ende im Museum: Die zweite, windschlüpfigere Variante des quattro-Mittelmotor-Projektes zählt heute zum Fundus von Audi Tradition

[1] **Gruppe S**: Von der FIA ursprünglich vorgesehene Fahrzeugkategorie für die Rallye-Weltmeisterschaft, von der statt der 200 in der Gruppe B geforderten Exemplare lediglich zehn identische Fahrzeuge als Basis dienen sollten. Die Maximalleistung sollte auf maximal 300 PS (Turbo-Hubraum maximal 1,2 Liter, Sauger-Hubraum maximal 2,4 Liter) limitiert werden. Nach schweren Unfällen mit Gruppe B-Autos (siehe Seite 290) wurden die kaum weniger extremen Gruppe S-Fahrzeuge kurzfristig gecancelt. Ab 1987 fuhren relativ seriennahe Gruppe A-Autos um die Rallye-WM.

Gruppenfoto mit quattros und Damen: Anlässlich der Rallye Monte Carlo '84 stellte sich das erfolgreiche Audi-Team dem Fotografen. Im Ziel hieß die Reihenfolge 1. Audi, 2. Audi, 3. Audi – Details siehe das Plakat auf Seite 291 …

Gut eineinhalb Jahre nach dem Gumpert-Interview in *sport auto* – Walter Röhrl hatte in diesen Monaten mit dem Sport quattro lediglich ein einziges Mal[1] gewonnen – zeigten sich im März 1986 bei der Rallye Portugal die Grenzen der hochgezüchteten Gruppe B-Boliden, als ein Teilnehmer in eine Zuschauergruppe raste und drei Menschen in den Tod riss. Alle Werksteams beendeten nach dieser Tragödie ihren Portugal-Einsatz. Audi erklärte überdies den kompletten Rückzug aus der Rallye-Weltmeisterschaft und war somit nicht mehr unter den Teilnehmern, als die FIA nach dem tödlichen Unfall des Lancia-Teams Toivonen/Cresto Anfang Mai bei der Rallye Korsika die Gruppe B für die kommende Saison cancelte. Weltmeister 1986 wurden der Finne Juha Kankkunen (Fahrer) und Peugeot (Hersteller).

Für Walter Röhrl war das Versagen des kurzen Super-quattro (*auto motor und sport* bezeichnete diese Version in Ausgabe 8/1985 als „Fehlentscheidung") eine Katastrophe. Schließlich hatte er sich Ende September 1983 auf Wunsch von Dr. Piëch und trotz der ihm gegenüber offensichtlichen Animosität des amtierenden Sportchefs Gumpert entschieden, ab der Saison 1984 als Bayer endlich für die Bayern zu fahren. Ihn reizte das Allradkonzept, das er schon während seinen Fiat- (1980), Opel- (1982) und Lancia-Zeiten (1983) stets als „Zukunft des Rallyesports" bezeichnet hatte. Die Rallye Monte Carlo, in der Rallye-Geschichte so legendär wie der Grand Prix von Monte Carlo in der Formel 1, Le Mans in der Sportwagen-WM oder Indianapolis im US-Motorsport, hatte der Regensburger bereits mit konventionellen Modellen (1980 mit dem Fiat 131 Abarth, 1982 mit dem Opel Ascona 400) sowie mit einem Mittelmotor-Sportwagen (1983 mit dem Lancia Rally 037) gewonnen – was ihm zur persönlichen Genugtuung fehlte, war ein Monte-Sieg im Allradler.

Diesen Sack machte Walter Röhrl gleich zu Beginn der Saison '84 zu, als er nach einer gewissen Eingewöhnungsphase die Rallye Monte Carlo auch im quattro für sich entschied. Vorangegangen waren nicht nur Linksbrems-Lehrstunden bei seinem Kollegen Stig Blomqvist, sondern auch einiges „learning by doing": „Die Dinger waren nicht einfach zu fahren", erinnerte sich der einstige Audi-„Motorenpapst" Dr. Fritz Indra am 25. April 2019 in einem Interview mit Thomas Suter für das online-Magazin *www.zwischengas.com*, „Walter Röhrl zerstörte fünf Stück, bevor er es raus hatte, wie sie zu fahren sind." Der zweifache Weltmeister aus Bayern, gewohnt, Kurven jeder Art mit leicht heraus hängendem Heck zu umrunden, hasste das Untersteuern des Rallye-quattro. „Was immer ich auch tat, das Auto fuhr immer geradeaus", beklagte er sich zu Beginn seines quattro-Engagements mit beginnendem Selbstzweifel. Besserung brachte erst die skandinavische Linksbrems-Methode.

Bei seiner siegreichen Allrad-Monte fuhr Walter Röhrl noch den langen Gruppe B-quattro in der sogenannten A2-Version, wie ihn Audi am 1. Mai 1983 unter der Nr. B-243 homologiert hatte. Diesen A2 beschleunigte bereits ein Fünfzylinder mit etwas kleineren 2135 cm^3 Hubraum, was ihn unter Anrechnung des Turbofaktors von 1,4 mit dann 2989 cm^3 in die Gewichtsklasse bis drei Liter Hubraum einreihte. Sein Gewicht durfte somit 960 Kilogramm nicht unterschreiten, eine für den eher schwergewichtigen quattro zwar eher illusionäre, aber gleichwohl anspornende Möglichkeit. Immerhin durfte der A2 (theoretisch) 140 Kilogramm weniger Kampfgewicht auf die Waage rollen als sein zuvor am 1. Januar 1983 unter der Nummer B-229 homologierter Vorgänger A1. Der war noch mit 2145 cm^3 Hubraum homologiert worden und hatte folglich nach Multiplikation mit 1,4 knapp über drei Liter Hubraum (exakt 3003 cm^3), was ihn in die nächsthöhere Gewichtsklasse (Minimalgewicht 1100 kg) verbannt hatte.

Für beide Gruppe B-Varianten kam bereits der gegenüber der Grauguss-Version um 22 Kilogramm leichtere Leichtmetall-Motorblock des späteren Sport quattro zum Einsatz, der bereits am 2. Dezember 1981[2] von Audi homologiert worden war. Im Gegensatz zum späteren Sport quattro krönte in den langen quattro A1 und A2 jedoch ein Zweiventil-Aluminiumzylinderkopf (mit nur einer oben liegenden Nockenwelle) den Alublock. Erzielt wurde die Hubraumverkleinerung für den A2 durch stählerne Zylinderlaufbuchsen mit einer Bohrung von 79,3 mm statt der 79,51 mm der A1-Version. Maximal erlaubte das Homologationsblatt eine A2-Bohrung von 79,45 mm, was bei einem Hub von 86,4 mm das Dreiliter-Limit ausschöpfen würde.

Sukzessive hatten die Audi-Motorsportler die Leistung ihres langen Rallye-Stars von Saison zu Saison geschärft – und das Kampfgewicht reduziert. Standen in der ersten quattro-Rallye-Saison '81, damals noch nach der alten Gruppe 4[3] ausgetragen, circa 320 PS zur Verfügung, um rund 1250 Kilogramm zu beschleunigen, so waren es 1982 bereits rund 340 Gruppe 4-PS gegenüber 1150 Kilogramm. Den beiden quattro-Siegen der Saison 1981 (Mikkola/Hertz bei der Schweden-Rallye, Mouton/Pons bei der Rallye San Remo) folgten 1982 sieben WM-Siege, darunter drei Doppelsiege (Details siehe Anhang Seite 384).

[1] bei der Rallye San Remo Anfang Oktober 1985.
[2] Anhang 7/7V der Quattro Gruppe 4-Homologation Nummer 671.
[3] **Gruppe 4**: Grand Tourisme-Wagen mit einer Mindeststückzahl von 400 Exemplaren innerhalb von 24 aufeinanderfolgenden Monaten. In der Gruppe 4 waren, sofern homologiert, weitgehende Modifikationen am Basisfahrzeug erlaubt.

Mit seinem quattro-Sieg '84 kürte sich Walter Röhrl zum vielseitigsten Monte-Piloten: Siege mit Standard-Konzept (Fiat, Opel). Mittelmotor (Lancia) und Allradantrieb (Audi).

[1] Übersetzungen beim Test: Achsübersetzung 34/7, San Remo-Gangübersetzungen I = 28/9, II = 25/11, III = 29/17, IV = 29/22, V = 27/24; V_{max} damit 164 km/h.
[2] Schotter-Bereifung vorn und hinten: Michelin TRX M-Typ 16/66x390, Asphalt-Bereifung vorn und hinten: Michelin TRX S-Typ 23/62x390.

In der ersten Gruppe B-Saison, 1983, setzte Audi bis zum April (Safari Rallye in Kenia) die Version A1 ein, nun rund 350 PS stark und um weitere zehn Kilogramm abgespeckt. Ab der Korsika-Rallye der Saison ’83 gaben Hannu Mikkola und Michèle Mouton (später auch Stig Blomqvist) mit mindestens 360 PS starken quattro A2 Gas, die nun bereits weniger als 1100 Kilogramm wogen. Ergebnisse 1983: ein Doppelsieg (Portugal) und ein Vierfachsieg (Schweden) für den A1, zwei Doppelsiege und ein Vierfachsieg für den A2 (Details siehe Anhang Seite 385).

Und wie lautete die Rallye-Abrechnung für den kurzen Sport quattro?

Vergleichsweise bescheiden: Stig Blomqvist siegte damit Anfang November 1984 bei der Rallye Elfenbeinküste und Walter Röhrl, wie bereits erwähnt, bei der Rallye San Remo Anfang Oktober 1985. Als versöhnender Abschluss des Sport quattro-Kapitels seien deshalb die fantastischen Fahrleistungen des kurzen Rallye-quattro aufgeführt, ermittelt im Rahmen eines exklusiven Tests des Motorsportmagazins *sport auto* (Ausgabe 11/1984). Gemessen wurde dabei die Beschleunigung des 1040 Kilogramm schweren und bei 7700/min 500 PS (383 kW) starken Geschosses[1], das dem eben zu Audi gewechselten Team Walter Röhrl/Christian Geistdörfer zu WM-Siegen verhelfen sollte.

Sowohl auf Schotter[2] als auch auf Asphalt[2] diente ein Peiseler-Rad der Ermittlung der Beschleunigungszeiten – mit phänomenalen Resultaten, auch im Vergleich mit einem zeitgenössischen Formel 1 (Arrows A7 BMW Turbo), den *sport auto* einige Ausgaben zuvor (9/1984) durchgemessen hatte. So beschleunigte der Audi bei einer Schaltdrehzahl von jeweils 8200/min von 0 bis 30 km/h auf Schotter in nur 1,4 Sekunden, auf Asphalt in 0,9 Sekunden (Arrows: 0,8 Sekunden). Von 0 bis 60 km/h ergaben sich diese Zeiten: 2,7 und 1,8 Sekunden (Arrows: 1,8 Sekunden), 0 bis 100 km/h 4,7 zu 3,5 Sekunden (Arrows: 3,1 Sekunden), 0 bis 160 km/h 9,2 zu 7,8 Sekunden (Arrows: 5,0 Sekunden).

Mit einem Auto auf normalen, teils unbefestigten Straßen (fast) so temperamentvoll unterwegs zu sein, wie mit einem knapp 1000 PS starker Turbo-Formel 1 auf einem Rundkurs mit Auslaufzonen? „Mir soll’s recht sein“, verriet Walter Röhrl dem Testredakteur Michael Bernard im Hinblick auf das spätere Ende der Gruppe B im Rallyesport geradezu prophetisch, „je schneller die Autos werden, umso weniger Leute können damit umgehen …“

Kein Zweifel: Rallye-Berichterstatter Herbert Völker (siehe auch Seite 182) hatte recht mit seiner Einschätzung des Sport quattro – trotz dessen eher bescheidener Erfolggeschichte: Er ist „… das aufregendste Rallye-Auto aller Zeiten“.

Fahrleistungstest in *sport auto* 11/84: Dabei erwies sich der quattro Sport als annähernd so temperamentvoll wie ein zeitgenössischer Formel 1-Rennwagen.

Exklusiv-Test:
Der kurze Audi Quattro

KURZ-ARBEITER

Meßfahrt auf Schotter: Bestwerte trotz fliegender Fetzen

Die neueste Audi-Waffe im Kampf um Rallye-Ehren heißt Audi Sport Quattro. „Der Kurze" wird das Allrad-Gerät dagegen von Insidern genannt – mit gutem Grund: Gegenüber dem Ur-Quattro verkürzten die Audi-Techniker den Radstand um 38 Zentimeter. Als erste Zeitschrift der Welt prüfte sport auto den kurzen Quattro im Fahr-Test ▷

Fotos: Zerna

Modellpflege für den quattro

ABS für mehr Bremssicherheit, Optionen für mehr Luxus

Im Vergleich zu aktuellen Audi-Aufpreiskatalogen geriet die Zahl der Optionen für den quattro zu dessen Markteinführung am 28. November 1980 denkbar kurz. So listet das bereits im August 1980 formulierte „**Verkaufsprogramm 1981**" lediglich diese Aufpreis-Extras:

- beheizbare Vordersitze (à 156 DM incl. damals 13 % MwSt.)
- Zentralverriegelung für die Türen (310 DM)
- Tempomat (480 DM)
- Heckscheibenwischer/-waschanlage (281 DM)
- Leichtmetall-Schmiederäder 7J x 15 (1400 DM)
- Wärmeschutzverglasung (270 DM)
- Klimaanlage (1744 DM)
- Elektrische Fensterheber (950 DM)
- Elektrisch verstellbarer Beifahrer-Außenspiegel (25 DM)
- Beleuchteter Makeup-Spiegel (32 DM)
- Radioanlage „Ingolstadt Stereo CR" mit Cassetten-Laufwerk (1140 DM).

Das Ausstelldach (785 DM) und die Lederinnenausstattung (ohne Preishinweis) an Stelle der serienmäßigen Sitzbezüge im „Zebra-Streifen-Velours negro" (siehe Seite 176) sind zwar bereits aufgeführt, jedoch, so die an die Audi-Händler gerichtete Info, „zur Zeit nicht lieferbar. Einsatztermin wird gesondert bekannt gegeben." Lediglich vier Lackfarben standen zum quattro-Debüt zur Wahl: Venusrot, Heliusblau metallic, Saturn metallic und Diamantsilber metallic. Ungewöhnlich: Audi erhob damals keinen Aufpreis für Metallic-Lackierungen.

Robust und teuer: Die optionalen Aluminium-Schmiederäder im Format 7J x 15, Aufpreis 1400 DM, nutzte Audi Sport anfangs auch im quattro-Rallye-Einsatz.

Das „**Verkaufsprogramm 1982**“, herausgegeben im März 1982, dokumentiert einerseits eine rund elfprozentige Preiserhöhung für die Extras, außerdem nun auch den Aufpreis für die jetzt lieferbare Lederausstattung, nämlich 2567 DM (incl. 13 % MwSt.). Immerhin sind beide Außenspiegel serienmäßig sowohl elektrisch verstellbar, als auch beheizbar. Das rote Leuchtband zwischen den Heckleuchten trägt fortan den Schriftzug „Coupé“. Während die Optionenzahl mit Ausnahme einer zusätzlichen Radio-Option („Neckarsulm II Stereo CR“ für 1471 DM) unverändert blieb, wuchs die Zahl der Lackfarben-Alternativen um drei Möglichkeiten, nämlich Alpinweiß, Lhasa metallic und Gobi metallic. Saturn metallic fiel hingegen weg, der rote Lack trägt nun die Bezeichnung eines anderen Planeten, nämlich Marsrot. Gegen 214 DM Aufpreis können quattro-Käufer nun auch schwarz fahren – womöglich eine Initiative des Audi-Entwicklungschefs Dr. Ferdinand Piëch, der schon damals schwarz lackierte Fahrzeuge bevorzugte …

Anfangs ohne (Abbildung links), ab Modell '82 mit „COUPÈ"-Schriftzug im roten Heckdeckel-Leuchtband zwischen den Rückleuchten.

Bereits im August 1982 meldete Ingolstadt an die Verkaufsfront für das **Modelljahr 1983** (Start im September 1982) diese quattro-Neuerungen:

- Neues digitales Instrumentarium incl. Bordcomputer (siehe Seiten 254/255).
- Neue Halogen-Hauptscheinwerfer (des französischen Herstellers Cibié) für eine wirksamere Aerodynamik und eine bessere Lichtausbeute. Der Lichtaustrittswinkel der französischen Lampen erfuhr eine Vergrößerung von 40 auf 60 Grad, was eine optimierte Kurvenausleuchtung bedeutet. Außerdem bieten die Cibiés ein besseres Abblendlicht als die Doppelscheinwerfer der ersten quattro-Baujahre und überdies eine höhere Fernlichtreichweite.
- Neue Doppelton-Fanfare.
- ABE[1] für Reifen 215/50 VR 15 auf Rädern 8J x 15.

Unter sechs Lackfarben konnten quattro-Käufer im Modelljahr 1983 wählen – und das entgegen heutigen Gepflogenheiten nach wie vor ohne Aufpreis für die Metallic-Lacke: Marsrot, Alpinweiß, Zermattsilber metallic, Montegoschwarz metallic, Amazonasblau metallic und Portorosé metallic (siehe auch Anhang Seite 376 ff).

Das „**Verkaufprogramm Inland 1984**“ wurde der Audi-Händlerschaft für den quattro bereits am 8. Juli 1983 kommuniziert und im September des Jahres – wie bei Audi üblich nach den Werksferien – für das neue Modelljahr in Kraft trat. Es avisierte neue Sitzbezüge, nämlich „Eton-Flanell, Farbe brasil“ (ein Braunton), wobei die Sitzmittelbahnen einen Lederstreifen mit eingearbeitetem „quattro“-Schriftzug tragen. Die modifizierte Armaturentafel trägt nun einen Kunststoffbezug mit Ledercharakter und mittig oben eine zusätzliche Ablage. Im Stil des Audi 100 erhielt die quattro-Mittelkonsole eine erhöhte, umlaufende Polsterung. Auch die Türarmlehnen und der Handbremshebel wurden neu gestaltet. Breitere und elegantere Druckschalter links und rechts des in einem breiteren Gehäuse installierten Anzeigen-Displays, modifizierte Lüftungs- und Heizungshebel inclusive einer neu gezeichneten Symbolik sowie ein neuer Hauptlichtschalter (zum Drehen statt zum Ziehen) ergänzen die neue Innenarchitektur für das quattro-Modelljahr ’84.

Doch mit kosmetischen Maßnahmen ließ es Audi beim **quattro-Jahrgang ’84** nicht bewenden. Vielmehr erhielt das Allrad-Coupé im September 1983 auch eine sowohl fahrwerkstechnische, als auch optische Aufwertung. Die zuvor zwar bereits mit einer Allgemeinen Betriebserlaubnis (ABE) sanktionierten

quattro-Modelljahr ’84: Armaturenbrettverkleidung mit Ledercharakter, neu gestaltete Mittelkonsole, …

8-Zoll-Räder (von Ronal) erhielten an Stelle der gleichfalls von Ronal gelieferten 6-Zoll-Räder Serienstatus, bereift mit VR-Pneus des Formats 215/50-15 (zuvor 205/60 VR 15). Durch diese Maßnahme wurden das von Anfang an, also schon in einer ersten Optionenliste vom August 1980, angebotene Extra geschmiedeter, 7 Zoll breiter Fuchs-Räder (mit Reifen des Formats 205/60) obsolet. Je nach Bestelldatum hatten die edlen, speziell von Rallye-Fahrern wegen ihrer Robustheit geschätzten 7-Zöller 1400 (anfangs), 1562 (ab März 1982), 1626 DM (ab April 1983) bzw. 1677 DM (ab September 1983) gekostet.

Option der ersten quattro-Stunde: die geschmiedeten 7 Zoll-Räder von Fuchs …

… waren Ende 1983 mit Einführung der serienmäßigen 8 Zoll-Räder (Ronal) obsolet.

[1] **ABE** = Allgemeine Betriebserlaubnis.

… breiterer Instrumentenaufsatz mit neu modellierten Schaltern, Dreh- statt Drückschalter für das Hauptlicht …

… und neue, elegante Sitzbezüge „Eton-Flanell brasil“ mit einem Mittellängsstreifen aus Leder.

Die 8-Zoll-Räder verbreiterten die Spur des quattro signifikant, nämlich vorn um 40 mm auf 1461 mm, hinten um 36 mm auf 1494 mm – und natürlich sorgten sie für eine deutlich bulligere Erscheinung des Coupés, füllten diese Räder doch die quattro-typischen Kotflügelverbreiterungen sehr vorteilhaft aus. Trotz der Laufwerkverbreiterung beließ es Audi zunächst bei der ursprünglichen Heckschürze, erst ab 1/1984 kam eine angepasste Heckschürze zum Einsatz. Einher ging das neue Rädermaß mit einer spürbar härteren Fahrwerksabstimmung, erzielt durch eine Erhöhung der Federraten (vorn um 20 Prozent, hinten um 36 Prozent), eine straffere Stoßdämpferauslegung sowie durch ein Tieferlegen des Aufbaus um 15 Millimeter (gemessen bei zulässigem Gesamtgewicht). Dadurch reduzierte sich die Bodenfreiheit von zuvor 130 mm auf 115 mm (jeweils beladen) – leer hatten die ersten quattro 135 mm[1] Abstand zwischen der Fahrbahn und der Ölwanne (als tiefstem Element der quattro-Unterseite).

Die von Audi im Pressetext vom September 1983 mit den Worten „mehr Sportlichkeit“ umschriebene Fahrwerksmodifikation fällt in Kombination mit der Serie-50-Bereifung freilich eher negativ auf, was das Fahrverhalten anbelangt. Denn die 50er leisten im Vergleich zu den zuvor verwendeten Serie-60-Gummis wegen ihrer niedrigeren Flanken weniger Federarbeit, was sich zum „mehr“ an Sportlichkeit der Fahrwerksabstimmung addiert. „Die härtere Federung“, kritisierte denn auch Werner Oswald, der Altmeister des deutschen Motorjournalismus, in seinem Standardwerk „Deutsche Autos seit 1945“[2], „macht das Auto derart stoßig, dass von Fahrkomfort vollends keine Rede sein kann.“ Das Eigenlenkverhalten des quattro profitierte indessen von der 8-Zoll/Serie-50-Umrüstung des Fahrwerks, neigt das Coupé des Modelljahrs ’84 in Kurven doch weniger zum zuvor beobachteten (und in der Fachpresse kritisierten) allzu heftigen Schieben über die Vorderräder. Somit konnte auch auf Luftdruckempfehlungen zur Dämpfung des Untersteuerns verzichtet werden: Nun gelten 2,0 bar rundum als Vorgabe für den Reifenluftdruck (zuvor v/h 1,8/1,7 bar).

Wie in den ersten Jahren der damals neuartigen, im Format an derzeitigen kompromisslosen Rennwalzen angelehnten Serie-50-Bereifung üblich, mussten sich quattro-Piloten wegen der verbreiterten und im Gummi flacheren Räder allerdings auch mit einem etwas schlechteren Geradeauslauf abfinden: Insbesondere parallel zur Fahrbahn verlaufende Spurrillen animieren den 8-Zoll-quattro wegen

Dank breiter Serie 50-Bereifung, 8-Zoll-Rädern und verbreiterten Spurweiten noch bulliger als zuvor: quattro ab Modell 1984.

einer gewissen Unruhe im Geläuf zu ungewollten Kursschwankungen. Dieses Serie-50-Gebaren ist freilich nicht allein quattro-typisch. Auch Porsche-911-Fahrer notierten entsprechende Nachteile, nachdem ihr Sportwagen Anfang der 1980er Jahre von der ursprünglichen Serie 70/Serie 60-Kombi (vorn/hinten) auf Serie-55/Serie-50-Reifen umgerüstet worden war ...

Dass Audi den Laufräderwechsel mit einer Zahnrädermodifikation im Fünfganggetriebe begleitete, diente weniger der Anpassung an das geänderte Räderformat und den im Vergleich zur Urbereifung kleineren Abrollumfang der Serie-50-Bereifung. Zwar begründete Audi den Wechsel als Mittel zur Erzielung besserer Anschlüsse in den geänderten Gängen[3]. Tatsächlich war der Anschluss zwischen dem zweiten und dritten Gang anfangs suboptimal, der Drehzahlabfall zu groß. Das bedeutete selbst bei vollem Ausdrehen des Motors im zweiten Gang eine relativ lange Atempause, weil die Drehzahl beim Wechsel in den dritten Gang in den „Keller“ fiel. Folglich dauerte es ungebührlich lange, bis wieder genügend Abgasdruck zum Antrieb der Turbine zur Verfügung stand.

[1] US-Version wegen US-spezifischer Fahrwerksauslegung (zur Erzielung der dort gesetzlich vorgeschriebenen Stoßfängerhöhe) Bodenfreiheit leer/beladen: 140/135 mm.
[2] erschienen im Motorbuch Verlag, Stuttgart.
[3] Quelle: Audi-Pressemitteilung vom September 1983.

Spurweite 1458 mm mit den ursprünglichen, nach außen gewölbten 6 Zoll-Rädern, Kotflügel weit überstehend.

Spurweite 1494 mm mit den Ende 1983 eingeführten 8-Zöllern. Die angepasste Heckschürze kam erst 1/84.

Sicherer bremsen mit ABS, bei Audi ab Anfang 1981 im Spitzenmodell Audi 200 erhältlich (vorn lenkfähig mit Antiblockiersystem, hinten Abflug ohne ABS).

Ein wesentlicher Hintergrund für den Zahnradwechsel war indessen vor allem eine ökonomisch motivierte Produktvereinheitlichung auf dem Getriebesektor: Wegen der sich abzeichnenden größeren Stückzahl als ursprünglich erwartet sollten dem quattro auch auf diesem Sektor (wie in Interieur-Details) nicht länger „Extrawürste" gebraten werden. So erhielt der quattro das 4H-Fünfganggetriebe des Audi 100/200, was Übersetzungsverkürzungen der Gänge 3 und 4 – nämlich 1,458:1 (Zahnräder 35:24) statt 1,360:1 (Zahnräder 34:25) im dritten Gang, 1,071:1 (Zahnräder 30:28) statt 0,967:1 (Zahnräder 29:30) im vierten Gang – mit sich brachte.

Die quattro-Version unterscheidet sich von den Räderwerken der beiden behäbigeren Limousinen wegen der höheren Endgeschwindigkeit lediglich durch einen längeren fünften Gang (0,778:1 mit Zahnrädern 28:36 statt 0,829:1 im 100/200). Obwohl die Übersetzungen des fünften Ganges und der Achsantriebe der 8-Zoll-Version mit 0,778:1 bzw. 3,889:1 gegenüber der 6-Zoll-Ausführung keine Änderungen erfuhren, unterscheiden sich die vom Motor aufzubringenden Drehzahlen im fünften Gang wegen des im Vergleich zur Serie-60-Bereifung kleineren Abrollumfangs[1] der Serie-50-Reifen recht deutlich. So benötigt die 6-Zoll/Serie-60-Version für die Höchstgeschwindigkeit nach Werksangabe – also 222 km/h – 5918/min, die 8-Zoll/Serie-50-Version hingegen 6211/min.

Beide V_{max}-Drehzahlen halten freilich gut ausreichenden Abstand zur sogenannten „Schaltdrehzahl Soll" von 6500/min und zur Drehzahlbegrenzung (durch Zündunterdrückung) von 6750/min (plus/minus 100/min). Als Vorteil der reifenbedingt kürzeren Gesamtübersetzungen erwies sich ein etwas besseres Temperament: In werksinternen Versuchen beschleunigte die Serie-50-Version beispielsweise von 0 bis 100 km/h in nur 6,7 Sekunden – Vorsprung gegenüber der Vorgängerversion: 0,4 Sekunden.

Schöner wohnen, rustikaler federn – beides zeichnete den quattro-Jahrgang '84 aus, und auf Wunsch zudem das Prädikat sicherer bremsen. Denn am 9. September 1983 kündigte Audi mit dem Bestell-Schlüssel M 432 zudem eine Novität für den quattro an, die, lieferbar ab November 1983, dessen Fahrsicherheit noch beträchtlich verbessern sollte: das von Bosch entwickelte Antiblockiersystem (ABS). Die Bremsinnovation erforderte auch geänderte hintere Bremssättel, einhergehend mit dem Einbau neuer Handbremsseile. Allerdings mussten quattro-Käufer für ABS – anfangs offenkundig, später indirekt – tief in die Tasche greifen: Aufpreis zunächst: 3654 DM. Erst ab dem Juni 1984 lieferte Audi die optimierte Bremsanlage serienmäßig, erhöhte jedoch zugleich den quattro-Basispreis um 4870 DM auf 74465 DM.

[1] Abrollumfänge: Reifen 205/70 VR 15 auf Felge 6J x 15 = 1,91 Meter, Reifen 215/50 VR 15 auf Felge 8J x 15 = 1,82 Meter.

IN-NJ 94

ABS war ab April 1983 auch im leistungsstärksten Audi 100 und 100 Avant erhältlich – Aufpreis: 3480 DM.

Gleichwohl war der Mehrpreis, ob nun separat ausgewiesen oder im Grundpreis verpackt ein lohnendes Investment. Mercedes-Benz hatte in den 1970er Jahren als einer der Schrittmacher der ABS-Entwicklung nach rund 35 Millionen ABS-Versuchskilometern eine aufschlussreiche Statistik erstellt. Bei diesen sicherlich forcierten Fahrten verhinderte ABS im Durchschnitt nämlich alle 5000 Kilometer eine Bremsblockade anlässlich einer Notbremsung – und womöglich auch den einen oder anderen Blechschaden, in jedem Fall jedoch erhöhten Reifenverschleiß.

Blockierende Vorderräder vereiteln bei Vollbremsungen die Manövrierfähigkeit des Fahrzeugs, so dass Hindernisse unter diesen Umständen nicht umfahren werden können. Blockierende Hinterräder wiederum führen unter Umständen zu einer Drehbewegung des Mobils, der nur erfahrene Piloten entgegenwirken können. So oder so: Bremsmanöver sind speziell auf rutschiger Piste wegen der damit einhergehenden Gefahr von Radblockaden Momente erhöhten Risikos, die Verzögerungs-Techniker seit Ende der 1950er Jahre zu eliminieren trachteten. Das von Dunlop ursprünglich für Landefahrwerke von Flugzeugen und von Jensen 1966 im Typ FF auch ins Automobil transferierte Maxaret-System wurde bereits zu Beginn dieser Chronik beschrieben (siehe Seiten 28/29).

Der britische Reifenhersteller war es auch, der 1963 eine relativ simple mechanische Antiblockiereinrichtung der Hinterräder vorstellte. Dabei handelte es sich um einen speziellen Bremskraftverteiler, ergänzt um ein gewichtiges Pendel. Die Bewegung des Pendels in Längs- und (bei Kurvenfahrt) in Querrichtung wird bei diesem System über einen Nocken und Waagebalken auf zwei Kolben übertragen, die den hydraulischen Druck der Bremsflüssigkeit auf die beiden Hinterradbremsen beeinflussen.

Wird das Fahrzeug bei Geradeausfahrt scharf abgebremst, schwingt das Pendel infolge seiner Beharrungskraft nach vorn und drückt über den Waagebalken auf zwei Ventile in den Bremsleitungen zu den beiden Hinterrädern, wodurch dort der Bremsdruck zur Vermeidung des Blockierens verringert wird. Bei Bremsmanövern in Kurven wird durch ein Pendelschwingen zum Kurvenaußenrand der Bremsflüssigkeitsdruck des kurveninneren und dadurch entlasteten Rades reduziert und so am Blockieren gehindert. In der Theorie überzeugend, hielt das System in der Praxis freilich nicht, was es versprach – und geriet in Vergessenheit.

Mercedes-Benz wiederum arbeitete seit 1959 an einem komplexeren Antiblockiersystem, ab 1965 zusammen mit dem Heidelberger Regel-Spezialisten Teldix. Dies geschah anfangs entsprechend den zeitgenössischen Möglichkeiten in analoger Arbeitsweise. Nachdem 1973 Bosch zu den ABS-Entwicklern hinzugestoßen war, begann um 1974 die Arbeit an einer digitalen Arbeitsweise des Steuergerätes.

Parallel forschte auch der Bremsenspezialist Ate an seinem „Anti-Skid" genannten System. In beiden Fällen wird die Drehzahl der Räder mittels Sensoren gemessen und an die Elektronik transferiert, die wiederum abrupte Raddrehzahländerungen analysiert. So fällt bei einem blockierenden Rad dessen Drehzahl naturgemäß sehr steil ab, worauf die Elektronik in der Bremshydraulikeinheit dem Bremsdruckregelventil des entsprechenden Rades befiehlt, solange Druck abzulassen, bis sich das Rad wieder dreht. Diese von der Elektronik inszenierte Wechselwirkung, also Druck reduzieren, Druck erhöhen, spürt der Fahrer beim Bosch-ABS durch ein pulsierendes Bremspedal – und er hört es auch, weil die Hydraulikventile der Anlage bei ihrem Tun keine Leisetreter sind.

Erstes durch ein solches mit ABS abgesichertes Automobil war 1978 der Mercedes 450 SEL 6.9, noch im selben Jahr garantierte ABS auch BMW 7er-Käufern eine weitgehend unbeeinträchtigte Manövrierfähigkeit bei scharfem Bremsen. Bei Audi wurde ABS erstmals Anfang 1981 im Spitzenmodell 200 angeboten, ab Oktober 1982 auch im 100 5E (Aufpreis 3343 DM), ab April 1983 im 100 5E Avant (Aufpreis nun 3480 DM), ab August 1983 im neuen 200 der C3-Generation (Aufpreis 3511 DM).

ABS-Premiere 1978 im Mercedes-Benz 450 SEL 6.9 – Verwendung fand damals das System von Bosch.

Audi-Broschüre vom März 1985: Aufklärung über die Vorteile des Allradantriebs- und des Antiblockiersystems.

Oktober '85: ABS für (fast) jeden Audi – fortan auch für 90, 80/90 quattro ...

... und Coupé als Option. Der Aufpreis ist jedoch (noch) stattlich: 3725 DM.

Ab dem 15. Oktober 1984 weitete Audi das ABS-Angebot weiter aus: Fortan konnten auch Käufer der Typen 80 quattro, 90 und 90 quattro sowie des Coupés GT für jetzt 3725 DM mehr Bremssicherheit ordern. In den Modellen Audi 200 Turbo und 200 quattro lieferte Audi ABS hingegen künftig serienmäßig – wie nahezu zeitgleich auch beim klassischen quattro. Dabei feierte Audi in einer kleinen Werbebrochure die Kombination von Audi-Allradtechnik und Antiblockiersystem als „Das Maximum an Sicherheit" und „Ideale Kombination fortschrittlicher Technik". So bremse beim ABS der Computer, weil die Elektronik dem Menschen „wie auf vielen Gebieten ... haushoch überlegen" sei.

Der Audi-Prospekt („quattro. Die Technik. Das Fahren", Stand 12/84) klärt Interessierte zudem darüber auf, wie ABS funktioniert – O-Ton: „An jedem Rad Ihres Audi quattro rotiert ein kleiner Zahnkranz. In geringem Abstand davon ist ein Drehzahlfühler angebracht. Er besteht aus einem Permanentmagneten, der von einer Spule umgeben ist. Wenn sich das Rad dreht, entstehen in der Spule Wechselspannungen – je nachdem, ob gerade ein Zahn oder eine Zahnlücke vorbeikommt. Der Drehzahlfühler gibt diese Spannungen an den elektronischen Rechner des ABS-Steuergerätes weiter."

Weiter im durchaus informativen Werbetext: „Der elektronische Rechner im Steuergerät berechnet aus den Wechselspannungen, die er von den Drehzahlfühlern an den Rädern erhält, die Radgeschwindigkeiten und Verzögerungen. Mit diesen Werten steuert er die Bremshydraulik. Je nachdem, wieviel Haftung die Räder auf der Straße finden, werden sie gebremst. Der Bremsdruck und damit die Bremskraftwird dem Straßenzustand unmittelbar angepasst."

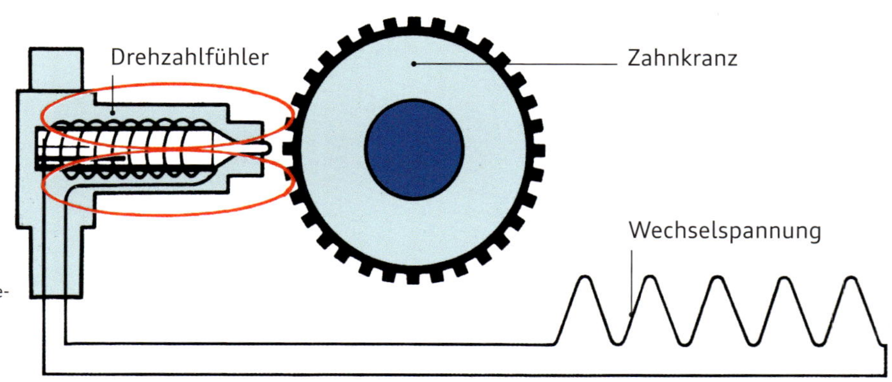

ABS-Steuerelement: Drehzahlfühler zur Ermittlung von Radgeschwindigkeiten und Verzögerungen, Werte zur Anpassung von Bremsdruck und Bremskraft an den Straßenzustand.

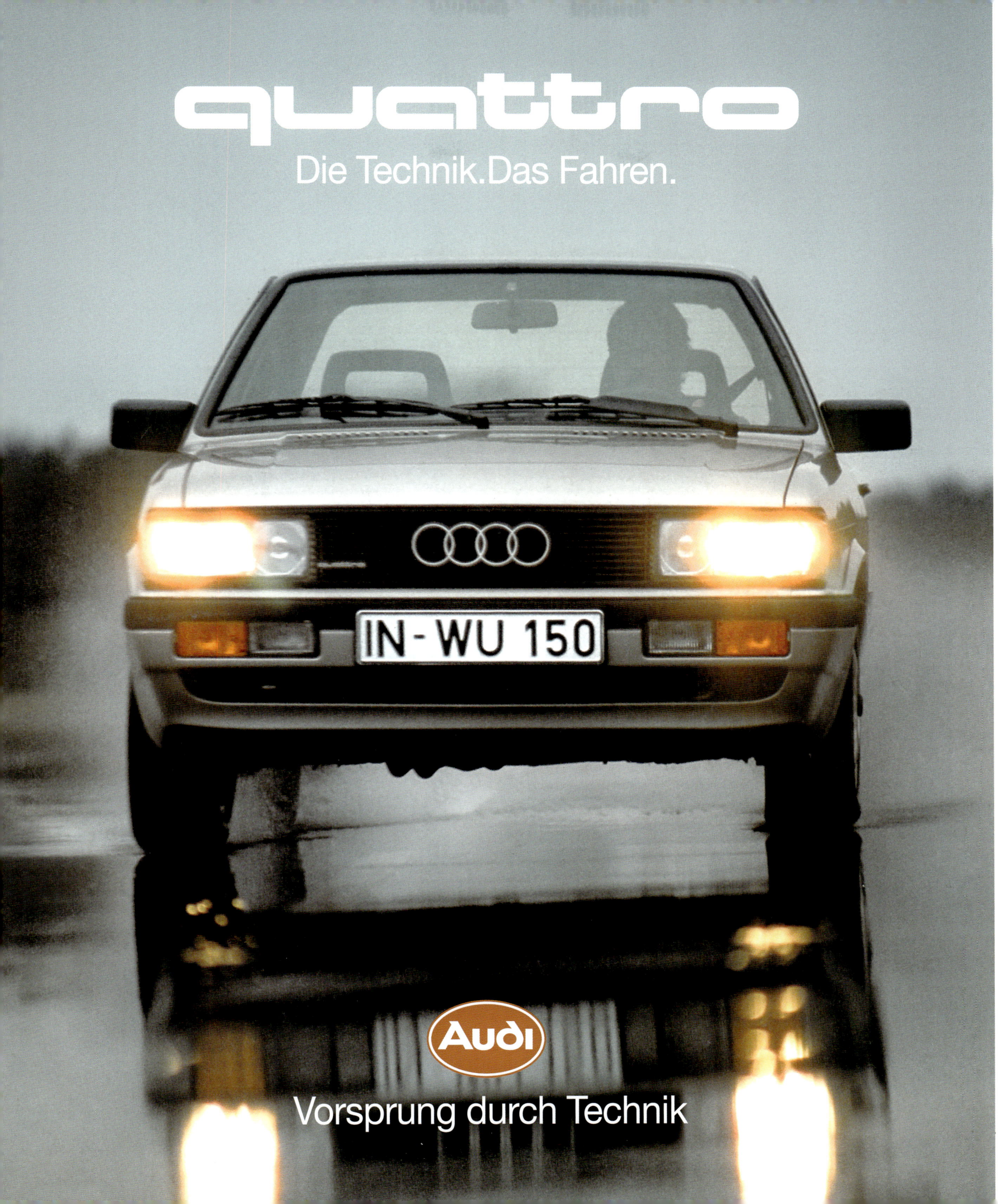
quattro
Die Technik. Das Fahren.
IN-WU 150
Audi
Vorsprung durch Technik

Etwas geänderte Raumordnung: Der Platzbedarf des ABS-Steuergerätes erforderte im Motorraum des ABS-Modells (Abbildung rechts) modifizierte Kühlflüssigkeits-Expansionsbehälter und Waschwasser-Behälter.

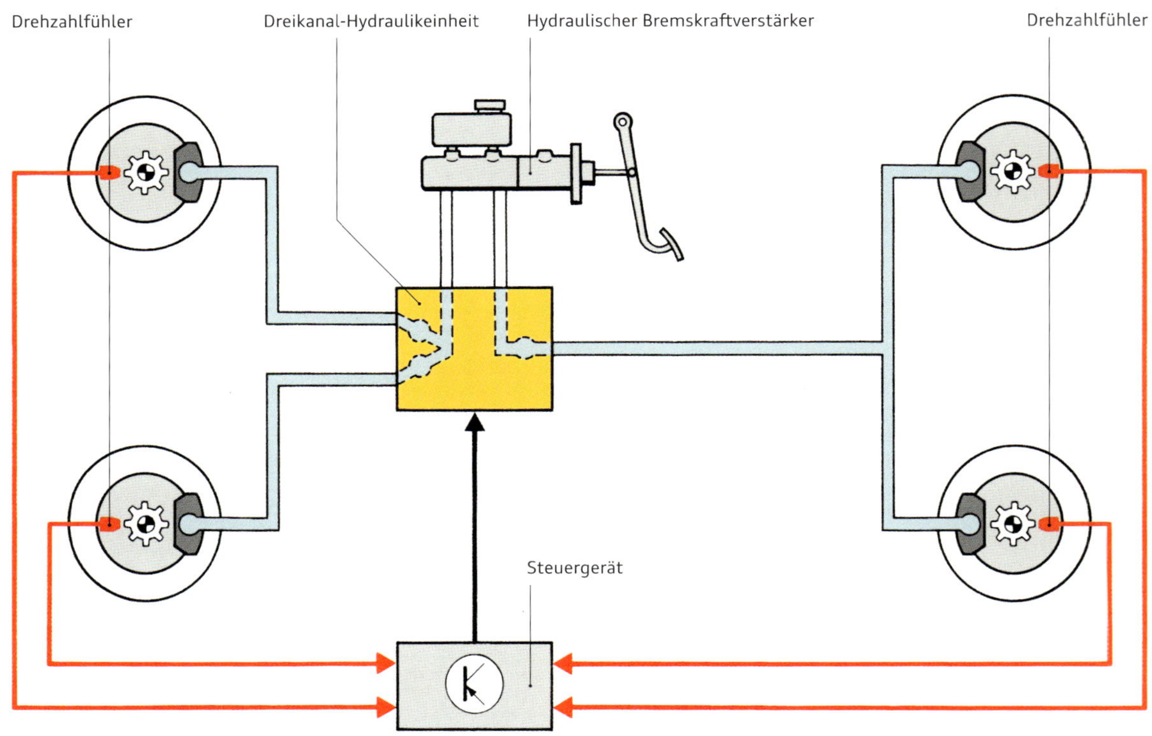

ABS-Funktionsskizze: Der elektronische Rechner im Steuergerät berechnet aus den Wechselspannungen, die er von den vier Drehzahlfühlern erhält, Radgeschwindigkeiten und Verzögerungen zur Steuerung der Bremshydraulik.

ABS-Komponenten (im Uhrzeigersinn von hinten): Dreikanal-Hydraulikeinheit, Steuergerät, Drehzahlfühler mit Rad-Zahnkranz.

Dieser elektronische Rechner, das Herz der Anlage, ist im Urquattro (und Sport quattro) im rechten C-Pfosten untergebracht und dort notfalls durch den Kofferraum zugänglich. Die ABS-„Pumpe“ wiederum, ein rechteckiges Kästchen mit fünf angeschlossenen Bremsleitungen und einem daumendicken Elektrokabel, sitzt im Motorraum direkt hinter dem Wasserkühler. Ab **Modell ’87** (bzw. ab Fahrgestellnummer 85-H-900252 vom September 1986) fand das ABS-System des quattro eine Ergänzung durch einen unter dem Rücksitz positionierten Beschleunigungssensor – dies als „Notnagel“ für den unwahrscheinlichen Fall, dass alle vier Räder zugleich und gleich stark blockieren. Unter diesem Umstand wäre das ABS wegen identischer Drehzahländerung der vier Räder nämlich unwirksam.

Dass die quattro-Modelle von der Audi-Entwicklungsabteilung als Letzte mit ABS bedient wurden, hängt mit der im Vergleich zum Zweiradantrieb aufwändigeren und komplexeren Anpassung an das Allradsystem zusammen. So erwies es sich für ein einwandfreies Funktionieren des ABS als unumgänglich, die eventuell eingeschalteten Differentialsperren beim ABS-Einsatz automatisch zu deaktivieren und nach verrichteter Antiblockiertätigkeit automatisch wieder einzuschalten. Es hatte sich nämlich herausgestellt, dass die Sperren die Regelfunktionen der ABS-Anlage stören.

Wie im Designkapitel (siehe Seite 166 ff) dargestellt, spielte die Aerodynamik bei der Gestaltung der quattro-Karosserie nicht jene dominante Rolle wie später bei den Audi-Modellen 100 der C3-Generation (Debüt 1982) und 80 der B3-Generation (Debüt 1986). Während etwa der C3-100 laut dem damaligen Designchef Hartmut Warkuß mit dem damals weltmeisterlichen Sensationswert von c_w = 0,30 bis 0,32 aufwartete, kam der Urquattro mit seiner quaderartigen Gestalt auf lediglich c_w = 0,43. Daraus erklärt sich auch die vergleichsweise bescheidene Höchstgeschwindigkeit des 200-PS-Coupés – in *auto motor und sport*-Ausgabe 4/1981 mit diesen Worten bekrittelt: „Ab rund 180 km/h wird nicht nur der Geradeauslauf merklich labiler, vielmehr benötigt der Quattro zum Erreichen seiner Höchstgeschwindigkeit von 222 km/h einen sehr langen Anlauf.“ Dass der Geradeauslauf des quattro im oberen Geschwindigkeitsbereich zu wünschen übrig ließ, ist zweifellos Indiz dafür, dass der quattro-spezifische Frontspoiler einen unerwünschten Auftrieb nicht verhindern konnte.

Dritte Audi 80-Generation (B3) von 1986, im Design wie der quattro von Hartmut Warkuß verantwortet, doch deutlich aerodynamischer.

Ganz in weiß: Versuche, den quattro aerodynamisch zu verbessern, führten unter anderem 1982 zu dieser Studie mit rundlicherer Frontpartie im Stil des Ford Escort RS 2000 von 1975 (Abbildung unten).

So entstand bereits 1982 im Audi-Design eine quattro-Studie mit stark modifizierter Frontpartie unter der Prämisse einer verbesserten Aerodynamik. Ob die Polyurethan-Front aus ästhetischen Gründen oder wegen hoher Rüstkosten nicht in Serie realisiert wurde, lässt sich heute nicht mehr nachvollziehen. Immerhin wurden die für das **Modelljahr 1983** im September 1982 eingeführten neuen Cibié-Scheinwerfer (siehe Seite 252) nicht nur wegen deren besseren Fahrbahnausleuchtung, sondern auch „aus aerodynamischen Gründen" eingeführt. Denn sie bieten dem Fahrtwind weniger Widerstand als die mit kantigen Rahmen versehenen Doppelscheinwerfer der Ur-Version des quattro. Zwei Jahre später kam im September 1984 für das **Modelljahr 1985** zudem ein neuer, stärker geneigter Kühlergrill zur Anwendung, was den c_w-Wert auf immerhin 0,41 verbesserte.

Auch von hinten lässt sich das quattro-Modell '85 einfach identifizieren, nämlich am jetzt in Wagenfarbe gehüllten Heckspoiler, dessen mattschwarzes Hartgummimaterial zuvor mit den meisten Lackfarben kontrastierte. Schwarz getönt sind hingegen als Modell '85-Novum die Gläser der Rückleuchten, ohne dass dies Einfluss auf die Farben aktivierter Blinkleuchten (gelb), Bremsleuchten oder Rückleuchten (jeweils rot) hat. Und wer einen genauen Blick auf das Rückfenster wirft, der sieht dort nicht nur den künftig serienmäßigen Scheibenwischer mit Intervallschalter (zuvor eine 327 DM-Option),

Gesichtskorrekturen: anfangs steile Front mit kantigen Doppelscheinwerfern, …

… ab September 1982 etwas geglättet dank rundlicheren Leuchten von Cibié …

… und schließlich ab dem September 1984 mit leicht angewinkeltem Kühlergrill.

sondern auch Heizdrähte, die den Schriftzug „quattro“ formen. Die aufgeklebten Auto Union-Ringe an den Flanken fielen hingegen dem Rotstift zum Opfer.

Doch damit nicht genug der Modellpflege für das mittlerweile über 7000 Mal (Stand Februar 1985) gebaute Allrad-Coupé. Auch im Interieur erwartete den Käufer eines neuen quattro ab Ende 1984 ein sichtbar verändertes Ambiente. Dafür sorgen nicht nur neue Flanell-Sitzbezüge in einem sportlicheren Farbton „Graphit“ als Ersatz für die arg barocken Brauntöne der Vorgängerversionen.

quattro-Heckspoiler aus Hartgummi: anfangs unlackiert ein Kontrast zu den (meisten) Lackfarben, ab Modell '85 in Wagenfarbe lackiert, dazu getönte Rückleuchtenverglasung.

quattro-Modell '85: neues Innenraumambiente dank dezenterer Sitzbezüge ...

... sowie Mittelkonsole mit Zusatzinfos für Öltemperatur und Batteriespannung.

Abschied von der ursprünglichen Plüschatmosphäre im quattro: Ab Modell '85 ...

... sorgen auf den Sitzen und Türtafeln Stoffbezüge aus Graphit-Flanell für Stil.

Zusatzinstrumente in der Mittelkonsole informieren jetzt über die Öltemperatur und die Batteriespannung (Voltmeter). Und die Aktivierung der Differentialsperren erfolgt nun statt über einen zweistufigen Zugknopf über einen Drehknopf mit zwei Rasten (wie zuvor schon der Hauptlichtschalter). Von besonderem Vorteil des Modells '85 (und dessen Folgejahrgängen): „Um die Lebensdauer der Abgasanlage in etwa zu verdoppeln"; informiert die quattro-Pressemitteilung vom Februar 1985, „wird dazu weitgehend Edelstahl verwendet."

Von jedoch weit größerer Bedeutung als der Edelstahlauspuff des Urquattro war für Audi im Modelljahr 1985 freilich eine Meldung, die den seit dem Debüt des ersten quattro sukzessive gewachsenen Stellenwert des permanenten Allradantriebs bei Audi signalisierte: „Seit Anfang 1985", so vermeldete es stolz die Broschüre „Technik, die ankommt, Allrad für alle Tage" (Stand 12/86), „bietet Audi als erstes Automobilunternehmen der Welt die Technik des permanenten Allradantriebes in jeder Modellreihe an."

Tatsächlich bot Audi das quattro-System mittlerweile bereits seit **November 1982** für den Typ 80 an. Allerdings war der Allradantrieb bei diesem Modell anfangs exklusiv mit der 136 PS starken Fünfzylinder-Motorisierung und der viertürigen Karosserie kombiniert, was den Allradaufpreis mangels vergleichbaren Frontantriebsmodells raffiniert verschleierte. Preis der „ersten Limousine mit permanentem Allradantrieb" (O-Ton Audi AG): 33045 DM.

[1] Die exakten Vergleichszahlen Allradantrieb (%)/Frontantrieb für die Jahre 1983, 1984, 1985 lauten:

- Audi 80: 13590 (8,5 %)/145755, 8237 (6,4 %)/121272, 4162 (3,2 %)/127554;
- Audi 90: -/-, 3484 (20,3 %)/13680, 10679 (19,3 %)/44582;
- Audi Coupé: -/-, 643 (3,0 %)/20636, 3885 (17,8 %)/17957.

Ab dem **September 1983** lieferte Audi bereits drei 80-Varianten mit fünf Zylindern und vier angetriebenen Rädern, nämlich als Zwei- und Viertürer in Kombination mit der Zweiliter/115 PS-Motorversion sowie als Viertürer mit 2144 cm^3 Hubraum und 136 PS. Auch bei diesen quattro-Modellen lässt sich der Allradaufpreis nicht exakt ermitteln, wurde doch der Frontantriebs-80er mit 115 PS-Fünfzylinder nur in der Ausstattungsversion CD angeboten, die im Umfang die quattro-Serienausstattung deutlich übertraf. „Preisempfehlung“ (Stand September 1983) für den 115-PS-80 CD: 25455 DM; für den 80 quattro mit zwei/vier Türen und 115 PS: 27890/28620 DM; für den viertürigen 80 quattro mit 136 PS: 33785 DM.

Im **Oktober 1984** gesellte Audi auch den Modellreihen 90, 100, 200 und Coupé quattro-Varianten hinzu, einmal mehr jedoch mit Ausstattungsunterschieden zwischen jeweiliger Frontantriebs- und quattro-Version. So verfügte beispielsweise die quattro-Version den Audi 90 serienmäßig über Sportsitze, eine Servolenkung und einen 90 Ah-Generator, Extras, die im Frontantriebs-90 mit zusammen 2110 DM zu honorieren waren. Um diese Summe reduziert sich die Differenz zwischen Audi 90 (29845 DM) und 90 quattro (37495 DM; jeweils mit Fünfganggetriebe), so dass Allradantrieb im 90-Falle mit 5540 DM zu Buche schlug. Im Falle Audi 100 CS und 100 CS quattro (jeweils 138 PS-Fünfzylinder und Fünfganggetriebe) stand das Verhältnis (mit identischem Ausstattungsumfang) bei 34035 DM zu 40995 DM – quattro-Zuschlag somit 6960 DM.

Bei der Modellreihe 200 bot die quattro-Version, lieferbar nur für die Motorvariante Turbo mit 182 PS, gegenüber der Frontantriebsausführung wiederum ein Ausstattungsplus, nämlich die Sportsitzgarnitur mit Lederwangen (Aufpreis für Frontantriebs-200 Turbo: 2095 DM) und das Lederlenkrad (156 DM) – empfohlene Preise: 200 Turbo 48275 DM, 200 quattro 58195 DM (Allradaufpreis somit 7669 DM). Und wie gestaltete sich die Preissituation beim Audi Coupé, dem Karosserielieferanten für den Urquattro? Hier kostete Allradantrieb (bei vergleichbarer 136 PS-Motorisierung und Ausstattung) 6815 DM (Stand 10/84).

„quattro fahren, d.h. mobiler zu sein“ (O-Ton Dr. Ferdinand Piëch in der bereits erwähnten Audi-Broschüre „Allrad für alle Tage“ vom Dezember 1986) war also (noch) ein teures Vergnügen – man musste es sich schon leisten können, „die erhebliche Erweiterung der Mobilität, nämlich problemloses, sicheres Vorwärtskommen auch unter schwierigen Bedingungen“. Aber: Ein Aufpreis für den unbestritten segensreichen Allradantrieb von knapp 16 (200 quattro) Prozent bis über 20 Prozent (100 quattro) – da ist es nicht verwunderlich, dass die „zivilen“ quattro-Versionen die Audi-Ziele im Gegensatz zum Urquattro nicht überboten, sondern unterschritten. „Ein Drittel Produktionsanteil wird erwartet“, vermerkte Motorjournalist Werner Oswald in seinem Standardwerk „Deutsche Autos seit 1945“, „aber bei weitem nicht erreicht. Tatsächlich lag der Allradanteil in der quattro-Frühphase bei den Audi-Limousinen und beim Coupé bei lediglich rund drei bis rund 20 Prozent[1].

quattro-Broschüre vom Dezember 1986: Audi liefert bereits neun Modelle mit Allradantrieb, Varianten der Reihen 80, 90, 100, 200, Coupé – und natürlich Urquattro und quattro Sport.

November 1982: Das quattro-Allradsystem feiert in der Limousine Premiere. Erster viertüriger quattro: der 80 quattro, fünf Zylinder, 136 PS.

1986, Genf, drei Jahre nach dem Debüt immer noch Salonlöwe: quattro Sport.

Und rund 35 Jahre später? Wie sind aktuell die quattro-Konditionen? Heute kostet der Allrad bei Audi – etwa beim Audi 80-Erben A4 oder beim 100-Nachfolger A6 – jeweils rund 5,5 Prozent Aufpreis zur Frontantriebsvariante. Gut 2000 Euro Aufpreis – das entspricht nahezu der Fernprognose von Dr. Ferdinand Piëch aus den 1980er Jahren, Allrad würde bei Audi eines Tages so viel kosten wie ein guter Winterradsatz[1]. Kein Wunder, dass quattro im Mittelklasse- und Oberklasseabsatz von Audi mittlerweile vorn liegt – auch wenn es Frontantrieb als Alternative gibt: Durchschnittlich knapp 60 Prozent der A4-, A6-, Q3- und Q5-Käufer setzten in den Jahren 2019 und 2020 auf alle Viere statt nur auf Antrieb vorn …

Keine Änderungen gegenüber dem Modell '85 attestierte im September 1985 die Audi-Pressemitteilung für das **Modelljahr 1986** – zumindest, was den 200 PS starken Urquattro anbelangt, den quattro langen Radstands. Fahrwerksänderungen im Detail, etwa geänderte Schraubenfedern, Radlagergehäuse und obere Federteller (ab Fahrgestellnummer G-900-466) oder um sieben auf 82 Millimeter vergrößerte Vorderradlager und geänderte Lagersitze (ab Fahrgestellnummer G-900-359) schienen den Ingolstädter Presseredakteuren nicht der Rede wert. Dafür wurde das Interesse eigenartigerweise auf eine quattro-Version gelenkt, deren Debüt bereits zwei Jahre zuvor stattgefunden hatte, die seit Mitte 1985 nicht mehr produziert wurde – und damit auch nicht mehr zum Verkauf stand.

Gemeint ist der 306 PS starke Sport quattro, der nicht nur im Rallye-Gefecht enttäuscht hatte, sondern auch im Zivilabsatz die von seinen Initiatoren gesetzten Ziele weit verfehlt hatte: Statt der von seinen Schöpfern erhofften 800 Exemplare wurden, partiell bei Baur in Stuttgart, abschließend in Ingolstadt, lediglich 214 Sport quattro gefertigt – und das mit denkbar großem Aufwand.

Qualitätssicherer Albert Scharpf, auf Seite 240 bereits in Sachen quattro-Fertigung einmal zitiert, erinnerte sich im Oktober 2018 auch an die Bedingungen der Sport quattro-Produktion. Selbst im Vergleich zur handwerklichen Fertigung des Basis-quattro langen Radstands gestaltete sich der Bau des exklusiven „Kurzen" demnach als besonders aufwändige „Kleinstserienfertigung". 1984 und 1985, so Albert Scharpf, wurden „die lackierten Sport quattro-Karossen angeliefert und in entsprechender Sequenz zusammen mit dem Urquattro aufgebaut". Die vormontierten Sport-Gehäuse lieferte damals der Stuttgarter Subunternehmer Baur nach Ingolstadt – auch daraus nährte sich das Gerücht, *alle* quattro seien bei den Karosseriewerken Baur montiert worden.

Albert Scharpf weiter zur Produktion des Sport quattro, die teilweise auch für den quattro so ablief (siehe auch Seite 274 ff): „Es gab dort kein mechanisch verkettetes Montageband. Die Karossen waren auf Schiebeskids aufgesetzt und wurden im Stundentakt händisch weitergeschoben." Die Sport quattro erfuhren jedoch einen „erweiterten Prüfumfang, entsprechend dem hohen Anforderungsprofil dieser Fahrzeuge". Was das bedeutete, schilderte Scharpf mit kaum verhohlenem Stolz: „Neben den beim Serienablauf üblichen Prüfumfängen in der Aufbaulinie und im Rollenprüfstand wurden diese Fahrzeuge einer internen und externen Straßenfahrtprüfung unterzogen. Diese Straßenfahrtprüfung startete im Werk und ging zunächst auf Landstraße nach Denkendorf, von dort dann auf der Autobahn zurück nach Ingolstadt, insgesamt also circa 50 Kilometer."

„Hierbei wurden alle Funktionen sowie sowohl die mechanischen Geräusche und Windgeräusche als auch Vibrationen über alle Geschwindigkeitsbereiche abgeprüft und gegebenenfalls nachgearbeitet. Abschließend wurden die Fahrzeuge dann einer umfangreichen Endabnahme unterzogen, und die Schlussabnahme wurde erteilt." Vom Sport quattro, so Scharpf, „wurden 200 Stück[2] in die Urquattro-Fertigung dazwischengesetzt, zusätzlich 20[2], die an die Sportabteilung geliefert wurden, wo man sie entsprechend aufbaute. Von diesen habe ich persönlich jeden geprüft, gefahren und durchgesehen."

Einem besonderen Ritual folgte die Serien- und Verkaufsfreigabe des Sport quattro – Scharpf: „Mit zwei Vorserienfahrzeugen gab es intensive Tests und Erprobungsfahrten nach Sizilien, bei denen die Serientauglichkeit bestätigt wurde. Bei der Abnahme war ich mit dabei. Der Sport quattro war ja von den Anforderungen und auch von der Kundenschicht etwas Besonderes. Damit mussten wir uns auseinandersetzen, und dabei haben wir auch viel gelernt."

Sowohl die Fertigung des Urquattro als auch die des Sport quattro sei, so der Ingolstädter Qualitätssicherer, eine „herausfordernde Aufgabe gewesen" – aber: „Für mich persönlich zählt es, im Nachhinein betrachtet, zu den herausragenden, aufregenden und schönsten Arbeitsphasen in meinem Berufsleben. Speziell der Sport quattro war was Besonderes: Man hat sich zusammen im kleinen Kreis am Auto getroffen, die Dinge besprochen und die notwendigen Maßnahmen entschieden." So etwas, so Scharpf wehmütig im Rückblick, „ist heute nicht mehr möglich …"

[1] Dr. Piëch sollte diese Aussage später als „missverständlich" relativieren. „Selbstverständlich", so der damalige Audi-Entwicklungschef und spätere Audi-Vorstandsvorsitzende, „empfehlen wir im Winter auch für den quattro Winterreifen …"
[2] Von den 214 Serienwagen wurden nur 164 Exemplare an Kunden verkauft. Die laufenden Nummern 006 bis 024 verblieben im Werk zu Versuchszwecken, während die laufenden Nummern 101 bis 120 Audi Sport überstellt wurden. Im Vorfeld der Sport quattro-„Serienfertigung" von 214 Exemplaren entstanden zwischen August 1983 und Januar 1984 sechs Prototypen, was die Scharpfsche Sport quattro-Summe erklärt.

1983, Sizilien: Testfahrt zum Ätna zwecks Serien- und Verkaufsfreigabe.

Der Urquattro in seiner Phase 2

Änderungen am Motor und am Zentraldifferential

Mitte 1987 stand der Urquattro kurz vor der runden Gesamtproduktionszahl 10000, gleichwohl war sein Stern im Sinken begriffen. In den Jahren 1981 und 1982 hatte die kleine Ingolstädter quattro-Montageelite jeweils knapp 2000 Exemplare gefertigt – es waren die beiden Spitzenjahre der Urquattro-Geschichte. Doch 1986 hatten sich der Urquattro-Absatz und dessen Produktion gegenüber dem Vorjahr jeweils praktisch halbiert: Statt 1530 Urquattro, wie noch 1985, entstanden davon 1986 lediglich 774 Einheiten, der Absatz schrumpfte von 808 Exemplaren (1985) auf 406.

Auch das Audi Coupé, der einstige Karosseriespender für den Urquattro, war Mitte der 1980er Jahre weit entfernt von seinen Hochzeiten. Über 33000 Exemplare konnte Audi in den Jahren 1981 und 1982 jeweils absetzen, 1986 waren es nur noch etwas über 17000. So bedeutete das Jahr 1987 im September das Ende des kantigen Audi Coupé GT, erst ein gutes Jahr später lancierten die Ingolstädter einen Coupé-Nachfolger, nun im betont rundlichen Aerodynamikstil der bereits 1982 vorgestellten dritten 100er-Reihe (C3) und der 1986 präsentierten 80er-Reihe dritter Generation (B3).

Und was war mit dem Urquattro?

Der durfte weiter von seinen mittlerweile legendären Rallye-Erfolgen zehren, obwohl Audi Motorsportruhm und -ehre längst auf anderen Gebieten suchte. Immerhin verabschiedete sich der quattro von 1985 bis 1987 mit drei Siegen beim seit 1916 ausgeschriebenen Pikes Peak „Race to the clouds“, einem rustikalen und gefährlichen Bergrennen in den Rocky Mountains im US-Bundesstaat Colorado. So wiederholte Michèle Mouton am Pikes Peak ihre Statusrolle „erste Frau als Gesamtsiegerin“[1], als sie 1985 mit 11:25,30 Minuten einen neuen Streckenrekord aufstellte. Im Folgejahr griff der US-Star Bobby Unser ins Lenkrad eines Sport quattro S1 und stellte als Gesamtsieger abermals einen neuen Streckenrekord auf, diessmal mit 11:09,22 Minuten.

Rundungen statt Kanten: Der 1988 lancierte Coupé-Nachfolger ist ein aerodynamischer Musterknabe.

Ortsrecherche ’84: Michèle Mouton besuchte Pikes Peak im Vorjahr ihres dortigen Sieges mit Streckenrekord.

Röhrl (oben und links) vollendete 1987 nach Mouton (1985) und Unser (1986) das Pikes Peak-Triple auf Sport quattro E2.

Schließlich ließ es sich Walter Röhrl 1987 nicht nehmen, sich am Pikes Peak zu verewigen und sich mit einem speziell für den Berg präparierten Sport quattro E2 für die eher enttäuschenden Einsätze des kurzen quattro in der Rallye-WM zu entschädigen – Resultat: neuer Streckenrekord mit 10:47 Minuten. Röhrls Durchschnittsgeschwindigkeit: gut 111 km/h – und das auf einer rund 20 Kilometer langen, mit 156 Kurven gespickten und durchschnittlich sieben Prozent steilen Schotterpiste[2] in 2862 bis 4301 Metern Höhe über dem Meeresspiegel …

Audi Sport konzentrierte sich im Jahr des Röhrl-Triumphes am Pikes Peak allerdings bereits auf Vorbereitungen zu Rundstreckenaktivitäten. quattro, der Allradantrieb von Audi, spielte dabei zwar nach wie vor eine wichtige Rolle, doch *der* quattro, das mittlerweile von Enthusiasten Urquattro genannte Coupé, war da bereits Motorsport-Geschichte: 1988 trat Audi mit der Limousine 200 quattro in der amerikanischen Trans-Am-Tourenwagenserie an und wurde dabei prompt Marken-Meister, auch der Fahrer-Champion, Hurley Haywood, fuhr die viertürige Limousine aus Ingolstadt.

[1] Erstmals gelang ihr das 1981 bei der WM-Rallye San Remo.
[2] Die Pikes-Peak-Strecke wurde ab 2001 teilasphaltiert und ist seit 2012 komplett asphaltiert. Deshalb lassen sich aktuelle Pikes-Peak-Streckenrekorde (z.B. 2018 unter acht Minuten) nicht mit den Zeiten auf der einstigen unbefestigten Bergstraße vergleichen.

1988: Auch im Limousinen-Gewand des 200 siegte quattro – Audi und Hurley Haywood errangen die Meisterschaft der amerikanischen TransAm-Serie.

Audi-Werbeplakat zu Ehren des TransAm-Meisters '88: auch in den USA galt „Vorsprung durch Technik".

Trotz der motorsportlichen Interessenverlagerung überarbeitete Audi den Urquattro sowohl für das **Modelljahr '87**, als auch für das **Modelljahr '88**. Schon am 1. August 1986 bzw. ab Fahrgestellnummer 85-H-900 001, erhielt das Allrad-Coupé eine neue Vorderradbremsanlage: Bremsscheibendurchmesser 276 mm (zuvor 280 mm), Bremsscheibendicke unverändert 25 mm, neue Bremssättel mit zwei Kolben statt einem – vor allem die modifizierten Bremssättel verbesserten das Bremsvermögen eklatant (weshalb sie vielfach in früheren Exemplaren nachgerüstet wurden). Noch deutlich aufwändiger gestaltete sich der Wechsel zum Modelljahr '88. Das betraf den Fünfzylinder-Motor genauso wie das Zentraldifferential oder das Interieur. Überdies sollte diese Generalüberholung nicht die letzte tiefgreifende Modifikation in der kurzen Restlaufzeit des quattro-Klassikers sein – doch davon später mehr.

Die wesentlichen Stichworte des neuen Urquattro, dessen Produktion im August 1987 mit Chassis-Nummer 85-J-900001 einsetzte, lauten: etwas mehr Hubraum, deutlich höhere Verdichtung und Klopfregelung, Torsen-Zentraldifferential und eine neue Instrumentierung. Doch der Reihe nach, und an deren Spitze steht der ab dem August 1987 im quattro angebotene überarbeitete Turbo-Fünfzylinder mit den Kennbuchstaben MB.

Dieser Motortyp löste sowohl den seit dem quattro-Debüt montierten Motortyp WR ab als auch den seit August 1982 für die Märkte Schweiz und Schweden vorgesehenen Typ GV. Zur Anpassung an die in diesen Ländern schärferen Abgasvorschriften hatte der GV Modifikationen in der elektronischen Zündanlage erfahren (ohne dabei – zumindest offiziell – an Nennleistung und Drehmomentmaximum zu verlieren). Schweizer quattro-Freunde mussten fortan mit dem Motortyp WX vorlieb nehmen, wie er seit dem Modelljahr 1985 (also ab August 1984) mittels G-Katalysatoren abgasgereinigt und dadurch geschwächt (Nennleistung 119 kW/162 PS) auch Japanern und Amerikanern offeriert worden war.

Der Motortyp MB basiert auf dem im Audi 100 und 200 bereits im November 1984 eingeführten Fünfzylinder mit um 1,5 Millimeter auf 81,0 Millimeter vergrößerter Bohrung und folglich 2226 cm^3 Hubraum statt zuvor 2144 cm^3. Als weiteres typisches MB-Merkmal stechen die Hydrostößel an Stelle der zuvor verwendeten, konventionellen Stößelbecher hervor, die den Ventilspielausgleich automatisieren und somit wartungsfrei gestalten.

Von größerer Bedeutung als das marginale Hubraum-Plus zwecks Angleichung an die weniger potenten 2,2 Liter-Fünfzylinder des Hauses ist jedoch ein umfangreiches, quattro-spezifisches Maßnahmenpaket. Es sollte dem aufgeladenen Fünfzylinder die im unteren Drehzahlbereich verzögerte Leistungsentfaltung, also das tiefe „Turboloch" (siehe auch Seite 151), austreiben. In erster Linie sorgte dafür die drastisch erhöhte Verdichtung von zuvor 7,0:1 auf 8,6:1, ermöglicht durch die Innovation einer Klopfregelung in der vollelektronischen Zündanlage.

Gastarbeiter in den USA: Walter Röhrl und Hans-Joachim Stuck teilten sich die 200-Startnummer 14.

TransAm-Meisterschaft '88: 152 Punkte für Meister Haywood, 92 Punkte für die Meister-Marke Audi.

quattro-Vorderradbremsanlage ab Modell '87: verbessertes Bremsvermögen dank Zweikolben-Bremssättel.

quattro-Motorisierung MB ab Modell '88: etwas mehr Hubraum, höhere Verdichtung, dazu Klopfregelung.

Dieser neuartige Eingriff in das Zündungs-Management war notwendig geworden, weil die erhöhte Verdichtung in Addition mit der turbotypischen Vorverdichtung von 0,85 bar bei Volllast im mittleren Drehzahlbereich[1] eine extrem hohe Gesamtverdichtung verursacht – in diesem Fall bis zu 15:1. Das wiederum bewirkt Selbstzündungen des Gemischs, die durch ein klopfendes Geräusch auf sich aufmerksam machen. Solche unplanmäßigen Detonationen in den Brennräumen würden unweigerlich den Motor schädigen, begegnete man ihnen nicht durch eine temporäre, automatische Zündungsverstellung in Richtung „spät"[1], dies in bis zu drei 2,6-Grad-Stufen.

Den Moment des „Klopfens" registriert ein Körperschallsensor, der dieses zerstörerische Wirken der vollelektronischen Zündanlage meldet, die daraufhin regulierend in das Zündzeitpunkt-Management eingreift. Sobald kein Klopfen mehr registriert wird, reguliert die Zündanlage pro Sekunde um 1,3 Grad zurück Richtung „früh". Auch die Drehzahlbegrenzung ist Aufgabe der Elektronik-Zündanlage, beim Überschreiten der 6700/min-Grenze dreht sie kurzfristig mittels Eingriffs am Benzinpumpenrelais den „Saft" ab.

Als weitere Maßnahme sorgen im MB-Motor geänderte Ventilsteuerzeiten – eine kürzere Einlasszeit und eine etwas verlängerte Auslasszeit[2] für eine zwar etwas höhere Nenndrehzahl (5800 statt zuvor 5500/min), dafür jedoch für eine flachere Drehmomentkurve, deren (marginal niedrigerer) Gipfel statt erst bei 3500/min bereits bei 3000/min erreicht wird. Zugunsten einer erhöhten Lebensdauer des KKK-Turboladers ist dieser fortan wassergekühlt – wichtig immer dann, wenn der Motor nach forcierter Autobahnfahrt abgestellt wird. Dieser abrupte Stillstand sorgte bei frühen Turbomotoren und somit auch beim quattro zu Laderschäden: zum Beispiel zum Verzug der Turbinenwelle durch Hitzespannungen oder durch eine kollabierende Abdichtung der Turbinenwelle. Solchen Folgeschäden beugt die Wasserkühlung vor, indem eine separate Wasserpumpe nach dem Abstellen des Motors noch einige Zeit Kühlflüssigkeit durch den Lader-Kreislauf befördert.

Als quattro-Motorenneuheit für den europäischen Markt[3] lieferte Audi parallel zum Motortyp MB nun auch eine Variante namens WX – deren Besonderheit: ein geregelter Katalysator. Audi hatte im Januar 1984 begonnen, den Audi 100 mit 2226 cm³-Fünfzylinder alternativ mit einem durch eine Lambdasonde geregelten Drei-Wege-Katalysator auszurüsten. Noch im Herbst '84 lieferte Audi auch den 200 Turbo alternativ mit Kat, für den US-Markt im Audi 5000 S Turbo (US-Version des Typs 200) hingegen alternativlos mit gereinigten Abgasen. Der quattro hinkte somit bei dieser Technologie etwas hinterher – womöglich mit Rücksicht auf den sportlichen Charakter des Allrad-Coupés. Denn in den Anfangsjahren des geregelten Kats bedeutete dieses Verfahren zur Abgasentgiftung nicht nur eine nach faulen Eiern riechende Auspufffahne.

Der G-Kat führte bei Audi wie auch bei anderen Fabrikaten zugleich zu einem deutlichen Leistungsverlust des Motortyps WX im Vergleich zu den jeweils zeitgenössischen Basisversionen WR (bis 1987) bzw. MB ohne G-Kat. Hervorgerufen wurde diese Erschlaffung einerseits durch einst relativ hohe Innenwiderstände damaliger Katalysatoren, andererseits aber auch mit Rücksicht auf die für den Kat-Gebrauch geeigneten, bleifreien Treibstoffe geringerer Oktanzahl (ROZ 95 statt 98). Im Falle quattro wurde folglich die Grundverdichtung des WX-Triebwerks bei 7,0:1

Wasserkühlung zwecks Erhöhung der Lebensdauer und Vermeidung von Hitzestaus: KKK-Lader in MB-Motoversion.

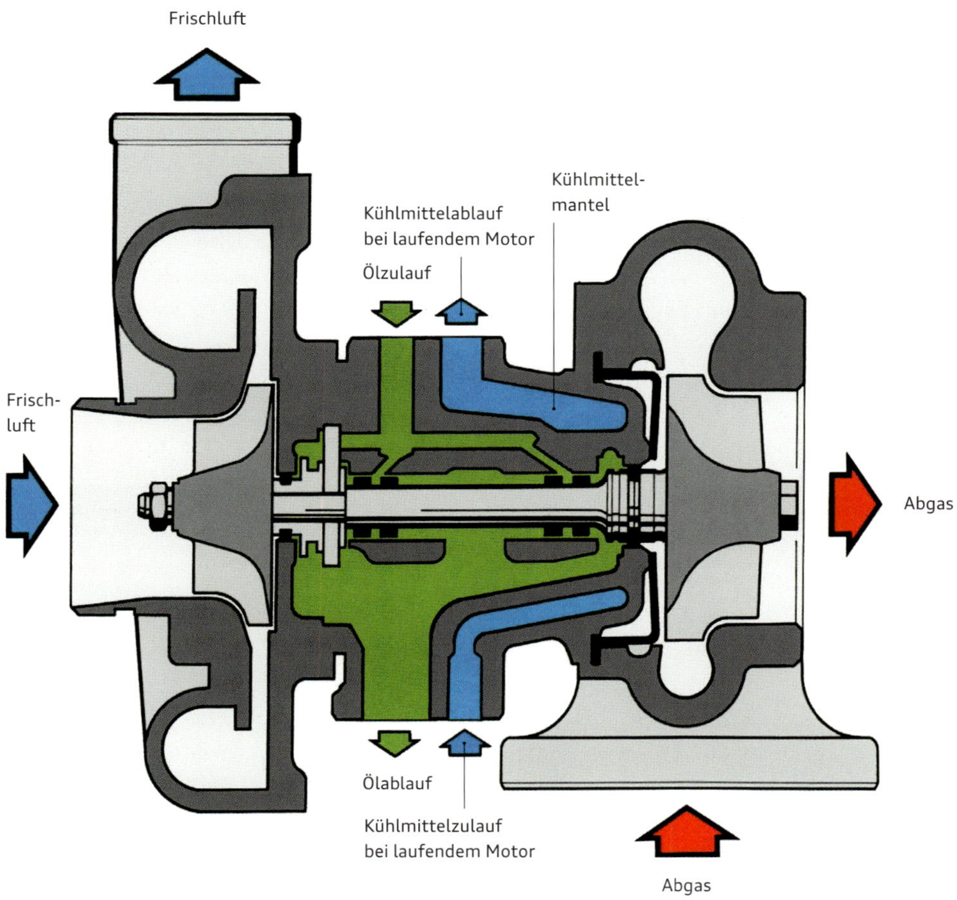

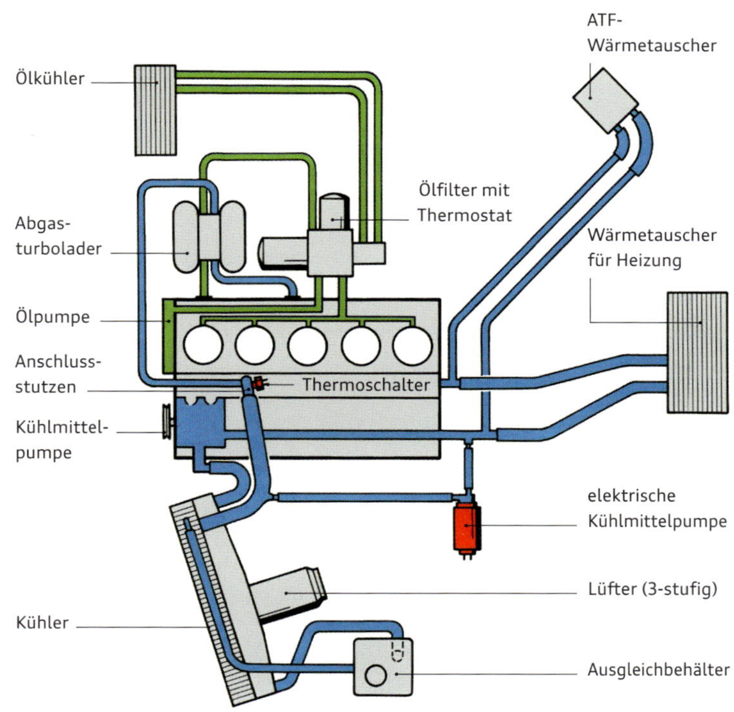

beibehalten. Im WX-Datenblatt hatte dieses Manko folgende Konsequenzen: Nennleistung 119 kW (162 PS) bei 5500/min statt 147 kW (200 PS) bei 5500/min (Motortyp WR bis 1987) bzw. 5800/min (Typ MB), maximales Drehmoment 230 Nm bei 3000/min statt 285 Nm bei 3500/min (WR) bzw. 270 Nm bei 3000/min (MB).

In der Fahrpraxis bedeutet das ein Leistungsmanko der Kat-Version von rund 20 km/h und ein um rund 1,5 Sekunden gedämpftes Temperament für den Normsprint von 0 bis 100 km/h. Deutsche quattro-Käufer mit „grünen" Ambitionen konnten den Kat-Motor allerdings auch nicht gegen Geld und gute Worte ordern. Dies verwundert umso mehr, da sich Audi bereits 1983 als Katalysator-Pionier profiliert hatte, als das Flensburger Kraftfahrtbundesamt den Ingolstädtern für den Typ 200 turbo die erste Kat-Betriebserlaubnis für Deutschland erteilte[4]. Erst die Motoren-Nachfolgegeneration, der 20V ab 1989, lieferte gesäuberte quattro-Abgase, dann jedoch serienmäßig und ohne Aufpreis.

Katalysator-Käufern entging allerdings auch ein gegenüber der ersten Generation des Urquattro nochmals gesteigertes Temperament, wenn auch keine höhere Spitzengeschwindigkeit. In dieser Hinsicht blieb es bei der Werksangabe von 222 km/h. Doch begünstigt durch das spontanere Ansprechen des Fünfzylinders dank der MB-spezifischen Modifikationen beschleunigte ein MB-quattro deutlich besser als sein Vorgänger. So nannte das Werk in den offiziellen Daten eine Verbesserung der Beschleunigungszeiten von 0 bis 80 bzw. 0 bis 100 km/h um 0,2 bzw. 0,4 Sekunden. In nun 4,5 Sekunden erreicht der MB-quattro die 80 km/h-Marke, 6,7 Sekunden vergehen, bis das 8,6:1 verdichtete Allrad-Coupé 100 km/h schnell fährt. Damit nicht genug: Die deutlich erhöhte Verdichtung führte auch zu gemäßigteren Trinksitten, insbesondere bei Stadtfahrt mit häufig wechselnden Tempi. Unter diesen Umständen nennte das MB-Datenblatt einen DIN-Verbrauch von 13,4 Liter Super/100 km/h, ganze zwei Liter weniger als zuvor. Weniger dramatisch die Ersparnis bei konstant 90 bzw. 120 km/h: Hierbei sind es mit 7,6 bzw. 9,7 L/100 km lediglich 0,1 bzw. 0,2 L/100 km weniger.

[1] Ab etwa 3500/min öffnet das Wastegate bei maximalem Ladedruck, entlässt damit Ladedruck und reduziert dadurch die Gesamtverdichtung, woraufhin die Zündungselektronik automatisch wieder in Richtung „früh" korrigiert.
[2] Steuerzeiten WR/MB: Einlass öffnet 3°/0°, Einlass schließt 47°/41°, Auslass öffnet 43°/40°, Auslass schließt 7°/1°.
[3] Die US-Version des quattro wurde bereits ab 1982 mit geregeltem Katalysator in Verbindung mit dem 2144 cm^3-Fünfzylinder ausgerüstet – die Daten: Verdichtung gegenüber der Euro-Version unverändert 7,0:1, Nennleistung (SAE) 160 bhp bei 5500/min, maximales Drehmoment (SAE) 230 Nm bei 3000/min, Höchstgeschwindigkeit (Messung *Car & Driver*, Ausgabe Juni 1982) 122 mph (195 km/h).
[4] Ab Herbst 1984 konnte auch der Audi 100 alternativ mit einem 115 PS starken Fünfzylinder-Kat-Motor oder mit einem 90 PS-Vierzylinder mit G-Kat geordert werden. Eine Zeitlang war der G-Kat auch als „Beipacklösung" erhältlich, d.h. der Abgasreiniger wurde erst vor Ort eingebaut, wenn im Auslieferungsland die Versorgung mit bleifreiem Treibstoff sichergestellt war.

Kühlwasser-„Mantel" im Turbinenlagerbereich der heißen Abgase – Schutz vor Verzug der Turbinenwelle.

Turbolader am MB-Fünfzylinder ab Modell '88: in die Kreisläufe von Schmierstoff und Kühlwasser integriert.

Außenhaut. Feuer- oder elektrolytische Verzinkung für die Innenteile. Die beidseitig vollverzinkte Karosserie bietet Audi als erster Großserienhersteller für alle Audi 100 und Audi 200.
Beispielhafter Korrosionsschutz sorgt für Werterhalt durch Langzeitqualität.
Hoher Gebrauchswert von Audi.
Audi
Vorsprung durch Technik
Das im Getriebe integrierte Zwischendifferential macht den Vorteil:
- kein zusätzlicher Bauraum
- minimales Gewicht
- minimale Reibung

IAA '87: Audi präsentiert die „neue Generation des quattro-Antriebs" mit Torsen-Zentraldifferential.

Torsen-Differential zerlegt und seziert: Schneckenrad-Paare und Schnecken-Getriebe statt Kegelräder.

[1] **AUDItorium** = regelmäßig abgehaltene Veranstaltung der Audi-Presseabteilung zur Vorstellung und Erläuterung neuer von Audi angewandter Technologien.
[2] **Vernon E. Gleasman** (* 1912, † 19. November 2004), amerikanischer Ingenieur und Erfinder aus Cleveland Ohio/USA, Gründer der Firma Torvec, Inc. Gleasman ist Inhaber von über 200 Patenten. 2001 erhielt er für sein Lebenswerk den „Inventor of the year award" der renommierten Rochester Property Law Association.
[3] in der Regel drei Paare in 120°-Abstand rund um die Schneckengetriebe angeordnet.
[4] Die Zähne dieser Zahnradart winden sich mit konstanter Steigung um einen Zylindermantel, ähnlich der Struktur eines Schneckenhauses, was diesen Zahnrädern den Namen verlieh.

Ob ohne oder mit G-Kat – der quattro des Modelljahrganges '88 erhielt bereits im August 1987 die von Audi als „neue Generation des quattro-Antriebs" gefeierte Torsen-Technologie für das Zentraldifferential. Audi gab damit die zuvor geübte Allradpraxis der starren 50:50-Verteilung der Antriebskräfte auf die Vorder- und Hinterräder auf. Zwar sei die unveränderliche Antriebskraftverteilung, so Audi anlässlich eines „AUDItoriums"[1] im Januar 1988, „für die meisten Fahrsituationen das Optimum", zumal es das vom Fahrer sperrbare Zentraldifferential ermöglichte, auf glattem Untergrund dem Durchdrehen eines Räderpaars durch eine 100-prozentige Verbindung der Vorder- und Hinterräder zu begegnen.

Doch „zum Beispiel bei forschem Anfahren in Verbindung mit hoher Motorleistung oder schwer beladenem Kofferraum", so der „AUDItorium"-Begleittext weiter, „wäre eine fließend veränderliche, der jeweiligen Fahrsituation, der Fahrbahnoberfläche sowie der Beladung des Wagens angepasste Kraftverteilung noch besser". Diese Anpassung leistet eine bereits 1958 von Vernon E. Gleasman[2] erfundene Differentialtechnologie: nämlich ein automatisch arbeitendes, mechanisches Sperrdifferential namens Torsen. Diese Bezeichnung setzt sich aus den Silben „Tor" für „Torque" (= Drehmoment) und „sensing" (= fühlend) zusammen.

Im Torsen-Differential wird das Drehmoment nicht wie in herkömmlichen Verteilergetrieben durch Kegelräder übertragen, sondern über Schneckenrad-Paare[3] und Schneckengetriebe. Konventionelle Kegelradpaare können sich gegenseitig in beiden Drehrichtungen aktivieren. Das hat zur Folge, dass starke Drehzahlunterschiede der beiden angetriebenen Räder, beispielsweise auf unterschiedlich griffiger Fahrbahn oder bei scharfer Kurvenfahrt, stets eine Angleichung der Vortriebskraft an das Rad verminderter Haftung zur Folge haben – bis hin zum Extremfall eines Stillstands des Fahrzeugs. Im Gegensatz dazu kann bei einer Schneckenrad/getriebepaarung mit Helix[4]-Zähnen lediglich das Schneckengetriebe das Schneckenrad aktivieren, jedoch nicht umgekehrt. Solche Zahnradgetriebe werden deshalb beispielsweise bei Seilwinden, Kränen oder Aufzügen verwendet, wo das Seil nur in eine Richtung gezogen werden soll, in der Gegenrichtung jedoch arretiert sein muss.

Torsen-Differential im Schnittmodell: Seilwinden-Getriebe als Vorbild.

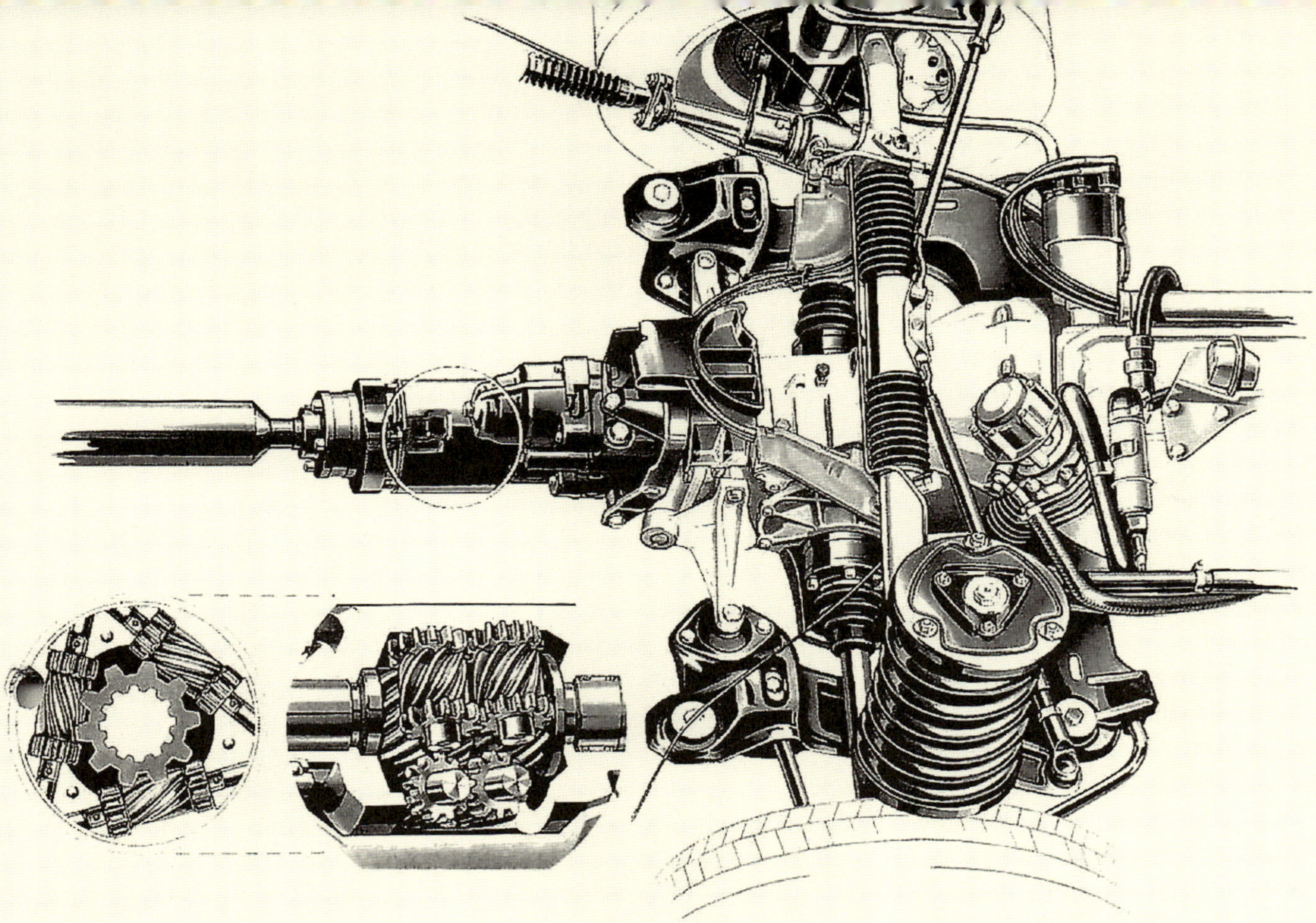

Positionierung des Torsen-Differential: direkt im Anschluss an das Getriebe.

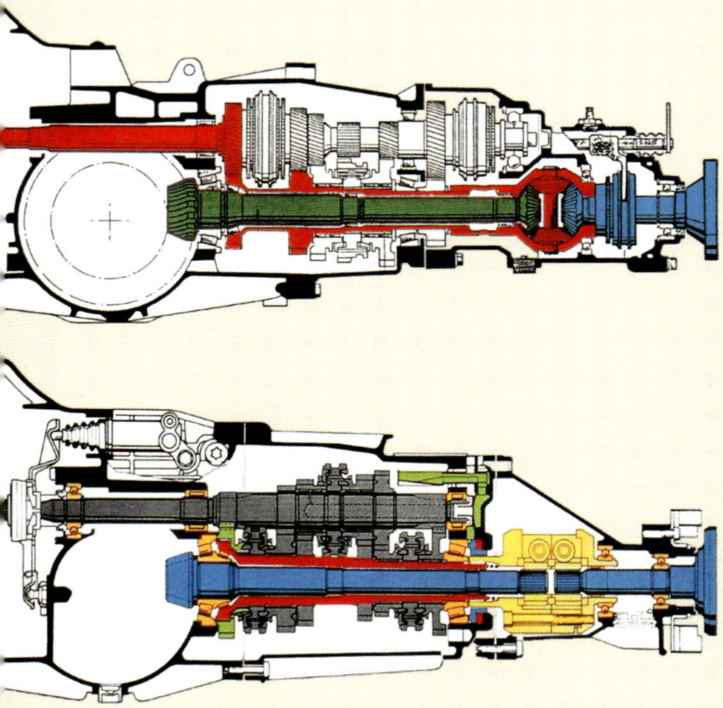

Zum Vergleich: Ausführung der quattro-typischen Getriebe-Hohlwelle (siehe auch Seite 105) mit konventionellem Zentraldifferential (oben) und mit Torsen-Differential (unten).

Diese spezielle Eigenschaft wird im Torsen-Differential genutzt. Bei dieser Konstruktion verfügen die beiden Steckachsen an ihren Enden im Differentialgehäuse über Schneckengetriebe. In diese Getriebe greifen pro Getriebe wie Planeten umlaufende Schneckenräder ein, die über Stirnräder paarweise miteinander verbunden sind. Bei Gleichlauf des Laufräderpaars rotieren auch die Schneckengetriebe/räderpaarungen mit identischen Drehzahlen. Bei normaler Kurvenfahrt erlaubt Torsen hingegen innerhalb einer durch die Steigung der Zähne vorgegebenen Toleranz den Ausgleich der unterschiedlichen Raddrehzahlen von kurveninnerem und -äußerem Rad ohne Sperrwirkung.

Übersteigt jedoch die Drehzahl eines Rades deutlich die des gegenüberliegenden Rades (zum Beispiel auf schlüpfriger Fahrbahn oder bei scharfer Kurvenfahrt), so wird es automatisch auf die Drehzahl des langsamer rotierenden, weil besser haftenden Rades eingebremst. Grund: Das Schneckengetriebe der traktionsstärkeren Seite betätigt über die ihm zugeordneten Schneckenräder und deren Stirnräder die Stirnräder und damit die Schneckenräder der traktionsschwächeren Seite. Da Schneckenräder ihre Schneckengetriebe nicht aktivieren können (siehe dazu deren zuvor beschriebene Funktionsweise), hat dies zur Folge, dass sich die (hohe) Drehzahl des traktionsschwächeren Rades der (geringeren) Drehzahl des gegenüberliegenden Rades mit besserer Traktion unterwirft. Torsen bewirkt somit eine Drehmomentangleichung der beiden Antriebsräder zugunsten eines optimierten Vortriebs. Damit hat es die Funktion eines sich automatisch aktivierenden Sperrdifferentials, ein Torsen-Talent, das Gene Stritzel, rechte Hand des Torsen-Erfinders Gleasman, als eine Art „mechanical computer“ beschrieb.

Die segensreiche Wirkung des Torsen-Differential wurde – anfangs unter der Bezeichnung „Dual Drive“ – von der Triple-D Inc. in Cleveland/USA bereits in den 1970er Jahren als Zubehörteil Geländewagenfahrern angeboten. Damals war „Dual Drive“ noch ein Geheimtipp, der sich freilich zügig herumsprach. Wegen der gestiegenen Nachfrage involvierte sein Erfinder deshalb 1982 die Firma Gleason Works in Rochester im Staat New York, die das Wunderdifferential nun in größerer Stückzahl für 356 bis 482 $ auf dem Zubehörmarkt offerierte, damit werbend, dass jede Werkstatt das serienmäßige Differential ohne sonstige Modifikationen durch das Dual Drive-Differential ersetzen könne.

Nun wurden auch Motorsportler auf Torsen aufmerksam. So setzte beispielsweise Mario Andretti das neuartige Differential 1982 bei den Indianapolis 500 in seinem Newman-Hass T 700 Lola ein. Auch Paul Newman verdankt nicht zuletzt Torsen das erfolgreichste Jahr seiner Rennkarriere, als er die Gleasman-Erfindung in seinem Bob Sharp Datsun bei Rundstreckenrennen verwendete. Wenig später fand Torsen erstmals in einem Supersportwagen einen Einsatz, nämlich in dem in kleinster Stückzahl in Kalifornien gebauten Vector. Auch Maserati zeigte Interesse und bot Torsen (unter dem Namen „Sensitork“) ab 1985 als Option für die Modelle Bi-Turbo und Quattroporte an.

Audi entdeckte Torsen auf dem Umweg über Porsche. So war die Genialität des sensitiven Differentials im Porsche-Entwicklungszentrum Weissach bereits Anfang der 1980er Jahre erkannt und im Porsche-motorisierten McLaren-Formel 1 MP4 ab 1983 eingesetzt worden. quattro-Entwickler Jörg Bensinger hatte mit der Torsen-Technologie anlässlich eines Porsche-Termins Bekanntschaft gemacht – Bensinger fast ein halbes Jahrhundert später gegenüber dem Autor dieser Chronik: “Ich hatte dieses System gleich mit den Sperren unseres quattro in Verbindung gebracht. Wir nahmen sofort mit Gleason Kontakt auf und haben Torsen-Differentiale schnellstmöglich erprobt und angewendet.“ So fand Torsen erstmals im Rallye-quattro S1 (alternativ zur ursprünglich manuell zu schaltenden 100-Prozent-Sperre und zu einer Viskose-Sperre) Verwendung – allerdings nicht wie bei allen Anwendungen zuvor als Ausgleich zweier Antriebsräder.

Bei Audi diente Torsen entsprechend der spontanen Bensinger-Idee an Stelle des konventionellen Zentraldifferentials als intelligenterer und flexiblerer Vermittler zwischen Vorderrad- und Hinterradantrieb. Diese Zentralfunktion hatte für das Torsen-System im Rallye-quattro Premierencharakter. Da sich der „mechanical computer“ dabei insbesondere auf Asphalt bestens bewährt hatte – also bei solchen Rallye-Einsätzen, die denen einer Anwendung im zivilen Serienfahrzeug am nächsten kommt, übernahmen die quattro-Modellpfleger Torsen im August 1987 auch für die überarbeitete Serienversion.

Wie bei den Rallye-Varianten hatte das neue Zentraldifferential segensreiche Auswirkungen auf das Eigenlenkverhalten des quattro und auf dessen Verzögerungstechnologie. So moduliert Torsen je nach Fahr- und Traktionssituation die Zugkraftverteilung stufenlos von 75:25 Prozent bis zu 25:75 Prozent zwischen Vorder- und Hinterachse. In scharf gefahrenen Kurven werden so die Traktionskräfte an den Vorderrädern um maximal auf die Hälfte im Vergleich zur starren 50/50-Verteilung reduziert, was das Lenkverhalten in Richtung Neutralität verändert.

Die ausgeprägte Untersteuerungstendenz der ersten quattro-Jahrgänge war damit Geschichte, gleichbedeutend mit einer verbesserten Handlichkeit und gesteigerter Kurvenwilligkeit. Überdies verbesserte das zentrale Torsen-Differential abermals die Traktion des quattro. Während es unter normalen dynamischen Bedingungen die Antriebskraft im Verhältnis 50 zu 50 auf Bug und Heck verteilt, bewirken die Torsen-Schneckenräder beispielsweise beim scharfen Anfahren, dass die dabei entlasteten Vorderräder nicht durchdrehen können, da ihnen Torsen die Drehzahl der (belasteten) Hinterräder aufzwingt.

Doch damit nicht genug der besonderen Torsen-Tugenden. Sperrte nämlich der Fahrer manuell das klassische Kegelrad-Zwischendifferential, so schaltete sich automatisch das Antiblockiersystem (ABS) ab, weil die elektronische Bremshilfe Räderschlupf nicht erkennt, solange Vorder- und Hinterräder starr miteinander verbunden sind. Torsen wiederum sperrt (ohne Zutun des Fahrers) nur unter Last, also so lange, wie der Fahrer Gas gibt – was üblicherweise bei Bremsmanövern unterlassen wird. Sobald die Zugkraft entfällt, drehen sich die Vorder- und Hinterräder unabhängig voneinander – Voraussetzung für die Funktion des ABS, das bei drohenden Blockaden der Räder automatisch eingreift (siehe auch Seite 302 ff).

Nach wie vor steht dem quattro-Piloten auch im Modelljahrgang ’88 die pneumatisch manuell zu betätigende Hinterachsdifferentialsperre zur Verfügung – als Nothilfe unter besonders widrigen Pistenverhältnissen. Damit wird allerdings das Antiblockiersystem automatisch ausgeschaltet, um sich bei Überschreitung eines 25 km/h-Tempos selbsttätig wieder zu aktivieren, wobei zugleich die Sperrwirkung des Hinterachsdifferentials deaktiviert wird. Eine erst auf den zweiten Blick erkennbare Änderung zur MB-Einführung betrifft das Gehäuse des hinteren Differentials: Es ist fortan drei-, statt einteilig, um den Zugang zu den verschleißempfindlichen Halbachsen-Dichtungen zu erleichtern.

Siegte dank überlegener Porsche-Power – und mit Torsen-Differential: McLaren/TAG-Formel 1 MP4.

Zwecks erleichterter Reparatur ab Modell ’88 drei- statt einteilig: das hintere quattro-Differential.

Rot statt grün ab quattro-Modell '88: LCD statt VFD (Erklärungen siehe Seite 329).

Enttäuschung für Turbo-Fans: Die Ladedruckanzeige entfiel mit Modell '88.

Lenkrad '84 mit modifizierter Prallplatte, Auto Union-Ringe statt „turbo"-Schriftzug.

Ein überarbeiteter Motor, ein neues Zentraldifferential im August 1987 für den quattro-Jahrgang '88 – und abermals neue Armaturen: Im Herbst des Urquattro-Lebens offerierte Audi für seinen damals bereits legendären Image-Promotor ein umfangreiches Paket an Neuerungen. So wurden die im August 1982 eingeführten Vakuumfluoreszenz-Anzeigen (VFD) bereits im August 1987[1] durch Flüssigkristallarmaturen (LCD für Liquid Crystal Display) ersetzt. Bei LCD-Anzeigen werden in Segmenten angeordnete Flüssigkristalle durch elektrische Spannung in ihrer Ausrichtung manipuliert, was ihre Transparenz verändert. Diese Veränderungen verursachen in vorgegebenen Feldern ein Aufleuchten oder aber Verdunkeln entsprechend der geforderten Kommunikationsaufgabe.

Grafisch entspricht das neue quattro-Armaturentableau weitgehend der Vorgängerversion, was den bogenförmigen Drehzahlmesser im Analogdesign mit den Ziffern 1 bis 7 sowie den digitalen, zentralen Tachometer anbelangt. Auch der Bordcomputer (für Fahrzeit, Durchschnittsgeschwindigkeit, Durchschnittsverbrauch und Reichweite) verblieb an seiner Position nahe dem Drehzahlmesser. An die Stelle der digitalen Tankinhaltsanzeige (mit Literangaben) rückte jedoch eine digitale Zeituhr. Das Treibstoffreservoir verdrängte das vorherige Ladedruckinstrument und kommuniziert nun mit zwei roten Leuchtbalken unterhalb eines horizontalen Striches die Spannweite E (für Empty = leer) über ½ bis F (für Full = voll). Darunter verblieb das grafisch gleichartige Kühlwasser-Thermometer mit den Bereichen C (für Cold = kalt), N (= Normal) und H (für Hot = heiß).

Die Ladedruckanzeige entfiel, Voltmeter und Ölthermometer hausen nach wie vor etwas außer Sichtweite in den Tiefen der Mittelkonsole. Im Gegensatz zur VFD-Version meldet das LCD-Gerät auch Kilometerstände (gesamt und partiell) digital. Die akustischen Warnrufe der Vorgängerversion nervten nicht länger den Fahrzeuglenker – sie hatten den meisten Motorjournalisten, vielen quattro-Käufern und gerüchteweise auch dem Audi-Entwicklungsvorstand missfallen … Ein neuer Sound erwartete quattro-Enthusiasten ab Modelljahr '88 beim Schließen der Kofferraumklappe: Die besteht nämlich statt aus Stahlblech nun aus Kunststoff – und der verrät sich durch eine weniger „satte" Lautäußerung …

Das bereits für das Modellprogramm '84 eingeführte, in den Konturen weniger kantige Vierspeichen-Lederlenkrad trägt statt eines „turbo"-Schriftzuges die vier vertieften Auto Union-Ringe, die fortan auch das quattro-Heck, zentral oberhalb des Nummernschildes, zieren. Das dieses charakteristische Automobil ein Audi ist und ein quattro – diese Information war in Enthusiastenkreisen mittlerweile gelernt: Beide Heck-Schriftzüge wurden folglich zugunsten der vier Ringe getilgt – es sei denn, der Käufer bestand auf den zusätzlichen Bezeichnungen …

[1] Bereits der erste quattro-Prospekt des Jahres 1987 (1/87, Drucknummer 706/1195.11.00) zeigt im Vorgriff die neuartige Instrumentierung.

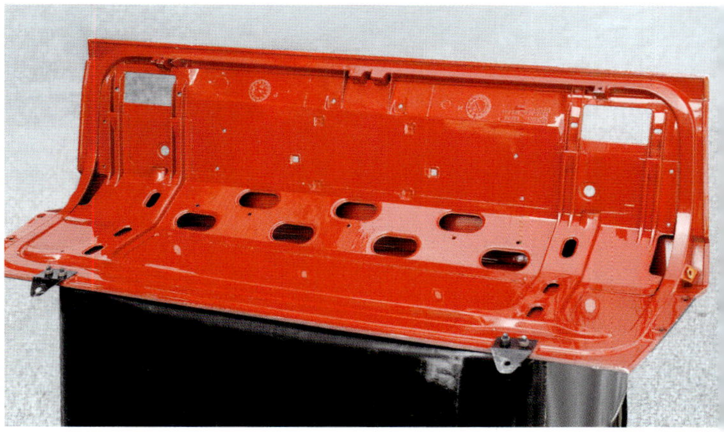

Motorsport als Anregung für das quattro-Modell '88: Heckdeckel aus (leichterem) Kunststoff statt aus Blech.

Selbstbewusster Auftritt: Ab Modell '88 ersetzten die vier Ringe die „Audi"- und die „quattro"-Logos am quattro-Heck.

Er war mittlerweile eine Institution, der quattro von Audi. Ohne den quattro hätte Audi nicht bereits Ende der 1980er Jahre jenen gehobenen Status innegehabt, der das Ingolstädter Unternehmen auf eine Stufe mit den beiden anderen, durchaus traditionsreicheren deutschen Premiumanbietern BMW und Mercedes-Benz, einordnet. Dieses Verdienst gebührte keiner der luxuriösen Fünfzylinder-Limousinen vom Typ 100 und 200, die Audi parallel zum Urquattro angeboten hatte; und auch der im Oktober 1988 vorgestellte Audi V8 sollte in Sachen Image und historischem Stellenwert dem ersten „schnelllaufenden Allradler" nie nahekommen. Das britische Fachblatt *Autocar & Motor* brachte es im quattro-Testbericht am 24. Januar 1990 auf den Punkt: „There are Audis, there are good Audis and there's the Audi Quattro."

Seine Stückzahl insgesamt und pro einzelnem Produktionsjahr erreichte nie dramatische Höhen, und trotz kontinuierlich gestiegenen Verkaufspreises von anfangs rund 50000 DM auf letztlich fast 100000 DM war er zwar im Vergleich zu Großserienmodellen von Audi kein Rendite-Superstar[1]. Dennoch rechnete sich der quattro, ob als Serienfahrzeug oder Rallye-Bolide, mehr als jede konventionelle Werbemaßnahme als Zugpferd für das übrige Audi-Programm – und das derart nachhaltig, dass der Urquattro heute noch, rund 40 Jahre nach seinem Debüt, das Audi-Bild so sehr prägt wie der 911 das Bild von Porsche zeichnet.

[1] Laut Marc Seute, bei Audi seit 1991 für Kennzahlen zuständiger Mitarbeiter der Finanzabteilung, lag der durchschnittliche Ergebnisbeitrag, also Umsatzerlös minus Einzelkosten, bei circa 14000 DM pro quattro, insgesamt rund 160 Millionen DM. Der Sport quattro ist dabei allerdings nicht berücksichtigt. „Auf Teilkostenrechnungsbasis, was bei einem solchen Derivat sicherlich Sinn macht", so das Fazit des Ingolstädter Finanzspezialisten, „kann man durchaus sagen, wir haben mit diesem Auto Geld verdient."

Der Urquattro auf dem Höhepunkt und am Ende

Mit 20V und Motronic in die letzten Runden

1452
Audi quattro

Ab Ende der 1980er Jahre teuerster und potentester Audi: der 250 PS starke V8.

Lieferte für die letzte Urquattro-Generation den Motor: 200 quattro 20V.

Ohne äußerlichen Hinweis auf die Vierventil-Motorisierung: der 1989 neue Audi quattro 20V, auch präsentiert anlässlich der IAA in Frankfurt 1989 (unten).

Der 3. Juli 1989 markiert dabei den letzten Höhepunkt der Urquattro-Geschichte: An diesem Tag verkündete Audi seinen Vertriebspartnern das quattro-Modell 1990 – und das hatte es geballt unter der vorderen Haube. Bereits vier Monate zuvor feierte die ultimative Urquattro-Motorisierung mit der internen Bezeichnung RR ihre Premiere in einer bürgerlichen Audi-Limousine. So stellten die Ingolstädter ihren Audi 200 quattro 20V mit Vierventil-Fünfzylinder bereits anlässlich des Genfer Auto-Salons '89 vor, und der öffnete seine Pforten am 9. März des Jahres. Allerdings stand die Messe in jenem Jahr nicht so sehr im Zeichen dieses neuen Audi-Modells wie einst anno 1980, als Audi den quattro vorstellte. 1989 stahl Mercedes den Ingolstädtern mit der Premiere ihres neuen SL-Typs (R 129) die Schau. Noch im März ging der 220 PS starke Allrad-Viertürer in Serienproduktion, um Audi-Aufsteigern für damals 74500 DM Grundpreis eine Alternative zum Mercedes 300 E oder BMW 535 i zu bieten – oder auch zum hauseigenen, aber über 20000 DM teureren und seit 1988 die Audi-Spitze markierenden V8.

Als der quattro 20V im Sommer 1989 an den Start ging, da konkurrierte er preislich weniger mit seinem Motorenspender als vielmehr mit der teuersten Offerte aus Oberbayern: quattro 20V und V8 trennten im August 1989 lediglich 6825 DM. Um diesen Betrag bot Audi den 250 PS starken Achtzylinder-Kreuzer teurer an. Zur Rechtfertigung der geforderten 91000 DM hatte Audi das Allrad-Coupé auch in der Ausstattung deutlich angefettet und ihn in den Materialien, etwa dem verwendeten, hochwertigen Teppichboden, dem V8 angeglichen. So lieferte Audi in der finalen quattro-Version einige zuvor aufpreispflichtige Accessoires serienmäßig, etwa die beheizbaren Vordersitze, elektrisch zu betätigende Türfensterheber oder die Zentralverriegelung. Noch im letzten Zehnventil-Modell hatten diese heute selbst in der Mittelklasse so selbstverständlichen Gaben in Summe gut 1800 DM gekostet.

IN NL 17

Auch rund zehn Jahre nach seinem Debüt noch auf der Höhe der Zeit und den meisten Konkurrenten fahrdynamisch nach wie vor überlegen: Audi quattro 20V.

Auch die neuen 20V-Sitzbezüge stechen im Vergleich zur Vorgängerversion hervor – optisch wie qualitativ: Die Sportsitze tragen nämlich Lederwangen aus teurem Kodiak-Material, der Stoffmittelteil besteht aus hochwertigem und attraktiven Jacquard-Satin mit eingewebten, schräg angeordneten quattro-Schriftzügen. Mit Kodiak-Leder bezogen sind im 20V auch die Kopfstützen vorn und hinten, die Armlehnen, das Ablagefach auf der Beifahrerseite, die Mittelkonsole und der Handschuhkastendeckel. Passend zu den Sitzbezügen kam an den Tür- und Seitenverkleidungen ein Stoffbesatz in Jacquard-Satin zur Anwendung.

Das neue 20V-Dreispeichenlenkrad gefällt mit einem ergonomisch gestalteten Lederkranz und harmonisch integrierter Prallplatte. Auto Union-Ringe und „turbo"-Schriftzug hatten im quattro 20V ausgedient. Stattdessen ziert die Prallplatte neben einem zierlichen Hupensymbol in der unteren Speiche eine Plakette mit den Audi-Sport-Farben rot, beige und dunkelbraun – kein Wunder: Das Volant wurde nicht eigens für den quattro 20V entwickelt und gestylt, sondern war einst ein Artikel aus dem Audi Sport-Zubehörsortiment. Verspätet, nämlich erst am 2. Oktober 1989, kam schließlich eine elektrisch betätigte Leuchtweitenregulierung der Hauptscheinwerfer zum Einsatz.

Die 20V-Aufpreisliste war drastisch gekürzt worden: Ausstelldach (1179 DM), Geschwindigkeitsregelanlage (682 DM), Klimaanlage (2503 DM), Komplettlederausstattung „Kodiak" (2450 DM) und eine solitäre Sonderlackierung, nämlich perlmutteffekt (1715 DM), waren verblieben. Unter diesen serienmäßigen Lackfarben konnten 20V-Käufer wählen: Tornadorot, Alpinweiß, Kristallsilber metallic, Panthero metallic (ein sehr dunkles grau), Nautic metallic (schwarz), Lago metallic (dunkles blaugrün) und Titan metallic (mittlerer Grauton).

Für eine Wohlfühlatmosphäre ist also gesorgt im Audi quattro 20V. Das brave, dem Audi 80 entliehene Mittelklasse-Ambiente, wie es der quattro erster Generation darbot,war einem edlen Luxuswageninterieur gewichen, das dem des noch teureren Audi V8 in nichts nachstand. Zug um Zug hatte sich der quattro in Sachen Luxus und Ausstattungsdarbietung von seinem in vielerlei Hinsicht improvisierten Ursprung emanzipiert. Doch Sportwagenenthusiasten sind naturgemäß mehr noch an dem interessiert, was der 20V im Vergleich zur Zehnventil-Version unter der Motorhaube bot – dies umso mehr, als Audi tiefstapelnd darauf verzichtete, das Novum im Maschinenabteil mit einem klärenden Schriftzug an der Karosserie zu signalisieren.

Wie im Typ 200 20V, für den das Vierventil-Aggregat ursprünglich konzipiert worden war, leistet der Fünfzylinder auch im Urquattro 20V 220 PS (162 kW), dies allerdings wegen einer aus Platzgründen geänderten Abgasentsorgung statt schon bei 5700/min erst bei 5900/min. Und wie in der Limousine erfreut der Vierventiler mit seiner appetitlich-klaren Erscheinung das Auge weit mehr, als dies dem Fünfzylinder der ersten quattro-Generationen gelang.

Dessen triste Optik mit dem schwarzen, längsgerippten Ventildeckel im etwas chaotisch organisierten Motorraum gibt Enthusiasten nämlich wenig Anlass zur genussvollen Betrachtung in der heimischen Garage. So dominieren beim 20V die glattflächige, mattsilberne Zylinderkopfhaube mit der mattschwarzen Zündkerzenabdeckung und das in Fahrtrichtung links davon angeordnete, gleichfalls silberne Sammelsaugrohr, das zwar prall gefüllte, aber sehr systematisch aufgeräumte vordere Abteil. Die Zündkerzenabdeckung gibt dabei mit dem hellsilbernen Schriftzug „20V turbo" Hinweis auf die finale Urquattro-Motorversion, intern mit dem Kürzel „RR" versehen.

Geblieben war dem 20V die schlechte Zugänglichkeit vieler Bauteile, was Wartungs- und Reparaturkosten Audi-untypisch stimuliert. quattro-Spezialist Hans Vierlbeck[1] etwa verweist darauf, dass der Wechsel eines streikenden Kühlmittelthermostats bei der 20V-Version die vorherige Demontage der Servopumpe erfordere. Und sollte der alle acht Jahre fällige Zahnriemenwechsel anstehen, so Vierlbeck, muss zunächst einmal die Frontschürze entfernt werden. Der in England residierende quattro-Profi Roger Galvin[2] vom „The Quattro Workshop" ist der gleichen Meinung: „Man muss sich im Klaren darüber sein, dass eine Do-it-yourself-Wartung für Laien allenfalls bei einigen Basisarbeiten möglich ist. Folglich braucht es ein beträchtliches Budget, um die meisten Arbeiten beim Spezialisten in Auftrag zu geben."

[1] Quelle: *Motor Klassik* 6/2013, „Teurer Spaß", quattro-Unterhaltstipps von Bernd Woytal, der Hans Vierlbeck aus dem niederbayerischen Plattling zitierte.

[2] Quelle: *Octane*/GB 1/2008, Audi Quattro Buyer's Guide von Richard Dredge.

Edler und luxuriöser als je zuvor in der Urquattro-Geschichte: quattro 20V mit serienmäßiger Teillederausstattung, Lederlenkrad mit „Audi Sport"-Farben, abermals geänderter Sperren-Aktivierung, nun über einen Wippschalter.

Attraktiv – nicht nur der um zehn Prozent erhöhten Leistung wegen: Der 20V-Fünfzylinder in der letzten Urquattro-Generation von 1989 ist äußerlich ein Schmuckstück …

… und verkörpert mit seinen technischen Merkmalen – zwei oben liegenden Nockenwellen, 20 Ventilen, Querstrom-Zylinderkopf, Turbolader und Motronic – Hightech vom Feinsten.

Im Vergleich zum 20V von Audi ein Turbo von gestern: der M30/69 von Porsche.

20V-Turbine K24: verringerte Turbinenradmasse, 155000/min Höchstdrehzahl.

20V-Komponenten: Grauguss-Zylinderblock des Vorgängers, neuer Alu-Zylinderkopf.

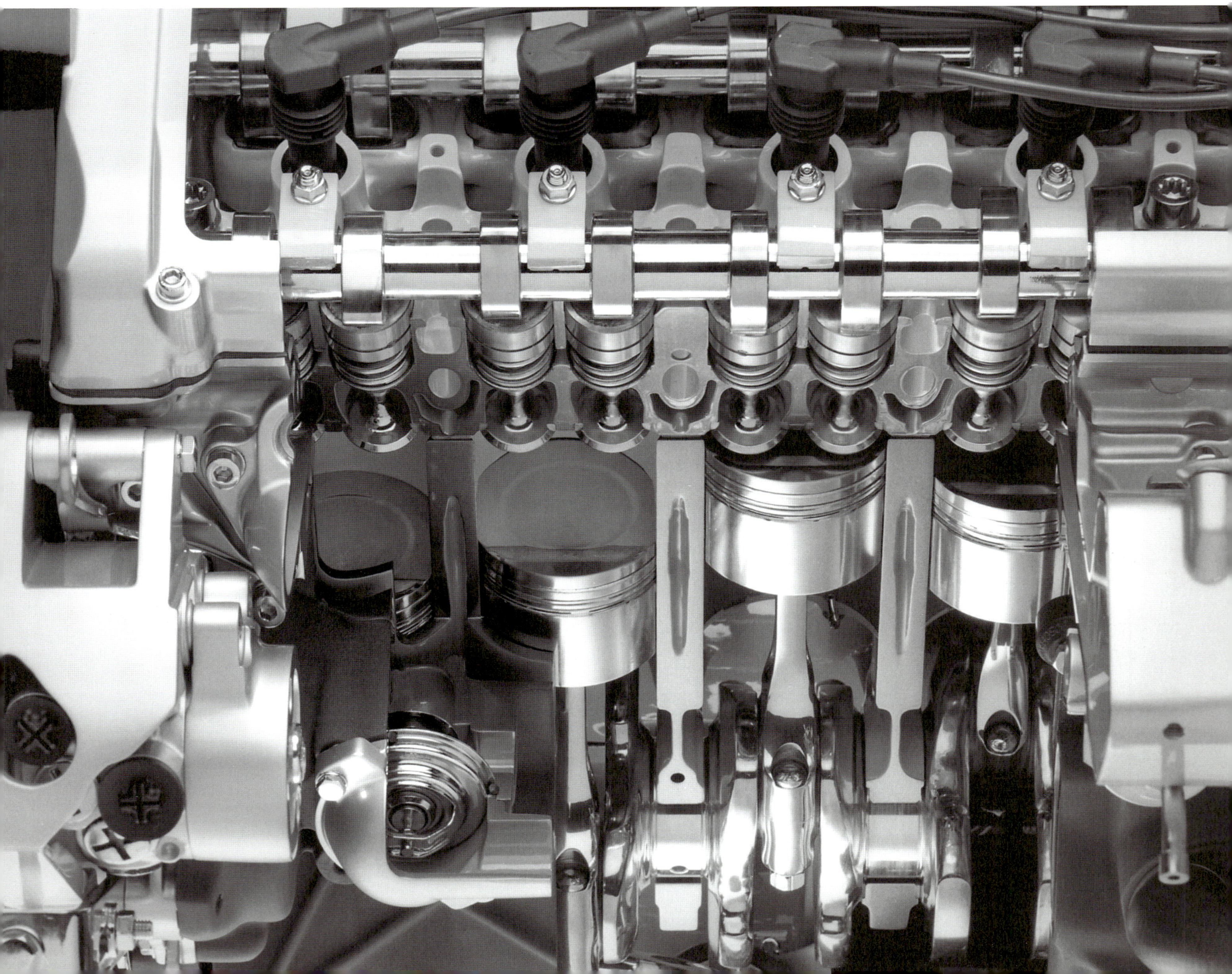

Der Hubraum des 20V entspricht mit 2226 cm^3 exakt der Zweiventil-Vorgängerversion MB, somit ist auch das Hub/Bohrungsverhältnis von 86,4 zu 81 Millimeter identisch. Doch das maximale Drehmoment stieg um über 14 Prozent von 270 Nm auf 309 Nm. Von größerer Bedeutung als dieser Newtonmeteranstieg ist jedoch die deutlich abgesenkte Drehzahl, bei der die Drehmomentkurve ihren Gipfel erreicht: Statt wie zuvor erst bei 3000/min sind es beim 20V gerade mal 1950/min. Dabei bildet die Drehmomentkurve ein breites, bis etwa 4000/min reichendes Plateau, auf dem das Maximum geboten wird.

Und auch danach liefert der Fünfzylinder bis rund 5000/min mindestens 300 Nm, um selbst noch bei 5700/min etwa 270 Nm zu stemmen – also das Maximum des Zehnventilers (siehe auch die Leistungskurven im Anhang ab Seite 370). Diese Drehmomentcharakteristik lässt erahnen, welchen Fortschritt das Leistungsgebaren des 1989 neuen Vierventil-Triebwerkes an den Tag legt – und welche Motorelastizität es bietet.

Tatsächlich deklassierte der quattro 20V seinen Vorgänger noch deutlicher, als dies im Vergleich die trockenen Daten und das Zehnprozent-Nennleistungsplus erahnen lassen. So beschleunigt er nach Werksangaben in nur 6,3 Sekunden von 0 bis 100 km/h, 0,4 Sekunden zügiger, als (gleichfalls gemäß Werksangaben) der Vorgänger. Beim Sprint aus dem Stand bis 160 km/h nimmt der 20V dem zehnventiligen Urquattro der ersten Generation mit 17,1 Sekunden 2,6 Sekunden ab. Dabei gestaltet sich dieses Ritual sehr viel flüssiger als beim schwächeren Vorgänger, weil das Turbo-Ansprechverhalten derart verbessert wurde, dass das sogenannte „Turboloch" weitgehend zugeschüttet ist. „Von der Trägheit üblicher Turbomotoren", jubilierte deshalb die Audi-Presseabteilung anlässlich der 20V-Premiere im Juli 1989 mit nur maßvoller Übertreibung, „ist hier nichts zu spüren, der Motor reagiert wie ein sportlicher Saugmotor."

Diese zuvor in Turbo-Kreisen unübliche Spontanität verdankt der Motortyp RR einerseits der im damaligen Turbo-Feld ungewöhnlich hohen Verdichtung von 9,3:1. Im Vergleich dazu erscheint beispielsweise der RR-zeitgenössische Motortyp M30/69 des Turbo-Pioniers Porsche, verwendet ab 1990 im Porsche 964 Turbo, mit einer Verdichtung von nur 7,0:1 wie eine Konzeption von gestern. Auch die im Vergleich zum Zehnventil-MB kleinere KKK-Turbine des Typs K24 (statt zuvor K27)mit einer Höchstdrehzahl von 15500/min[1] ist mitverantwortlich für die lebhafte Charakteristik des RR-Fünfzylinders, ermöglicht sie doch dank ihrer geringeren Turbinenradmasse schon bei deutlich geringerem Abgasdruck einen verwertbaren Ladedruck. Daraus resultiert wiederum ein gutes Ansprechverhalten des Motors schon bei wenig mehr als Leerlaufdrehzahl.

Dieser große Fortschritt, für den das Kürzel 20V steht, lässt es bereits vermuten: Der unter der Regie des seit 1988 bei Audi amtierenden Technikvorstands Dipl.-Ing. Jürgen Stockmar (siehe auch Seite 202) entwickelte Vierventiler repräsentiert nicht nur eine Modifikation des Zehnventil-Vorgängers MB. Vielmehr dokumentiert schon sein drastisch verändertes Äußeres, dass es sich bei diesem Triebwerk um einen im Grunde neuen Motor handelte. Von seinem Vorgänger MB übernahm der RR lediglich den Grauguss-Zylinderblock. Der Leichtmetall-Zylinderkopf und der komplette

20V-Ventile: in den Durchmessern 32/28 mm (Einlass/Auslass) identisch mit den Ventilen des Motortyps KW (quattro Sport – siehe Seite 270 ff).

Ventiltrieb mit den sehr eng nebeneinander angeordneten Nockenwellen basieren hingegen auf der Vierventil-Version des quattro Sport (siehe auch Seite 270 ff).

Wie bei diesem wird die Auslassnockenwelle über einen Zahnriemen von der Kurbelwelle angetrieben und betätigt ihrerseits die Einlassnockenwelle. Statt eines schräg verzahnten Zahnradpaares wie im Sport übernimmt hier jedoch eine Rollenkette den Antrieb der Einlassnockenwelle. Während die Ventiltellerdurchmesser mit 32 Millimeter bzw. 28 Millimeter (Einlass/Auslass) denen des Sport-Motors entsprechen, wurden die Steuerzeiten auf Kosten der Maximalleistung, jedoch zugunsten einer höheren Laufkultur „zivilisiert", wie der Vergleich der Einlass- und Auslasszeiten dokumentiert[2].

[1] Zum Vergleich: Die Turbine der frühen, in den USA beispielsweise im Chevrolet Corvair (siehe Seiten 38/39) verwendeten Turbo-Anlagen drehte mit maximal 70000/min, der KKK-Lader der ersten quattro-Generation (Motorversion WR) mit rund 120000/min.

[2] Alle Angaben für Motorversionen KW (= quattro Sport/306 PS) / RR (= quattro 20V/220 PS): Einlass öffnet vor OT 5° / nach OT 3°, Einlass schließt nach UT 21° / 25°, Auslass öffnet vor UT 41° / 42°, Auslass schließt vor OT 6° / 9°.

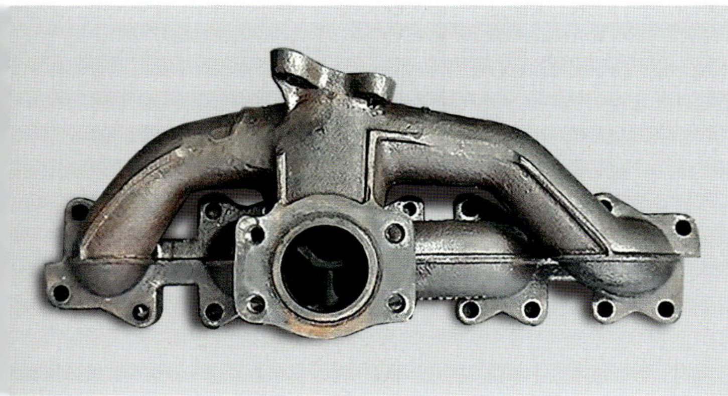

Auspuffkrümmer-Spezifika des Motortyps RR (20V): zwei mal zwei plus eins.

Die Zylinderkopfdichtung inclusive der Brennraumeinfassungen besteht beim 20V wie beim Sport-Motor aus Edelstahl. Die Auspuffkrümmeranlage des 20V unterscheidet sich jedoch von der Sport-Version. Während sich beim Motortyp KW die fünf einzelnen Auspuffkrümmer kurz vor der Turbine vereinen, entsorgen beim Motor RR drei Auspuffkrümmer die Abgase, einer für den vorderen Brennraum, zwei für jeweils zwei Brennräume. Wie beim KW führen die Krümmer erst unmittelbar vor dem Eingang der einflutigen KKK-Turbine zusammen. Damit wird trotz des fünfzylindertypischen 144 Grad Kurbelwinkel-Zündabstandes die kinetische Energie der einzelnen Abgasströme bewahrt und das Rückströmen in Nachbarzylinder vermieden.

Neu gegenüber der MB-Version mit Zehnventil-Zylinderkopf ist die Querstrom-Wasserkühlung des Zylinderkopfes. So tritt das Kühlwasser an der Auslassseite aus dem Motorblock in den Zylinderkopf ein, durchströmt ihn quer und nimmt an der Einlassseite den Weg in Richtung Kühler, um von dort wiederum in den Zylinderblock zu gelangen. Auf diese Weise werden alle Zylinder und alle Brennräume gleichmäßig gekühlt, wobei an besonders heißen Stellen, zum Beispiel den Ventilsitzen oder an der Zündkerzenperipherie, spezielle Leitrippen eine gezielte Kühlung bewirken. Bypässe führen zum wassergekühlten Turbolader und zur Heizungsanlage.

Die Förderung der Kühlflüssigkeit für den Turbolader übernimmt eine separate elektrische Pumpe. Zusätzlich zur Wasserkühlung ist für jeden (geschmiedeten) Kolben Kühlung durch ein Ölanspritzsystem vorgesehen. Die Ölspritzventile sitzen dabei auf halber Höhe des Motorblockes und benetzten die unteren Kolbenbereiche kontinuierlich und mit 2,5 bar Druck mit kühlem Öl. Wie in Hochleistungsmotoren üblich, sind die zehn hohlen Auslassventile des 20V zwecks Kühlung mit Natrium gefüllt. Und natürlich besitzt auch der 20V wie seine Vorgänger und der Sport quattro einen (quer durchströmten) Ladeluftkühler.

Von besonderer Bedeutung für das Leistungsvermögen des Vierventil-RR ist seine hochmoderne Motorsteuerung in Gestalt der digitalen, elektronischen Bosch-Motronic. Sie erst ermöglichte beispielsweise die hohe Verdichtung von 9,3:1, verfügt die Motronic doch beispielsweise über eine zylinderselektive Klopfregelung, die sich automatisch an die Kraftstoffqualität, die Umgebungsbedingungen und den Motorzustand anpasst. Dieser Regelung dienen zunächst zwei Klopfsensoren, einer für die Zylinder 1, 2 und 3, der Zweite für die Zylinder 4 und 5. Die Sensoren erkennen mit Hilfe eines Hallgebers, an welchem Zylinder eine Klopftendenz vorliegt, woraufhin der Zündwinkel des betroffenen Zylinders zurückgenommen wird.

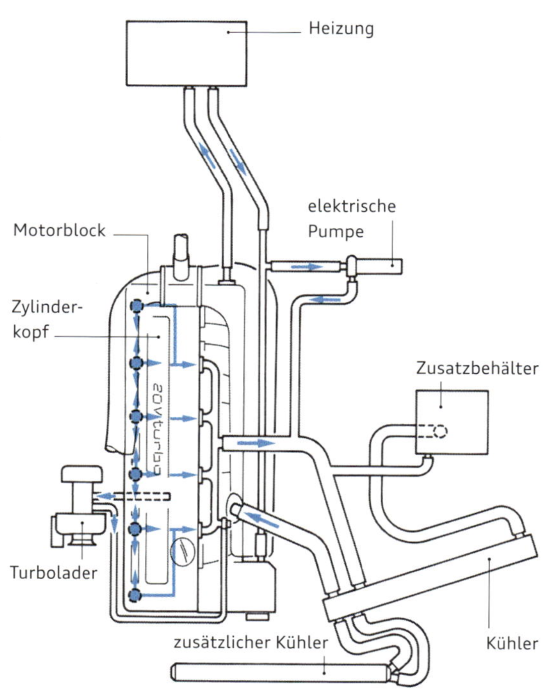

Novität des Motortyps RR (20V): Querstrom-Wasserkühlung des Zylinderkopfes.

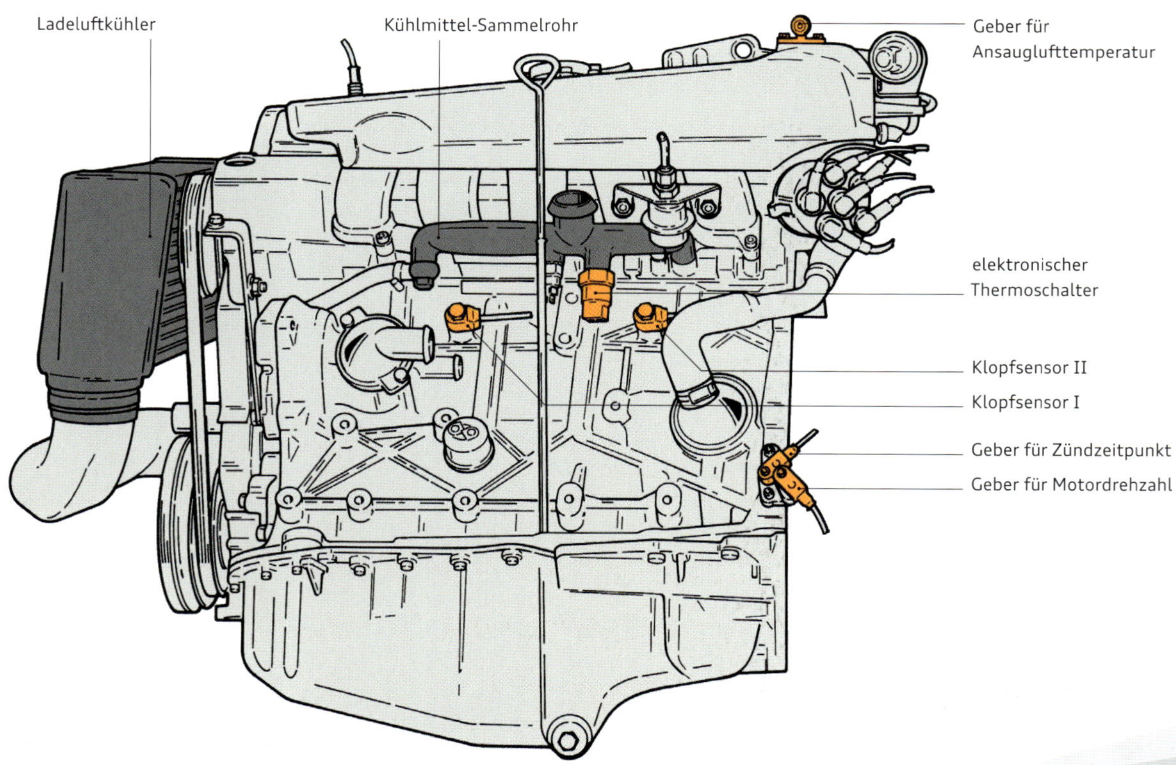

Steuerelemente der 20V-Motronic: Klopfsensoren, Thermoschalter, Geber.

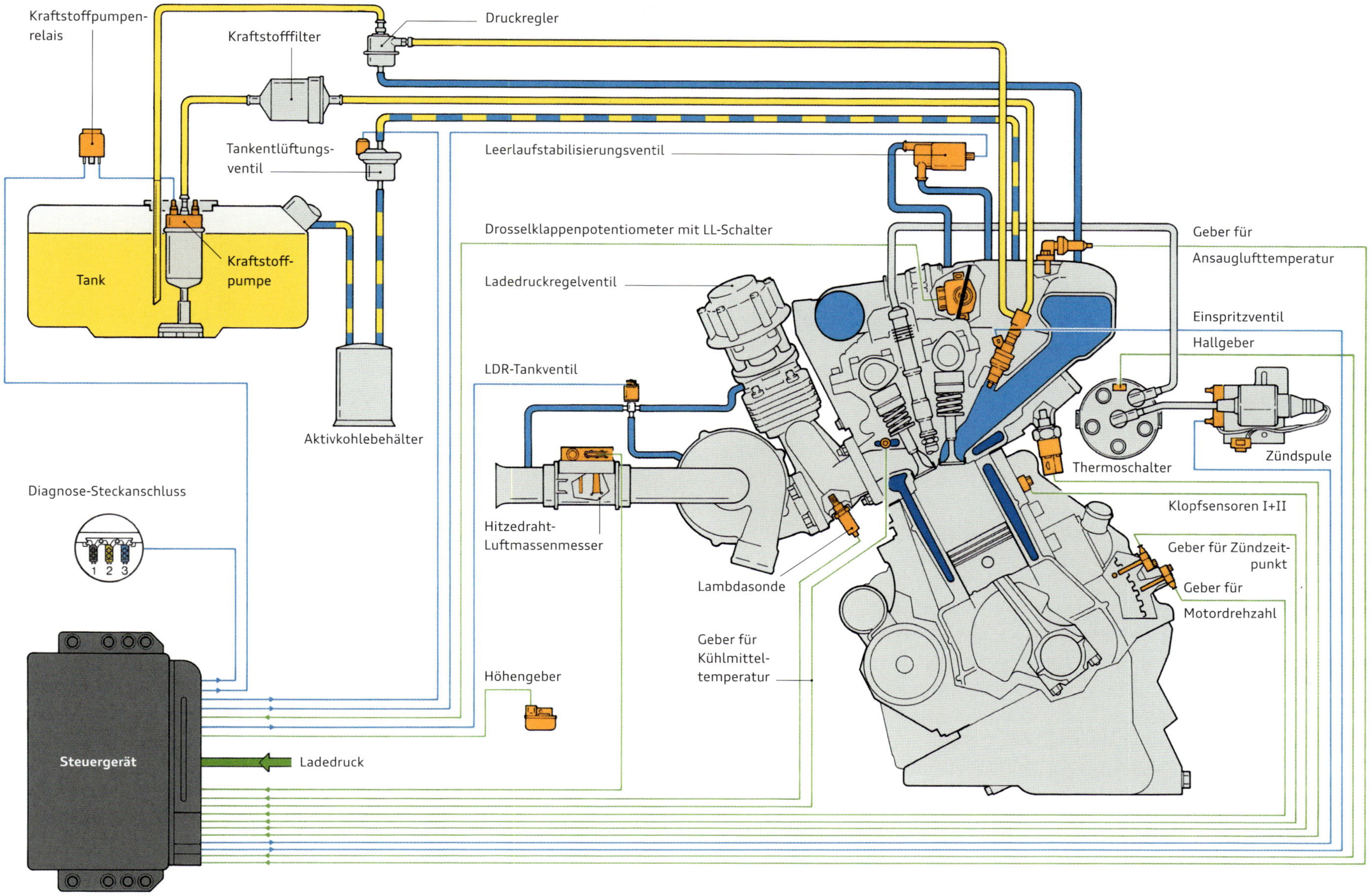

Komplexes System für komplexe Aufgaben: Die Bosch-Motronic erfasst eine Vielzahl von elektrischen Signalen zwecks Umwandlung in Steuerungsbefehle für die sequentielle Einspritzung, Zündung, Ladedruckregelung, Leerlaufstabilisierung, Tankentlüftung und Eigendiagnose.

Das volldigitale Steuergerät der Bosch-Motronic ist die Kommunikationszentrale zwischen den Informationsgebern und den Stellgliedern der 20V-Motorsteuerung. Es entstört Signale der diversen Sensoren und bereitet sie zur Weitergabe an die Aktoren auf.

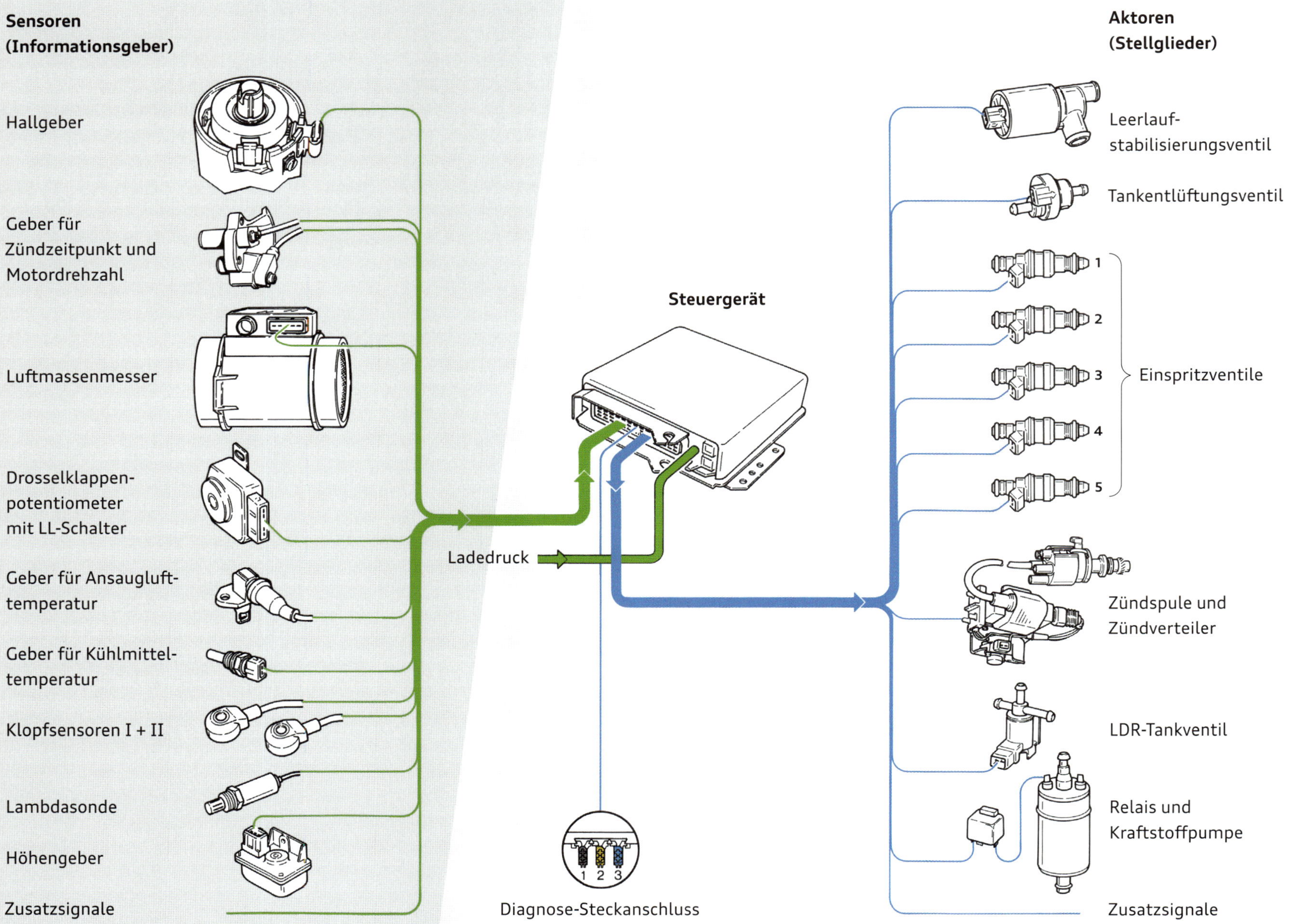

[1] Die **Bosch Motronic** ist als sogenanntes „adaptives System" in der Lage, Veränderungen der Grundeinstellung selbständig zu korrigieren, wodurch Einstellungen anlässlich des Kundendienstes entfallen. Aufgrund von Rückkoppelungen wird die vorhandene Grundeinstellung ständig nachgeführt und der gelernte, verbesserte Wert im elektronischen Gedächtnis des Steuergerätes abgespeichert. Beim Auftreten eines Fehlers setzt ein Notlaufprogramm ein, das die Fahrt zur Werkstatt aus eigener Kraft zulässt. Störungen werden während der Fahrt diagnostiziert und im Fehlerspeicher abgelegt, den der Werkstattmechatroniker dann auslesen kann.

[2] Bei der **sequentiellen Einspritzung** wird der Zündfolge entsprechend bei jeder zweiten Kurbelwellenumdrehung Kraftstoff für die einzelnen Zylinder eingespritzt. Bei geschlossenen Einlassventilen wird der Kraftstoff vorgelagert und beim nächsten Öffnen der Einlassventile zusammen mit der Luft in die Brennräume gesaugt.

[3] **Lambda = 1** steht für ein Luft/Kraftstoffverhältnis von circa 14,7 kg (rund 11 m³) Luft und einem Kilogramm Kraftstoff, Voraussetzung für einwandfrei funktionierende Katalysatoren.

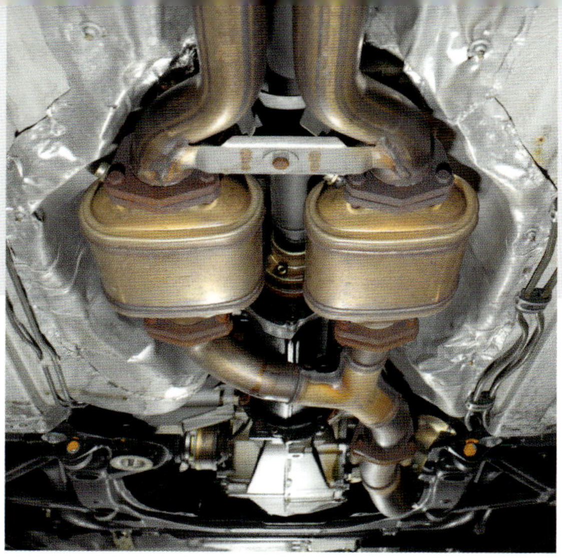

Blick ins 20V-Untergeschoss: zwei Lambda-geregelte Katalysatoren für alle Märkte.

Dank dieses hochsensiblen Systems sind für alle fünf Zylinder unterschiedliche Zündwinkel möglich. Bei anhaltendem Klopfen, verursacht beispielsweise durch minderwertigen Treibstoff, wird das Gemisch automatisch angereichert und der Ladedruck zurückgenommen. Ein (Not-)betrieb mit 92 ROZ-Benzin (statt der vorgegebenen ROZ 95-Bleifreiqualität) ist somit möglich, wenn auch bei reduzierter Leistung. Klopfregelungsassistent ist ein Ansauglufttemperaturgeber am Saugrohr hinter der Drosselklappe. Dessen elektrischer Widerstand steigt mit zunehmender Temperatur der Ansaugluft, die wiederum für das Funktionieren der Klopfregelung erforderlich ist. So wird der Zündzeitpunkt der gerade aktuellen Ansauglufttemperatur angepasst und der Ladedruck mit ansteigender Ansaugluft abgesenkt.

Doch damit nicht genug der multitasking- und zudem lernfähigen[1] Motronic-Motorsteuerung. Bei der sequenziellen Benzineinspritzung[2] regelt sie deren

- Grundabstimmung (über ein vorgegebenes Kennfeld),
- Startsteuerung,
- Nachstartanreicherung,
- Warmlaufanreicherung,
- Beschleunigungsanreicherung,
- Schubabschaltung,
- Drehzahlbegrenzung und die
- Lambda-Regelung für die beiden geregelten Katalysatoren.

In Sachen Zündung sorgt die Motronic für deren

- Grundabstimmung (wiederum über ein vorgegebenes Kennfeld),
- Schließwinkelsteuerung,
- Korrektur (über die Ansauglufttemperatur),
- Warmlaufkorrektur,
- Startsteuerung,
- digitale Leerlaufstabilisierung und die
- bereits erwähnte, zylinderselektive Klopfregelung.

Auch die Ladedruckregelung (auf maximal 1,83 bar) und Regelung der Tankentlüftung sind Sachen der Motronic, die überdies über die Fähigkeit einer Eigendiagnose, eines Fehlerspeichers und eines Notlaufprogramms verfügt.

Ein wichtiges Ziel bei der Entwicklung des 20V-Motors war neben dem erhöhten Leistungsvermögen bei moderater Drehzahl und einer verbesserten Motorcharakteristik im unteren Drehzahlbereich insbesondere die Einhaltung der amerikanischen Abgasnormen – dies ohne die in den Katalysator-Anfangsjahren unumgänglichen Fahrleistungsdefizite und ohne die kostspielige Notwendigkeit, eine eigens für abgassensible Märkte geeignete, separate Motorvariante entwickeln zu müssen. Dem 20V-Fünfzylinder dienen gleich zwei Lambda-geregelte Katalysatoren der Erreichung dieses Ziels. Die dafür notwendige Lambdasonde ist im Abgasstrom hinter dem Turbinenausgang des Turboladers angeordnet. Damit sie möglichst zügig ihre für ein einwandfreies Funktionieren erforderliche Betriebstemperatur erreicht, ist sie elektrisch beheizt. Sie vergleicht den Restsauerstoffgehalt im Abgasstrom mit dem Sauerstoffgehalt in der Außenluft und liefert dadurch ein Signal über die augenblickliche Gemischzusammensetzung an das Steuergerät der Motronic.

Dieses Signal wird genutzt, um bei Leerlauf und Teillast das Gemisch auf den für die Kat-Funktion erforderlichen Wert Lambda = 1[3] zu regeln. Diese Regelung ist gleichfalls adaptiv ausgelegt, das heißt sie passt die Grundeinspritzzeit sowohl an Änderungen bei Bauteilen (z.B. an den Einspritzdüsen), als auch an die Betriebsbedingungen an. Im Gegensatz zu frühen Katalysatorentwicklungen bieten die am 20V angeflanschten G-Kats den Abgasen einen deutlich geringeren Innenwiderstand, und das ist mit eine Voraussetzung für die hohe Leistungsfähigkeit moderner Katalysatormotoren.

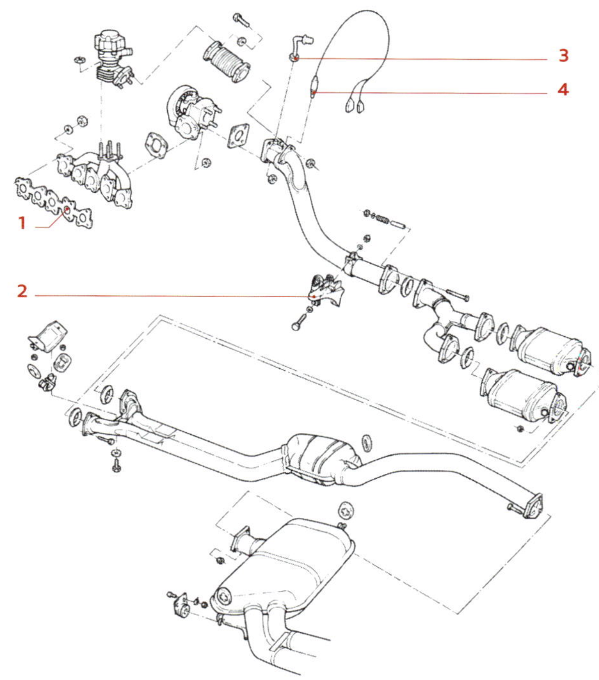

Moderne Zeiten: Unter einem quattro 20V sorgt eine komplexe Auspuffanlage für optimal gereinigte Abgase.

1 Dichtung für Abgaskrümmer
2 Halterung Hosenrohr am Getriebe
3 CO-Entnahmerohr
4 Lambdasonde

Zehn Prozent mehr Leistung im Vergleich zum quattro-Vorgänger, und knapp 15 Prozent mehr Drehmoment – dieser Fortschritt hatte in erster Linie positive Auswirkungen auf das quattro-Temperament. Wegen des Urquattro-typisch relativ hohen Luftwiderstands hält sich jedoch die Steigerung der Höchstgeschwindigkeit des 20V gegenüber dem quattro mit 200 PS starkem MB-Motor in engen Grenzen – Vorsprung (mit nach Werksangabe 230 km/h) lediglich acht km/h. Zum Vergleich sei hier die Höchstgeschwindigkeit der gleich motorisierten, jedoch 220 Kilogramm schwereren (= höherer Rollwiderstand) und mit größerer Stirnfläche versehenen Limousine Audi 200 quattro 20V heran gezogen: Deren V_{max} nach Werksangabe, nämlich 242 km/h, dokumentiert eindrucksvoll den Wert einer aerodynamisch optimierten Karosserie[1].

Umso verwunderlicher erscheint, dass der in Sachen Luftwiderstand suboptimale und zudem im fünften Gang kürzer untersetzte Urquattro (siehe Folgeabsatz) nach ECE-Norm[2] kaum mehr verbraucht, als die Limousine. 7,6/9,5/14,5 L/100 km lautet die entsprechende Zahlenreihe beim 200 quattro 20V, 7,8/9,9/14,5 L/100 km beim (Ur)quattro 20V.

Zwar übertragen beide quattro-Modelle ihre 220 PS über ein nahezu identisches (und gegenüber der Vorgängerversion verstärktes) Fünfganggetriebe auf ihre vier Räder. So sind hier wie da die Gänge 1 mit 3,600:1, 2 mit 2,125:1, 3 mit 1,360:1 und 4 mit 0,967:1 untersetzt. Lediglich der fünfte Gang unterscheidet sich marginal mit 0,730:1 (Typ 200 20V) bzw. 0,778:1 (quattro 20V). Allerdings verfügt die Limousine wegen des um rund 13 Zentimeter größeren Abrollumfangs ihrer Serie-60-Bereifung über eine etwas kürzere Achsuntersetzung (4,111:1) als das Serie-50-bereifte Coupé (3,889:1).Trotzdem dreht der Vierventil-RR in der Limousine bei 200 km/h mit 5180/min, im Urquattro hingegen mit 5600/min. Für ihre jeweiligen Höchstgeschwindigkeiten (nach Werksangabe) müssen die beiden Turbo-Modelle 6260/min (200 quattro 20V für 242 km/h) bzw. 6440/min (quattro 20V für 230 km/h) aufbringen. Geblieben ist dem quattro-Fünfganggetriebe die zuvor des Öfteren von Profitestern beklagte suboptimale Präzision der Schaltung insbesondere bei zügigen Gangwechseln und einer forcierten Fahrweise.

Trotz des relativ geringen Tempozuwachses hielten es die Audi-Fahrwerksentwickler für geboten, der 20V-Version ihres Urquattro auch weitere Fahrwerksmodifikationen zu spendieren – wenngleich nicht grundlegender Art. So beschränkten sich die quattro-Verfeinerer auf milde Korrekturen der vorderen Aufhängungsgeometrie, die der Bodenfreiheit ein weiteres Minus von fünf Millimetern bescherten: 110 Millimeter ist das entsprechende Maß der finalen Urquattro-Generation. Die vorderen Querlenker bestehen statt wie zuvor aus tief gezogenem Stahlblech nun aus einteiligem Aluminiumguss, was ihre Steifheit förderte. Die hinteren Aufhängungen profitierten von der Wiedereinführung eines Querstabilisators, der 1983 (siehe Seite 256) entfallen war. Zusammen mit der bereits einige Jahre zuvor eingeführten Breitbereifung und dem Torsen-Zwischendifferential sorgte der reaktivierte Heckstabi für ein meist neutrales, in Grenzbereichen unter Last sehr leichtes und gut beherrschbares Übersteuern. Dieses Eigenlenkverhalten kürt den Letzten seiner Art unter den diversen quattro-Jahrgängen zweifellos zur bestliegenden und handlichsten Variante der Urquattro-Geschichte. Ergänzt wird das beispielhafte Gebaren des 20V durch eine abermals verbesserte Bremsanlage mit nunmehr innenbelüfteten Scheiben von 269 Millimeter Durchmesser und 20 Millimeter Dicke auch an der Hinterhand.

Auch in seiner letzten Phase blieb dem Urquattro vorenthalten, was Audi für das restliche Modellspektrum ab 1985, also ab dem Modelljahr 1986, zunächst für den Audi 100, später für das komplette Großserienprogramm eingeführt hatte: die herausragende Rostresistenz der in Ingolstadt und Neckarsulm gefertigten Karosserien dank einer umfassenden Verzinkung der Bodengruppe und der Außenhaut. Wegen seiner Spezialfertigung abseits der regulären Produktionslinie beschränkte sich die Urquattro-Rostvorsorge auf konventionelle Maßnahmen, nämlich, so die jeweiligen Pressemitteilungen für den Urquattro, auf eine sogenannte „Dauerschutz-Konservierung von Unterboden und Radhäusern, die partielle Verwendung besonders oberflächengeschützter Bleche und eine hochwertige Lackierung".

Folge der besseren Aerodynamik: Mit dem quattro 20V identischer Motorleistung ist die schwerere Limousine 200 quattro 20V zwölf km/h schneller als der kantige Urquattro 20V.

Aluminiumguss statt Stahlblech für die Querlenker vorn: 20V-Radaufhängung.

Im Kleingedruckten: Ausnahmehinweis für den 20V in Sachen Rostverhinderung .

Wir haben die Freude am Auto entscheidend verlängert.

Für den Wert eines Automobils ergeben sich jetzt völlig neue Perspektiven. Denn als erster Automobilhersteller der Welt gibt Audi 10 Jahre* Gewährleistung gegen Karosserie-Durchrostung. Der Grund: die vollverzinkte Karosserie. Ein Anreiz für alle, die ihr Geld langfristig anlegen wollen.

*Audi quattro 20V 6 Jahre Gewährleistung.

Besonders gefährdete Stellen wie Falze, Schnittkanten, Bördelungen sind zusätzlich durch Epoxidverklebungen bzw. PVC geschützt. Und alle Hohlräume im Bodenbereich erhalten eine Heißwachs - Flutkonservierung. Es ist die Qualität bis ins Detail, die einen Audi auszeichnet. Qualität, die mit modernsten Fertigungsverfahren erzielt wird, streng kontrolliert in der Verarbeitung und mit der Auswahl erstklassiger Materialien.

Ein paar Beispiele für Audi Detail-Qualität: die Kanten der Türen und Klappen werden mit PVC versiegelt. Der Türinnenausbau ist in Aluminium ausgeführt und bietet somit großen Schutz vor Korrosion auch unter

extremen Bedingungen. Eine erhöhte Paßgenauigkeit aller Teile führt zu einer noch besseren Qualität. Hinzu kommt die sorgfältige und aufwendige Grundierung und Lackierung. Das Audi Lackierwerk ist nach den derzeit neuesten technischen Erkenntnissen konzipiert und sorgt auch in diesem Punkt für kaum zu übertreffende Qualität. In 27 verschiedenen Bearbeitungsphasen wird aus der vollverzinkten Rohkarosserie eine montagefertige Karosserie. Zunächst wird im kombinierten Spritz- und Volltauchverfahren

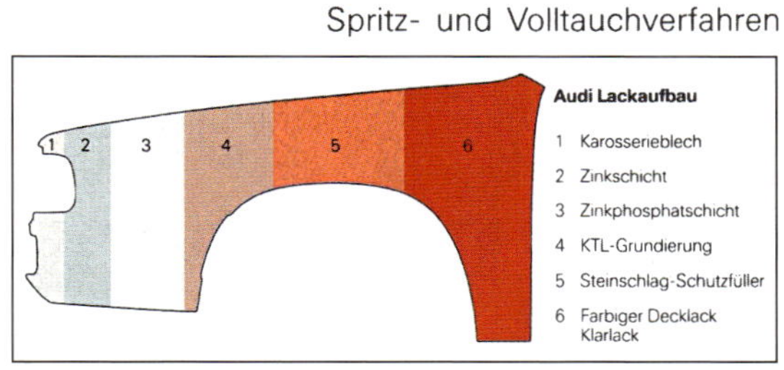

die Karosserie entfettet und gespült. Alle Flächen und Hohlräume werden gründlich vorbehandelt. Das sind die wichtigsten Voraussetzungen für eine qualitativ hochwertige Lackbeschichtung. Zusätzlich erhält die Karosserie eine Zinkphosphatschichtauflage zum weiteren Schutz gegen Korrosion.

Der nächste Schritt ist die Tauchgrundierung, Elektrokataphorese genannt. Ecken, Kanten und Hohlräume profitieren ganz besonders von diesem intensiven Beschichtungsverfahren. Und Unterboden und Radhäuser erhalten sogar eine PVC-Beschichtung, die vorderen Radhäuser Kunststoffschalen. Der elastische Steinschlagschutzfüller verhindert zusätzlich korrosionsträchtige Absplitterungen. Zum Abschluß werden, wie schon erwähnt, in der automatischen Wachsflutanlage die Hohlräume im Bodenbereich mit Heißwachs schützend beschichtet.

Damit die Wirksamkeit all dieser Maßnahmen ständig kontrolliert und weiterentwickelt werden kann, hat Audi ein Zentrum für Korrosionsforschung eingerichtet. In der Simulation verschiedenster klimatischer Verhältnisse (Hitze, Kälte, Luftfeuchtigkeit) und unterschiedlicher Fahrbahnbedingungen (nasse Fahrbahn, Rollsplitt, Eis oder Streusalz) eröffnen sich die besten Erkenntnisse für optimalen Korrosionsschutz.

Ein weiteres Resultat dieses Aufwandes: die Abgasanlage eines Audi ist an allen wichtigen Stellen aus Edelstahl gefertigt. Hinter jedem dieser Schritte steckt ein Ziel: die Freude am Auto entscheidend zu verlängern. Wir haben dieses Ziel erreicht. 10 Jahre Gewährleistung gegen Durchrostung (6 Jahre beim Audi quattro 20V) und 3 Jahre Garantie auf den Lack sind die logische Folge.

Bei der Gewährleistung von Audi gegen eine Karosseriedurchrostung schlug sich dieses Manko in einer deutlichen Reduzierung der Gewährleistungsdauer nieder. Zwar versprach Audi in zeitgenössischen Prospekten, etwa der Ausgabe 7/89 mit der Drucknummer 906/1000.14.00: „… als erster Automobilhersteller der Welt gibt Audi 10 Jahre* Gewährleistung gegen Karosserie-Durchrostung“. Doch in einer kleinen Fußnote wird das Sternchen hinter „Jahre“ einschränkend so erklärt: „Audi quattro 20V 6 Jahre Gewährleistung.“ Immerhin: Ganz zum Schluss der Urquattro-Karriere erhielt die Audi-Legende in ihrer 20V-Version immerhin noch eine vollverzinkte Bodengruppe …

[1] c_w-Wert der Limousine 200 quattro 20V: 0,3; quattro 20V: 0,4.
[2] **ECE** = Economic Commission for Europe. Die damalige ECE-Norm für den Treibstoffverbrauch bezieht sich auf Werte bei 90 km/h, 120 km/h und im Stadtzyklus.

Dass es nicht eine überlegene Rostresistenz ist, die ein Automobil zum Klassiker adelt und es in der Automobilgeschichte unsterblich macht, dafür ist der Urquattro von Audi der unumstößliche Beweis. Als Beleg dafür diente unfreiwillig nicht zuletzt sein Nachfolger, das bereits im Oktober 1990 eingeführte Audi Coupé S2. Obwohl technologisch mit dem Urquattro weitgehend identisch, diesem in der Aerodynamik und damit in den Fahrleistungen sowie im Treibstoffverbrauch deutlich überlegen, verliert sich dieser Urquattro-Erbe im Schatten nachfolgender Super-Audis etwa vom Schlage eines Audi RS6 (C6) mit Achtzylinder-Biturbo von Cosworth oder R8 mit Acht- und Zehnzylinder-Mittelmotor.

Das Licht des ersten quattro leuchtet hingegen bis heute, rund 40 Jahre nach seinem Debüt und fast 30 Jahre nach seiner Produktionseinstellung, so hell wie zu Zeiten seiner Rallye-Siege und Rallye-Weltmeisterschaften in den 1980er Jahren. Als Walter Röhrl, der schon früher als andere das quattro-Potential erkannt hatte und doch nie auf quattro Weltmeister wurde, in Ingolstadt 1991 den letzten quattro vom Finishband fuhr, da waren sich alle Anwesenden darüber im Klaren, einem Tag beizuwohnen, der in die Audi-Annalen eingehen würde. „Zur Zeit sind historische Tage Gang und Gäbe“, begann etwa Erhard Kubella[1], Vorsitzender des Gesamtbetriebsrates der Audi AG seine Abschiedsrede, „der Umbruch im Osten bietet eine Menge für die Geschichtsbücher. Aber auch wir, hier bei Audi in Ingolstadt, haben ein historisches Ereignis. Der letzte Audi Urquattro verlässt die Fertigung …“

Dieser 27. Mai 1991 markierte zwar nicht das Ende eines Stückzahl-Weltmeisters – obwohl der quattro die ursprüngliche Vorgabe von 400 Stück mit 11452 gefertigten Exemplaren weit übertraf. Seine Wertschöpfung ist anderer, nachhaltigerer Natur: Er schrieb nämlich ein eminent wichtiges Nachkriegskapitel der Audi-Firmengeschichte, in dem sich ein Imagezwerg zum selbstbewussten Premiumproduzenten mauserte.

„Vorsprung durch Technik“ – dieser selbstbewusste Audi-Slogan hat einen Ursprung. Und der heißt quattro …

[1] **Erhard Kuballa** (* 25. März 1931, † 28. Oktober 2014) war von Januar 1986 bis Juli 1993 Vorsitzender des Betriebsrates des Werks Ingolstadt und von Mai 1987 bis August 1993 Vorsitzender des Gesamtbetriebsrates.

Urquattro-Erbe Coupé S2: in den Fahrleistungen überlegen, Image ohne Chance.

Super-Audis in der Urquattro-Tradition mit Allradantrieb und Hochleistung: RS6 C5 …

… und R8 mit Lamborghini-Genen, Traumwagen-Highlights des 21. Jahrhunderts.

27. Mai 1991, Urquattro-Ende: lächelnde und traurige Minen, Walter Röhrl mittendrin.

Audi quattro
11452
Audi quattro.

Hochleistungs-Geländewagen und Hochleistungs-GT, Ideenlieferant und Ideenumsetzung – Allradhelden aus Ingolstadt: Audi quattro und die rustikale Audi-Konstruktion Iltis.

IN NJ 82H

Ein quattro aus Italien

Prototyp 07, das Allrad-Coupé Quartz von Pininfarina

Die Sensation des Genfer Automobil-Salons 1980, der quattro von Audi, zog naturgemäß die Aufmerksamkeit von Vertretern der Ingolstädter Konkurrenz auf sich. Sie weckte aber auch das Interesse der internationalen Designer-Elite, die hier, am Lac Léman, traditionell in großer Zahl zu verkehren pflegt. Es ist nicht überliefert, ob den Herren Nuccio Bertone und Giorgetto Giugiaro, Marcello Gandini (Bertone) und William Towns (Aston Martin), Anatole Lapine (Porsche) und Bruno Sacco (Mercedes-Benz), Claus Luthe und Ercole Spada (jeweils BMW) das rustikale Design des quattro gefiel, was sie daran auszusetzen hatten, wie sie zur eigenwilligen Formensprache der Herren Witowski, Smith und deren Chef Warkuß (siehe Seite 166 ff) standen.

Doch mindestens einer von ihnen, nämlich Sergio Pininfarina[1], gedachte, beim Anblick des ausgestellten weißen Coupés von Audi, eine italienische Alternative zu kreieren – und das als Geburtstagsgeschenk für eine Schweizer Fachzeitschrift, deren einstigen Chefredakteur, Robert Simon Braunschweig, er schätzte. Diese zwar in relativ kleiner Auflage erscheinende, jedoch außerordentlich renommierte *Automobil Revue* feierte nämlich als eine der weltweit ältesten Auto-Zeitschriften 1980 ihren 75sten Geburtstag.

[1] **Sergio Pininfarina** (* 8. September 1926, † 3. Juli 2012) trat in das 1939 gegründete Unternehmen seines Vaters Battista „Pinin" („der Kleine") Farina 1950 im Anschluss an sein Maschinenbau-Studium in Turin ein. Nach dem Tod „Pinin" Farinas übernahm er 1966 das Designstudio seines Vaters, der seinen Nachnamen 1961 per Dekret des italienischen Staatspräsidenten offiziell in Pininfarina ändern durfte. Seit Ende 2015 hält der indische Konzern Mahindra die Mehrheit an der Pininfarina S.p.A.

Sergio Pininfarina, Hausdesigner von Ferrari (hier mit einem 250 SWB-Modell), nahm sich …

… 1980 ausnahmsweise eines Audi an: sein quattro Chronos mit Rundungen statt Kanten.

Pininfarina klopfte noch in Genf beim amtierenden Audi-Vorstandsvorsitzenden, Wolfgang R. Habbel, an. Und der versprach, ihm die Basis für seine Studie zur Verfügung zu stellen. Diese Zusage sollte in Ingolstadt Verwirrung stiften. Denn dort standen die Verantwortlichen der quattro-Entwicklungscrew um Walter Treser irgendwann im Frühsommer 1980 vor einem Rätsel. Johann Neff, für den Aufbau und die Steuerung der quattro-Prototypen zuständig (siehe auch Seiten 90 und 109), erinnerte sich im Sommer 2019 amüsiert an das damalige Szenario, wenngleich es 1980 ein durchaus ernster Vorfall war: „Irgendwann war der quattro-Prototyp Nummer 07 verschwunden. Wir haben monatelang danach gesucht – ohne Erfolg. Schließlich habe ich die Revision informiert: Verlust von 07."

07 existierte allerdings noch, wenn auch äußerlich nicht wiederzuerkennen. Neff: „Viel später habe ich dann in der Stil-Halle[1] von Hartmut Warkuß zufällig ein mir unbekanntes Auto entdeckt, ‚Quartz' stand drauf. Ich habe mir das Fahrzeug dann näher angeschaut und gedacht, das könnte doch ein quattro sein. Und tatsächlich: Das war ein quattro!" Johann Neff recherchierte und fand heraus: „07 war an einem Samstagabend klammheimlich, aber genehmigt von Audi-Chef Habbel, von Pininfarina abgeholt worden." Nun aber hatte Neff ein neues Problem, ein besonders ernsthaftes, weil bürokratisches: „Als ich der Revision den Fund gemeldet habe, gab's dort große Aufregung, weil die 07 als „verschrottet" in den Büchern stand …"

Tatsächlich: Im Frühjahr 1981 stand die 07 nicht etwa als verschrottet in den Audi-Büchern, sondern im neuen Kunststoff/Aluminiumkleid auf dem Pininfarina-Stand des Genfer Automobil-Salons. „Das handgefertigte Einzelstück", so die *Hannoversche Allgemeine* in ihrer Ausgabe vom 7. März 1981, „kostet 600000 Mark und ist somit der teuerste Wagen auf dem Salon, teurer als der Rolls-Royce. Allein die Haftpflichtprämie liegt mit 70000 Mark höher als der Kaufpreis des normalen Quattro."

Genehmigte die Verfrachtung von quattro 07 zu Pininfarina: Audi-Vorstandschef Habbel.

Stand im Sommer 1980 vor dem Rätsel „Wo ist die Nummer 07?": quattro-Mitentwickler Treser.

Quartz-Skizzen von Meister Pininfarina: Kühlluftführung und Cockpitgestaltung.

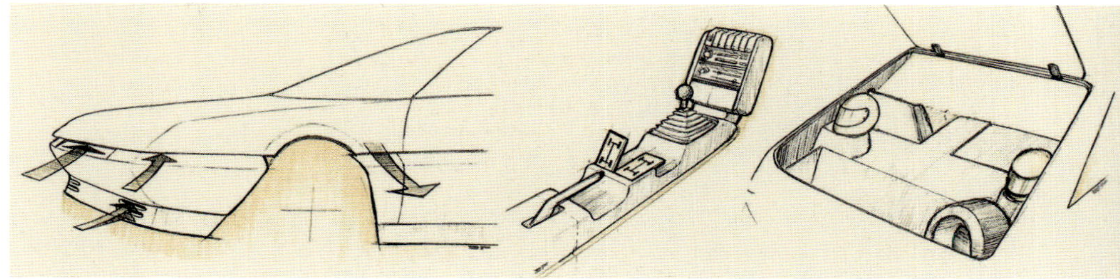

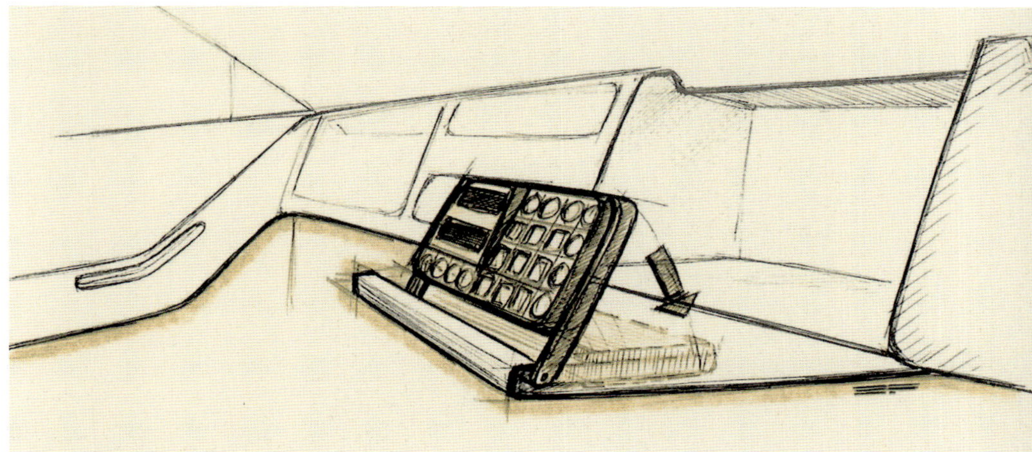

An diesen erinnerte die italienische Studie äußerlich lediglich mit den quattro-typischen Aluminium-Rädern mit den 16 filigranen Speichen sowie durch auffällige Auto Union-Ringe an den Flanken hinter den beiden Türen. Witziges Detail: Auch das Auspuff-Endrohr unter dem Heck hat die Gestalt des Auto Union-Logos. Dabei dürften Historiker bedauern, dass die Auto Union einst nicht aus fünf Marken bestand – ein fünfflutiges Endrohr hätte zweifellos besser zur quattro-Motorisierung gepasst ... Im Übrigen unterscheidet sich die Pininfarina-Interpretation des Audi quattro vom Urquattro sehr deutlich im Auftritt: Sie ist viel filigraner, sichtbar windschnittiger. Mit extrem geneigten Windschutz- und Heckscheiben erscheint sie im optischen Zuschnitt trotz des quattro-typischen Radstandes von 2524 Millimeter eher als Zweisitzer, denn als geräumiger Viersitzer wie die Ausgangsbasis. Der Quartz ist mehr Sportwagen als der Urquattro, weniger Coupé.

So stehen im knappen Fond lediglich zwei zierliche, klappbare Notsitze und eine äußerst knappe Kopffreiheit zur Verfügung. Die sonstigen Quartz-Abmessungen verdeutlichen speziell im Vergleich zum Urquattro die sehr kompakte Erscheinung des Pininfarina-Prototyps: Gesamtlänge 4140 mm (Urquattro: 4404mm), Höhe 1265 mm (Urquattro: 1344 mm). Wegen des mit 970 mm sehr langen vorderen und mit nur 645 mm extrem kurzen hinteren Überhangs scheint der Quartz-Aufbau dynamisch nach vorn gerückt – so, als sei die Karosserie anlässlich eines scharfen Bremsmanövers auf ihrer Bodengruppe etwas nach vorn gerutscht. Wie bei Pininfarina in den 1970er/1980er Jahren typisch und beispielsweise auch bei Ferrari-Modellen des Designstudios angewandt, erzeugt eine tiefe Rundumsicke auf halber Höhe des Unterbaus den optischen Eindruck zweier Karosserie-Schalen, analog den beiden Hälften einer Muschel, nämlich einer unteren und einer oberen.

Mehr Sportwagen als Coupé: Sergio Pininfarina setzte bei seiner quattro-Interpretation auf eine windschnittige und filigrane Linienführung, eher wie ein Zweisitzer auftretend.

[1] Stil-Halle: spezielle Halle der Designabteilung, in der Studien und Prototypen gelagert werden.

Offiziell kommunizierte Pininfarina seine quattro-Lösung als Anschauungsobjekt für die Verwendung „der fortschrittlichsten Technologien, wie sie in der Luftfahrtindustrie verwendet" würden. Gemeint sind neue Leichtbaumaterialien, die, so Pininfarina in einer Quartz-Präsentationsbrochure, „in der Autoindustrie von fundamentaler Bedeutung" seien, um dem Streben nach möglichst geringem Gewicht und niedrigem Kraftstoffverbrauch gerecht zu werden. „Das Ziel des Prototyps", so der Prospekt, „ist es, ein praktikables Beispiel zu liefern, wie neue metallische und nicht-metallische Materialien Verwendung finden können" – und das nicht etwa nur bei Wettbewerbswagen, sondern im Serienwagenbau.

Um diese Materialien und deren Gebrauch ging es Pininfarina: außen Front- und Heckstoßfänger gefertigt in einer Sandwichbauweise aus Kevlar/Wabenkern/Kevlar; Hauben, Dachpartie und Seiten-Paneele aus Aluminium; Tür-Paneele in Sandwichbauweise Stahl (mit 0,2 mm Stärke)/Polypropylen (mit 0,6 mm Stärke)/Stahl (mit 0,2 mm Stärke) für eine Gewichtseinsparung von 50 Prozent gegenüber herkömmlichen Stahlblechbauteilen; Heckfenster aus Polycarbonat (Gewichtsersparnis gegenüber gleichstarkem Glas: 50 Prozent); hintere Scheibenrahmen aus kohlenstofffaserverstärktem Kunststoff mit einem Gewicht von nur 1,75 Gramm pro Kubikzentimeter; innen Sitzrahmen und Lenkrad aus kohlenstofffaserverstärktem Kunststoff; Verkleidungen aus Fallschirmseide.

Mit deutlicher Verspätung, nämlich erst 1986, bot sich dem Adressaten des „Geburtstagsgeschenkes", also der in Bern erscheinenden *Automobil Revue*, die Möglichkeit eines Testes der Pininfarina-Studie – und die Gelegenheit, diese sogar Fahrleistungsmessungen zu unterziehen (Ausgabe 39/1986 vom 4. September 1986). Dabei stellte sich heraus, dass Prototyp 07 offensichtlich nicht allzu gut bei Kräften war – was für eine Salonstudie naturgemäß irrelevant ist. Möglich ist aber auch, dass der aerodynamische Schein des Pininfarina-Musters trog. So erreichte der Quartz lediglich eine Höchstgeschwindigkeit von 217 km/h, gut fünf km/h weniger als in Deutschland 1981 von *auto motor und sport* (Ausgabe 4/1981) für den Urquattro gemessen, dessen Serienkarosserie im c_w-Wert dem Luftwiderstands-Beiwert des Kölner Doms nahekommt ...

Das Beschleunigen fiel der Studie indessen etwas leichter, obwohl sie trotz ihrer Leichtbauteile mit 1315 Kilogramm kaum leichtgewichtiger geraten war, als das Original (1331 kg). So maßen die *Automobil Revue*-Tester für den Quartz diese Werte (jeweils in Klammer *auto motor und sport*-Werte von 1981 für den Serien-quattro):

0 – 80 km/h in 4,7 (5,0) Sekunden,
0 – 100 km/h in 7,1 (7,4) Sekunden,
0 – 120 km/h in 9,8 (10,0) Sekunden,
0 – 140 km/h in 13,7 (13,6) Sekunden,
0 – 160 km/h in 18,7 (19,1) Sekunden.

Die Kilometer-Distanz mit stehendem Start bewältigte der Quartz in 27,8 Sekunden, der Serien-quattro benötigte für diese Normübung bei den Stuttgarter Kollegen 28,0 Sekunden.

Scheinbar vom Winde verweht: keilförmiger quattro Quartz und attraktives Fotomodell.

Pininfarina-Skizze des Audi quattro Quartz, Titelheld des *Automobil Revue*-Katalogs '81.

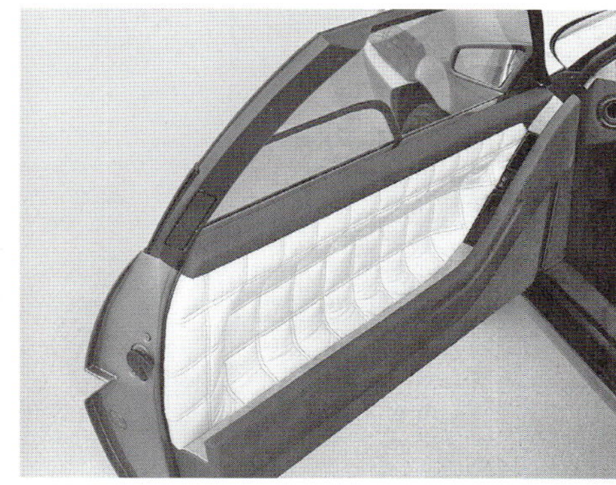

Klassischer Prototypen-Bau bei Pininfarina: mit Formen-Lehren für Wölbungen und Karosserie-Gittermodell aus Holz zur Anpassung der Kunststoff- und Aluminium-Aufbaupartien.

Neuartiges Leichtbau-Material außen wie innen: Quartz-Sitzgestelle aus kohlestofffaserverstärktem Kunststoff, Sitzbezüge und Türverkleidungen aus Fallschirmseide.

quattro-Herr und -Meister: 2019 stellte sich Ex-Designchef Hartmut Warkuß im Klassiker-Depot von Audi dem Fotografen.

Und wie stand Hartmut Warkuß, der Mitschöpfer des klassischen Urquattro, zur Pininfarina-Schöpfung auf quattro-Basis?

Der hielt sich, dazu Ende 2018 befragt, eher bedeckt. Der Quartz sei ein „schickes, sehr weiches" Auto. Ein klein wenig Reserve schwingt in dieser höflichen, jedoch knappen Beschreibung zweifellos mit. Nein – „weich", das wäre für ihn (und womöglich auch für Dr. Ferdinand Piëch) keine Alternative gewesen für den eher markant, kantig und maskulin gezeichneten Urquattro. Der war eben alles, nur kein Schönling – und damit kein Automobil für „Schattenparker" …

„Wie ein Eindringling von einem anderen Stern, so landete der Audi Quattro 1980 beim Genfer Automobil-Salon und verdrängte dabei jedes andere Exponat aus dem Rampenlicht. Er alarmierte die anderen Hersteller, hatte ein Monopol auf das übliche Showgeschwätz und bezauberte jeden, der ihn fahren durfte. Von manchen Beobachtern wurde er als nichts weniger als die Neuerfindung des Automobils begrüßt." Mit diesen Worten leitete die britische Magazininstitution *Motor* am 21. März 1981 ihren ersten, überaus umfangreichen quattro-Test ein.

In der 1980er Genf-Ausgabe von *auto motor und sport* (Ausgabe vom 27. Februar 1980) wurde der neue Audi ähnlich euphorisch begrüßt: „Genf 1980 sollte keine Allerwelts-Ausstellung ... werden, sondern ein Salon der Superlative – mit Erinnerungen an die 75jährige Geschichte der Genfer Messe und natürlich auch mit ganz neuen Autos. Als Rodolphe Huser[1] in der Schweiz erste Kontakte knüpfte, konnte er allerdings noch nicht ahnen, daß zur gleichen Zeit in der Bundesrepublik die Entwicklung eines Autos begann, das zum Star des Genf-Geburtstags werden sollte. Gemeint ist der neue quattro von Audi – ein bärenstarkes Coupé, das endgültig mit der überkommenen Vorstellung aufräumen soll, vier ineinander verschlungene Audi-Ringe im Kühlergrill seien nur etwas für behäbige Familienväter, denen es eben nicht zu einem Mercedes gereicht hat ..."

Tatsächlich schlug der quattro, als „Schwarzarbeit" (O-Ton Dr. Ferdinand Piëch – siehe auch Seite 87) von einem kleinen Enthusiastenteam in Ingolstadt erdacht und realisiert, weltweit ein wie eine Bombe. „Es hat, in den letzten Jahren zumindest, kein Auto gegeben", war sich Anfang 1982 die in Deutschland erscheinende *Gute Fahrt* (Ausgabe vom Januar 1982) sicher, „das vor, während und nach seiner Vorstellung in der Öffentlichkeit mehr Aufsehen erregte als der Audi Quattro."

[1] **Rodolphe Huser** (* 1933, † 2009) war damals der Direktor des Organisationskomitees für den Genfer Automobil-Salon.

Der quattro ist in aller Munde

Pressestimmen aus 40 Jahren quattro

Auch wer unter den ersten war, die den neuen Audi fahren durften, kam begeistert von der Probefahrt zurück. „Es kommt nicht oft vor", schwärmte etwa der einstige Le-Mans-Sieger und damalige Motorjournalist Paul Frère, nachzulesen in der amerikanischen *Road & Track* vom Juni 1980, „dass ich nach der Fahrt mit einem neuen Auto zu mir sage: Nun, das ist fabelhaft! Aber genau das widerfuhr mir mit dem Audi Quattro."

Dabei war der quattro keineswegs ohne Schwächen. Vor allem sein Turbo-Fünfzylinder der ersten quattro-Generation erschien vielen Testern verbesserungsbedürftig. So beeindrucke "der neue Audi motorisch nicht annähernd so sehr", wie mit seinen Fahreigenschaften, bemängelte etwa *auto motor und sport* im ersten ausführlichen Test (Ausgabe 4/1981). Es fehle dem Fünfzylinder nämlich „die wünschenswerte Kraft im unteren Drehzahlbereich". Unangenehm mache sich das immer dann bemerkbar, „wenn es gilt, sich aus dem Stand in den fließenden Verkehr einzufädeln oder wenn vor dem Überholen vergessen wurde, zurückzuschalten".

Die in Köln erscheinende *Auto Zeitung* befand im Vergleich mit preislich konkurrierenden Modellen (Alpina B6, Porsche 924 Turbo, Porsche 911 SC und Renault 5 Turbo) in Ausgabe 10/1981 zwar: „Der Quattro-Fünfzylinder ist als Turbo-Triebling sehr kultiviert", andererseits verlange er „bei hohen Geschwindigkeiten jedoch ziemlich hemmungslos und zudem völlig unzeitgemäß Sprit-Zuschlag ..." Beeindruckt waren die Kölner dennoch von dem Ingolstädter Allrad-Coupé: „Erste Prüfstation: Schnellfahren auf Autobahnen. Hier setzt der Quattro die Maßstäbe. Außerordentlich souverän entledigt er sich dieser Aufgabe. Der ausgezeichnete Geradeauslauf, geringe Seitenwindempfindlichkeit und keinerlei Neigung zum Rillen-Nachlaufen lassen den Quattro-Piloten entspannt reisen."

GUTE FAHRT

CAR and DRIVER

auto motor und sport

ROAD & TRACK

BBC one

Auto ZEITUNG

Motor

Außerdem: „Sein Handling wird von allen Prüfpiloten gleichermaßen als ungewöhnlich unproblematisch empfunden. Wenn überhaupt Kritik zu üben ist, dann am ausgeprägten Untersteuern in sehr engen Biegungen."

Dieses ausgeprägte Untersteuern sollte sich in der Folge als eines der quattro-Handicaps erweisen – im Rallyesport (siehe Seite 232 ff) genauso wie in Vergleichstests. Einmal mehr sei bei diesem Thema auf eine *auto motor und sport*-Ausgabe zurückgegriffen, nämlich auf den Konzeptionen-Vergleich in Ausgabe 10/1982. Bei dieser Gelegenheit musste sich der Allrad-quattro mit dem Mercedes 500 SL (konventionelles Konzept, also Frontmotor und angetriebene Hinterräder), dem Porsche 911 SC (Heckmotor), dem Porsche 944 (Transaxle-Bauweise) und dem Renault 5 Turbo (Mittelmotor-Bauweise) messen.

Das Ergebnis fiel einigermaßen ernüchternd aus, wenn es um die Fahreigenschaften auf trockener Piste ging. So erwies sich der quattro sowohl auf der Kreisbahn (ex aequo mit dem 500 SL) als am langsamsten (also mit der geringsten Querbeschleunigung) wie auch bei der Bewältigung des Wedelkurses mit einem Pylonenabstand von 36 Metern. Auch im Slalom (Pylonenabstand 18 Meter) reichte der Allradler nicht an die Zeiten der agilen Heckmotor-, Mittelmotor- und Transaxle-Konkurrenten heran. Das einerseits ambivalente, aber letztlich klare Fazit der Stuttgarter Tester: „keine Vorteile des Allrad-Konzepts auf trockener Fahrbahn, aber klare Überlegenheit bei Nässe und Schneeglätte. In der Summe aller Kriterien bietet damit der Audi Quattro eindeutig das beste Ergebnis."

„Gut ein Drittel[1] der gesamten Audi quattro-Produktion", so Audi-Betriebsrat Erhard Kuballa in seiner quattro-Abschiedsrede 1991 (siehe auch Seite 346), „ist nach Großbritannien ausgeliefert worden." Diese Zuneigung der Engländer zum quattro hatte sicher viel zu tun mit der Rallyesport-Ambition vieler Briten – und mit den eindrucksvollen Auftritten des quattro zum Beispiel bei der britischen RAC-Rallye (wo der Allrad-Audi von 1981 bis 1983 das jeweilige Siegerteam motorisierte). Auch der TV-Sender *BBC One* und der Schauspieler Philip Glenister trugen ihren Teil bei zum Ruhm des Ingolstädter Coupés. So fuhr Glenister auf sein Betreiben hin („It's a cool car!") als Gene Hunt in der beliebten *BBC One*-Serie „Ashes to Ashes" einen roten, rechtsgelenkten 1983er quattro[2] mit dem Kennzeichen JLY 75IV ...

Womöglich hatte Glenister am 21. März 1981 den quattro-„Supertest" im bereits am Anfang dieses Kapitels zitierten, britischen Magazin *Motor* gelesen – dessen quattro-Fazit: „Ob dieses einmalige Format – Höchstleistung und Vierradantrieb – einen neuen Trend initiiert, oder auch nicht, so muss der Audi in jedem Fall als automobiler Meilenstein eingeschätzt werden, dies einfach deshalb, weil er so unglaublich gut ist. Er vereint phänomenales Handling und Straßenlage mit Leistungsvermögen, Raffinesse, Ökonomie, Komfort und Bequemlichkeit in unvergleichlicher Weise. Vor diesem Hintergrund sind seine Nachteile (schlechte Gangabstufung, schlecht regelbare Heizung, spärliche Instrumentierung) zu vernachlässigen." Und: „Er ist weder ein Homologations-Special, noch ein straßentauglich gemachter Rennwagen, sondern ein intelligentes und hervorragend entwickeltes Serienmodell ganz eigener Art."

Kurz nachdem der quattro nach den USA gefunden hatte, nahm sich dort das Enthusiastenblatt *Car & Driver* in der Juni-Ausgabe1982 des von Paul Frère bereits im Konkurrenzblatt *Road & Track* bejubelten Audi mit der Frage an „Ist der Quattro so eine Art ultimativer GT?" Die Antwort gab Tester Larry Griffin gleich auf der ersten Seite im voraus: „Nachdem wir in sieben Tagen 3000 Meilen auf verschiedenen Straßen gefressen haben, war's offensichtlich, dass der Quattro eines der besten Allround-Autos ist, für das wir je den Zündschlüssel in der Tasche hatten. Wir müssen aber auch sagen, dass der Quattro keineswegs fehlerlos ist, und dass er möglicherweise in den ersten schwärmerischen, europäischen Berichten etwas überschätzt wurde ..."

So beklagte Griffin, dass der US-quattro im Vergleich zur Euro-Version 37 PS weniger leistet – und entsprechend schlechtere Fahrleistungen biete („15 mph short of the European Quattro's"). Die Exaktheit der Schaltung sei nur „so-so", und die Gänge eins und zwei seien sehr kurz übersetzt. Es gebe zu wenige Kontrollinstrumente – aber „Ferdinand Piëch verspricht mehr Instrumente in der nächsten Quattro-Generation". Große Fahrer hätten nicht ausreichend Kopffreiheit, dafür sei jedoch die Sitzposition exzellent – obwohl die Pedalerie eine Hacke-Spitze-Betätigung von Gas- und Bremspedal erschwerte. Der Innenraum sei sehr großzügig bemessen, doch der Kofferraum sei zu klein. Aber: „Unsere Kritik am Quattro resultiert überwiegend aus der hohen Erwartungshaltung gegenüber einem Markstein der Automobilität ... Der Quattro ist ein sehr zu Ende gedachtes Automobil – womöglich der beste Allround-Hochleistungswagen, den man für Geld kaufen kann."

[1] Je ein Viertel der quattro-Produktion ging in die Schweiz und wurde im Inland verkauft, der Rest fand in anderen Ländern, etwa in den USA oder Japan, Liebhaber.
[2] Dieser quattro wurde 2014 zugunsten der *BBC*-Aktion „Children in Need" versteigert und erzielte 38598 £.

Waren 1981 unter den ersten quattro-Liebhabern: Fußballprofi Uli Hoeneß ...

... und König Juan Carlos I von Spanien – sehr zur Freude des Audi-Marketing.

Zurück nach Deutschland: Hier wurde der erste quattro gerne mit tatsächlichen Konkurrenten verglichen – und mit vermeintlichen. So konfrontierte etwa das Motorsportmagazin *Rallye Racing* in Ausgabe 6/1981 den Audi mit dem nur zweisitzigen Renault 5 Turbo und kam zu einerseits vorhersehbaren, andererseits jedoch zu widersprüchlichen Ergebnissen. So sei der quattro „ein bemerkenswerter GT, der sich sehr ruhig und entspannt fahren läßt. Der Motor ist phantastisch, die Schaltung leichtgängig und die Straßenlage und die Bremsen bieten ein enormes Maß an Sicherheit. Die Kurvengrenzbereiche liegen derart hoch, dass man glaubt, nie in Schwierigkeiten zu kommen".

Das in Stuttgart publizierte Magazin *mot* wiederum verglich den quattro in der Ausgabe vom 13. Mai 1981 mit dem damals exakt 1450 DM teureren und vier PS stärkeren Porsche 911 SC. Tester Holger Glanz störte sich dabei am quattro-Design, das in ihm den Verdacht nährte, „es handele sich um ein Krawallauto statt um einen noblen, teuren Sportwagen der Edelklasse". Auch das Audi 80-Armaturenbrett sei „kaum dazu angetan, unter anspruchsvollen Sportwagenfreunden Entzücken auszulösen". Doch derartiges Mäkeln relativierten Glanzsche Lobeshymnen auf wesentlicheren Gebieten: „Langgezogene, wellige Autobahnkurven beispielsweise, die den Porsche-911-Fahrer zu wildem ‚Lenkradsägen' nötigen, lassen sich im Quattro mit einer Hand meistern. Kurskorrekturen werden kaum notwendig und trotz der etwas gefühllos agierenden Servolenkung – sie wurde eigens für den Quattro entwickelt – hätte man bei 220 km/h nichts dagegen, wenn es noch ein bißchen schneller vorwärts ginge."

Kein Wunder deshalb, dass der Stardirigent Herbert von Karajan als traditioneller Porsche-Kunde mit bekanntermaßen energischem Gasfuß unter den ersten Prominenten war, die sich einen Audi quattro in die Garage stellten. Auch der Fußballer Uli Hoeneß, damals Manager des FC Bayern, und Starkoch Eckart Witzigmann ließen sich bereits 1981 zur Freude des Audi-Marketings mit ihren neuen quattro fotografieren. Ihn interessiere, so „Kaiser Franz", „die zukunftweisende Technik des permanenten Allradantriebs". „Nouvelle voiture" statt „Nouvelle Cuisine" war womöglich die quattro-Motivation für Witzigmann, den Inhaber des Münchner 3-Sterne-Restaurants „Aubergine", der seinen auberginefarbenen Audi mit goldenen BBS-Räder verschönerte. Aus dem sogenannten Jetset stieß Prinz Aga Khan zu den quattro-Kunden der ersten Stunde.

Imponiert hat den Musik-, Ball- und Lifestyle-Künstlern sicherlich die quattro-Fahrsicherheit, denn die, so *mot*, sei eine überragende quattro-Qualität – auch und gerade im Vergleich zum Zuffenhausener Gegenpol: „Während beim Porsche Seitenwind oder nasse Straßen den Gasfuß schnell mäßigen, können solche Widrigkeiten den Quattro kaum bremsen. Der Geradeauslauf ist unter allen Umständen hervorragend. Die auf vier Räder verteilte Traktion kann auch auf rutschigen und schmierigen Straßen das Gefühl größerer Sicherheit vermitteln." Und was war laut *mot* sonst noch der Erwähnung wert? „Antrittsschwäche im unteren Drehzahlbereich", guter „Seitenhalt der Quattro-Sitze", „sein Abblendlicht ist miserabel", „größerer Anwendungsbereich" dank vier vollwertiger Sitze ...

Nach *auto motor und sport* und *mot* sei der guten Ordnung halber auch deren Kölner Konkurrentin, die *Auto Zeitung*, mit Auszügen aus ihrem ersten quattro-Test, erschienen in Ausgabe 3/1981, zitiert. Tester Peter Bazille würdigte zwar die Winterqualitäten des quattro, diese „lassen sich kaum glaubhaft beschreiben, das muss man selbst erlebt haben ... Auf schneebedeckten Straßen weckt dieser Audi im Fahrer den Wunsch, in den kalten Wintermonaten nie wieder mit einem herkömmlich angetriebenen Auto reisen zu müssen." Und angesichts des Klettertalents des quattro auf tief verschneiten Bergaufpassagen meinte der verblüffte Journalist: „Da kann einer beinah vom Glauben an die Gültigkeit physikalischer Gesetze abfallen."

Doch in mancherlei anderer Hinsicht überzeugte der Super-Audi den *Auto Zeitungs*-Mann nicht: „Mit durchschnittlich 16,7 Liter Superbenzin pro 100 Kilometer Fahrstrecke schluckt er unzeitgemäß viel teuren Sprit." Und: „Die im Fahrzeugschein eingetragenen 220 km/h Spitze verfehlte der Turbo-Bayer nämlich mehr als deutlich: Echte 212 km/h zeigte das Meßgerät, wobei der Tacho 235 km/h vorgaukelte." Und: „Angesichts des Quattro-Kaufpreises stellt sich die Frage, weshalb dieses Coupé die überaus stolze Summe von 49900 Mark kostet." Schließlich bestehe der quattro, abgesehen von seinem Antriebs-Mehraufwand, „fast nur aus Großserienteilen des VW/Audi-Baukastensystems". Ernüchtertes und ernüchterndes Fazit des Kölner Magazins: „So sehr der

allradgetriebene Audi Quattro also auf den ersten Blick überzeugen kann – bei eingehender Betrachtung verliert das Coupé einiges von seinem Reiz ..."

Einige Monate vor der kommunizierten leichten Reserve der *Auto Zeitung* gegenüber dem quattro sahen das die Redakteure aus deutschen, französischen, italienischen und spanischen *Playboy*-Redaktionen völlig anders, als sie in ihrer Wahl zum „Auto des Jahres 1980" einvernehmlich den Audi quattro auf Platz 1 setzten. Autor Herbert Völker, in dieser quattro-Chronik schon einige Male zitiert, kommentierte die Wahl in der deutschen *Playboy*-Ausgabe 12/1980 gewohnt scharfzüngig: „Der Quattro wird immer ein ebenso rares wie signalhaftes Auto bleiben. Er ist die Overkill-Ausgabe eines technischen Musters, das erst in demütigen Autos und zu bürgerlichen Preisen das Volk aufscheuchen wird. ... Daß dieses wunderbare Stück Technik 49950 Mark kostet, verhöhnt den Geist der Erfinder und läßt auf die Macht der Krämer schließen, die es gleich behandeln wie Unterhosen bei Woolworth. Angemessen wäre viel eher gewesen: fünfzigtausend Mark."

Allradantrieb aus Bayern für den ungekrönten Fußball-„Kaiser" aus Bayern ...

... und für den Spitzenkoch der Münchner Schickeria – Werbung für Audi und quattro.

Der *Playboy* sollte nicht das letzte Magazin gewesen sein, dass den quattro auf Platz 1 einer Best-of-Wahl setzte. So befragte das Geländewagenmagazin *Off Road* Ende 1986 elf allradspezialisierte, internationale Journalisten[1], welches „die wichtigsten 4x4-Autos der Welt" seien. Die Wahlergebnisse veröffentlichte die Zeitschrift in ihrer Ausgabe 1/1987. Während der Titel „Nr 1 im Gelände" dem Range Rover zugesprochen wurde, erntete der quattro die einhellige Zustimmung zum Titel „Nr. 1 auf der Straße". „Audi Quattro, wer sonst ...!" begründeten dabei die befragten Japaner kurz und bündig, warum sie nicht etwa die gleichfalls zur Wahl angetretenen Modelle favorisiert hatten, etwa den Mercedes 4-matic, den Ford Sierra 4x4, den Volkswagen Golf Syncro oder den Lancia Delta 4x4.

Als der quattro Anfang 1987 zur „Nr. 1 auf der Straße" gekürt wurde, da hatte er bereits einige Modifikationen über sich ergehen lassen müssen, die seine Talente noch verstärkten. Klaus Peter Backfisch vom Magazin *Gute Fahrt* fand für das neu abgestimmte Fahrwerk in Ausgabe 2/1986 diese Worte: „... beim Thema Fahrverhalten werden Wandlungen erkennbar, die wohl nicht zuletzt auf leidvolle Erfah-

[1] Die Juroren waren: Rick Feaman (Chefredakteur *Off Road*/USA), Robert van der Camp (Herausgeber *4 Wheel & Off Road*/USA), Yuichi Ishikawa und Sachio M. Yajima (*4x4 Magazin*/Japan), Peter Öjerskog (Chefredakteur *4 Wheel Drive*/Schweden), Nigel Fryatt (*Off Road & Fourwheeldriver*/England), Helmut Moser (Herausgeber *4WD*/Österreich), Stefan Donath (*Blick*/Österreich), Dick van Zijl (Chefredakteur *4WD Auto Magazine*/Niederlande), Giovanni Cassini (*Fouristrada*/Italien), Stephan Roux (*Auto Verte*/Frankreich), Arty Tackian (*4x4 Magazine*/Frankreich).

rungen etlicher Quattro-Fahrer in der Vergangenheit zurückzuführen sind. ... Die geänderte Abstimmung lässt – in engeren Biegungen – eine nach wie vor deutliche Tendenz zum Untersteuern erkennen, während bei größeren und sehr schnell angegangenen Radien das Heck etwas nach außen drängt ..."

„Leidvolle Erfahrungen"? Damit erinnerte Backfisch daran, dass sich quattro-Fahrer der ersten Stunde, animiert von der gefühlt außerordentlich hohen Fahrsicherheit, gelegentlich in Grenzbereiche vorgewagt hatten, in denen ihnen das im Extremfall starke Schieben über die Vorderräder zum Verhängnis geworden war. „Auch der Quattro hat Grenzen", hatte Backfisch in seinem ersten quattro-Test in Ausgabe 1/1982 erkannt, „werden sie überschritten, dann driftet das Auto mit allen Vieren nach außen. ... Was für den unerfahrenen Benutzer fehlt, ist eine Art Warneffekt, ein Signal über die Sitzfläche."

Nicht einverstanden war der *Gute-Fahrt*-Tester im übrigen wie viele seiner Kollegen mit dem als erste Cockpit-Modifikation 1982 eingeführten „Mäusekino" im Armaturenbrett: „Die elektronische Instrumentierung ist sicherlich nicht jedermanns Geschmack, noch weniger die akustische Ansage." Immerhin war der 1986er Test-quattro so bei Kräften, wie dies sein Datenblatt versprach: Er erreichte 221 km/h Höchstgeschwindigkeit und benötigte lediglich 6,7 Sekunden für den Normsprint aus dem Stand bis 100 km/h – eine Verbesserung um 0,9 Sekunden gegenüber dem von der *Guten Fahrt* in Ausgabe 1/1982 getesteten quattro der ersten Generation. Auch die Motorelastizität, anfangs fast durchweg in quattro-Tests bemängelt, hatte sich deutlich verbessert, wovon der Vergleich der beiden im fünften Gang absolvierten Zwischenbeschleunigungen von 40 bis 100 km/h Zeugnis ablegt: 24,5 Sekunden stehen hierbei 21,2 Sekunden gegenüber.

Naturgemäß konnte der 1989 neue quattro 20V das alles nochmals besser. 235 km/h schnell war er nun, von 0 bis 100 km/h beschleunigte er in nur 6,3 Sekunden, wiederum gemessen von Tester Backfisch und mit diesem Wert in der *Gute Fahrt*-Ausgabe 12/1989 unter dem Titel „Audi Classic" kommuniziert.

Tatsächlich war der quattro mittlerweile zum Klassiker gereift, zur Ikone, die bei Audi mit Respekt behandelt wurde – Backfisch: "Geradezu pietätvoll wird dieses Modell, das in der Automobilwelt (und bei Audi) Geschichte schrieb, in Ingolstadt gepflegt." Offensichtlich hatte man dem Allrad- und Turbo-Klassiker mittlerweile sogar das Saufen abgewöhnt. „Bei der alten Quattro-Version kamen wir auf einen Testdurchschnitt von 15 Liter/100 km", rekapitulierte Backfisch frühere Erfahrungen mit dem Zehnventil-quattro an der Tankstelle, „mit dem aktuellen Motor lag der durchschnittliche Verbrauch bei erstaunlichen 12,7 Liter/100 km."

Dabei konnte der Allrad-Veteran auch noch in seiner letzten Ausbaustufe problemlos mithalten mit jüngeren Artgenossen, die in seine Allrad-Spuren eingebogen waren. Zu diesem Resultat kam jedenfalls das britische Enthusiastenblatt *Fast Lane*, als es in der Februar-Ausgabe des Jahres 1990 den Audi mit dem Lancia Delta Integrale 16V verglich. Der 20V-Motor hielt dabei für die britischen Tester eine Überraschung parat: „Das bedeutendste Resultat der Arbeiten unter der Motorhaube", notierten die *Fast Lane*-Tester, „ist die praktisch komplette Tilgung des Turbolochs." So offeriere der neue quattro „breathtaking performance", der quattro 20V benehme sich geradezu wie ein ungeheuer kräftiger Saugmotor.

Auch das quattro-Fahrverhalten habe sich in 20V-Version zum deutlich Besseren verändert. „Wenn man merkt, dass er untersteuert, genügt es kurz vom Gaspedal zu gehen, und schon lenkt die Nase ein, wenn er hinten weggeht, braucht es nur einen Hauch Gegenlenken, und schon ist die Situation geklärt." *Fast Lane*-Fazit: „Auf der Straße ist der Audi Spitze. Die Kombination von spontaner Gasannahme, erstaunlicher Kraft, felsenfestem Handling und überragender Traktion machen ihn zum klaren Gewinner." Einzig sein exorbitant hoher Preis – im Testjahr mit 33000 £ immerhin 10000 £ mehr als Lancia für den Allrad-Delta aufrief – weckte in den *Fast Lane*-Testern Zweifel, ob der quattro diesen Mehrpreis wirklich wert ist ...

Nachdem die Produktion des Urquattro 1991 geendet hatte, wurde es zunächst sehr still um die initiative Allradrevolution aus Ingolstadt. Neue, perfektionierte, modernere Hochleistungs-Allradler von Audi beanspruchten Profitester und Seiten in Automagazinen. Der Urquattro wechselte über ins Gebrauchtwagenfach, wurde nicht selten von jugendlichen Tunern missbraucht, oft gar aufgebraucht. Sein ganz besonderer Status wurde erst Ende des 20. Jahrhunderts wiederentdeckt, was ihn erneut in die Spalten von Zeitschriften hob, dieses Mal waren und sind es Auto-Magazine mit nostalgischer Thematik.

So würdigte Ian Young 1997 in der März-Ausgabe des britischen Klassikmagazins *Classic Cars* den quattro mit dieser Listung: „Es stimmt schon, der Quattro bot nichts, was für den modernen Autofahrer gänzlich neu gewesen wäre. Allradantrieb, Abgas-Aufladung, Ladeluftkühlung, kräftige Scheibenbremsen und Coupés, die komfortabel vier oder gar fünf Personen befördern können – all' das gab's bereits auf verschiedene Art und in unterschiedlicher Effizienz. Was jedoch das Außergewöhnliche am Quattro war: Er liefert all diese Zutaten in einem unglaublich brillanten Paket. ... Der Audi Quattro war das erste ‚practical, all-terrain supercar'."

Wolfgang König beschrieb in *Auto Bild Klassik*-Ausgabe 3/2018 das Besondere des Urquattro erster Ausführung geradezu wehmütig auf diese Weise: „Er ist schlanker, leichter, übersichtlicher als seine modernen Nachfolger. Außerdem erfreut er uns mit der filterlosen Dynamik der 80er Jahre: keine Elektronik, kein Designersound, alles unplugged und gefühlsecht." Schon einige Jahre zuvor hatte im selben Klassik-Magazin Michael Harnischfeger in Ausgabe 12/2011 unter Anspielung auf die spezielle quattro-Schreibweise (siehe auch Seiten 8/9), nämlich die offizielle mit kleinem „q" am Anfang, postuliert: „quattro steht an den Seitenscheiben und am Heck. Man sollte besser Quattro schreiben. Denn dieser Wagen, der Vater aller modernen Allrad-Pkw, ist ein ganz Großer."

Dem ist hier nichts hinzuzufügen ...

IN UQ 82H
Audi Tradition

Winterwetter ist quattro-Wetter: Unter derartigen Verhältnissen ist der Allrad-Audi der Konkurrenz überlegen.

Audi quattro

Faktenlage

Allradantrieb. Fünfzylinder-Motor. Abgas-Turbolader. Rallye-Sieger. Rallye-Weltmeister. In gut zehn Jahren veränderte der Urquattro das Image von Audi auf dramatische Weise: Audi mutierte vom einstigen Produzenten biederer Hausmannskost zur Sportskanone. Der 1980 vorgestellte quattro verschaffte der Ingolstädter Marke, deren Nachkriegsgeschichte erst 15 Jahre zuvor begonnen hatte, einen Stammplatz in der Riege der alteingesessenen deutschen Premiumhersteller.

Die folgenden Seiten listen technische Details der Urquattro-Generationen, seine sportlichen Erfolge, Fahrgestell- und Motornummern, Ausstattungsdetails, Optionen und einstige Preise, nicht zu vergessen alle Quellen, Grundlagen der vorliegenden quattro-Chronik.

Audi quattro

Datensammlung

Drei wesentliche Motor-Generationen mit den internen Kürzeln WR, MB und RR entstanden im Laufe der Bauzeit des Urquattro langen Radstands, dazu Abwandlungen für einige Auslandsmärkte mit speziellen Anforderungen an die Abgaszusammensetzung (GV und WX). Hauptsächliche Unterschiede betreffen die Einspritztechnolgie und Motorsteuerung, die Verdichtung, die Turbolader-Version sowie die Konzeption des Zylinderkopfes.

Eine Sonderrolle der quattro-Motorentechnologie spielte das Homologationsmodell quattro Sport mit dem Motortyp KW und dessen Rallye-Varianten, dem folglich ab Seite 382 separate Anhangbereiche gewidmet sind.

Audi quattro Serie 1 (Motortyp WR) von 1980/81
Daten und Fakten

Motor

Wassergekühlter Fünfzylinder-Reihenmotor (Kennbuchstabe WR) mit Abgasturbolader (KKK K 26) und Ladeluftkühlung, vorn längs angeordnet und um 20° nach rechts geneigt, oben liegende Nockenwelle mit Zahnriemenantrieb, jeweils ein Einlass- und Auslassventil über Tassenstößel betätigt, in Reihe hängend, Steuerzeiten anfangs/ab 7/1984 Einlass öffnet 0°/3° vor OT, Einlass schließt 44°/47° nach UT, Auslass öffnet 40°/43° vor UT, Auslass schließt 4°/7° nach OT; thermostatisch gesteuerter Kühlerventilator, mechanische Kraftstoffeinspritzung (Bosch K-Jetronic) mit elektronisch gesteuerter Leerlaufstabilisierung, elektrische Kraftstoffpumpe, volllektronische Transistor-Zündanlage (Hitachi) mit Ladelufttemperatur- und Kennfeldsteuerung (VEZ), Zündfolge 1-2-4-5-3.

Bohrung x Hub 79,5 x 86,4 mm, Hubraum 2144 cm^3 (gemäß Handicap-Faktorvon 1,4 im Motorsport 3003 cm^3), Verdichtungsverhältnis 7,0:1, maximaler Ladedruck 0,85 bar bei 3500/min, Nennleistung 147 kW (200 PS) bei 5500/min, spezifische Leistung 68,5 kW/L (93,3 PS/L), maximales Drehmoment 285 Nm bei 3500/min.

Motorblock aus Grauguss, Zylinderkopf aus Leichtmetall, Zylinderkopfgewicht 10 kg, Motorblockgewicht 168 kg, einteilige Stahlkurbelwelle mit 6 Hauptlagern, Stahlpleuel mit geteiltem Pleuelfuß, Schmiersystem mit Ölwanne, Motorölvolumen 4,0 L, Kühlsysteminhalt 9,3 L, Batterie 12V 63 Ah, Drehstromlichtmaschine 90 Amax.

[1] optionales, herausnehmbares Ausstelldach: + 15 kg; optionale Klimaanlage: + 25 kg; ABS (ab 11/83 zunächst optional): + 9 kg.
[2] Werksangaben nach DIN 70 030 vom Juli 1978, der die ECE-Empfehlung A70 zugrunde liegt.
[3] Werksangaben.

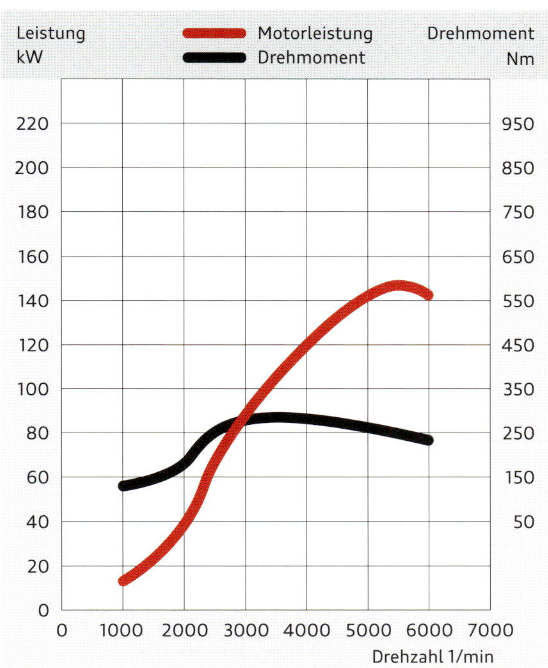

Kraftübertragung

Allradantrieb, Getriebe mit integriertem Vorderachsdifferential am Motor angeflanscht, Zentraldifferential und Hinterachsdifferential über Seilzüge betätigt (ab Mai 1981 mechanisch/pneumatisch) sperrbar (100 %), mechanisch betätigte Einscheibenkupplung, vollsynchronisiertes Fünfganggetriebe, Übersetzungen: I. 3,600 (Zähnezahl 36:10), II. 2,125 (34:16), III. 1,360 (34:25), IV. 0,967 (29:30), V. 0,778 (28:36), R. 3,500 (42:12), Achsantrieb vorn und hinten je 3,889:1

Karosserie und Fahrwerk

Fünfsitziges Coupé, selbsttragende Ganzstahlkarosserie mit zwei Türen; vorn und hinten Einzelradaufhängungen mit Querlenkern und McPherson-Federbeinen, Querstabilisatoren vorn und hinten, Zahnstangenlenkung mit Servounterstützung, Lenkübersetzung 22,4:1, Lenkradumdrehungen 3,44, Lenkraddurchmesser 350 mm; hydraulisches Zweikreisbremssystem, vorn und hinten Scheibenbremsen, vorn innenbelüftet und mit einem Durchmesser von 280 mm bei einer Bremsscheibenstärke von 22 mm, hinten massiv und mit einem Durchmesser von 245 mm bei einer Scheibenstärke von 10 mm, bestrichene Bremsfläche vorn 400 cm^2, hinten 240 cm^2, Bremskraftregler, Vacuum-Bremskraftverstärker (Zentralhydraulikpumpe für Servolenkung und Bremsverstärker), Handbremse auf die Hinterräder wirkend; Felgengröße 6 J x 15 (bis 8/1983), Reifengröße 205/60 VR 15 (bis 8/1983).

Abmessungen und Gewichte

Radstand 2524 mm, Spur vorn/hinten 1421/1457 mm, Länge x Breite x Höhe 4404 x 1723 x 1345 mm, Überhänge vorn/hinten 908/972 mm, kleinste Bodenfreiheit 135 mm, Wendekreisdurchmesser 11,3 m; Kofferraumgröße (VDA-Quadermessung) 330 Liter; Leergewicht 1290 kg[1], Achslast vorn/hinten 980/950 kg, Zuladung 470 kg, zulässige Anhängelast gebremst/ungebremst 1400/680 kg.

Kraftstoffverbrauch[2] und Fahrleistungen[3]

ROZ mindestens 98, Kraftstofftankvolumen 90 Liter, Stadtzyklus 15,4 Liter Super/100 km, bei konstant 90 km/h 7,9 L/100 km, bei konstant 120 km/h 10,4 L/100 km; V_{max} über 220 km/h, Beschleunigung 0–80 km/h in 4,8 Sekunden, 0–100 km/h in 7,1 Sekunden.

Audi quattro Serie 2 (Motortyp MB) von 1987
Daten und Fakten[1]

Motor
Abgasturbolader KKK K 26, Steuerzeiten Einlass öffnet 0° vor OT, Einlass schließt 41° nach UT, Auslass öffnet 40° vor UT, Auslass schließt 1° nach OT; thermostatisch gesteuerter Kühlerventilator, mechanische Kraftstoffeinspritzung (Bosch K-Jetronic), elektrische Kraftstoffpumpe, volllektronische Transistorzündanlage (Hitachi) mit Klopfregelung.

Bohrung x Hub 81,0 x 86,4 mm, Hubraum 2226 cm³, Verdichtungsverhältnis 8,6:1, maximaler Ladedruck 0,85 bar bei 3500/min, Nennleistung 147 kW (200 PS) bei 5800/min, spezifische Leistung 66,0 kW/L (89,8 PS/L), maximales Drehmoment 270 Nm bei 3000/min.

Kraftübertragung
Torsen-Zentraldifferential und mechanisch/pneumatisch zu 100 % sperrbares Hinterachsdifferential, Übersetzungen des vollsynchronisierten Fünfganggetriebes: I. 3,600 (Zähnezahl 36:10), II. 2,125 (34:16), III. 1,360 (34:25), IV. 1,071 (30:28), V. 0,778 (28:36), R. 3,500 (42:12), Achsantrieb vorn und hinten je 3,889:1.

Karosserie und Fahrwerk
Querstabilisator vorn, Bosch-Antiblockiersystem (ABS); Felgengröße 8 J x 15, Reifengröße 215/50 VR 15.

Abmessungen und Gewichte
Spur vorn/hinten 1461/1494 mm, kleinste Bodenfreiheit 115 mm; Leergewicht 1300 kg, Zuladung 460 kg, zulässige Anhängelast gebremst/ungebremst 1500/600 kg, zulässige Dachlast 75 kg.

Kraftstoffverbrauch[2] und Fahrleistungen[3]
Stadtzyklus 13,4 Liter Super/100 km, bei konstant 90 km/h 7,6 L/100 km, bei konstant 120 km/h 9,7 L/100 km; V_{max} 222 km/h, Beschleunigung 0–80 km/h in 4,5 Sekunden, 0–100 km/h in 6,7 Sekunden.

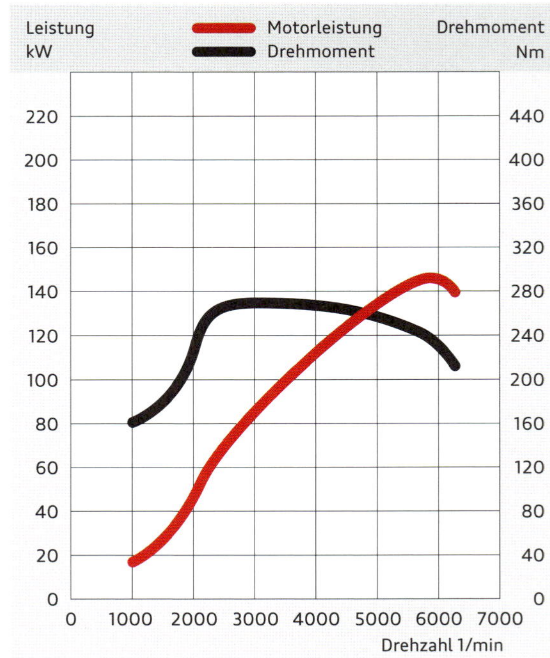

Audi quattro 20V Serie 3 (Motortyp RR) von 1989
Daten und Fakten[1]

Motor
Abgasturbolader KKK K 24, zwei oben liegende Nockenwellen mit Zahnriemen- und Kettenantrieb, jeweils zwei Einlass- und Auslassventile über hydraulische Stößel betätigt, Auslassventile natriumgekühlt, Steuerzeiten Einlass öffnet 3° nach OT, Einlass schließt 25° nach UT, Auslass öffnet 42° vor UT, Auslass schließt 9° vor OT; vollelektronische Kraftstoffeinspritzung (Bosch Motronic 2.3), kennfeldgesteuerte, zylinderselektive Zündanlage; zwei lambdageregelte Drei-Wege-Katalysatoren nach US-Norm.

Bohrung x Hub 81 x 86,4 mm, Hubraum 2226 cm³, Verdichtungsverhältnis 9,3:1, maximaler Ladedruck 0,83 bar bei 3500/min, Nennleistung 162 kW (220 PS) bei 5900/min, spezifische Leistung 72,8 kW/L (98,8 PS/L), maximales Drehmoment 309 Nm bei 1950/min.

Zylinderkopfgewicht 18 kg, Motorölvolumen 4,5 L.

Kraftübertragung
vollsynchronisiertes Fünfganggetriebe, Übersetzungen: I. 3,600 (Zähnezahl 36:10), II. 2,125 (34:16), III. 1,360 (34:25), IV. 0,967 (29:30), V. 0,778 (28:36).

Karosserie und Fahrwerk
Querstabilisatoren vorn und hinten, vorn und hinten innenbelüftete Scheibenbremsen; Felgengröße 8 J x 15, Reifengröße 215/50 R 15.

Abmessungen und Gewichte
Spur vorn/hinten 1461/1494 mm, Höhe 1320 mm, Wendekreisdurchmesser 11,5 m; Leergewicht 1380 kg, Zuladung 460 kg, zulässige Anhängelast gebremst/ungebremst 1500/600 kg, zulässige Dachlast 75 kg.

Kraftstoffverbrauch[2] und Fahrleistungen[3]
ROZ mindestens 95 (unverbleit), Stadtzyklus 14,5 Liter Super/100 km, bei konstant 90 km/h 7,8 L/100 km, bei konstant 120 km/h 9,9 L/100 km; V_{max} 230 km/h, Beschleunigung 0–80 km/h in 4,1 Sekunden, 0–100 km/h in 6,3 Sekunden.

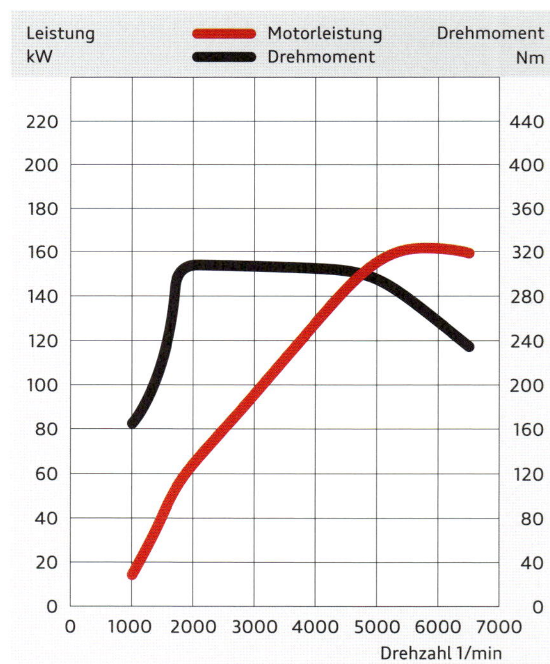

[1] sofern unterschiedlich zur WR-Version von 1980/81.
[2] Werksangaben nach DIN 70 030 vom Juli 1978, der die ECE-Empfehlung A70 zugrunde liegt.
[3] Werksangaben.

Audi quattro (Serienvarianten)
Motordaten 1980–1991

Version	WR	GV	KW	WX	MB	RR
Länderausführung	RW[4]	S/CH	RW[4]	USA/J/CH	RW[4]	RW[4]
Bauzeit	5/80-7/87	8/82-7/87	5/84-7/87	8/84-7/89	9/87-7/89	8/89-5/91
Zahl der Zylinder/Bauart	5/Reihe	5/Reihe	5/Reihe	5/Reihe	5/Reihe	5/Reihe
Bohrung Durchmesser	79,5 mm	79,5 mm	79,3 mm	79,5 mm	81,0 mm	81,0 mm
Hub Durchmesser	86,4 mm	86,4 mm	86,4 mm	86,4 mm	86,4 mm	86,4 mm
Hubraum	2144 cm³	2144 cm³	2133 cm³	2144 cm³	2226 cm³	2226 cm³
Verdichtung	7,0	7,0	8,0	7,0	8,6	9,3
max. Leistung	147/200 kW/PS	147/200 kW/PS	225/306 kW/PS	119,3/162,2 kW/PS	147/200 kW/PS	162/220 kW/PS
max. Leistung bei 1/min	5500	5800	6500	5500	5800	5900
spezifische Leistung	68,5 kW/l 93,3 PS/l	68,5 kW/l 93,3 PS/l	103,4 kW/l 143,45 PS/l	55,64 kW/l 75,65 PS/l	68,5 kW/l 93,3 PS/l	72,77 kW/l 98,83 PS/l
max. Drehmoment	285 Nm	285 Nm	350 Nm	230 Nm	270 Nm	309 Nm
max. Drehmoment bei 1/min	3500	3500	3700	3000	3000	1950
Gemischaufbereitung	mechanische Einspritzung	mechanische Einspritzung	elektronische Einspritzung	mechanische Einspritzung	mechanische Einspritzung	vollelektronische Einspritzung
Hersteller	Bosch	Bosch	Bosch	Bosch	Bosch	Bosch
Typ	K-Jetronic	K-Jetronic	LH-Motronic	K-Jetronic	K-Jetronic	Motronic 2.3
Schmiersystem	nass/Ölwanne	nass/Ölwanne	nass/Ölwanne	nass/Ölwanne	nass/Ölwanne	nass/Ölwanne
Ölvolumen	4,0 L	4,0 L	5,0 L	4,0 L	4,0 L	4,5 L
Zündanlage	elektronisch Transistor	elektronisch Transistor	elektronisch Transistor	elektronisch Transistor	vollelektronisch mit Klopfregelung	vollelektronisch mit Klopfregelung
Hersteller	Hitachi	Hitachi	Hitachi	Hitachi	Hitachi	Hitachi
Zündfolge	1-2-4-5-3	1-2-4-5-3	1-2-4-5-3	1-2-4-5-3	1-2-4-5-3	1-2-4-5-3
Nockenwelle(n)	1 ohc[5]	1 ohc[5]	2 ohc[5]	1 ohc[5]	1 ohc[5]	2 ohc[5]
Nockenwellenantrieb	Zahnriemen	Zahnriemen	Zahnriemen + Stirnräder	Zahnriemen	Zahnriemen	Zahnriemen + Kette
Ventile/Einlass/Auslass	1/1	1/1	2/2	1/1	1/1	2/2
Ventilbetätigung über	Tassenstößel	Tassenstößel	Tassenstößel	Tassenstößel	Hydrostößel	Hydrostößel
Steuerzeiten Einlass öffnet	3° vor OT	3° vor OT	5° vor OT	6° nach OT	0° vor OT	3° nach OT
Einlass schließt	47° nach UT	47° nach UT	21° nach UT	44° nach UT	41° nach UT	25° nach UT
Auslass öffnet	43° vor UT	43° vor UT	41° vor UT	40° vor UT	40° vor UT	42° vor UT
Auslass schließt	7° nach OT	7° nach OT	6° vor OT	-10° vor OT	1° nach OT	9° vor OT
Material Zylinderkopf	Aluminium	Aluminium	Aluminium	Aluminium	Aluminium	Aluminium
Zylinderkopfgewicht	10 kg	10 kg	18 kg	10 kg	10 kg	18 kg
Material Motorblock	Grauguss	Grauguss	Aluminium	Grauguss	Grauguss	Grauguss
Motorblockgewicht	168 kg	168 kg	145 kg	168 kg	168 kg	168 kg
Turboladertyp	KKK K26	KKK K26	KKK K27	KKK K26	KKK K26	KKK K24
max. Ladedruck	0,85 bar	0,85 bar	1,2 bar	0,85 bar	0,85 bar	0,83 bar
max. Ladedruck bei 1/min	3500	3500	3500	3500	3500	3500
Ladeluftkühlung	ja	ja	ja	ja	ja	ja
Treibstoffbedarf ROZ	98 (verbleit)	98 (verbleit)	98 (verbleit)	95 (bleifrei)	98 (verbleit)	95 (bleifrei)
Abgasreinigung	ohne	ohne	ohne	G-Kat	ohne	U2 G-Kats
Entsprechend	–	–	–	US-Standard	–	US-Standard

[4] RW = „Rest der Welt".
[5] ohc = „overheadcamshaft" (oben liegende Nockenwelle), 2ohc = zwei oben liegende Nockenwellen.

Audi quattro

Erstausstattung

Der quattro zur Stunde Null: Bei seinem Debüt anlässlich des Genfer Salons 1980 repräsentierte der quattro das künftige Spitzenmodell der Ingolstädter Modellpalette. Dementsprechend geizten die Ausstattungsplaner nicht mit luxuriösen und teils quattro-exklusiven Ausstattungsdetails. Eine spezielle, von der Audi-Verkaufsförderung als quattro-adäquat beurteilte Stoffqualität, „Zebra-Streifen-Velours negro" genannt, ist nur ein quattro-exklusives Merkmal der ersten Serie.

Heute selbst bei Kleinwagen selbstverständliche Accessoires wie etwa eine Zentralverriegelung oder elektrisch betätigte Türscheiben fehlten freilich noch in der quattro-Erstausstattung des Modelljahrgangs 1981. Als sogenannte „M-Ausstattungen" kosteten sie Aufpreise (siehe auch Seite 381).

Audi Quattro der ersten Serie – Ausstattungs- und Technikstatus (Stand August 1980 für das Verkaufsprogramm 1981)

Außenausstattungen

- Stoßfänger mit flexiblem Kunststoffüberzug in Wagenfarbe lackiert
- an Stoßfänger angeflanschte Schürze vorn und hinten, seitlich herumgezogen bis zu den Radausschnitten
- großer Spoiler vorn in Schürze integriert, seitlich herumgezogen bis zu den Radausschnitten
- Lüftungsschlitze in Schürze vorn
- Zierblende über Stoßfänger vorn und hinten
- Abschleppösen vorn und hinten
- wagenbreiter Kühlergrill aus schwarzem Kunststoffgitter mit Emblem
- Doppel-Halogen-Rechteckscheinwerfer in Rechteckausschnitten versenkt mit H4-Lampen außen für Abblendlicht und H1-Lampen innen für Fernlicht
- Scheinwerferreinigungsanlage
- Blinkleuchten vorn in Stoßfänger integriert
- Verbundglas-Windschutzscheibe bronzegetönt mit grünem Colorstreifen am oberen Rand
- Seitenscheiben bronzegetönt, hinten links und rechts mit Schriftzug „quattro“ matt silber
- Heckscheibe bronzegetönt, beheizbar
- Scheibenwischerarme schwarz lackiert
- Zierrahmen an Front-, Seiten- und Heckscheiben matt schwarz
- Zierleisten an Regenrinne matt schwarz
- Zierstreifen auf Höhe Stoßfänger umlaufend um den gesamten Wagen
- an Fahrer- und Beifahrertür unten aufgeklebte große „Audi“-Ringe, je nach Außenfarbe matt silber oder matt schwarz
- Türaußengriffe matt schwarz
- Außenspiegel links und rechts elektrisch einstellbar und beheizbar
- abschließbarer Tankdeckel
- Gepäckraumklappen-Entriegelung innen an B-Säule auf Fahrerseite
- Heckspoiler auf Gepäckraumklappe
- Leuchtband rot zwischen den Heckleuchten
- Nebelschlussleuchte in Leuchtband integriert
- Rückfahrleuchten
- Zusätzliche Rückstrahler in hinterem Stoßfänger integriert
- Gepäckraumklappen-Beschriftung links „Audi“, rechts „quattro“
- Zweikreisbremsanlage mit Bremskreisaufteilung vorn und hinten
- Faustsattel-Scheibenbremse vorn und hinten, vorn innenbelüftet
- Bremskraftverstärker
- Bremskraftregler
- Stabilisatoren vorn und hinten sowie Lenkungsdämpfer
- 5-Loch-Leichtmetallräder 6 J x 15
- Stahlgürtelreifen 205/60 VR 15
- Edelstahlauspuffanlage mit doppeltem Endrohr
- Unterbodenschutz einschließlich Radhäuser
- Hohlraumkonservierung

Innenausstattungen

- Sportsitze vorn mit Rahmen-Kopfstützen, Ruhesitzeinrichtung und langen Sitzblenden
- Fahrersitz höhenverstellbar
- Sitzbezüge in Zebra-Streifen-Velours „negro“
- Sitz- und Lehnenwagen sowie Rahmen-Kopfstützen in Uni-Velours
- hinten dreisitzige Sitzbank mit zwei an der Rückenlehne abgeformten Kopfstützen für die äußeren Sitzplätze
- Sitze, Lehnen und Kopfstützen aus Vollschaum
- vier Dreipunkt-Automatic-Sicherheitsgurte und ein statischer Beckengurt
- Bodenteppich „negro“ in Velours-Qualität, örtlich mit Benelan eingefasst
- Formhimmel mit Stoffeinlage wie Sitzbezüge
- Türverkleidung im Mittelfeld stoffbezogen wie Sitzbezüge mit Ablagetaschen und angeformten Armauflagen
- Hutablage in Bodenteppichqualität
- Gepäckraum mit Schaumkunstleder, Boden und Klappe mit Teppich verkleidet
- Defrosterdüsen für Windschutzscheibe
- zwei Türscheibendefroster
- eine Doppeldüse in Armaturentafelmitte
- zwei Fußausströmer
- Ascher vorn unterhalb der Armaturentafel und hinten rechts in Seitenverkleidung
- Armaturentafel geschäumt und genarbt mit eingelegter Zierleiste
- Vier-Speichen-Lederlenkrad
- Tachometer mit Skalenwert 250 km/h und Tageskilometerzähler
- Ladedruck- und Schaltanzeige
- Anzeige für Differentialsperren in Mittelkonsole
- Drehzahlmesser mit Zeituhr
- Kraftstoffvorratsanzeige
- Sonnenblenden links und rechts seitlich schwenkbar
- Make-up-Spiegel in Beifahrersonnenblende
- abblendbarer Sicherheitsinnenspiegel
- Ablagekasten mit abschließbarem Deckel auf Beifahrerseite
- Ablage auf Fahrerseite
- Mittelkonsole mit Radio-Einbaumöglichkeit sowie Ablageschale
- Kleinablage anstelle Radio
- Ablage für Bordbuch und Parkgroschenhalter auf Fahrerseite
- Ablagekästen an den vorderen Türen
- zwei Haltegriffe für Fondpassagiere
- Schalthebel mit Lederstulpe und lederbezogenem Knopf
- Handbremshebel mit Benelanstulpe und Hebelgriff
- Innenleuchte auf Fahrerseite mit beidseitigen Türkontaktschaltern
- Beleuchtung (außen beleuchtungsabhängig) für: Instrumente (stufenlos regelbar), Heizungs- und Lüftungsbetätigung, Ablagekasten, Zigarrenanzünder, Ascher, Gepäckraum und Warnlichtschalter
- dreistufiges Heiz-/Frischluftgebläse
- Zigarrenanzünder
- Parklichtschaltung und Lichthupe
- Intervallschaltung mit Wasch-/Wisch-Automatic
- zweistufiger Scheibenwischer mit Tippwisch-Schaltung
- Zweikreis- und Handbremskontrolleuchte
- elektrische Scheibenwaschanlage

Audi quattro
Liste der M-Ausstattungen

M-Nr.	Benennung	Bemerkung	Markt[1]
M 14	Triebwerkunterschutz		
M 20	Tachometer mit Meilenzählung		
M 26	Aktivkohlebehälter zur Absorption der Kraftstoffgase		
M 34	Schwerkraftventil für Tankentlüftung		
M 61	England-Ausführung		GB
M 79	Lederausstattung		
M 114	5-Zylinder-K-Jetronic-Turbomotor	2,3 Ltr., 147 kW Kennbuchstabe MB	
M 124	Scheinwerferlampen Gelblicht Halogen-Nebelscheinwerfer mit Gelblicht		F F
M 139	Beifahrersitz und -lehne elektrisch beheizbar		
M 183	Dreipunkt-Automatik-sicherheitsgurte hinten		
M 184	Dreipunkt-Automatik-sicherheitsgurte vorn		
M 186	Hüftgurt für Sitz hinten (Automatik)		
M 187	Scheinwerfer für Linksverkehr		
M 193	Japan-Ausführung		J
M 195	Schwerkraftventil		S/F
M 238	Tagesfahrlichtschaltung		S
M 260	5-Zylinder-K-Jetronic-Turbomotor	2,2 Ltr., 162 kW Kennbuchstabe RR	
M 277	Schweiz-Ausführung		CH
M 299	Allradantrieb		
M 306	Rechtslenker-Ausführung		
M 340	Vordersitz beheizbar		
M 341	Zentralverriegelung		
M 352	Geschwindigkeitsregelanlage		
M 360	5-Zylinder-K-Jetronic-Turbomotor	2,2 Litr., 119 kW Kennbuchstabe WX 147 kW Kennbuchst. GV, WR	
M 376	5-Zylinder-K-Jetronicmotor mit Abgasreinigungsanlage	2,2 Ltr., 147 kW Kennbuchstabe GV	CH, S

M-Nr.	Benennung	Bemerkung	Markt[1]
M 425	Scheiben-Wischwaschanlage für Rückfenster		
M 430	Windschutzscheibe in Verbundglas	grün	
M 432	Antiblockiersystem (ABS)		
M 433	Einbauteile für Stereo-Radio		
M 437	Rückblickspiegel innen abblendbar mit Doppelgelenkfuß		
M 446	(Armaturen) ohne Sprachsynthese		
M 447	(Armaturen) Sprachsynthese englisch		
M 448	(Armaturen) Sprachsynthese französisch		
M 449	(Armaturen) Sprachsynthese italienisch		
M 455	Radschrauben abschließbar		
M 458	Scheibenrad Alu	7J x 15H2 ET45	
M 478	Scheibenrad Alu	8J x 15H2 ET24	
M 560	Stahlschiebedach mit manueller Betätigung		
M 568	Wärmeschutzglas rundum, grün eingefärbt (Windschutzscheibe in Verbundglas)		
M 571	Nebelschlußleuchte		
M 573	Klimaanlage		
M 651	Fensterheber mit elektrischer Betätigung		
M 834	Polsterbezugsmaterial Stoff		
M 998	Außenspiegel (konvex), elektrisch verstellbar und beheizbar (Beifahrerseite)		
M 999	Sonnenblende mit beleuchtetem Spiegel		

Sonderaktionen

S 704	geänderte Motorausstattung	CH
S 711	Zylinderblock und Ölwanne Alu	
S 793	Halogen-Nebelscheinwerfer	E

[1] GB = Großbritannien
F = Frankreich
J = Japan
S = Schweden
CH = Schweiz
E = Spanien

quattro zum Start: Stoßfänger in Wagenfarbe, Doppel-Halogenscheinwerfer, serienmäßige Reinigungsanlage für die Rechteckscheinwerfer …

Audi quattro
Farbenlehre

Aus der Sicht heutiger Autokäufer, denen für jedes Modell in der Regel nur eine oder zwei Basislackfarben ohne Zusatzkosten zur Wahl stehen, dafür jedoch eine große Anzahl aufpreispflichtiger Metallic-, Perleffekt- oder Mattlacke, wirkt das Urquattro-Lackfarbenspektrum ungewöhnlich. So bot Audi für das Allradcoupé zwar eine sehr überschaubare Farbpalette an, rief jedoch für Metalliclacke keine Extrakosten auf. Einzig der Perlmutteffektlack, Ende 1985 eingeführt, erhöhte den quattro-Endpreis um – je nach Jahrgang – plus/minus 2000 D-Mark.

Im Interieur gibt das dort angewendete Stoffmuster Auskunft über den quattro-Jahrgang: Abgesehen vom optionalen Leder kamen über die Jahre der Bauzeit vier verschiedene Varianten zum Einsatz.

Audi quattro
Chronik der Lackfarben und Sitzpolsterausführungen

Nur fünf verschiedene Lackfarben offerierte Audi ersten quattro-Kunden (Stand: **Juli 1980** für das Verkaufsprogramm 1981, Chassis-Nummern 85A 0900001 – 85-B-902400), dies ausnahmslos in Kombination mit dezent schwarz-grau gestreiften Veloursposlterbezügen, „Negro“ genannt:

- Alpinweiß (Lack-Nummer 90E)
- Venusrot (Y3B)
- Heliosblau metallic (A5Y)
- Saturn metallic/violett (Y4V)
- Diamantsilber metallic (97A)

Dass die ersten quattro-Jahre auch in Sachen Präsenz noch eine Zeit des Experimentierens war, belegt die frühe Lackfarben-Historie des Allrad-Audi. Schon ab dem August 1981 (Chassis-Nummern 85-C-900001 – 85-C-902000) hatten quattro-Käufer die Wahl zwischen sechs Lackfarben, wobei sich das Rot marginal im Ton und deutlich im Namen änderte. Im Interieur konnte nun statt der „Negro“-Veloursstoffbezüge gegen Aufpreis (siehe Seite 381) auch „Negro“-Leder geordert werden, eine Bezeichnung, die Audi im heutigen Klima politischer Korrektheit sicher unterlassen würde. Die lieferbaren Lackfarben ab **August 1981**:

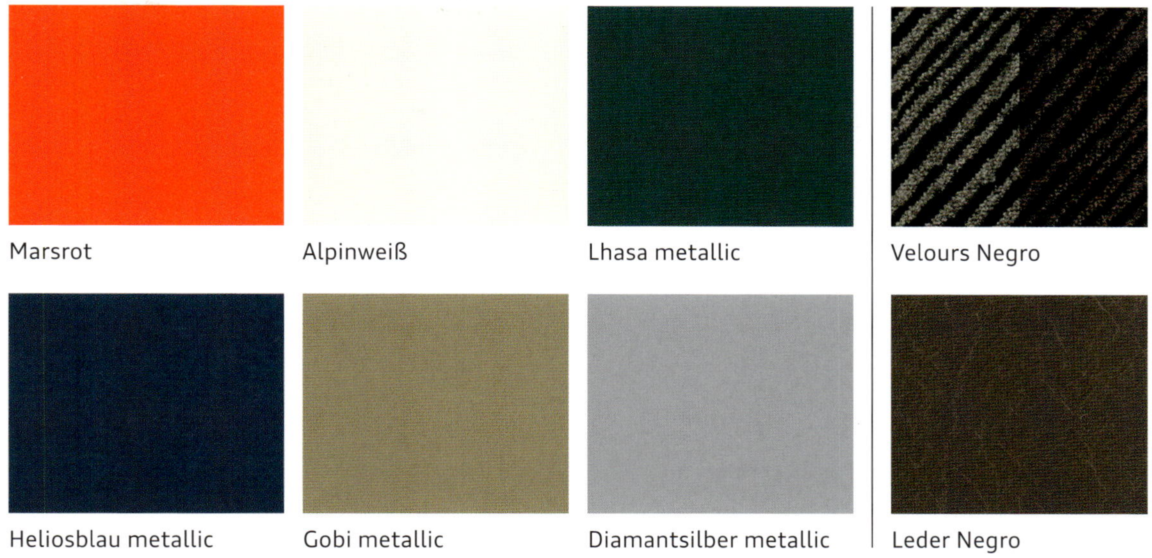

- Marsrot (A3A)
- Alpinweiß (90E)
- Lhasa metallic/grün (A6Y)
- Heliosblau metallic (A5Y)
- Gobi metallic/beige (Y1V)
- Diamantsilber metallic (97A)

Bereits ein knappes Jahr später, im **August 1982** (Chassis-Nummern 85-D-900001 – 85-E-900070) , fand die quattro-Lackfarbenskala eine neuerliche Modifikation, einhergehend mit der zusätzlichen (aufpreispflichtigen) Möglichkeit, statt Negro-Velours oder Negro-Leder sandfarbenes „Sierra“-Leder für die Sitze zu ordern. Diese möglichen Lack/Sitzpolsterfarben standen nun zur Wahl:

- Marsrot (A3A) in Kombination mit Velours Negro, Leder Negro oder Leder Sierra
- Tornadorot (Y3D), Interieurkombination wie Marsrot
- Alpinweiß (90E) in Kombination mit Velours Negro oder Leder Negro
- Zermattsilber metallic (Y7Y) in Kombination mit Velours Negro oder Leder Negro
- Montegoschwarz metallic (Y9V) in Kombination mit Velours Negro, Leder Negro oder Leder Sierra
- Amazonasblau metallic (Y5Y) in Kombination mit Velours Negro, Leder Negro oder Leder Sierra
- Oceanicblau metallic (Y4Y), Interieurkombination wie Amazonasblau
- Portorosé metallic (Y4Y) in Kombination mit Velours Negro, Leder Negro oder Leder Sierra

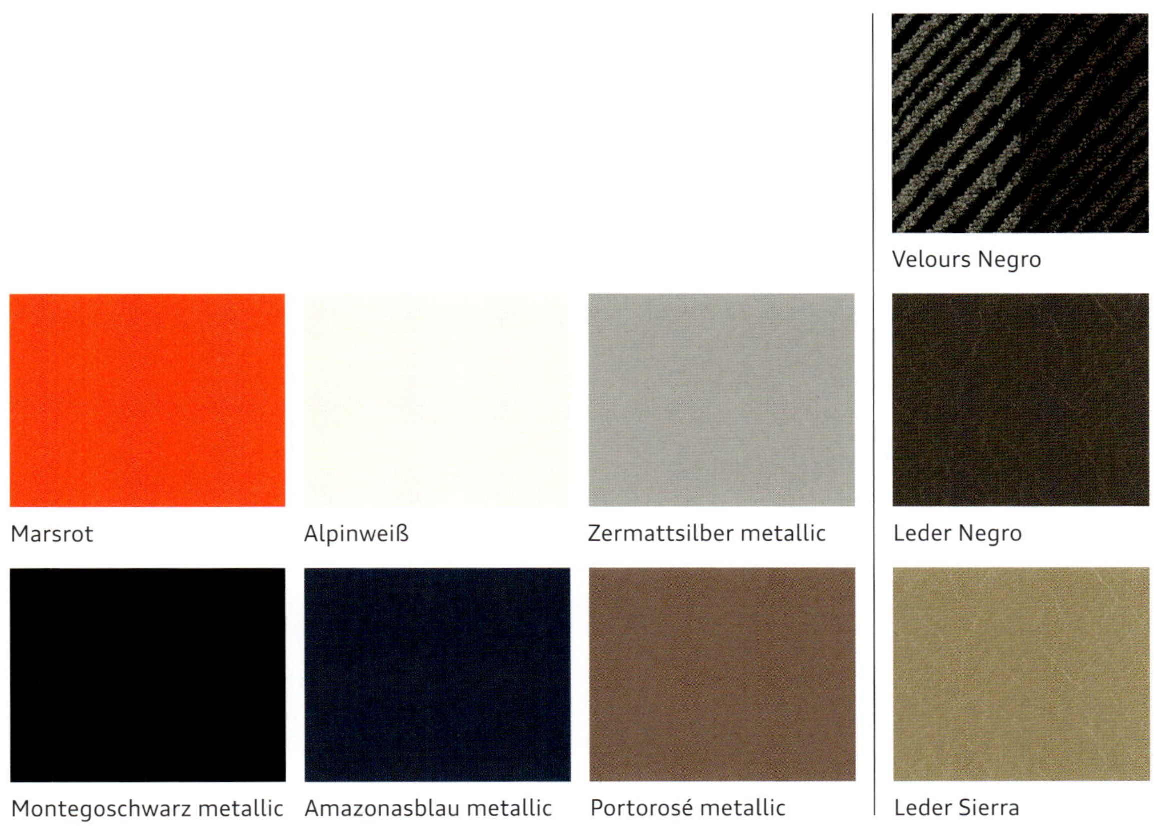

Marsrot war bereits ein Jahr später Vergangenheit. Ab **September 1983** und bis einschließlich Dezember 1983 (Chassis-Nummern 85-E-900071 – 85-E-900549) traten an Stelle der Negro-Velours- und Ledersitzbezüge Eton-Flanellstoff „Brasil“ und Leder „Brasil“. Die Lack/Interieuralternativen lauteten nun:

- Tornadorot (Y3D) in Kombination mit Eton-Flanell Brasil, Leder Brasil oder Leder Sierra
- Alpinweiß (90E) in Kombination mit Eton-Flanell Brasil oder Leder Brasil
- Zermattsilber metallic (Y7Y) in Kombination mit Eton-Flanell Brasil oder Leder Brasil
- Montegoschwarz metallic (Y9V) in Kombination mit Eton-Flanell Brasil, Leder Brasil oder Leder Sierra
- Zobelbraun metallic (YBV) in Kombination mit Eton-Flanell Brasil, Leder Brasil oder Leder Sierra
- Amazonasblau metallic (Y5Y) in Kombination mit Eton-Flanell Brasil, Leder Brasil oder Leder Sierra
- Oceanicblau metallic (Y6V) in Kombination mit Eton-Flanell Brasil oder Leder Brasil
- Lhasa metallic (A6V) in Kombination mit Eton-Flanell Brasil, Leder Brasil oder Leder Sierra
- Portorose metallic (Y4Y), Interieurkombination wie Lhasa metallic

Tornadorot

Alpinweiß

Zermattsilber metallic

Montegoschwarz metallic

Zobelbraun metallic

Amazonasblau metallic

Oceanicblau metallic

Lhasa metallic

Eton-Flanell Brasil

Leder Brasil

Leder Sierrabeige

Serienmäßige Innenausstattung Eton-Flanell Brasil

Sonderausstattung Leder – Farbe nach Kundenwunsch

Schon ab dem 1. **Januar 1984** (885-E-900550) bis 31. Juli 1984 (85-E-901500) erweiterte Audi das quattro-Farbenspiel deutlich. Stoffinterieurs konnten alternativ in Brasil oder Graphit geordert werden, Leder gar in vier Alternativversionen, nämlich Graphit, Negro, Quarz oder Sierra (beige).

Die zu diesen Interieurs kombinierbaren Lackfarben:

- Alpinweiß (90E)
- Amazonasblau metallic (Y5Y)
- Graphit metallic/grau (B7V)
- Lhasa metallic/grün (A6V)
- Montegoschwarz metallic (Y9V)
- Oceanicblau metallic (Y6V)
- Steingrau metallic (Y7U)
- Tizianrot metallic (B3V)
- Tornadorot (Y3D)
- Zermattsilber metallic (Y7Y)
- Zobelbraun metallic (Y8V)

Ab 1. August 1984 (ab Chassis-Nummer 85-F-900001) entfiel Montegoschwarz metallic, dasselbe Schicksal ereilte ab dem 1. **August 1985** (85-G-900001) Zobelbraun metallic. An Stelle des quarzfarbenen Kodiac-Leders traten nun platinfarbene Tierhäute. Besonders solvente quattro-Käufer konnten Leder-Sitzbezüge zudem in einer Farbe nach Wunsch ordern.

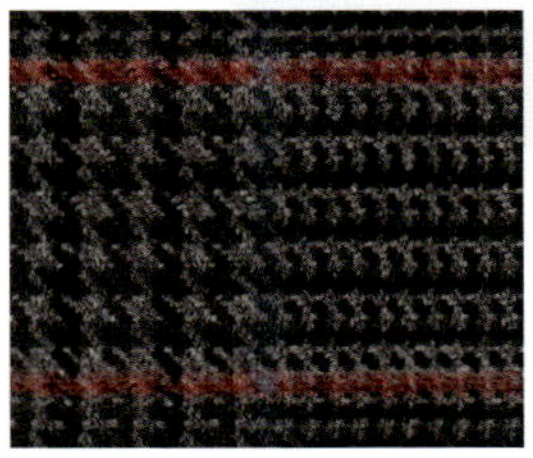

Eton-Flanell Graphit

Tornadorot

Alpinweiß

Zermattsilber metallic

Satinschwarz metallic

Nautic metallic

Leder Platin

Lago metallic

Nilgrün metallic

Steingrau metallic

Tizianrot metallic

Perlmutteffekt*

Leder Graphit

* Sonderausstattung: Leichtmetallräder in Wagenfarbe

Sonderausstattung Leder – Farbe nach Kundenwunsch

Im **August 1986** (ab Chassis-Nummer 85-H-900001) kündigte Audi die quattro-Farbkombinationen für das „Verkaufsprogramm Inland 1987“ an – und wieder durften quattro-Käufer eine gegenüber Vorjahr modifizierte Farbmustertabelle studieren (dies bei unveränderten Sitzpolsterbezügen). Außer den bereits bekannten Lackfarben Tornadorot, Alpinweiß, Zermattsilber metallic, Steingrau metallic und Tizianrot metallic und Tornadorot kamen

- Satinschwarz metallic (Y9Y)
- Nautic metallic/dunkelblau (Y5Z)
- Lago metallic/grün (Y6Z)
- Nilgrün metallic (Y7U)

sowie als Sonderlackierung

- Perlmuttweiß metallic (0A9) mit in Wagenfarbe lackierten Leichtmetallrädern

hinzu, beide Blautöne und Lhasa metallic entfielen hingegen – und mit diesem Programm wartete Audi auch im Modelljahr 1988 (und somit bis Chassis-Nummer 85-J-902400) auf.

Eine Auswahlreduzierung erwartete quattro-Käufer im „Verkaufsprogramm Inland 1989“, bereits im **August 1988** kommuniziert: Nilgrün und Tizianrot entfielen.

Die finalen quattro Lackfarben- und Sitzbezugsmuster gaben zusammen mit dem quattro 20V ihre Einstände, folglich für die Modelle 1990 und 1991. Sie wurden bereits im **August 1989** (ab Chassis-Nummer 85-L-000001) erstmals gelistet und seien hier abschließend komplett aufgeführt:

- Toronadorot (Y3D)
- Alpinweiß (90E)
- Kristallsilber metallic (Y7T)
- Panthero metallic/schwarz (Y9Z)
- Nautic metallic/dunkelblau (Y5Z)
- Lago metallic/grün (Y6Z)
- Titan metallic/grau (Y7P)
- Perlmuttweiß metallic (0A9)

Tornadorot

Alpinweiß

Kristallsilber metallic

Jacq.-Satin/Leder Granit

Panthero metallic

Nautic metallic

Lago metallic

Leder Granit

Titan metallic

Perlmutteffekt*

* Sonderausstattung: Leichtmetallräder in Wagenfarbe

Alle Lackfarben wurden im Interieur mit granitfarbenen Sitzbezügen kombiniert, alternativ bestehend aus Jacquard-Satin-Mittelbahnen mit schräg verlaufenden „quattro“-Schriftzügen und Kodiak-Lederwangen oder (gegen Aufpreis – siehe Seite 381) in Komplett-Lederausführung.

Audi quattro
Chronik der Grundpreise und Optionen-Aufpreise

Monat/Jahr	8/80	3/82	4/83	9/83	2/84	6/84	10/84	4/85	12/85	7/86	2/87	11/87	7/88	2/89	7/89	1/90
Grundpreis (DM inkl. 14 % MwSt.)	49900	59655	63720	66685	69595	74465	75915	77845	77900	79570	81515	83100	85020	82675	91000	93650
Beheizbare Sitze vorn (M139/340)[1]	312	348	362	370	376	376	384	398	398	410	424	424	438	448	S[2]	S[2]
Zentralverriegelung (341)	310	345	359	370	377	377	384	417	417	430	555	555	461	473	S[2]	S[2]
Speedpilot (352)	480	536	558	575	586	586	597	618	618	637	659	659	682	682	682	701
Heckscheibenwischer (426)	281	314	327	337	343	S[2]	S[2]	S[2]	S[2]	S[2]	S[2]	S[2]	S[2]	S[2]	S[2]	S[2]
Alu-Schmiederäder 7Jx15 (458)	1400	1562	1626	–	–	–	–	–	–	–	–	–	–	–	–	–
Ausstelldach (560)	785	877	913	941	958	958	977	998	998	1028	1064	1064	1150	1179	1179	1212
Wärmeschutz-scheiben (568/430)	270	343	357	368	375	375	382	395	395	407	421	421	436	447	S[2]	S[2]
Klimaanlage (573)	1744	1947	2027	2090	2129	2129	2170	2246	2246	2313	2394	2394	2478	2503	2503	2573
Elektrische Fenster-heber (651)	950	1.061	1.105	766	780	780	795	823	823	848	878	878	909	932	S[2]	S[2]
Radio Ingolstadt (R12)	1140	1060	860	–	–	–	–	–	–	–	–	–	–	–	–	–
Radio Neckarsulm (R73)	–	–	1471	–	–	–	–	–	–	–	–	–	–	–	–	–
Radio Kassel (R80)	–	–	–	746	746	S[3]	S[3]	S[3]	S[3]	S[3]	S[3]	S[3]	S[3]	S[3]	S[3]	S[3]
Radio Brüssel (R76)	–	–	–	1033	1033	–	–	–	–	–	–	–	–	–	–	–
Lederausstattung (079)	–	2567	2672	2755	2806	2806	2860	2960	3235	3332	3399	3399	3518	3553	2450	2519
Sonderwunsch-Leder (69+)	–	–	–	–	6009	6009	6126	6340	6340	6530	6661	6661	6894	6963	–	–
Antiblockiersystem (432)	–	–	–	3588	3654	S[2]	S[2]	S[2]	S[2]	S[2]	S[2]	S[2]	S[2]	S[2]	S[2]	S[2]
Perlmutteffekt-Lackierung (9019)	–	–	–	–	–	–	–	–	2135	2199	2276	2276	2356	2415	1715	1763
Grundpreis Sport quattro[4]	–	–	–	–	–	195000	198800	203850	–	–	–	–	–	–	–	–

[1] Bestell-Schlüsselnummer
[2] serienmäßig
[3] Stereo-Cassetten-Radio mit jeweils zwei Lautsprechern vorn und hinten serienmäßig
[4] Für den Sport quattro lieferte Audi keine Optionen – O-Ton der Verkaufsprogrammliste: „Extra-Ausstattungen und Sonderlackierungen sind nicht möglich. Die Fahrzeuge sind fertig spezifiziert und gebaut. Wahlmöglichkeiten nur bei Farben nach Verfügbarkeit." Verfügbar waren die Lackfarben Tornadorot, Kopenhagenblau, Malachitgrün und Alpinweiß.

Audi quattro

Sportschau

Er sollte die Rallye-Karriere des Audi quattro ausweiten und vollenden: der quattro Sport. Intern „der Kurze“ genannt hatte ihm die Audi-Sportabteilung den Radstand drastisch beschnitten, dies in der Hoffnung auf ein verbessertes Handling. Der gut 300 PS starke Sport-Motor profilierte sich als erster Audi-Fünfzylinder, bei dem sowohl der Zylinderblock, als auch der Vierventil-Zylinderkopf aus Aluminium gefertigt wurde. Was in der Theorie vielversprechend erschien, das erwies sich in der Praxis enttäuschend: Die weit überwiegende Zahl der ab Seite 384 gelisteten quattro-Erfolge gehen auf das Konto des Urquattro langen Radstands. Auch unter den Liebhabern teurer Homologationsmodelle für den Zivilgebrauch fand der quattro Sport weit weniger Käufer als erhofft – was ihn heute zur hoch dotierten Sammlerrarität macht.

Audi Sport quattro[1] (Motortyp KW) von 1984
Daten und Fakten

Motor

Wassergekühlter Fünfzylinder-Reihenmotor mit Abgasturbolader (KKK K 27) und Ladeluftkühlung, vorn längs und um 27° nach rechts geneigt eingebaut, zwei oben liegende Nockenwellen mit Zahnriemen- und Stirnradantrieb, jeweils zwei Einlass- und Auslassventil über Tassenstößel betätigt (Ventilwinkel 25°), Steuerzeiten Einlass öffnet 5° vor OT, Einlass schließt 21° nach UT, Auslass öffnet 41° vor UT, Auslass schließt 6° vor OT; thermostatisch gesteuerter Kühlerventilator, voll elektronische Kraftstoffeinspritzung (Bosch LH-Motronic), elektrische Kraftstoffpumpe, elektronische Transistor-Zündanlage (Hitachi), Zündfolge 1-2-4-5-3.

Bohrung x Hub 79,3 x 86,4 mm, Hubraum 2133 cm^3 (gemäß Turbo-Handicap-Faktor von 1,4 im Motorsport 2987,6 cm^3), Verdichtungsverhältnis 8,0:1, maximaler Ladedruckangabe zunächst 1,03 bar, später korrigiert auf 1,2 bar, Nennleistungsangabe zunächst 220 kW (300 PS) bei 6800/min, später korrigiert auf 225 kW (306 PS) bei 6500/min[2], spezifische Leistung zunächst 103,1 kW/L (140,64 PS/L), korrigiert 103,4 kW/L (143,45 PS/L), maximales Drehmomentangabe zunächst 350 Nm bei 3700/min, später korrigiert auf 330 Nm bei 4500/min.

Motorblock aus Leichtmetall (mit trockenen Stahl-Laufbuchsen), Zylinderkopf aus Leichtmetall, Zylinderkopfgewicht 18 kg, Motorgewicht 145 kg, einteilige Stahlkurbelwelle mit sechs Hauptlagern, Stahlpleuel mit geteiltem Pleuelfuß, Schmiersystem mit Ölwanne und Ölkühler im Kühlmittelkreislauf, Motorölvolumen 5,0 L, Kühlsysteminhalt 9,8 L, Batterie 12 V 63 Ah, Drehstromlichtmaschine 1260 Watt.

[1] Serienversion
[2] Leistungsangabe im Handbuch für Audi-Verkäufer (VP-22 von 1984): 225 kW (305 PS) bei 6700/min.
[3] gemäß Homologationsbatt B-264 für den Audi Sport Quattro S1
[4] Werksangaben nach DIN 70 030 vom Juli 1978, der die ECE-Empfehlung A70 zugrunde liegt.
[5] Werksangaben.
[6] Quelle: Handbuch für Audi-Verkäufer (VP-22 von 1984).

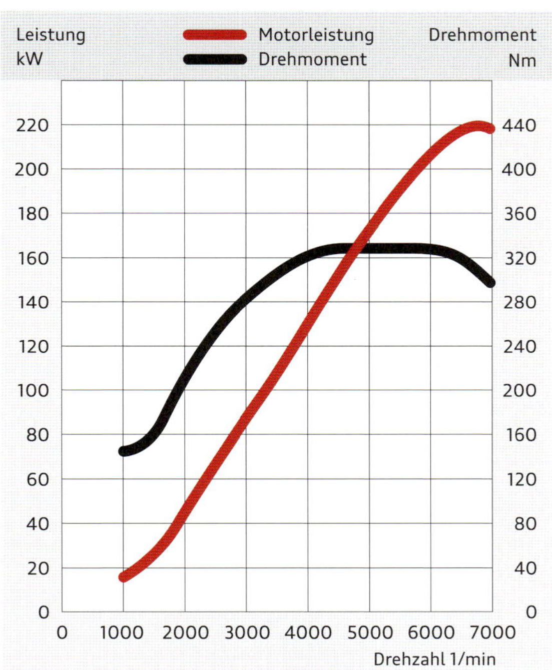

Kraftübertragung

Allradantrieb, Getriebe mit integriertem Vorderachsdifferential am Motor angeflanscht, Zentraldifferential und Hinterachsdifferential pneumatisch betätigt sperrbar (100 %), mechanisch betätigte Einscheibenkupplung, vollsynchronisiertes Fünfganggetriebe, Übersetzungen[3]: I. 3,500 (Zähnezahl 28:8), alternativ 3,111 (Zähnezahl 28:9), II. 2,083 (25:12), alternativ 2,273 (25:11), III. 1,368 (26:19), alternativ 1,706 (29:17), IV. 0,9615 (25:26), alternativ 1,318 (29:22), V. 0,8214 (23:28), alternativ 1,125 (27:24), R. 3,500 (42:12), Achsantrieb vorn und hinten je 3,875:1 (Zähnezahl 31:8).

Karosserie und Fahrwerk

2+2-sitziges, zweitüriges Coupé, selbsttragendes Stahlchassis mit Karosserie in Metall-Kunststoff-Verbundbauweise (vorderer Stahlhilfsrahmen, Kunststoffaußenhaut); vorn und hinten Einzelradaufhängungen mit Querlenkern und McPherson-Federbeinen, Querstabilisatoren vorn und hinten, Zahnstangenlenkung mit Servounterstützung, Lenkübersetzung 22,4:1, 3,11 Lenkradumdrehungen, Lenkraddurchmesser 380 mm; hydraulisches Zweikreisbremssystem mit deaktivierbarem Antiblockiersystem, vorn und hinten Scheibenbremsen, vorn und hinten innenbelüftet, Durchmesser vorn und hinten jeweils 295 mm bei einer Bremsscheibenstärke von 28 mm, bestrichene Bremsfläche jeweils 770 cm^2, Leichtmetall-Bremssättel mit jeweils vier Kolben, Bremskraftregler, Vacuum-Bremskraftverstärker (Zentralhydraulikpumpe für Servolenkung und Bremsverstärker), Handbremse auf die Hinterräder wirkend; Felgengröße 9 J x 15, Reifengröße 235/45 VR 15.

Abmessungen und Gewichte

Radstand 2204 mm, Spur vorn/hinten 1516/1492 mm, Länge x Breite x Höhe 4164 x 1803 x 1345 mm, Überhänge vorn/hinten 974/982 mm, Wendekreisdurchmesser 10,3 m; Leergewicht 1298 kg, Zuladung 352 kg.

Kraftstoffverbrauch[4] und Fahrleistungen[5]

ROZ mindestens 98, Kraftstofftankvolumen 90 Liter, Stadtzyklus 15,7 Liter Super/100 km, bei konstant 90 km/h 7,9 L/100 km, bei konstant 120 km/h 10,4 L/100 km, innerstädtisch 14,8 L/100 km; V_{max} 250 km/h, Beschleunigung[6] 0–80 km/h in 3,6 Sekunden, 0–100 km/h in 4,9 Sekunden.

Audi quattro in der Rallye-WM

Rallye-Weltmeisterschaft 1981

Lauf	Datum	Fahrer/Beifahrer	Fahrzeugtyp	Start-Nr.	Kennzeichen	Matter-Nr.	Besonderheiten	Ergebnis
Rallye Monte Carlo	24.–30.01.1981	Mikkola/Hertz Mouton/Arrii	quattro Coupé Gr. 4 quattro Coupé Gr. 4	5 15	IN – NP 50 IN – NP 60	R 10 R 8	 BP Lackierung schwarz	Ausfall (Unfall) Ausfall (Benzinverschmutzung)
Schweden Rallye	13.–15.02.1981	Mikkola/Hertz	quattro Coupé Gr. 4	2	IN – NV 90	R 13		1. Platz
Portugal Rallye	04.–07.03.1981	Mikkola/Hertz Mouton/Pons	quattro Coupé Gr. 4 quattro Coupé Gr. 4	2 12	IN – NR 87 IN – NV 90	R 7 R 13	 Lackierung schwarz	Ausfall (Motor) 4. Platz
Safari Rallye	16.–20.04.1981	ohne Audi-Teilnahme						
Korsika Rallye	30.04.–02.05.81	Mikkola/Hertz Mouton/Pons	quattro Coupé Gr. 4 quattro Coupé Gr. 4	9 15	IN – NP 40 IN – NR 87	R 18 R 7	 Lackierung schwarz	Ausfall (Motor) Ausfall (Motor)
Akropolis Rallye	01.–04.06.1981	Mikkola/Hertz Mouton/Pons Wittmann/Nestinger	quattro Coupé Gr. 4 quattro Coupé Gr. 4 quattro Coupé Gr. 4	8 20 17	IN – NU 81 IN – NP 40 IN – NJ 10	R 17 R 18 R 12	 Lackierung schwarz	Disqualifikation Disqualifikation Disqualifikation
Rallye Codasur Argentinien	18.–23.07.1981	ohne Audi-Teilnahme						
Rallye Brasilien	06.–08.08.1981	ohne Audi-Teilnahme						
1000-Seen-Rallye Finnland	28.–30.08.1981	Mikkola/Hertz Mouton/Pons Wittmann/Nestinger	quattro Coupé Gr. 4 quattro Coupé Gr. 4 quattro Coupé Gr. 4	3 14 18	IN – NL 88 IN – NU 66 IN – NL 77	R 9 R 16 R 15		3. Platz 13. Platz zurückgezogen wegen tödl. Unfall
Rallye San Remo	05.–10.10.1981	Mikkola/Hertz Mouton/Pons Cinotto/Radaelli	quattro Coupé Gr. 4 quattro Coupé Gr. 4 quattro Coupé Gr. 4	5 14 29	IN – NM 61 IN – NL 88 IN – NL 77	R 20 R 9 R 15		4. Platz 1. Platz (1. Sieg eines Damenteams) Ausfall (Unfall)
Rallye Bandama Elfenbeinküste	26.–31.10.1981	Choteau/Burel (SMS)	quattro Coupé Gr. 4	10	764 Z-3546 (Zollkennz.)			Zeitüberschreitung, defekte Benzinzufuhr
RAC Rallye	22.–25.11.1981	Mikkola/Hertz Mouton/Pons	quattro Coupé Gr. 4 quattro Coupé Gr. 4	5 10	IN – NM 61 IN – NL 88	R 20 R 9		1. Platz Ausfall (Unfall)

Rallye-Weltmeisterschaft 1982

Lauf	Datum	Fahrer/Beifahrer	Fahrzeugtyp	Start-Nr.	Kennzeichen	Matter-Nr.	Besonderheiten	Ergebnis
Rallye Monte Carlo	16.–22.01.1982	Mikkola/Hertz Mouton/Pons Cinotto/Radaelli	quattro Coupé Gr. 4 quattro Coupé Gr. 4 quattro Coupé Gr. 4	1 5 11	IN – ND 78 IN – ND 21 IN – NP 40	R 21 R 21 R 28	 R 6 Lackierung	2. Platz Ausfall (Unfall) Ausfall (Unfall)
Schweden Rallye	12.–14.02.1982	Mikkola/Hertz Blomqvist/Cederberg Mouton/Pons	quattro Coupé Gr. 4 quattro Coupé Gr. 4 quattro Coupé Gr. 4	1 4 5	IN – ND 78 N – DC 163 IN – NU 81	R 21 R 20 R 17	 ex IN – NM 61	16. Platz 1. Platz, Wagen v. Sanyo gesponsort 5. Platz
Portugal Rallye	03.–06.03.1982	Mikkola/Hertz Mouton/Pons Wittmann/Diekmann	quattro Coupé Gr. 4 quattro Coupé Gr. 4 quattro Coupé Gr. 4	2 7 18	IN – NK 79 IN – NH 42 IN – NL 88	 R 27 R 9	Nummernschilder erstmals als Aufkleber auf der Haube	Ausfall (Unfall) 1. Platz 3. Platz
Safari Rallye	08.–12.04.1982	ohne Audi-Teilnahme						
Korsika Rallye	06.–08.05.1982	Mikkola/Hertz Mouton/Pons Wittmann/Diekmann	quattro Coupé Gr. 4 quattro Coupé Gr. 4 quattro Coupé Gr. 4	8 9 11	IN – NU 81 IN – NU 38 IN – NL 88	R 17 R 30 R 9	1. Versuch LM-Block (651-Z-7959)	Ausfall (Getriebe) 7. Platz Ausfall (Motor)
Akropolis Rallye	31.05.–03.06.82	Mikkola/Hertz Mouton/Pons Wittmann/Diekmann Cinotto/Radaelli	quattro Coupé Gr. 4 quattro Coupé Gr. 4 quattro Coupé Gr. 4 quattro Coupé Gr. 4	3 9 11 15	IN – NK 54 IN – NU 40 651-Z-7959 IN – NP 40	R 28 R 31 R 9 R 18	 R 6 Lackierung R 6 Lackierung	Ausfall (Vorderradaufhängung) 1. Platz Ausfall (Lenkung) Ausfall (Elektrik)
Rallye Neuseeland	26.–29.06.1982	Mikkola/Hertz Mouton/Pons	quattro Coupé Gr. 4 quattro Coupé Gr. 4	3 9	KJ 90 30 KJ 90 29	R 17 R 30	ex IN – NU 81 ex IN – NU 38	Ausfall (Lenkung) Ausfall (Ölleitung)
Rallye Brasilien	11.–14.08.1982	Mikkola/Hertz Mouton/Pons	quattro Coupé Gr. 4 quattro Coupé Gr. 4	1 3	IN – NU 40 IN – NU 38	R 31 R 30		Zeitüberschreitung nach Unfall 1. Platz
1000-Seen-Rallye Finnland	27.–29.08.1982	Mikkola/Hertz Blomqvist/Cederberg Mouton/Pons	quattro Coupé Gr. 4 quattro Coupé Gr. 4 quattro Coupé Gr. 4	3 5	IN – NN 82 IN – NK 54 IN – NU 84	R 34 R 28 R 29		1. Platz 2. Platz Ausfall (Unfall)

Rallye San Remo	03.–08.10.1982	Mikkola/Hertz	quattro Coupé Gr. 4	4	IN – NN 82	R 34		2. Platz
		Blomqvist/Cederberg	quattro Coupé Gr. 4	9	IN – NK 54	R 28		1. Platz
		Mouton/Pons	quattro Coupé Gr. 4	1	IN – NU 84	R 29		4. Platz
		Cinotto/Radaelli	quattro Coupé Gr. 4	12	IN – NP 40	R 18	R 6 Lackierung	6. Platz
		Wittmann/Diekman	quattro Coupé Gr. 4	7				Ausfall (Unfall)
		Demuth/Fischer	quattro Coupé Gr. 4	16	IN – ND 37	R 23	Wagen aus deutscher Meisterschaft (SMS)	Ausfall (Motor)
Rallye Bandama Elfenbeinküste	27.10.–01.11.82	Mouton/Pons	quattro Coupé Gr. 4	2	N – NU 40	R 31		Ausfall (Unfall)
		Mikkola/Gumpert	quattro Coupé Gr. 4	4	IN – NU 38	R 30		Zeitüberschreitung
RAC Rallye	21.–25.11.1982	Mikkola/Hertz	quattro Coupé Gr. 4	1	IN – NV 84	R 35		1. Platz
		Mouton/Pons	quattro Coupé Gr. 4	5	IN – NN 82	R 34		2. Platz
		Demuth/Daniels	quattro Coupé Gr. 4	24	IN – NK 54	R 28	Lack Audi/Deutschland	5. Platz
		Wilson/Greasley	quattro Coupé Gr. 4	17	LYV 4 X	25	Sutton Motorsport	10. Platz
		Lampi/Kuukkala	quattro Coupé Gr. 4	27	LYV 5 X	22	Sutton Motorsport	Ausfall (Rad abgeschert)
		Buffum/Wilson	quattro Coupé Gr. 4	21	E 344	27		

Rallye-Weltmeisterschaft 1983

Lauf	Datum	Fahrer/Beifahrer	Fahrzeugtyp	Start-Nr.	Kenn-zeichen	Matter-Nr.	Besonderheiten	Ergebnis
Rallye Monte Carlo	23.–28.01.1983	Mikkola/Hertz	quattro A1 Gr. B	2	IN – NM 62	R 38		4. Platz
		Blomqvist/Cederberg	quattro A1 Gr. B	8	IN – NV 84	R 35		3. Platz
		Mouton/Pons	quattro A1 Gr. B	5	IN – NM 82	R 37		Ausfall (Unfall)
Schweden Rallye	11.–13.02.1983	Mikkola /Hertz	quattro A1 Gr. B	3	IN – NN 82	R 34		1. Platz
		Blomqvist/Cederberg	Audi 80 quattro Gr. B	1	IN – NJ 41	–		2. Platz
		Mouton/Pons	quattro A1 Gr. B	4	IN – NU 84	R 29		4. Platz
		Lampi/Kuukkala	quattro Coupé	7	LYV 5 X	R 22	ex IN-ND 21,Sutton Motorsport, ex Gr. 4	3. Platz
Portugal Rallye	01.–06.03.1983	Mikkola/Hertz	quattro A1 Gr. B	3	IN – NM 62	R 38		1. Platz
		Blomqvist/Cederberg	quattro A1 Gr. B	6	IN – NV 84	R 35		Ausfall (Unfall)
		Mouton/Pons	quattro A1 Gr. B	1	IN – NM 82	R 37		2. Platz
		Wittmann/Diekmann	quattro Coupé	9	IN – NP 40	R 18	ex Gruppe 4	7. Platz
Marlboro Safari Rallye Kenia	31.03.–04.04.83	Mikkola/Hertz	quattro A1 Gr. B	6	IN – YC 17	R 41		2. Platz
		Mouton/Pons	quattro A1 Gr. B	1	IN – YC 19	R 39		3. Platz
		Preston/Lyall	quattro A1 Gr. B	10	IN – YC 18			Ausfall (Unfall)
Korsika Rallye	05.–07.05.1983	Mikkola/Hertz	quattro A2 Gr. B	4	IN – NL 67	R 46	1. Einsatz des quattro A2 (zwei Luftschlitze im hinteren Kotflügel; Motor im Hubraum reduziert)	Ausfall (Unfall)
		Mouton/Pons	quattro A2 Gr. B	10	IN – NT 49	R 45		Ausfall (Feuer)
Akropolis Rallye (1. Einsatz elektro-hydraulische Kuppl.)	30.05–02.06.83	Mikkola/Hertz	quattro A2 Gr. B	4	IN – NM 27	R 41 E		Ausfall (Motorschaden d. Ölverlust)
		Blomqvist/Cederberg	quattro A2 Gr. B	8	IN – NN 17	R 35	ex IN-NV 84	3. Platz
		Mouton/Pons	quattro A2 Gr. B	1	IN – NN 86	R 37	ex IN-NM 82	Ausfall (Unfall)
		Wittmann/Nestinger	quattro A2 Gr. B	11	IN – NM 69	R 47 A	Funkberater-Lackierung	7. Platz
Sanyo Rallye Neuseeland	25.–28.06.1983	Mikkola/Hertz	quattro A2 Gr. B	2	LB 7800	R 41	ex IN-YC 17	Ausfall (Einspritzung)
		Blomqvist/Cederberg	quattro A2 Gr. B	4	LB 7801	R 39	ex IN-YC 19	Disqualifikation
		Mouton/Pons	quattro A2 Gr. B	5	LB 7802	R 29	ex IN-NU 84	Ausfall (Motor)
Marlboro Rallye Argentinien	02.–06.08.1983	Mikkola/Hertz	quattro A2 Gr. B	2	IN – NH 26	R 39	ex IN-YC 19	1. Platz
		Blomqvist/Cederberg	quattro A2 Gr. B		IN – NH 74			2. Platz
		Mouton/Pons	quattro A2 Gr. B	5	IN – NH 75	R 41	ex IN-YC 17	3. Platz
		Mehta/Mehta	quattro Coupé	3	IN – NW 72	R 29	ex IN-NU 84 (ex Gr. 4)	4. Platz
		di Palma/Straimel	quattro Coupé	64	IN – NL 62	R 16	ex IN-NV 66 (ex Gr. 4) (Trainingsauto)	Ausfall (Unfall)
1000-Seen-Rallye Finnland	26.–28.08.1983	Mikkola/Hertz	quattro A2 Gr. B	1	IN – NL 12	R 47		1. Platz
		Blomqvist/Cederberg	quattro A2 Gr. B	3	IN – YA 34	R 45	ex IN-NT 49	2. Platz
		Mouton/Pons	quattro A2 Gr. B	6	IN – NL 67	R 46		16. Platz
		Eklund/Spjuth	quattro A1 Gr. B	9	IN – NN 17	R 35		4. Platz
		Lampi/Kuukkala	quattro A2 Gr. B	11	IN – NX 55	R 41 E	ex IN-NM 27	7. Platz
Rallye San Remo	02.–08.10.1983	Mikkola/Hertz	quattro A2 Gr. B	5	IN – NX 99	R 49		Ausfall (Feuer), völlig ausgebrannt
		Blomqvist/Cederberg	quattro A2 Gr. B	1	IN – ND 1	R 50		Ausfall (Unfall)
		Mouton/Pons	quattro A2 Gr. B	8	IN – NL 12	R 4		7. Platz
		Darniche/Mahé	quattro A2 Gr. B	11	IN – YA 34	R 45		9. Platz

Marlboro Rallye Elfenbeinküste	25.–30.10.1983	Mikkola/Hertz	quattro A2 Gr. B	1	IN – NL 67	R 46		2. Platz
		Lampi/Harsch	quattro A1 Gr. B	2	IN – NN 17	R 35	3-Sitzer zur Betreuung von Mikkola/Hertz	Zeitüberschreitung
Lombard RAC Rallye, GB	19.–24.11.1983	Mikkola/Hertz	quattro A2 Gr. B	1	IN – NV 3	R 51		2. Platz (berühm. Foto auf 3 Rädern)
		Mouton/Pons	quattro A2 Gr. B	3	44 CMN	R 52		1. Platz
		Demuth/Daniels	quattro A2 Gr. B	5	IN – NE 8	R 50	ex IN – ND 1	Ausfall (Unfall)
		Wilson/Greasley	quattro Coupé	10	LXV 5 X	R 22	Sutton Motorsport	4. Platz
		Lampi/Kuukkala	quattro Coupé	15	E 344	R 27		6. Platz
		Weidner/Arthur	quattro Coupé	18	LYV 4 X	R 25	Sutton Motorsport	Ausfall (Feuer)

Rallye-Weltmeisterschaft 1984

Lauf	Datum	Fahrer/Beifahrer	Fahrzeugtyp	Start-Nr.	Kenn-zeichen	Matter-Nr.	Besonderheiten	Ergebnis
Rallye Monte Carlo	22.–27.01.1984	Mikkola/Hertz	quattro A2 Gr. B	4	IN – NV 3	R 51		3. Platz
		Blomqvist/Cederberg	quattro A2 Gr. B	7	IN – NR 64	R 54		2. Platz
		Röhrl/Geistdörfer	quattro A2 Gr. B	1	IN – NX 47	R 53	Audi Debüt Röhrl/ Geistdörfer	1. Platz
		Darniche/Mahé	Audi 80 quattro Gr. A	10	IN – NJ 41			7. Platz gesamt, 1. Platz Gr. A
Schweden Rallye	10.–12.02.1984	Mouton/Pons	quattro A2 Gr. B	3	IN – NV 3	R 51		2. Platz
		Blomqvist/Cederberg	quattro A2 Gr. B	1	IN – NR 64	R 54		1. Platz
		Lampi/Kuukkala	quattro A2 Gr. B	4	LXV 5X	R 22	ex IN-ND 21	Ausfall (Getriebe)
		Eklund/Whittock	quattro A2 Gr. B	2	IN – NN 1	R 35	ex IN-NV 84	3. Platz, Werksleihe, Sponsor Clarion
		Ericsson/Melleroth	Audi 80 quattro Gr. A	9	EHJ 733			Ausfall (Unfall)
		Pettersson/Pettersson	Audi Coupé Gr. A	20	KOB 173			9. Platz
Portugal Rallye	07.–10.03.1984	Mikkola/Hertz	quattro A2 Gr. B	1	IN – NE 8	R 50		1. Platz
		Blomqvist/Cederberg	quattro A2 Gr. B	7	IN – YD 29	R 55		Ausfall (Unfall)
		Röhrl/Geistdörfer	quattro A2 Gr. B	4	IN – NX 47	R 53		6. Platz
		van d. Merwe/Boshoff	quattro A2 Gr. B	12	IN – YA 34	R 45	ex IN-NT 49	Ausfall (Unfall)
		Breyner/Vilar	Audi 80 quattro Gr. N	24	83/15429			13. Platz
Marlboro Safari Rallye Kenia	19.–23.04.1984	Mikkola/Hertz	quattro A2 Gr. B	1	IN – NE 8	R 50		3. Platz
		Mouton/Pons	quattro A2 Gr. B	3	IN – YD 6	R 51	ex IN-NV 3	Ausfall (Turbolader)
		Blomqvist/Cederberg	quattro A2 Gr. B	8	IN – YJ 81	R 57	Ausfall (Motor)	
		Wittmann/Diekmann	quattro A2 Gr. B	12	N 471.573			8. Platz
		Wurz/Brandstetter	quattro A2 Gr. B	15	W 595.393			Ausfall (Motor)
		Criticos/Rose	Audi 80 quattro Gr. A	28	KWO 473			10. Platz
Korsika Rallye	03.–05.05.1984	Röhrl/Geistdörfer	Sport quattro Gr. B	2	IN – NC 46	RS 13	1. Einsatz Sport quattro	Ausfall (Motor)
		Blomqvist/Cederberg	quattro A2 Gr. B	6	IN – NJ 5	R 58	leichter Wagen 995 kg	5. Platz
		Darniche/Mahé	quattro A2 Gr. B	8	IN – NL 1	R 59	leichter Wagen 995 kg	Ausfall (Unfall)
Akropolis Rallye	28.–31.05.1984	Mikkola/Hertz	quattro A2 Gr. B	7	IN – NL 1	R 59	ex IN-ND 21, LXV 5X	2. Platz
		Mouton/Pons	Sport quattro Gr. B	4	IN – NL 2	RS 5		Ausfall (Motor)
		Blomqvist/Cederberg	quattro A2 Gr. B	10	IN – YD 29	R 55		1. Platz
		Röhrl/Geistdörfer	Sport quattro Gr. B	1	IN – NC 46	RS 13		Ausfall (Elektrik, Kupplung)
		Buffum/Gallagher	quattro Coupé	14	WMN 44	R 22		5. Platz
Sanyo Rallye Neuseeland	23.–26.06.1984	Mikkola/Hertz	quattro A2 Gr. B	4	IN – YD 29	R 55		3. Platz (Unfall mit Dachschaden)
		Blomqvist/Cederberg	quattro A2 Gr. B	3	IN – NJ 5	R 58		1. Platz
		Röhrl/Geistdörfer	quattro A2 Gr. B	1	IN – YD 6	R 51	ex IN-NV 3	Ausfall (Zündung)
		Wittmann/Diekmann	quattro A2 Gr. B	9	N 511.005			Ausfall (Motor)
Marlboro Rallye Argentinien	27.07.–01.08.84	Mikkola/Hertz	quattro A2 Gr. B	2	IN – NJ 5	R 58		2. Platz
		Blomqvist/Cederberg	quattro A2 Gr. B	1	IN – NC 59	R 61		1. Platz
		Recalde/del Buono	quattro A2 Gr. B	3	IN – NE 8	R 50	Nr. 1 Rallyefahrer Arg.	3. Platz
		di Palma/Straimel	quattro A2 Gr. B	24	IN – NX 47	R 53	Privatfahrer, local hero	Ausfall (Motor)
1000-Seen-Rallye Finnland	22.–26.08.1984	Mikkola/Hertz	Sport quattro Gr. B	1	IN – NT 2	RS 2		Ausfall (Lenkung, Vorderradaufhäng.)
		Mouton/Pons	Sport quattro Gr. B	7	IN – NL 2	RS 5		Ausfall (Unfall, Dach beschädigt)
		Blomqvist/Cederberg	quattro A2 Gr. B	3	IN – YJ 81	R 57	ex IN-NM 82	4. Platz
		Lampi/Kuukkala	quattro A2 Gr. B	9	IN – NV 35	R 37		Ausfall (Motor)
		Eklund/Whittock	quattro A2 Gr. B	6	IN – 04209		Einsatz über Clarion	6. Platz
		Laine/Virtanen	quattro A2 Gr. B	13	U 4074			Ausfall (Antriebswelle)
		Ericsson/Melleroth	Audi 80 quattro Gr. A	19	EHJ 733			Ausfall (Gangschaltung)
		Alamaula/Hiltunen	Audi 80 quattro Gr. A	119	VMT 299			37. Platz
Rallye San Remo	30.09.–05.10.84	Blomqvist/Cederberg	Sport quattro Gr. B	2	IN – NT 2	RS 5		Ausfall (Motor)
		Röhrl/Geistdörfer	Sport quattro Gr. B	5	IN – NY 39	RS 12		Ausfall (Unfall)
		Grissmann/Pattermann	Audi 80 quattro Gr. A	42	T 439.150			10. Platz

Marlboro Rallye Elfenbeinküste	31.10.–04.11.84	Mikkola/Hertz	quattro A2 Gr. B	3	IN – NX 47	R 53		2. Platz (Stallregie)
		Blomqvist/Cederberg	Sport quattro Gr. B	3	IN – NZ 9	RS 19	1. Sieg Sport quattro	1. Platz
Lombard RAC Rallye, GB	25.–29.11.1984	Mikkola/Hertz	quattro A2 Gr. B	3	44 CMN	R 52		2. Platz (Sutton Motorsport)
		Mouton/Pons	Sport quattro Gr. B	6	IN – NT 2	RS 2		4. Platz
		Buffum/Wilson	quattro Coupé	17	WMN 44	R 22	ex IN-ND 21, LXV 5X	Ausfall (Unfall)
		Wilson/Harris	quattro A2 Gr. B	14	MVV 44Y	R 33		Ausfall (Motor) Sutton Motorsport
		Ericsson/Billstam	Audi 80 quattro Gr. A	22	EHJ 733		10. Platz	
Pikes Peak Colorado/USA	07.–08.07.1984	Mouton/Pons (als Team gefahren)	Sport quattro Gr. B	7	IN – NH 73	RS 4		2. Platz im Gesamtklassement 1. Platz Kategorie Rallyefahrzeuge

Rallye-Weltmeisterschaft 1985

Lauf	Datum	Fahrer/Beifahrer	Fahrzeugtyp	Start-Nr.	Kenn-zeichen	Matter-Nr.	Besonderheiten	Ergebnis
Rallye Monte Carlo	26.01.–02.02.85	Blomqvist/Cederberg	Sport quattro Gr. B	1	IN – NM 57	RS 9		4. Platz
		Röhrl/Geistdörfer	Sport quattro Gr. B	3	IN – NL 8	RS 7		2. Platz
Schweden Rallye	15.–17.02.1985	Mikkola/Hertz	Sport quattro Gr. B	3	IN – YK 55	RS 8		4. Platz
		Blomqvist/Cederberg	Sport quattro Gr. B	1	IN – NM 57	RS 9		2. Platz
		Röhrl/Geistdörfer	Sport quattro Gr. B	5	IN – NL 8	RS 7		Ausfall (Motor)
		Llewellin/Short	quattro Coupé	11	WMN 44	R 22	ex IN-ND 21; LXV 5X gesponsort von Clarion	Ausfall (Unfall)
		Eklund/Whittock	quattro A2 Gr. B	4	HPK 987			5. Platz
		Wilson/Harris	quattro A1 Gr. B	10	MVV 44 Y			Zeitüberschreitung
		Lampi/Kuukkala	quattro A1 Gr. B	7	IN – 04092			Unfall, anschließend Aufgabe
		Pettersson/Pettersson	Audi 80 quattro Gr. A	19	HSE 253			6. Platz
		Ericsson/Johansson	Audi 80 quattro Gr. A	12	EHJ 733			7. Platz
Portugal Rallye	05.–10.03.1985	Blomqvist/Cederberg	Sport quattro Gr. B	3	IN – NE 11	RS 6		4. Platz
		Röhrl/Geistdörfer	Sport quattro Gr. B	5	IN – ND 63	RS 1		3. Platz
		Grissmann/Pattermann	quattro A2 Gr. B	16	IN – YA 34	R 45		5. Platz
Marlboro Safari Rallye Kenia	04.–08.04.1985	Mikkola/Hertz	Sport quattro Gr. B	1	IN – NC 25	RS 17		Ausfall (Motor)
		Blomqvist/Cederberg	Sport quattro Gr. B	11	IN – NA 23	RS 10		Ausfall (Getriebe)
Korsika Rallye	01.–05.05.1985	Röhrl/Geistdörfer	Sport quattro Gr. B	5	IN – NT 61	RS 22		Ausfall (Bremsen)
Akropolis Rallye Griechenland	25.–31.05.1985	Blomqvist/Cederberg	Sport quattro Gr. B	1	IN – NA 23	RS 10		2. Platz
		Röhrl/Geistdörfer	Sport quattro Gr. B	3	IN – NC 25	RS 17		Ausfall (Fahrwerk)
		Grissmann/Pattermann	quattro A2 Gr. B	23	IN – YA 34	R 45		Ausfall (Zylinderkopfdichtung)
Sanyo Rallye Neuseeland	29.06.–02.07.85	Blomqvist/Cederberg	Sport quattro Gr. B	1	ME 1110	RS 6	ex IN-NE 11	4. Platz
		Röhrl/Geistdörfer	Sport quattro Gr. B	3	ME 1109	RS 22	ex IN-NT 61	3. Platz
		Stewart/Parkhill	quattro A2 Gr. B	11	MB 1440	R 55	5. Platz	
Marlboro Rallye Argentinien	30.07.–03.08.85	Blomqvist/Cederberg	Sport quattro S1	5	652 Z – 943	RE 05	= IN-NE 7	Ausfall (Motor), S1-Debüt
		Wiedner/Zehetner	quattro A2 Gr. B	7	IN – NL 1	R 59		2. Platz
1000-Seen-Rallye Finnland	23.–25.08.1985	Mikkola/Hertz	Sport quattro S1	6	IN – NL 16	RE 03		Ausfall (Ölverlust)
		Blomqvist/Cederberg	Sport quattro S1	4	IN – NY 18	RE 02		2. Platz
		Eklund/Berglund	quattro A2 Gr. B	8	HPK 987			6. Platz
		Lampi/Kuukkala	quattro A2 Gr. B	11	652 Z – 2651			Ausfall (Zylinderkopfdichtung)
		Palmqvist/Saarinen	quattro A2 Gr. B	12	A 1926			Ausfall (Zylinderkopfdichtung)
		Ericsson/Michel	Audi 80 quattro Gr. A	18	EHJ 733			8. Platz
		Lindholm/Pettersson	Audi 80 quattro Gr. A	33	AIN – 1			10. Platz
		Pettersson/Melander	Audi 80 quattro Gr. A	39	HSE 253		Ausfall (Motor)	
Rallye San Remo	29.09.–04.10.85	Röhrl/Geistdörfer	Sport quattro S1	5	IN – NM 7	RE 11	einziger Sieg des S1	1. Platz
		Grissmann/Pattermann	quattro A2 Gr. B	26	IN – YA 34	R 45		8. Platz
		Llewellin/Short	Audi 80 quattro Gr. A	15	LI 354130			Ausfall (Verteiler)
Marlboro Rallye Elfenbeinküste	29.10.–03.11.85	Mouton/Hertz	Sport quattro Gr. B	2	IN – NA 23	RS 10		aufgegeben
Lombard RAC Rallye, GB	23.–28.11.1985	Mikkola/Hertz	Sport quattro S1	2	IN – NP 31	E 10		Ausfall (Elektronik)
		Röhrl/Phil Short	Sport quattro S1	4	IN – NY 18	RE 02		Ausfall (Unfall)
		Eklund/Cederberg	quattro A2 Gr. B	8	HPK 987			4. Platz
Pikes Peak Colorado/USA	13. Juli 1985	Mouton	Sport quattro Gr. B	1	IN – NY 25	RS 21		1. Platz im Gesamtklassement
555 Rallye Hongkong-Peking	15.–19.09.1985	Mikkola/Hertz	quattro A2 Gr. B	1				1. Platz

Rallye-Weltmeisterschaft 1986

Lauf	Datum	Fahrer/Beifahrer	Fahrzeugtyp	Start-Nr.	Kennzeichen	Matter-Nr.	Besonderheiten	Ergebnis
Rallye Monte Carlo	18.-24.01.1986	Mikkola/Hertz	Sport quattro S1	6	IN - NW 4	RE 14		3. Platz
		Röhrl/Geistdörfer	Sport quattro S1	2	IN - NL 23	RE 13		4. Platz
Schweden Rallye	14.-16.02.1986	Ericsson/Michel	Audi 90 quattro Gr. A	12	DYX 229			4. Platz gesamt, 1. Platz Gr. A
		Pettersson/Pettersson	Coupé quattro Gr. A	13	MPY 032		1. WM Einsatz Coupé	5. Platz gesamt, 2. Platz Gr. A
		Nilsson/Gustavsson	Audi 90 quattro Gr. A	18	BWE 020			10. Platz gesamt
Portugal Rallye	04.-09.03.1986	Röhrl/Geistdörfer	Sport quattro S1	3	IN - NR 43	RE 18	wegen schwerem Unfall Rückzug von Audi aus der Rallye-WM	Rückzug
Marlboro Safari Rallye Kenia	29.03.-02.04.86	Stohl/Kaufmann	Audi 80 quattro Gr. A	22	W 226.222			Ausfall (Motor)
Akropolis Rallye	02.-04.06.1986	Stohl/Kaufmann	Coupé quattro Gr. A	35	W 598.513			6. Platz
Sanyo Rallye Neuseeland	05.-08.07.1986	Stewart/Parkhill	Audi quattro Gr. B	7	MB 1440			Ausfall (Unfall)
Marlboro Rallye Argentinien	06.-09.08.1986	Stohl/Kaufmann	Coupé quattro Gr. A	26	W 598.513			6. Platz
1000-Seen-Rallye Finnland	05.-07.09.1986	Lampi/Kuukkala	Coupé quattro Gr. A	14	T 3753			9. Platz
		Pettersson/Cederberg	Coupé quattro Gr. A	16	MPY 032			Ausfall (Unfall)
Marlboro Rallye Elfenbeinküste	24.-27.09.1986	Wiedner/Zehetner	quattro A2 Gr. B	2	L 33.366			6. Platz
		Stohl/Kaufmann	Audi 80 quattro Gr. A	12	W 226.222			7. Platz gesamt, 1. Platz Gr. A
Rallye San Remo	12.-18.10.1986	Recalde/Del Buono	Coupé quattro Gr. A	21	N 774.?28			Ausfall (Unfall)
Lombard RAC Rallye	16.-19.11.1986	Demuth/Bond	Sport quattro Gr. B	21	YMN 44			Ausfall (Motor)
Pikes Peak Colorado/USA	12. Juli 1986	Bobby Unser	Sport quattro S1	1	IN - YC 64	RE 20	Streckenrekord	1. Platz
555 Rallye Hongkong-Peking	14.-19.09.1986	Blomqvist/Berglund	quattro A2 Gr. B	1		R 61		1. Platz

Rallye-Weltmeisterschaft 1987

Lauf	Datum	Fahrer/Beifahrer	Fahrzeugtyp	Start-Nr.	Kennzeichen	Matter-Nr.	Besonderheiten	Ergebnis
Rallye Monte Carlo	17.-22.01.1987	Röhrl/Geistdörfer	200 quattro Gr. A	4	IN - YV 67			3. Platz
Schweden Rallye	13.-14.02.1987	Eklund/Whittock	Coupé quattro Gr. A	10	N 914.685			7. Platz
		Pettersson/Pettersson	Coupé quattro Gr. A	11	MPY 032			Ausfall (Achslager)
		Danielsson/Eklind	Coupé quattro Gr. A	20	BAZ 188			9. Platz
		Johansson/Ostensson	Coupé quattro Gr. A	13	MYF 530			10. Platz
		Ericsson/Melleroth	Coupé quattro Gr. A	15	MYO 822			Ausfall (Unfall)
		Nilsson/Persson	Coupé quattro Gr. N	57	MDK 689			14. Platz
		Torph/Melander	Audi 80 quattro Gr. A	6	EHJ 733			11. Platz
Portugal Rallye	11.-14.03.1987	Fischer/Zeltner	Coupé quattro Gr. A	17	L 33.166			6. Platz
		Stohl/Rohringer	Coupé quattro Gr. A	18	W 508.899			7. Platz
Marlboro Safari Rallye Kenia	16.-20.04.1987	Mikkola/Hertz	200 quattro Gr. A	2	IN - YV 71			1. Platz
		Röhrl/Geistdörfer	200 quattro Gr. A	7	IN - YV 69			2. Platz
		Stohl/Bertl	Coupé quattro Gr. A	10	W 508.899			7. Platz
Akropolis Rallye	31.05.-03.06.87	Mikkola/Hertz	200 quattro Gr. A	4	IN - YV 75		100. WM-Start Mikkola	3. Platz
		Röhrl/Geistdörfer	200 quattro Gr. A	2	IN - YV 74			Ausfall (Motor)
		Stohl/Rohringer	Coupé quattro Gr. A	17	W 361.200			9. Platz
		Recalde/del Buono	Coupé quattro Gr. A	12	W 508.899			4. Platz
Olympus Rallye USA	26.-29.06.1987	Buffum/Wilson	Coupé quattro Gr. A	2	C 344			Ausfall (Unfall)
1000-Seen-Rallye Finnland	27.-30.08.1987	Mikkola/Hertz	200 quattro Gr. A	5	IN - YV 76			Ausfall (Unfall)
		Eklund/Whittock	Coupé quattro Gr. A	8	N 914.685			
		Ericsson/Hardy	Coupé quattro Gr. A	15	MYO 828			Ausfall (Unfall)
		Lindholm/Pettersson	Coupé quattro Gr. A	13	A 2200			7. Platz
		Palmqvist/Juselius	Coupé quattro Gr. A	20	A 2001			8. Platz
		Johansson/Johansson	Coupé quattro Gr. A	12	MYF 520			9. Platz
		Heinonen/Eirtovaara	Coupé quattro Gr. A	11	UXT 900			10. Platz

Marlboro Rallye Elfenbeinküste	22.–26.09.1987	Stohl/Hinterleitner	Coupé quattro Gr. A	8	W 508.899			Ausfall (Motor)
Rallye San Remo	12.–15.10.1987	Stohl/Rohringer	Coupé quattro Gr. A	16	W 361.200			
Lombard RAC Rallye, GB	22.–25.11.1987	Llewellin/Short Eklund/Whittock Ericsson/Michel	Coupé quattro Gr. A Coupé quattro Gr. A Coupé quattro Gr. A	19 17	MAN 44 A N 914.885			6. Platz Disqualifikation Ausfall (Benzinmangel)
Pikes Peak Colorado/USA	11. Juli 1987	Walter Röhrl	Sport quattro S1	1	IN – YC 64	RE 20	Streckenrekord unter 11 Minuten 10.47.85	1. Platz

Ohne das keine Motorsport-karriere: Homologations-blätter für den Urquattro …

… und für den quattro Sport, Ersterer mit 3003 cm³ homologiert, der Sport mit 2987,6 cm³.

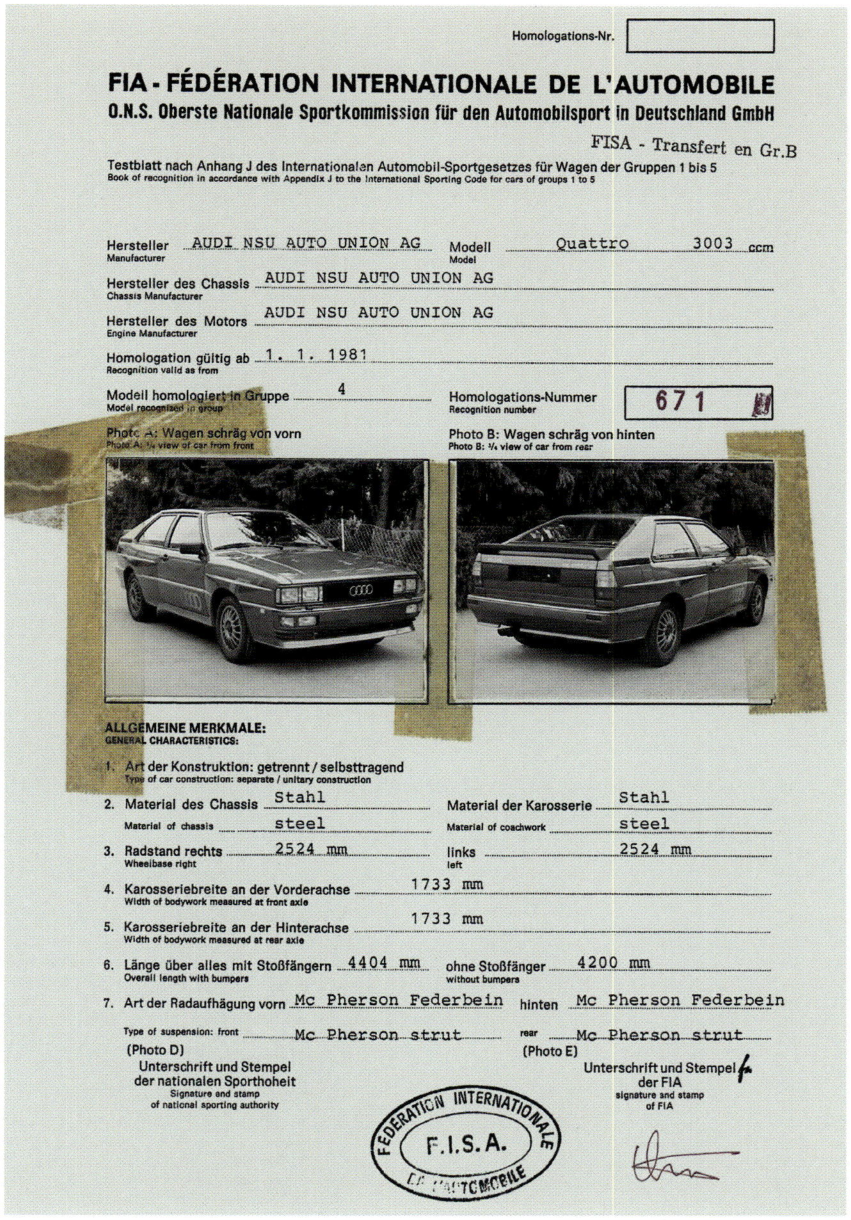

Homologations-Nr.

FIA - FÉDÉRATION INTERNATIONALE DE L'AUTOMOBILE
O.N.S. Oberste Nationale Sportkommission für den Automobilsport in Deutschland GmbH

FISA - Transfert en Gr.B

Testblatt nach Anhang J des Internationalen Automobil-Sportgesetzes für Wagen der Gruppen 1 bis 5
Book of recognition in accordance with Appendix J to the International Sporting Code for cars of groups 1 to 5

Hersteller / Manufacturer: AUDI NSU AUTO UNION AG — Modell / Model: Quattro 3003 ccm
Hersteller des Chassis / Chassis Manufacturer: AUDI NSU AUTO UNION AG
Hersteller des Motors / Engine Manufacturer: AUDI NSU AUTO UNION AG
Homologation gültig ab / Recognition valid as from: 1. 1. 1981
Modell homologiert in Gruppe / Model recognised in group: 4 — Homologations-Nummer / Recognition number: 671

Photo A: Wagen schräg von vorn / Photo A: ¾ view of car from front
Photo B: Wagen schräg von hinten / Photo B: ¾ view of car from rear

ALLGEMEINE MERKMALE: / GENERAL CHARACTERISTICS:

1. Art der Konstruktion: getrennt / selbsttragend / Type of car construction: separate / unitary construction
2. Material des Chassis / Material of chassis: Stahl / steel — Material der Karosserie / Material of coachwork: Stahl / steel
3. Radstand rechts / Wheelbase right: 2524 mm — links / left: 2524 mm
4. Karosseriebreite an der Vorderachse / Width of bodywork measured at front axle: 1733 mm
5. Karosseriebreite an der Hinterachse / Width of bodywork measured at rear axle: 1733 mm
6. Länge über alles mit Stoßfängern / Overall length with bumpers: 4404 mm — ohne Stoßfänger / without bumpers: 4200 mm
7. Art der Radaufhägung vorn / Type of suspension: front: Mc Pherson Federbein / Mc Pherson strut — hinten / rear: Mc Pherson Federbein / Mc Pherson strut

(Photo D) Unterschrift und Stempel der nationalen Sporthoheit / Signature and stamp of national sporting authority
(Photo E) Unterschrift und Stempel der FIA / signature and stamp of FIA

FÉDÉRATION INTERNATIONALE DE L'AUTOMOBILE — F.I.S.A.

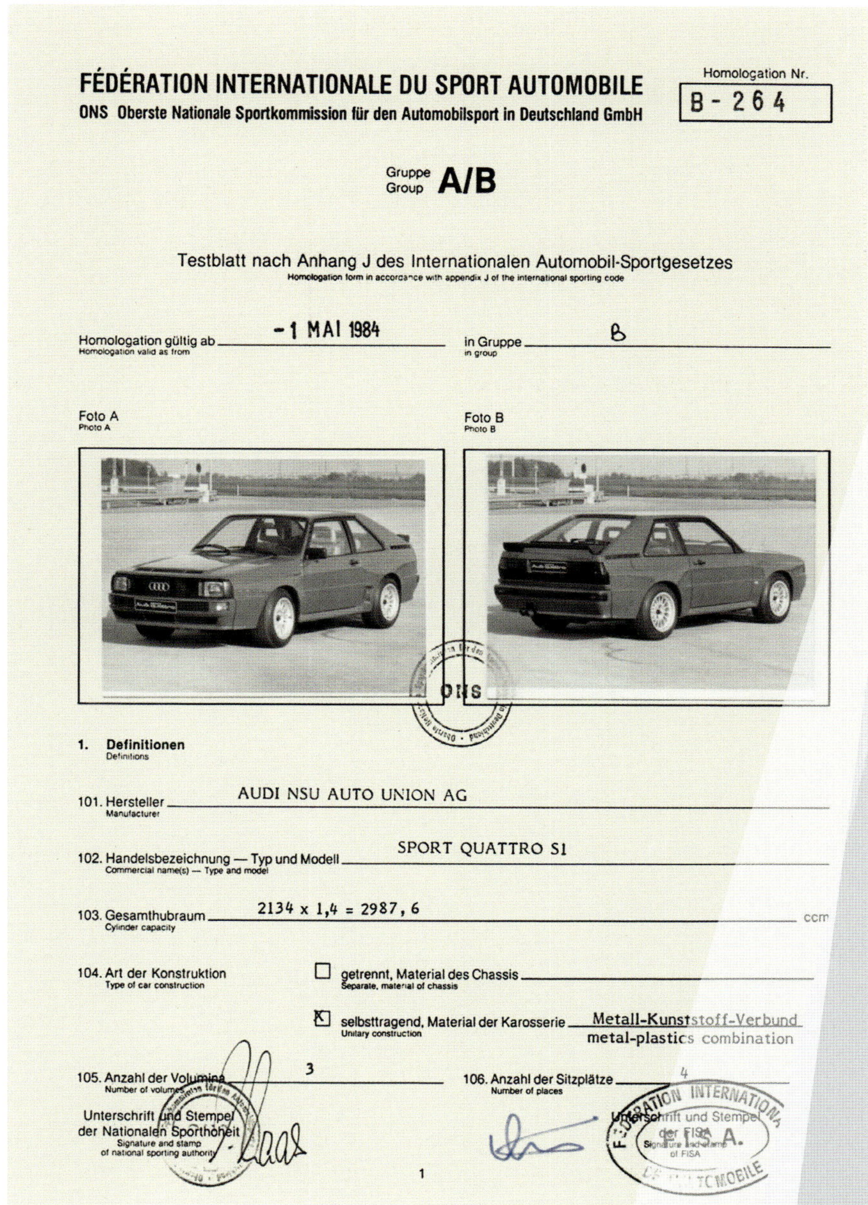

FÉDÉRATION INTERNATIONALE DU SPORT AUTOMOBILE
ONS Oberste Nationale Sportkommission für den Automobilsport in Deutschland GmbH

Homologation Nr. B - 264

Gruppe / Group **A/B**

Testblatt nach Anhang J des Internationalen Automobil-Sportgesetzes
Homologation form in accordance with appendix J of the international sporting code

Homologation gültig ab / Homologation valid as from: -1 MAI 1984 — in Gruppe / in group: B

Foto A / Photo A — Foto B / Photo B

ONS

1. Definitionen / Definitions

101. Hersteller / Manufacturer: AUDI NSU AUTO UNION AG
102. Handelsbezeichnung — Typ und Modell / Commercial name(s) — Type and model: SPORT QUATTRO S1
103. Gesamthubraum / Cylinder capacity: 2134 x 1,4 = 2987,6 ccm
104. Art der Konstruktion / Type of car construction:
☐ getrennt, Material des Chassis / Separate, material of chassis
☒ selbsttragend, Material der Karosserie / Unitary construction: Metall-Kunststoff-Verbund / metal-plastics combination
105. Anzahl der Volumina / Number of volumes: 3 — 106. Anzahl der Sitzplätze / Number of places: 4

Unterschrift und Stempel der Nationalen Sporthoheit / Signature and stamp of national sporting authority
Unterschrift und Stempel der FISA / Signature and stamp of FISA

FÉDÉRATION INTERNATIONALE DE L'AUTOMOBILE — F.I.S.A.

1

Audi quattro

Zahlenwerk

Wer heute einen quattro-Klassiker erwirbt, dem geben die folgenden Seiten mittels der Fahrgestellnummern Hinweise zur Identifikation des Jahrgangs, der Motorversion und der zur Fahrgestellnummer passenden Motornummernspanne. Letztere Information ist, sofern in den Annalen von Audi Tradition dokumentiert, ein erstes Indiz für die in Sammlerkreisen hoch bewertete Fahrzeugeigenschaft der sogenannten „matching numbers". Damit ist die Zusammengehörigkeit von Fahrgestell und Motor entsprechend dem einstigen Auslieferungsstatus gemeint.

Die individuellen quattro Sport-Zahlen (Chassis-Nummern 85ZEA 905001–905214) werden hier hingegen NICHT gelistet – dies zur Vorbeugung vor Fälschungen. Sport-Eigner können jedoch genauso wie die Besitzer konventioneller quattros detaillierte Fahrzeugdaten ihres Exemplars bei Audi Tradition in Ingolstadt abfragen. Hier können Datenblätter, Fahrzeug-Identitätsurkunden oder Dokumentationen des Auslieferungszustands kostenpflichtig bestellt werden.

Audi quattro
Chassis- und Motornummern[1]

quattro-Vorserie

Prod.-Datum	Chassis-Nr.	Motor-Nr.
16.01.1980	85-A0-085001	WR 000000
16.01.1980	85-A0-085002	WR 000000
25.01.1980	85-A0-085003	WR 000000
25.01.1980	85-A0-085004	WR 000000
25.01.1980	85-A0-085005	WR 000000
17.03.1980	85-A0-900051	WR 000000
17.03.1980	85-A0-900052	WR 000000
17.03.1980	85-A0-900053	WR 000000
17.03.1980	85-A0-900054	WR 000000
17.03.1980	85-A0-900055	WR 000000
17.03.1980	85-A0-900056	WR 000000
17.03.1980	85-A0-900057	WR 000000
12.05.1980	85-A0-900058	WK 000339
12.05.1980	85-A0-900059	WK 000338
12.05.1980	85-A0-900060	WK 000678
12.05.1980	85-A0-900062	WK 000677
03.06.1980	85-A0-900065	WR 000013
26.06.1980	85-A0-900071	WR 000029
02.07.1980	85-A0-900070	WR 000021
04.07.1980	85-A0-900069	WR 000016
25.07.1980	85-A0-900061	WR 000017
25.07.1980	85-A0-900063	WR 000025
29.07.1980	85-A0-900074	WR 000043
19.09.1980	85-A0-900064	WR 000143
23.09.1980	85-A0-900073	WR 000028
25.09.1980	85-A0-900072	WR 000019
02.10.1980	85-A0-900066	00000000
02.10.1980	85-A0-900067	00000000
02.10.1980	85-A0-900068	00000000

Modelljahr 1980

Monat	Chassis-Nr.	Motor-Nr. 2,1 Liter 147 kW (200 PS)
01.07.1980	85-A-0900001	WR 000001
31.07.1980	85-A-0900001	WR 000103

Modelljahr 1981

Monat	Chassis-Nr.	Motor-Nr. 2,1 Liter 147 kW (200 PS)
01.08.1980	85-B-900001	WR ------[2]
31.08.1980	85-B-900093	WR 000146
30.09.1980	85-B-900102	WR ------[2]
31.10.1980	85-B-900166	WR 000175
30.11.1980	85-B-900277	WR 000348
31.12.1980	85-B-900413	WR 000489
31.01.1981	85-B-900533	WR 000702
28.02.1981	85-B-900745	WR 000878
31.03.1981	85-B-900964	WR 001079
30.04.1981	85-B-901197	WR 001347
31.05.1981	85-B-901371	WR 001546
30.06.1981	85-B-901527	WR 001732
31.07.1981	85-B-902000	WR 001833

Modelljahr 1982

Monat	Chassis-Nr.	Motor-Nr. 2,1 Liter 147 kW (200 PS)
01.08.1981	85-C-900001	WR ------[2]
31.08.1981	85-C-900136	WR 001960
30.09.1981	85-C-900275	WR 002046
31.10.1981	85-C-900399	WR 002171
30.11.1981	85-C-900501	WR 002265
31.12.1981	85-C-900633	WR ------[2]
31.01.1982	85-C-900716	WR 002477
28.02.1982	85-C-900843	WR 002575
31.03.1982	85-C-900924	WR 002702
30.04.1982	85-C-901097	WR 002882
31.05.1982	85-C-901209	WR 002972
30.06.1982	85-C-901290	WR 003055
31.07.1982	85-C-902000	WR 003106

[1] ohne Gewähr
[2] nicht dokumentiert

Modelljahr 1983

Monat	Chassis-Nr.	Motor-Nr. 2,1-Liter 147 kW (200 PS)	Motor-Nr. 147 kW (200 PS) Version CH und S[3]
01.08.1982	85-D-900001	WR ------[2]	
31.08.1982	85-D-900591	WR 003190	–
30.09.1982	85-D-900717	WR 003275	–
31.10.1982	85-D-900855	WR 003491	–
30.11.1982	85-D-901059	WR 003679	–
31.12.1982	85-D-901220	WR 003759	GV 000001
31.01.1983	85-D-901338	WR 003894	GV 000008
28.02.1983	85-D-901502	WR004063	GV 000550
31.03.1983	85-D-901718	WR004171	GV 000586
30.04.1983	85-D-901861	WR 004300	GV 000606
31.05.1983	85-D-901943	WR 004346	GV 000611
30.06.1983	85-D-902024	WR 004404	GV 000621
31.07.1983	85-D-902500	WR 004505	GV 000626

Modelljahr 1984

Monat	Chassis-Nr.	Motor-Nr. 2,1-Liter 147 kW (200 PS)	Motor-Nr. 147 kW (200 PS) Version CH und S[3]
01.08.1983	85-E-900001	-- ------[2]	
31.08.1983	85-E-900070	WR 004507	GV ------[2]
30.09.1983	85-E-900087	WR 004592	GV 000696
31.10.1983	85-E-900254	WR 004675	GV 000706
30.11.1983	85-E-900413	WR 004829	GV 000761
31.12.1983	85-E-900549	WR 004929	GV 000771
31.01.1984	85-E-900676	WR 005014	GV 000801
29.02.1984	85-E-900799	WR 005103	GV 000826
31.03.1984	85-E-900940	WR 005223	GV 000836
30.04.1984	85-E-901072	WR 005319	GV 000871
31.05.1984	85-E-901188	WR 005438	GV 000903
30.06.1984	85-E-901195	WR ------[2]	GV ------[2]
31.07.1984	85-E-901500	WR 005592	GV 000925

Modelljahr 1985

Monat	Chassis-Nr.	Motor-Nr. 2,1-Liter 147 kW (200 PS)	Motor-Nr. 147 kW (200 PS) Version CH und S[3]	Motor-Nr. 147 kW (200 PS) Version J[3]
01.08.1984	85-F-900001	WR ------[2]	GV ------[2]	WX ------[2]
31.08.1984	85-F-900062	WR 005644	GV 000935	WX 000744
30.09.1984	85-F-900156	WR 005718	GV 000963	WX ------[2]
31.10.1984	85-F-900299	WR 005838	GV ------[2]	WX ------[2]
30.11.1984	85-F-900449	WR 005948	GV ------[2]	WX 000798
31.12.1984	85-F-900578	WR 006003	GV ------[2]	WX 000819
31.01.1985	85-F-900716	WR 006118	GV 001080	WX 000824
28.02.1985	85-F-900837	WR 006208	GV 001090	WX 000839
31.03.1985	85-F-900958	WR 006313	GV 001110	WX 000849
30.04.1985	85-F-901081	WR 006401	GV 001127	WX ------[2]
31.05.1985	85-F-901188	WR 006506	GV 001152	WX 000864
30.06.1985	85-F-901314	WR 006623	GV 001172	WX ------[2]
31.07.1985	85-F-901500	WR 006657	GV 001182	WX ------[2]

Modelljahr 1986

Monat	Chassis-Nr.	Motor-Nr. 2,1-Liter 147 kW (200 PS)	Motor-Nr. 119 kW (162 PS) Version CH und S[3]	Motor-Nr. 147 kW (200 PS) Version J[3]
01.08.1985	85-G-900001	WR ------[2]	GV ------[2]	WX ------[2]
31.08.1985	85-G-900207	WR 006783	GV 001210	WX ------[2]
30.09.1985	85-G-900370	WR 006877	GV 001275	WX ------[2]
31.10.1985	85-G-900528	WR 006965	GV 001295	WX 000872
30.11.1985	85-G-900625	WR 007069	GV 001315	WX ------[2]
31.12.1985	85-G-900707	WR 007102	GV 001323	WX 000872
31.01.1986	85-G-900763	WR 007151	GV 001357	WX 000877
28.02.1986	85-G-900832	WR 007212	GV 001371	WX ------[2]
31.03.1986	85-G-900880	WR 007257	GV 001386	WX ------[2]
30.04.1986	85-G-900944	WR 007304	GV 001414	WX ------[2]
31.05.1986	85-G-901001	WR 007344	GV ------[2]	WX 000878
30.06.1986	85-G-901062	WR 007394	GV 001456	WX 000885
31.07.1986	85-G-902400	WR 007435	GV 001507	WX ------[2]

Audi quattro 1980 bis 1992
Produktion und Absatz

Kalenderjahr	1980	1981	1982	1983	1984	1985	1986	1987	1988	1989	1990	1991	1992	Summe
Produktion	292	1956	1935	1455	1567	1530	774	435	610	462	413	131	–	11560*
Absatz	263	1962	1936	1461	1492	1555	808	406	634	446	409	138	10	11520*

* Die Differenz zwischen Produktions- und Absatzzahl erklärt sich durch die Audi-interne Verwendung von 40 quattro-Exemplaren, die nicht in den Verkauf gelangten.

Modelljahr 1987

Monat	Chassis-Nr.	Motor-Nr. 2,1-Liter 147 kW (200 PS)	Motor-Nr. 119 kW (162 PS) Version CH und S[3]	Motor-Nr. 147 kW (200 PS) Version J[3]
01.08.1986	85-H-900001	WR ------[2]	GV ------[2]	WX ------[2]
31.08.1986	85-H-900173	WR 007460	GV 001532	WX ------[2]
30.09.1986	85-H-900263	WR 007541	GV ------[2]	WX ------[2]
31.10.1986	85-H-900364	WR 007593	GV ------[2]	WX ------[2]
30.11.1986	85-H-900399	WR 007637	GV 001534	WX 000886
31.12.1986	85-H-900437	WR 007657	GV ------[2]	WX 000888
31.01.1987	85-H-900476	WR 007735	GV ------[2]	WX ------[2]
28.02.1987	85-H-900551	WR 007795	GV ------[2]	WX 000897
31.03.1987	85-H-900607	WR 007853	GV ------[2]	WX ------[2]
30.04.1987	85-H-900663	WR 007882	GV ------[2]	WX 000898
31.05.1987	85-H-900689	WR 007911	GV ------[2]	WX 000901
30.06.1987	85-H-900717	WR 007921	GV ------[2]	WX ------[2]
31.07.1987	85-H-902400	WR 007 933	GV ------[2]	WX ------[2]

Modelljahr 1988

Monat	Chassis-Nr.	Motor-Nr. 2,2-Liter 147 kW (200 PS)	Motor-Nr. 2,2-Liter 119 kW (162 PS) Version CH[3]
01.08.1987	85-J-900001		
31.08.1987	85-J-900054	MB ------[2]	WX ------[2]
30.09.1987	85-J- ------[2]	MB 001040	WX 000908
31.10.1987	85-J-900088	MB 001105	WX 000914
30.11.1987	85-J-900162	MB ------[2]	WX ------[2]
31.12.1987	85-J-900189	MB 001166	WX ------[2]
31.01.1988	85-J-900230	MB 001216	WX 000949
29.02.1988	85-J-900323	MB 001263	WX 001009
31.03.1988	85-J-900432	MB 001288	WX 001091
30.04.1988	85-J-900529	MB ------[2]	WX 001122
31.05.1988	85-J-900622	MB 001458	WX ------[2]
30.06.1988	85-J-900705	MB 001529	WX ------[2]
31.07.1988	85-J-902400	MB 001532	WX ------[2]

Modelljahr 1989

Monat	Chassis-Nr.	Motor-Nr. 2,2-Liter 147 kW (200 PS)
01.08.1988	85-K-000001	MB ------[2]
31.12.1988	85-K-000069	MB ------[2]
28.02.1989	85-K-000070	MB ------[2]
31.03.1989	85-K-000091	MB ------[2]
30.04.1989	85-K-000105	MB ------[2]
31.05.1989	85-K-000106	MB ------[2]
30.06.1989	85-K-000120	MB 001627
31.07.1989	85-K-020000	MB ------[2]

Modelljahr 1990

Monat	Chassis-Nr.	Motor-Nr. 2,2-Liter 162 kW (220 PS)
01.08.1989	85-L-000001	RR ------[2]
31.08.1989	85-L-000071	RR 001057
30.09.1989	85-L-000121	RR 001098
31.10.1989	85-L-000186	RR 001168
30.11.1989	85-L-000286	RR 001274
31.12.1989	85-L-000432	RR 001405
31.01.1990	85-L-000535	RR 001559
28.02.1990	85-L-000612	RR 001615
31.03.1990	85-L-000674	RR 001639
30.04.1990	85-L-000710	RR 001679
31.05.1990	85-L-000741	RR 001699
30.06.1990	85-L-000758	RR 001719
31.07.1990	85-L-020000	RR 001741

Modelljahr 1991

Monat	Chassis-Nr.	Motor-Nr. 2,2-Liter 162 kW (220 PS)
01.08.1990	85-M-000001	RR ------[2]
30.09.1990	85-M-000084	RR 001742
31.10.1990	85-M- ------[2]	RR 001775
30.11.1990	85-M- ------[2]	RR 001781
31.12.1990	85-M-000125	RR 001805
31.01.1991	85-M-000126	RR ------[2]
28.02.1991	85-M-000156	RR 001901
31.03.1991	85-M-000190	RR 001950
30.04.1991	85-M-000230	RR ------[2]
31.05.1991	85-M-000252	RR 001954
30.06.1991	85-M-000255	RR 001955
31.07.1991	85-M-000999	RR ------[2]

[1] ohne Gewähr
[2] nicht dokumentiert
[3] CH = Schweiz
S = Schweden
J = Japan
E = Spanien

Stichwortverzeichnis

Personen

quattro-Spezifika

Technik (Allgemein)

Zulieferer und sonstige Unternehmen

Automarken und -modelle

Motorsport

Sonstiges

Textquellenverzeichnis

Zeitungen, Magazine und Homepages

Abendzeitung/München
- Ausgabe vom 22. März 1980 (Über den Audi quattro in Genf)

Auto Bild Klassik
- Ausgabe 12/2011 (Audi quattro von Michael Harnischfeger)
- Ausgabe 3/2018 (Audi quattro von Wolfgang König)

Audi Blog
- Ausgabe von 2016 (Peter Leitner über die Entwicklung des Audi-Fünfzylinders)

Autocar & Motor
- Ausgabe vom 24. Januar 1990 (Test Audi quattro 20V)

auto motor und sport
- Ausgabe 9/1962 („Experimente und viele PS", Diana Bartley u.a. über den Chevrolet Corvair Monza Spyder mit Turbo-Motor)
- Ausgabe 9/1963 (Technikbeschreibung von Dieter Korb über ein „Brems-Antiblockier-Gerät von Dunlop")
- Ausgabe 8/1970 („Vierspänner", Test Ford Mustang FF mit Ferguson-Vierradantrieb")
- Ausgabe 4/1974 („Was die Motoren wiegen und leisten")
- Ausgabe 19/1976 (Technik-Beschreibung von Clauspeter Becker über den Audi Fünfzylinder-Ottomotor)
- Ausgabe 25/1976 (Test Audi 100 GL 5E von Fritz Reuter)
- Ausgabe 24/1977 („Genieblitz", revolutionäre Zündanlage ohne Verteiler, von Clauspeter Becker)
- Ausgabe 23/1978 (Dr. Fritz Indra wechselt zu Audi)
- Ausgabe 1/1979 (Über die Turbo-Zukunft)
- Ausgabe 14/1979 (Interview mit Wolfgang R. Habbel)
- Ausgabe 16/1979 (Test VW Iltis von Clauspeter Becker)
- Ausgabe 19/1979 (Interview mit Dr. Ferdinand Piëch)
- Ausgabe 5/1980 („Das Auto, das aus der Kälte kam", quattro-Entwicklungsgeschichte von Clauspeter Becker)
- Ausgabe 8/1980 („Quattro-Phonie", Fahrbericht Audi quattro von Gert Hack)
- Ausgabe 9/1980 (Test Audi 200 5T von Werner Schruf)
- Ausgabe 4/1981(Test Audi quattro von Dirk-Michael Conradt; Die Technik des Audi quattro von Bernd Ostmann; Notizen zum Audi quattro von Gert Hack)
- Ausgabe 9/1982 („Grenz-Verkehr", Peter Frey über Unfälle mit dem Audi quattro)
- Ausgabe 1/1982 (Audi quattro im Vergleich mit Konkurrenten, Konzeptionen-Vergleich von Wolfgang König)
- Ausgabe 4/1983 („Audi für alle", über den ökonomischen Nutzen der Rallye-Einsätze von Audi)
- Ausgabe 17/1983 („Über kurz oder lang", Vorstellung Audi quattro Sport)
- Ausgabe 1/1984 („Kraftwerk", Technikanalyse Audi Fünfzylinder-Leichtmetallmotor)
- Ausgabe 8/1984 („In Kurzform", Fahrbericht Audi quattro Sport)
- Ausgabe 8/1985 (Interview mit Dr. Ferdinand Karl Piëch)
- Ausgabe 20/2010 (Supplement anlässlich „30 Jahre Audi quattro")

Automobil Revue/CH
- Ausgabe 39/1986 (Test Audi quattro Quartz von Pininfarina)

Automobil Revue Katalog/CH
- Ausgabe 1966 (Katalog-Kapitel Jensen)
- Ausgabe 1968 (Katalog-Kapitel Jensen)
- Ausgabe 1982 („Hat der Vierradantrieb eine Zukunft?" von Paul Frère)

Autorevue/A
- Ausgabe 9/1991 (Rückblick auf die quattro-Jahre im Rallyesport)

Autosport/GB
- Ausgabe vom 19. August 1966 (Ferguson R5 Prototype, Test von John Bolster)
- Ausgabe vom 2. April 1981 (Audi quattro Rally Car)

Auto und Verkehr
- Ausgabe 9/1978 (Interview mit Ferdinand Piëch)

Auto-Zeitung
- Ausgabe vom 24. Juni 1971 („Ro 80-Motor bald auch im Audi")
- Ausgabe vom 27. Dezember 1971 (Fahrbericht Saab 96 Rallye von Herbert Völker, darin Erläuterung des „Linksbremsens")
- Ausgabe vom 24. Januar 1979 (Interview mit Dr. Ferdinand Piëch)
- Ausgabe vom 24. November 1980 (Interview mit Walter Treser)
- Ausgabe vom 8. Dezember 1980 (Rallye-Profis über den Audi quattro)
- Ausgabe vom 19. Januar 1981 (Test Audi quattro von Peter Bazille)
- Ausgabe vom 27. April 1981 (Vergleichstest Alpina B6, Porsche 924 Turbo, Porsche 911 SC, Renault 5 Turbo von Gernot Röthig)

Bild am Sonntag
- Ausgabe vom 7. September 1980 (Mouton kommt zu Audi)

Car Life/USA
- Ausgabe February 1966 (Jensen-Ferguson: 2+2=4 von Joseph Lowrey)

Car & Driver/USA
- Ausgabe June 1982 (Audi quattro Road Test von Larry Griffin)

Cars & Car Conversions/USA
- Ausgabe März 1985 (Audi quattro Road Test)

Classic Cars/GB
- Ausgabe vom März 1997 („Performance 4x4", über Allradklassiker von Ian Young)

Classic & Sports Car/GB
- Ausgabe Mai 1998 (Audi quattro, Rallye-Rückblick)

Der Spiegel
- Ausgabe vom 28. Mai 1979 („Wir müssen sparen, sparen, sparen")
- Ausgabe vom 21. Januar 1980 (über den Audi 200 5T und Interview mit Dr. Ferdinand Piëch)

Die Zeit
- Ausgabe vom 28. März 1980 (Über die Zukunft des Automobils)

Donau Kurier
- Ausgabe vom 4. August 1980 (Audi-Pläne mit dem quattro)
- Ausgabe vom 31. Dezember 1980 (Interview mit Walter Röhrl)

Drive/GB
- Ausgabe vom Oktober 1983 (Audi quattro Test)

Fast Lane/GB
- Ausgabe vom Februar 1990 (Vergleich Audi quattro 20V/ Lancia Delta Integrale 16V)

Frankfurter Allgemeine Zeitung
- Ausgabe vom 19. September 1979 („Vom Schnellgang zum Spargang", über die Energiekrise)
- Ausgabe vom 5. März 1980 (Vorstellung Audi quattro)
- Ausgabe vom 18. November 1980 (Interview mit Dr. Wolfgang Habbel)
- Ausgabe vom 10. Februar 1982 (Test Audi quattro)

Frankfurter Rundschau
- Ausgabe vom 15. März 1980 (Vorstellung Audi quattro)

Gute Fahrt
- Ausgabe 1/1980 (Test Volkswagen Iltis von Henry Keller)
- Ausgabe 3/1981 (Audi quattro und Rallyesport)
- Ausgabe 1/1982 („Zweimal Vier" von Klaus Peter Backfisch)
- Ausgabe 2/1986 (Test Audi quattro von Klaus Peter Backfisch)
- Ausgabe 12/1989 (Test Audi quattro 20V von Klaus Peter Backfisch)

Kicker
- Ausgabe 26/1980 (Vorstellung Audi quattro)

Kleine Zeitung/Graz
- Ausgabe vom 12. Januar 1981 (Report über die Jänner-Rallye)

Kurier/Wien
- Ausgabe vom 14. März 1980 (Dr. Indra über vollelektronische Zündanlagen)

mot
- Ausgabe 13/1976 (Audi Munga mit Viertaktmotor)
- Ausgabe vom 12. Juli 1978 (Vorschau Audi Coupé)
- Ausgabe vom 17. September 1979 (Interview mit Dr. Ferdinand Piëch)
- Ausgabe vom 27.Juni 1979 („Dem Turbo gehört die Zukunft" von Olaf v. Fersen)
- Ausgabe vom April 1980 (Probleme mit dem quattro)
- Ausgabe vom 13. Mai 1981 (Vergleich Audi quattro/ Porsche 911 SC von Holger Glanz)

Motor/GB
- Ausgabe vom 20. August 1966 (Ferguson R5 Prototype, Test)
- Ausgabe vom 21. März 1981 (Audi quattro, Super-Test)
- Ausgabe vom 3. Juli 1982 (Audi quattro, „King of the forests")

Motor Klassik
- Ausgabe 12/2005 (Audi quattro Rückblick)

Motorpresse Stuttgart
- Ausgabe von 2010 (Supplement der Auto-Magazine des Verlags anlässlich „30 Jahre Audi quattro")

Motor Revue
- Ausgabe4/1968 („Kommt der Vierradantrieb für Grand Prix Wagen?" von Paul Frère)
- Jahresausgabe 1984 (Michèle Mouton über den Audi quattro)
- Jahresausgabe 1993/94 (Herbert Völker über die Gruppe B)

Motorsport Aktuell
- Ausgabe vom 18. Februar 1981 (Report über die Schweden-Rallye)

Motor Trend/USA
- Ausgabe June 1982 (4-wheel-drive Bavarian dream stuff)

Münchner Merkur
- Ausgabe vom 27. Januar 1981 (Report über die Rallye Monte Carlo)

Neue Hannoversche
- Ausgabe vom 29. März 1980 (Vorstellung Audi quattro)

Oberösterreichisches Tagblatt
- Ausgabe vom 12. Januar 1981 (Report über die Jänner-Rallye)

Octane/GB
- Ausgabe vom März 2008 (Michèle Mouton über den Audi quattro)
- Ausgabe vom Juni 2010 (Rennwagen-Historie: Halford Special)
- Ausgabe vom Januar 2012 (Rallye-Historie: Audi quattro)
- Ausgabe vom April 2013 (Fabrizia Pons über den Audi quattro)

Off Road
- Ausgabe 1/1987 („Die wichtigsten 4x4-Autos der Welt")

Pfälzischer Merkur
- Ausgabe vom 3. Mai 1980 (Vorstellung Audi quattro)

Playboy
- Ausgabe 12/1980 („Auto des Jahres 1980" von Herbert Völker)

Popular Sciences/USA
- Ausgabe Februar 1984 („Gleason's impossible differential" von Mike Bargo)

Rallye Racing
- Ausgabe 4/1980 (Interview mit Dr. Ferdinand Piëch)
- Ausgabe 11/1980 (Interview mit Hannu Mikkola)
- Ausgabe 6/1981 (Vergleich Audi quattro/Renault 5 Turbo)
- Ausgabe 12/1981 (Audis Bruchkommando)

Rheinischer Merkur
- Ausgabe vom 23. Mai 1980 (Vorstellung Audi quattro)

Road & Track/USA
- Ausgabe September 1956 („Mt. Equinox Hillclimb" von Alix Lafontant)
- Ausgabe April 1962 („Project 99, The Formula 1 Ferguson" von David Phipps)
- Ausgabe Dezember 1972 ("Turbocharged BMW 2002")
- Ausgabe August 1974 (Test Jeep Wagoneer)
- Ausgabe Juni 1980 (Vorstellung Audi quattro von Paul Frère)

sport auto
- Ausgabe 2/1977 (Track-Test Audi 50 Gruppe 5 national, „Klassenprimus")
- Ausgabe 12/1979 (Audi im Motorsport)
- Ausgabe 4/1980 (Vorstellung Audi quattro)
- Ausgabe 12/1980 (Audi quattro Gruppe 4)
- Ausgabe 2/1981 (Report über die Jänner-Rallye in Österreich)
- Ausgabe 11/1984 („Der kurze quattro im Test" und „Interview mit Audi-Teamchef Roland Gumpert")

Sportfahrer
- Ausgabe 12/1980 (Audi quattro)

Stern.de
- Ausgabe vom 7. März 1980 (Vorstellung Audi quattro)
- Ausgabe vom 22. Januar 1981 (Interview mit Michèle Mouton)
- Ausgabe vom 21. Juli 2009 (Interview mit Jörg Bensinger)

Süddeutsche Zeitung
- Ausgabe vom 3. Januar 1980 (Audi quattro im Motorsport)
- Ausgabe vom 5. März 1980 (Interview mit Hannu Mikkola und Dr. Ferdinand Piëch)

tz
- Ausgabe vom 22. März 1980 (Über den Audi quattro in Genf)
- Ausgabe vom 3. Mai 1980 (Audi-Händler und der quattro)

Welt
- Ausgabe vom 28. Januar 1981 (Report über die Rallye Monte Carlo)

Welt am Sonntag
- Ausgabe vom 17. Februar 1980 (Über das Image von Audi)

What Car?/GB
- Ausgabe vom Mai 1983 (Audi quattro Test)

Wiener Kurier
- Ausgabe vom 22. Juli 1978 (Interview mit Dr. Ferdinand Piëch)
- Ausgabe vom 14. März 1980 (Interview mit Dr. Fritz Indra)

Bücher und Schriften

Deutsche Autos seit 1945
von Werner Oswald
erschienen im Motorbuch Verlag, Stuttgart

The American Motors Family Album
von John A. Conde
1976 (ohne ISBN-Nummer)

quattro, Sieg einer Idee
von Paul Frère und Herbert Völker
erschienen im ORAC-Verlag, Wien

Audi Quattro
von Jeremy Walton
erschienen im Heel-Verlag, Königswinter

Audi-Werkspublikationen

Audi Jubiläumskassette „25 Jahre quattro"

Audi-Pressemitteilungen zum Audi quattro
- Ausgabe vom März 1980 (quattro)
- Ausgabe vom September 1983 (quattro)
- Ausgabe vom März 1984 (Sport quattro)
- Ausgabe vom September 1984 (quattro)
- Ausgabe vom Februar 1985 (quattro und Sport quattro)
- Ausgabe vom September 1985 (quattro und Sport quattro)
- Ausgabe vom März 1986 (quattro und Sport quattro)
- Ausgabe vom August 1986 (quattro)
- Ausgabe vom August 1987 (quattro)
- Ausgabe vom März 1988 (quattro)
- Ausgabe vom März 1989 (quattro 20V)
- Ausgabe vom Juli 1989 (quattro 20V)
- „25 Jahre quattro" vom Juni 2005
- Ausgabe vom April 1991 (Ankündigung quattro-Produktionseinstellung)
- Ausgabe vom 27. Mai 1991 (quattro-Produktionseinstellung)

Audi-Verkaufsprogramme für den Audi quattro
- Ausgabe vom August 1980 (Verkaufsprogramm 1981)
- Ausgabe vom März 1982 (Verkaufsprogramm 1982)
- Ausgabe vom Oktober 1982 (Verkaufsprogramm 1983)
- Ausgabe vom Juli 1983 (Verkaufsprogramm 1984)
- Ausgabe vom Februar 1984 (Verkaufsprogramm 1984)
- Ausgabe vom Juni 1984 (Verkaufsprogramm 1985)
- Ausgabe vom Oktober 1984 (Verkaufsprogramm 1985)
- Ausgabe vom Dezember 1984 (Verkaufsprogramm 1985)
- Ausgabe vom Mai 1985 (Verkaufsprogramm 1986)
- Ausgabe vom Juni 1986 (Verkaufsprogramm 1987)
- Ausgabe vom Juli 1986 (Verkaufsprogramm 1987)
- Ausgabe vom Februar 1987 (Verkaufsprogramm 1987)
- Ausgabe vom Juli 1987 (Verkaufsprogramm 1988)
- Ausgabe vom Oktober 1987 (Verkaufsprogramm 1988)
- Ausgabe vom Juli 1988 (Verkaufsprogramm 1989)
- Ausgabe vom Februar 1989 (Verkaufsprogramm 1989)
- Ausgabe vom Juli 1989 (Verkaufsprogramm 1990)
- Ausgabe vom Mai 1990 (Verkaufsprogramm 1991)

Audi-Verkaufsprogramme für den Audi Sport quattro
- Ausgabe vom Mai 1984 (Verkaufsprogramm 1984)
- Ausgabe vom Oktober 1984 (Verkaufsprogramm 1985)

AUDItorium
- „Permanter Allradantrieb" vom April 1984
- „Torsen-Zentraldifferential" vom Januar 1988

Sonstige Publikationen

The development of a differential for the improvement of traction control
Gleason Corporation, Rochester, New York, USA
(C368/88 © IMechE 1988)

Bildquellenverzeichnis

Alpina GmbH &Co. KG 158, 159
Audi Tradition (Archiv) 5–8, 10–13, 24, 25, 49, 50–74, 78–81, 84, 86, 88, 89, 93–95, 97, 102, 103–112, 118–126, 128–133, 135–147, 150–155, 160–164, 166–189, 191–195, 197–201, 203–232, 235–252, 254, 255, 260–286, 288–291, 294–304, 306–349, 353, 355, 360, 361, 364–367, 375, 377–380
Audi U.K. 258, 259
Automobiles Citroën 25
***Automobil Revue*/CH** 355
auto motor und sport 13–15, 39, 74, 75
Autostadt GmbH 39, 46, 47, 53, 82, 83, 87, 127
BillionPhotos.com 356, 357
BMW AG (Archiv) 42, 43, 139, 149
Buchmann, Rainer (B+B) 253
Bugatti Automobiles S.A.S. 19, 34, 35, 48, 49, 156
Conradt, Dirk-Michael (Archiv) 21, 23, 26, 29, 33, 38, 46, 81, 83, 102, 112, 113, 116, 117, 134, 139, 182
DimaBerlin 100, 101
Daimler AG (Archiv) 105, 134, 139, 149, 206, 305
Eisele, Werner 41
Fédération Internationale Du Sport Automobiles (F.I.S.A.) 280, 281, 389
Ferguson Research Ltd. 16, 17, 27
Fiat Auto SpA 198, 287
Ford Motor Company 202, 203, 205, 310
Frank, Thomas 9
Friese, Ralf (Archiv) 9, 30, 31
Genfer Automobil-Salon 190
Gute Fahrt 76, 77
Hay, Ian (Alamy Stock) 257
Italdesign/Giugiaro 169
Opel AG (Archiv) 85, 149
Pininfarina S.p.A. 350–355
Plitzko, Martin, AUDI AG 268, 269
Unternehmensarchiv Porsche AG 18, 20–23, 40, 41, 44, 45, 91, 96, 97, 157, 202, 268, 269, 279, 327, 338
Saab-Scania AB 46, 149
Seewirt/Turrach 92
Seufert, Hans Peter/*auto motor und sport* Titel
Spiegel, Der 152
sport auto 98, 99, 287, 292, 293
Volkswagen AG (Archiv) 90, 91, 108
Weidemann, Dieter 103
Wikipedia 23, 27, 36–38, 85, 115, 209

Anmerkung zu einigen der in dieser quattro-Chronik erwähnten Audi-Protagonisten:
Aus Gründen der seit 2018 erweiterten Datenschutzbestimmungen war es leider nicht möglich, persönliche Daten von ALLEN quattro-Akteuren zu ermitteln – insbesondere von solchen Persönlichkeiten, die nicht mehr für die AUDI AG tätig sind. Wir bitten um Verständnis für dieses Defizit.

Impressum

Herausgeber
Auto Union GmbH
85045 Ingolstadt
www.audi.de

Texte
Dirk-Michael Conradt

Recherchen
Dr. Tobias Beck
Dirk-Michael Conradt
Ralf Friese

Lektorat
Dirk-Michael Conradt
Ralf Friese
Hanno Vienken

Gestaltung
ö_konzept Zwickau
Sven Rahnefeld
Matthias Kaluza
Conny Packert

Druck
aprinta druck GmbH
Firmengruppe APPL, Wemding

Delius Klasing Verlag
Siekerwall 21, 33602 Bielefeld
Tel. 0521 / 559-0
Fax 0521 / 559-115
info@delius-klasing.de
www.delius-klasing.de

Bibliografische Information der Deutschen Nationalbibliothek
Die Deutsche Nationalbibliothek verzeichnet diese Publikation in der Deutschen Nationalbibliografie; detaillierte bibliografische Daten sind im Internet über http://dnb.dnb.de abrufbar.

2. Auflage
ISBN 978-3-667-11946-9